Springer-Lehrbuch

T0222600

Springer

Berlin
Heidelberg
New York
Barcelona
Hongkong
London
Mailand
Paris
Singapur
Tokio

Boto von Querenburg

Mengentheoretische Topologie

Dritte, neu bearbeitete und erweiterte Auflage

Mit 30 Abbildungen

 Springer

Boto von Querenburg

Die Deutsche Bibliothek – CIP-Einheitsaufnahme

Querenburg, Boto von:
Mengentheoretische Topologie / Boto v. Querenburg. - 3., neu bearb. und erw. Aufl. - Berlin; Heidelberg; New York; Barcelona; Hongkong; London; Mailand; Paris; Singapur; Tokio: Springer, 2001
(Springer-Lehrbuch)
ISBN 3-540-67790-9

Bis zur zweiten Auflage (1979) erschien das Werk in der Reihe *Hochschultext*

Mathematics Subject Classification (2000): 54-01, 22-01, 54-03, 32B05, 43A05, 46J05, 46H05

ISBN 3-540-67790-9   Springer-Verlag Berlin Heidelberg New York

ISBN 3-540-09799-6   2. Auflage Springer-Verlag Berlin Heidelberg New York

Springer-Verlag Berlin Heidelberg New York
ein Unternehmen der BertelsmannSpringer Science+Business Media GmbH

http://www.springer.de

© Springer-Verlag Berlin Heidelberg 1973, 1979, 2001
Printed in Germany

Satz: Datenerstellung durch den Autor unter Verwendung eines Springer TeX-Makropakets
Einbandgestaltung: *design & production* GmbH, Heidelberg

Gedruckt auf säurefreiem Papier   SPIN: 10758281   44/3142ck - 5 4 3 2 1 0

In Erinnerung an Edelgard

Vorwort zur dritten Auflage

Zu dieser Auflage wurde das Buch „Mengentheoretische Topologie" wesentlich geändert und ergänzt. Ins Auge fallend ist die Umwandlung in einen besser lesbaren Text, einerseits dank TeX, andererseits durch Lehrerfahrung und größeren Abstand zu der Niederschrift der Kapitel aus den vorangegangenen Auflagen.

In Vorlesungen wird die mengentheoretische Topologie oftmals in Zusammenhang mit algebraischer Topologie, Funktionalanalysis oder den topologischen Gruppen dargestellt. In der vorliegenden neuen Auflage wird die mengentheoretische Topologie um die Grundlagen der Theorie topologischer Gruppen erweitert. Die topologischen Gruppen bieten viele Möglichkeiten, die Begriffe und Methoden der mengentheoretischen Topologie anzuwenden und einzuüben. Sie geben zudem ein Muster für eine Theorie, in der Algebra und Topologie zusammenspielen.

Unser Dank gilt Marlene Schwarz. Sie hat die schwierige Aufgabe gemeistert, die alte Auflage in TeX umzusetzen, neu verfaßte Manuskripte zu entziffern und mit großer Zuverlässigkeit in eine druckfertiges TeX-Vorlage zu verwandeln. Herrn Jörg Stümke danken wir für die ansprechende, klare und sorgfältige VerTeXung der Skizzen und Herrn Semeon Bogatyi für zahlreiche Aufgaben.

Für Anregungen, Kommentare und Verbesserungsvorschläge aus dem Kreis der Leser sind wir stets dankbar.

Bochum, im November 2000

Vorwort zur zweiten Auflage

Wir waren sehr erfreut über die freundliche Aufnahme und wohlwollende Kritik unserer Mengentheoretischen Topologie und möchten uns hier bedanken für die mündlichen wie auch brieflichen Hinweise auf Ungenauigkeiten im Text.

Neben Berichtigungen haben wir noch einige Aufgaben zugefügt. Ferner folgen wir der Anregung eines Referenten, einen Abschnitt über die geschichtliche Entwicklung der Mengentheoretischen Topologie zuzufügen und Originalliteratur anzugeben.

Bochum, im August 1979

Vorwort zur ersten Auflage

Es werden die Grundbegriffe und -sätze der allgemeinen Topologie behandelt, ferner ergänzend einige speziellere Themenkreise, die nicht zum Standardstoff gehören. Das Buch ist gedacht für Studenten, die schon exakte Beweise führen und mit den mengentheoretischen Operationen umgehen können, die also etwa ein bis zwei Semester Mathematik studiert haben. Meistens hat der Student dann auch einen Teil der Begriffe, Methoden und Sätze der mengentheoretischen Topologie (oftmals beschränkt auf metrische Räume) kennengelernt. Deshalb wird am Anfang sowohl auf Motivationen wie auf die vollständige Durchführung bei manchen Beweisen verzichtet. Der eigene Nachtrag von Beweisen soll auch weitgehen das Lösen von solchen Übungsaufgaben ersetzen, in denen skurile topologische Räume behandelt werden.

Das Buch kann als Grundlage zum Eigenstudium, als Begleittext zu einer Vorlesung und als Unterlage zu einem Proseminar dienen. Zu letzterem wurde 1970 die Mitschrift einer Vorlesung von E. Artin (Hamburg SS 1959) von uns überarbeitet und ergänzt. In den darauffolgenden Semestern wurde der Text in Proseminaren erprobt und anschließend mehrfach überarbeitet und erweitert. Wir hoffen, daß Studenten mittlerer Semester die in der vorliegenden vierten Fassung ausgelassenen Beweise durchführen bzw. ergänzen können.

Wir freuen uns, daß aus unserem Skriptum ein HOCHSCHULTEXT geworden ist, danken dem Springer-Verlag für die Aufnahme in die Reihe und hoffen, daß wenigstens der Baum den Leser erfreuen wird.

Bochum, den 15. Mai 1973

Autorenliste

Prof. Dr. Gunter Bengel
Mathematisches Institut
Westfälische Wilhelms-Universität
Einsteinstr. 62
48149 Münster

Dr. Hans-Dieter Coldewey
Landwehr 23
49716 Meppen

Dr. Klaus Funcke
Rosmarinstr. 68
33106 Paderborn

Dr. Edelgard Gramberg †

Dr. Norbert Peczynski
Perfallstr. 33
83727 Schliersee

Prof. Dr. A. Stieglitz
Fachhochschule Landshut
Fachbereich Maschinenbau
Am Lurzenhof 1
84036 Landshut

Prof. Dr. Elmar Vogt
Institut für Mathematik
Freie Universität Berlin
Animallee 3
14195 Berlin

Prof. Dr. Dr.h.c. H. Zieschang
Fakultät für Mathematik
Ruhr-Universität Bochum
44801 Bochum

Inhaltsverzeichnis

Hinweise für den Leser

Kapitel 0 stellt ohne Beweise diejenigen Grundbegriffe und Hilfsmittel der Mengenlehre zusammen, die in den folgenden Kapiteln benötigt werden. Das Kapitel 1 über metrische Räume ist als Einführung in die Fragestellungen der mengentheoretischen Topologie gedacht und dient zur Motivation für spätere Begriffsbildungen.

Die grundlegenden Begriffe und Sätze der allgemeinen Topologie sind in folgenden Abschnitten enthalten:

$$2: 3A; \ 4A; \ 5A; \ C; \ 6A; \ B; \ 7; \ 8A, \ B: 9.$$

Die weiteren Kapitel können auch in einer anderen Reihenfolge als in der hier angegebenen gelesen werden, z.B. in Zusammenstellungen wie sie auf der nächsten Seite aufgeführt sind.

Zu jedem Kapitel gibt es mehrere Übungsaufgaben. In ihnen soll der Leser einerseits die Anwendung der Begriffe und Sätze des vorangegangenen Kapitels einüben, andererseits soll er Beispiele und Gegenbeispiele entwickeln und manchmal auch weiterführenden Stoff behandeln. Oft tragen auch Beispiele zu Definitionen oder Sätzen den Charakter von Übungsaufgaben.

Steht am Ende eines Satzes das Zeichen □, so ist der Beweis der Aussage evident oder kann leicht unter Verwendung der bereitgestellten Methoden und Sätze erbracht werden. Wir empfehlen dem Leser, zu seiner Übung die ausgelassenen Beweise durchzuführen und sich die Beispiele zu verdeutlichen.

Verweise in diesem Buch zitieren die Nummer eines Kapitels und die Nummer eines Satzes innerhalb dieses Kapitels. 6.9 bedeutet etwa Satz 9 aus Kapitel 6, 13.A2 bezeichnet die Aufgabe 2 zu Kapitel 13. Im Index wird auf Seiten verwiesen.

Im Folgenden sind diejenigen Abschnitte zusammengstellt, die zum Verständnis des angegebenen Themenkreises benötigt werden.

1. Satz von Stone-Weierstraß
    2; 3A; 8A; 9.

2. Metrisationssatz von Bing-Nagata-Smirnov
    2; 3A; 6A; 7A, C; 8A, B; 10.

3. Uniformisierung topologischer Räume und Metrisierung uniformer Räume.
    2; 3A, B; 6A, B; 11.

4. Stone-Čech-Kompaktifizierung
    2; 3A, B; 5C; 6A, B; 8A, B; 12; (15).

5. Vervollständigung uniformer Räume. Vollständig metrisierbare Räume.
    2; 3A, B; 5C; 6A; 11A, B, C; 12A; 13A, B, C.

6. Funktionenräume
    2; 3A, B; 5C; 6A; 8A; 11A, B, C; 14.

7. Ringe reellwertiger Funktionen
    2; 3A; 5C; 6A; 8A; 12B; 15.

8. Topologische Gruppen
    2; 3A; 5C; 6A; 8A; 11; 16.

9. Haar'sches Integral
    2; 3A; 5C; 6A; 8A; 11; 16; 17; 19.

10. Dualitätssatz von lokalkompakten abelschen Gruppen
    2; 3A; 5C; 6A; 8A; 11; 16; 17; 18; 19; 20.

11. Banachalgebren
    2; 3A; 5C; 6A; 8A; 11; 18.

Leitfaden

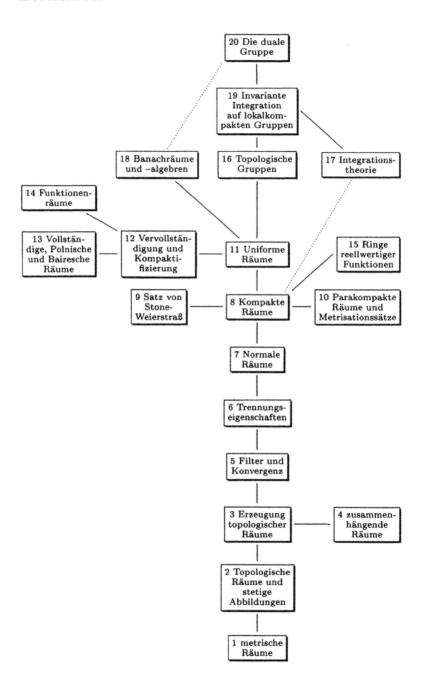

0 Bezeichnungen und mengentheoretische Grundlagen

Logische Kürzel

0.1   An logischen Zeichen werden verwendet

$$\forall : \quad \text{für alle,}$$
$$\exists : \quad \text{es existiert,}$$
$$\text{(a)} \Longrightarrow \text{(b)} : \quad \text{aus (a) folgt (b),}$$
$$\text{(a)} \Longleftarrow \text{(b)} : \quad \text{aus (b) folgt (a),}$$
$$\text{(a)} \Longleftrightarrow \text{(b)} : \quad \text{(a) gilt genau dann, wenn (b) gilt,}$$
$$:= \quad : \quad \text{nach Definition gleich,}$$
$$\text{(a)} :\Longleftrightarrow \text{(b),}$$
$$\text{(b)} \Longleftrightarrow : \text{(a)} : \quad \text{(a) gilt nach Definition genau dann, wenn (b) gilt.}$$

Das Ende eines Beweises wird durch □ angezeigt. Wird kein Beweis angegeben, dann steht □ am Ende des Satzes.

Mengen

0.2   Ist a Element eines Menge A, dann schreiben wir $a \in A$; ist das nicht der Fall, so schreiben wir $a \notin A$. Ist A eine Menge und E eine Eigenschaft, dann bedeutet $E(a)$, daß auf $a \in A$ die Eigenschaft E zutrifft. Die Menge der Elemente a von A, für die $E(a)$ zutrifft, wird mit $\{a \in A \mid E(a)\}$ bezeichnet.

Spezielle oft vorkommende Mengen tragen feste Bezeichnungen:

$$\emptyset : \quad \text{leere Menge,}$$
$$\mathbb{N} : \quad \text{natürliche Zahlen einschließlich 0,}$$
$$\mathbb{N}^* : \quad \text{natürliche Zahlen ohne 0,}$$
$$\mathbb{Z} : \quad \text{ganze Zahlen,}$$
$$\mathbb{Q} : \quad \text{rationale Zahlen,}$$
$$\mathbb{R} : \quad \text{reelle Zahlen,}$$
$$\mathbb{C} : \quad \text{komplexe Zahlen,}$$
$$\mathbb{R}_+ := \{x \in \mathbb{R} \mid x \geq 0\},$$
$$\mathbb{R}^* := \{x \in \mathbb{R} \mid x \neq 0\},$$
$$\mathbb{R}_+^* = \mathbb{R}_{>0} := \mathbb{R}_+ \cap \mathbb{R}^* = \{x \in \mathbb{R} \mid x \geq 0\}.$$

Rechnen mit Mengen

0.3
$$A \subset B :\Longleftrightarrow (a \in A \Rightarrow a \in B),$$
$$A \supset B :\Longleftrightarrow (b \in B \Rightarrow b \in A),$$
$$A = B :\Longleftrightarrow (A \supset B \quad \text{und} \quad B \supset A),$$
$$A \backslash B := \{a \in A \mid a \notin B\}.$$

Ist I eine Menge und A_i für jedes $i \in I$ eine Teilmenge von A so schreibt man $(A_i)_{i \in I}$ (oder eventuell auch $\{A_i \mid i \in I\}$) und definiert die *Vereinigung* $\bigcup_{i \in I} A_i := \{x \in A \mid \exists i \in I : x \in A_i\}$, der *Durchschnitt* ist $\bigcap_{i \in I} A_i := \{x \in A \mid x \in A_i \forall i \in I\}$, dabei gilt: $\bigcup_{i \in \emptyset} A_i = \emptyset$ und $\bigcap_{i \in \emptyset} A_i = A$. Ist $\mathcal{A} = (A_i)_{i \in I}$, so schreibt man auch $\bigcap \mathcal{A}$ bzw. $\bigcup \mathcal{A}$ an Stelle von $\bigcap_{i \in I} A_i$ bzw. $\bigcup_{i \in I} A_i$.

Ist A eine Menge, $B_i \subset A$ für jedes $i \in I$ und $B \subset A$, dann gilt

0.4 $A \backslash \left(\bigcup_{i \in I} B_i \right) = \bigcap_{i \in I} (A \backslash B_i),$

0.5 $A \backslash \left(\bigcap_{i \in I} B_i \right) = \bigcup_{i \in I} (A \backslash B_i),$

0.6 $B \cap \left(\bigcup_{i \in I} B_i \right) = \bigcup_{i \in I} (B \cap B_i),$

0.7 $B \cup \left(\bigcap_{i \in I} B_i \right) = \bigcap_{i \in I} (B \cup B_i).$

Mit $\mathcal{P}(A)$ bezeichnen wir die Menge der Teilmengen von A: sie heißt *Potenzmenge* von A.

Sind A und B Mengen, dann definiert man die *Produktmenge* $A \times B$ von A und B als Menge der geordneten Paar (a, b) mit $a \in A$ und $b \in B$.

Abbildungen

0.8   Eine *Abbildung* f von einer Menge A in die Menge B, geschrieben $f \colon A \to B$, ordnet jedem $a \in A$ ein $b \in B$ zu: $b = f(a)$ oder $a \mapsto b$. Man kann f auch als eine Teilmenge von $A \times B$ mit den folgenden beiden Eigenschaften auffassen:

(a) Zu jedem $a \in A$ gibt es ein $b \in B$ mit $(a, b) \in f$.

(b) Aus $(a, b) \in f$ und $(a, c) \in f$ folgt $b = c$.

Statt $f \colon A \to B$ schreibt man auch $(b_i)_{i \in A}$ und nennt $(b_i)_{i \in A}$ eine *Familie*. Gilt $A = \mathbb{N}$, so heißt die Familie $(b_i)_{i \in \mathbb{N}}$ auch *Folge*. Die Abbildung f heißt *injektiv*, wenn aus $f(a) = f(b)$ folgt, daß $a = b$ ist. Es heißt f *surjektiv*, wenn es zu jedem $b \in B$ ein $a \in A$ gibt mit $f(a) = b$. Ist f injektiv und surjektiv, dann heißt f *bijektiv*. Es heißt f auch *Injektion*, *Surjektion* bzw. *Bijektion*. Für jede Menge A wird die Abbildung $\mathrm{id}_A \colon A \to A$ durch $a \mapsto a$ definiert: sie heißt *Identität von* A. Ist $A \subset B$, dann wird die *kanonische Injektion* $j \colon A \to B$ durch $a \mapsto a$ definiert. Sei $f \colon A \to B$ eine Abbildung und $C \subset A$. Dann heißt die Abbildung $g \colon C \to B$ mit $x \mapsto f(x)$ für $x \in C$ die *Beschränkung* (*Restriktion*) von f auf C, in Zeichen $f|C$.

Ist $C \subset A$ und $D \subset B$, dann heißt $f(C) := \{f(c) \mid a \in C\}$ *Bildmenge* von C und $f^{-1}(D) := \{a \in A \mid f(a) \in D\}$ das *Urbild* von D bezüglich f. Jede

Abbildung $f\colon A \to B$ induziert somit eine Abbildung $f^{-1}\colon \mathcal{P}(B) \to \mathcal{P}(A)$. Sind $A_i \subset A$ und $B_i \subset B$ Teilmengen ($i \in I$), dann gilt

0.9 $f^{-1}\left(\bigcup_{i \in I} B_i\right) = \bigcup_{i \in I} f^{-1}(B_i)$,

0.10 $f^{-1}\left(\bigcap_{i \in I} B_i\right) = \bigcap_{i \in I} f^{-1}(B_i)$,

0.11 $f\left(\bigcap_{i \in I} A_i\right) \subset \bigcap_{i \in I} f(A_i)$,

0.12 $f\left(\bigcup_{i \in I} A_i\right) = \bigcup_{i \in I} f(A_i)$,

0.13 $f\colon A \to B$ ist genau dann injektiv, wenn für alle $E, F \subset A$ gilt $f(E \cap F) = f(E) \cap f(F)$.

0.14 $f\colon A \to B$ ist genau dann bijektiv, wenn für alle $E \subset A$ gilt $f(A\backslash E) = B\backslash f(E)$.

Ferner gelten folgende Beziehungen für Teilmengen $E \subset A$ und $F \subset B$:

0.15 $E \subset f^{-1}(f(E)); \; E = f^{-1}(f(E)) \; \forall E \subset A \iff f$ injektiv.

0.16 $f(f^{-1}(F)) \subset F; \; f(f^{-1}(F)) = F \; \forall F \subset B \iff f$ surjektiv.

Sind $f\colon A \to B$ und $g\colon B \to C$ Abbildungen, dann definiert man die *zusammengesetzte Abbildung* $g \circ f\colon A \to C$ durch $a \mapsto g(f(a))$. Für die induzierten Abbildungen auf den Potenzmengen gilt $(g \circ f)^{-1} = f^{-1} \circ g^{-1}$.

Ein Diagramm von Abbildungen

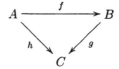

heißt *kommutativ*, wenn $h = g \circ f$ ist.

Überdeckungen

0.17   Eine Familie $(A_i)_{i \in I}$ von Teilmengen von A heißt *Überdeckung* von $B \subset A$, wenn $B \subset \bigcup_{i \in I} A_i$. Sind $(A_i)_{i \in I}$ und $(C_j)_{j \in J}$ Überdeckungen von B, so heißt $(C_j)_{j \in J}$ *Teilüberdeckung* von $(A_i)_{i \in I}$, falls zu jedem $j \in J$ ein $i \in I$ existiert mit $C_j = A_i$.

Sind $(A_i)_{i \in I}$ und $(B_k)_{k \in K}$ zwei Überdeckungen von $B \subset A$, so heißt die zweite dieser Überdeckungen *feiner* als die erste, wenn zu jedem $k \in K$ ein $i \in I$ existiert, so daß $B_k \subset A_i$. Dann heißt $(B_k)_{k \in K}$ auch *Verfeinerungsüberdeckung* von $(A_i)_{i \in I}$. Es wird $(A_i)_{i \in I}$ eine *Partition von A* genannt, wenn $(A_i)_{i \in I}$ eine Überdeckung von A ist und
(a) $A_i \neq \emptyset$ für alle $i \in I$,
(b) $A_i \cap A_k = \emptyset$ für $i, k \in I$ mit $i \neq k$ ist.

Produkte

0.18   Sei A_i für jedes $i \in I$ eine Menge. Das *Produkt* der A_i ist die Menge
$$\prod_{i \in I} A_i := \{a\colon I \to \bigcup_{i \in I} A_i \mid a(i) \in A_i \; \forall i \in I\}.$$

Der Wert von a an der Stelle i wird im allgemeinen mit a_i bezeichnet und heißt die *i-te Koordinate* von a. Statt a schreibt man auch $(a_i)_{i \in I}$. Es heißt A_i der *i-te Faktor* von $\prod_{i \in I} A_i$. Ist A_i stets gleich A, dann schreibt man statt $\prod_{i \in I} A_i$ auch A^I. Für $k \in I$ heißt die Abbildung $p_k\colon \prod_{i \in I} A_i \to A_k$, definiert durch $p_k(a) := a_k$ (k-te) *Projektionsabbildung* von $\prod_{i \in I} A_i$ auf A_k.

Relationen

0.19 Eine *Relation R* auf einer Menge A ist eine Teilmenge von $A \times A$.

Sind R, S Relationen auf A, dann definiert man

0.20 $S \circ R := \{(a, b) \in A \times A \mid \exists c \in A \text{ mit } (a, c) \in R \text{ und } (c, b) \in S\}$.
$R^n := R \circ R^{n-1} (n \geq 2)$,
$R^{-1} := \{(a, b) \in A \times A \mid (b, a) \in R\}$.

0.21 Ein Beispiel für eine Relation mit der Eigenschaft $R^{-1} \subset R$ ist $\Delta = \{(a, b) \in A \times A \mid a = b\}$, die sogenannte *Diagonale* von $A \times A$. Gilt $(a, b) \in R$, dann schreibt man auch aRb.

0.22 Eine Relation heißt

(a)   *reflexiv*, wenn $\Delta \subset R$,

(b)   *symmetrisch*, wenn $R = R^{-1}$,

(c)   *transitiv*, wenn $R \circ R \subset R$,

(d)   *antisymmetrisch*, wenn $R \cap R^{-1} = \Delta$.

Eine *Äquivalenzrelation* auf A ist eine Relation mit den Eigenschaften (a) – (c).

Für eine Äquivalenzrelation R auf A, wird mit $[a] := \{b \in A \mid (a, b) \in R\}$ die *Äquivalenzrelation* von $a \in A$ bezeichnet. Die Äquivalenzklassen ergeben eine Partition von A. Mit A/R bezeichnet man die Menge der Äquivalenzklassen $\{[a] \mid a \in A\}$; sie heißt auch *Quotientenmenge* von A nach R. Die Abbildung $\pi\colon A \to A/R$, definiert durch $a \mapsto [a]$, heißt *kanonische Projektion*.

0.23 Jede Abbildung $f\colon A \to B$ läßt sich zerlegen in eine Surjektion π, eine Bijektion $\bar{f}$ und eine Injektion j in der folgenden Weise. Dazu sei R die Äquivalenzrelation $aRb\colon \iff f(a) = f(b)$ $(a, b \in A)$; die Äquivalenzklasse in a werde wieder mit $[a]$ bezeichnet. Dann zerlegt sich f in

$$A \xrightarrow{\pi} A/R \xrightarrow{\bar{f}} f(A) \xrightarrow{j} B$$

mit $\pi\colon a \mapsto [a]$, $\bar{f}\colon [a] \mapsto f(a)$ und j kanonische Injektion von $f(A)$ in B.

Ordnungen

0.24 Eine Relation $\leq$ auf A mit den Eigenschaften (a), (c), (d) aus 0.22 heißt *Ordnung* auf A und das Paar $(A, \leq)$ heißt *geordnete Menge*. Gilt für je zwei Elemente $a, b \in A$ stets $a \leq b$ oder $b \leq a$, so heißt $(A, \leq)$ *linear geordnet*.

Ist $(A, \leq)$ eine geordnete Menge und B eine Teilmenge von A, dann heißt

0.25 $a_0 \in A$ *kleinstes Element* von A, falls $a_0 \leq a$ für alle $a \in A$ gilt;

0.26 $a_1 \in A$ *größtes Element* von A, falls $a \leq a_1$ für alle $a \in A$ gilt;

0.27 $b_0 \in A$ *minimales Element* von A, falls aus $a \in A$ und $a \leq b_0$ folgt $a = b_0$;

0.28 $b_1 \in A$ *maximales Element* von A, falls aus $a \in A$ und $b_1 \leq a$ folgt $b_1 = a$;

0.29 a_1 eine *obere Schranke* von B, wenn $b \leq a_1$ für alle $b \in B$ gilt;

0.30 a_0 eine *untere Schranke* von B, wenn $a_0 \leq b$ für alle $b \in B$ gilt;

0.31 *Supremum von B*, $\sup B$ ein kleinstes Element von $\{a \in A \mid b \leq a \; \forall b \in B\}$; gilt $\sup B \in B$, so schreibt man für $\sup B$ auch $\max B$;

0.32 *Infimum von B*, $\inf B$ ein größtes Element von $\{a \in A \mid a \leq b \; \forall b \in B\}$; gilt $\inf B \in B$, so schreibt man für $\inf B$ auch $\min B$.

Eine geordnete Menge $(A, \leq)$ heißt *wohlgeordnet*, wenn jede nichtleere Teilmenge ein kleinstes Element besitzt, und $\leq$ heißt dann *Wohlordnung*. Jede wohlgeordnete Menge ist insbesondere linear geordnet.

Ist $(A, \leq)$ eine linear geordnete Menge, dann schreibt man zur Abkürzung

0.33 $[a, b] := \{x \in A \mid a \leq x \leq b\}$, $[a, b[:= \{x \in A \mid a \leq x < b\}$, $]a, b] := \{x \in A \mid a < x \leq b\}$, $]a, b[:= \{x \in A \mid a < x < b\}$, $] - \infty, b] := \{x \in A \mid x \leq b\}$, $[a, \infty[:= \{x \in A \mid x \geq a\}$.

0.34 Eine geordnete Menge $(A, \leq)$ heißt *Verband*, falls für jede zweielementige Teilmenge $\{a, b\}$ von A $\inf\{a, b\}$ und $\sup\{a, b\}$ existiert. Besitzt jede nicht leere Teilmenge B von A ein Supremum und Infimum, dann heißt der Verband *vollständig*.

0.35 Eine geordnete Menge $(A, \leq)$ heißt *induktiv geordnet*, wenn jede linear geordnete Teilmenge von A eine obere Schranke besitzt.

0.36 *Lemma von Zorn* . Jede induktiv geordnete Menge besitzt ein maximales Element.

0.36 ist ein Axiom der Mengenlehre und gleichwertig zu folgenden Aussagen:

0.37 *Satz von Zermelo, Wohlordnungssatz.* Jede Menge besitzt eine Wohlordnung.

0.38 *Auswahlaxiom.* Ist $(A_i)_{i \in I}$ eine Familie von paarweise disjunkten, nicht leeren Mengen $(I \neq \emptyset)$, dann gibt es eine Funktion $f \colon I \to \bigcup_{i \in I} A_i$ mit $f(i) \in A_i$ für alle $i \in I$. Nach Definition der Produktmenge in 0.18 ist 0.38 gleichwertig mit

0.39 Ist $(A_i)_{i \in I}$ $(I \neq \emptyset)$ eine Familie nicht leerer Mengen, dann ist $\prod_{i \in I} A_i \neq \emptyset$.

Kardinalzahlen

0.40 Zwei Mengen A, B heißen *gleichmächtig*, wenn es eine Bijektion von A auf B gibt. Es gibt Mengen, *Kardinalzahlen* genannt, so daß jede Menge A zu genau einer Kardinalzahl, die man mit $\operatorname{card}(A)$ bezeichnet, gleichmächtig ist.

0.41 Man definiert $\operatorname{card}(A) \leq \operatorname{card}(B)$, falls es eine injektive Abbildung $f \colon A \to B$ gibt; es ist $\operatorname{card}(A) < \operatorname{card}(B)$, wenn es eine Injektion $A \to B$ gibt, aber keine Bijektion oder - was gleichwertig ist - keine

Injektion $B \to A$ existiert. Es ist $\mathrm{card}(\mathcal{P}(A)) > \mathrm{card}(A)$ für jede Menge A.

0.42   Eine Menge A heißt *abzählbar*, falls $\mathrm{card}(A) \leq \mathrm{card}(\mathbb{N})$, andernfalls *nicht-abzählbar* oder *überabzählbar*. Bekanntlich ist $\mathbb{Q}$ abzählbar, aber $\mathbb{R}$ überabzählbar.

1 Metrische Räume

Durch Zusammenstellen von grundlegenden Definitionen und Sätzen über metrische Räume, die dem Leser vermutlich vertraut sind, wollen wir in diesem Kapitel lediglich versuchen, den Einstieg in die Theorie der topologischen Räume zu erleichtern.

A Grundlegende Definitionen und Beispiele

1.1 Definition. Eine *Metrik* auf einer Menge X ist eine Abbildung $d\colon X \times X \to [0, \infty[$ mit den folgenden Eigenschaften:

(a) $d(x, y) = 0 \iff x = y$,

(b) $d(x, y) = d(y, x)$ für alle $x, y \in X$,

(c) $d(x, z) \leq d(x, y) + d(y, z)$ für alle $x, y, z \in X$ (Dreiecksungleichung).

Das Paar (X, d) heißt *metrischer Raum*.

1.2 Beispiele.

(a) Aus der Analysis und der linearen Algebra bekannt ist der *n-dimensionale euklidische Raum* $\mathbb{R}^n = \{x = (x_1, \ldots, x_n) \mid x_j \in \mathbb{R}\}$, versehen mit der *euklidischen Metrik* $d(x, y) = \sqrt{\sum_{j=1}^{n} (x_j - y_j)^2}$, $y = (y_1, \ldots, y_n)$. Wenn nicht anderes gesagt, besitzt $\mathbb{R}^n$ im Folgenden diese Metrik. Analog nehmen wir auf $\mathbb{C}^n$ die Metrik $d(z, w) = \sqrt{\sum_{j=1}^{m} |z_j - w_j|^2}$, $z = (z_1, \ldots, z_n)$, $w = (w_1, \ldots, w_n)$.

(b) Trivialerweise können wir jeder Menge X durch

$$d(x, x) := 0 \quad \text{und } d(x, y) := 1 \quad \text{für } x \neq y, \ x, y \in X,$$

eine Metrik geben und erhalten einen *diskreten metrischen Raum*.

(c) Ein Vektorraum V über $\mathbb{R}$ oder $\mathbb{C}$ heißt *normiert*, wenn es eine Funktion $\| \cdot \|\colon V \to [0, \infty[$, $x \mapsto \|x\|$, mit den folgenden Eigenschaften gibt:

(1) $\|x\| \geq 0$ für alle $x \in V$,

(2) $\|x\| = 0 \iff x = 0$,

(3) $\|\lambda x\| = |\lambda| \cdot \|x\|$ für jedes $x \in V$ und $\lambda \in \mathbb{R}$,

(4) $\|x + y\| \leq \|x\| + \|y\|$ für alle $x, y \in V$.

Durch $d(x, y) := \|x - y\|$ wird auf V eine Metrik definiert.

(d) Ein Spezialfall von (c): Die Menge B der beschränkten Abbildungen von $I = [0, 1]$ nach $\mathbb{R}$ wird durch die Festsetzung

$$(f + g)(x) := f(x) + g(x), \quad (\lambda f)(x) := \lambda f(x) \quad \text{für } f, g \in X, \lambda \in \mathbb{R}$$

zu einem reellen Vektorraum. Zu einem normierten Vektorraum wird B durch die Norm $\sup\{|f(x)| \mid x \in I\}$ und daher zu einem metrischen Raum durch die Metrik

$$d_\infty(f, g) := \sup\{|f(x) - g(x)| \mid x \in I\}.$$

Diese Norm heißt *Supremumsnorm* und wird mit $\|f\|_\infty$ bezeichnet.

(e) Die Menge $\mathbb{Z}$ der ganzen Zahlen erhält durch $d(x, y) := |x - y|$ offenbar eine Metrik. Zu jeder Primzahl p lässt sich eine andere Metrik auf $\mathbb{Z}$, eine sogenannte *p-adische Metrik*, wie folgt festlegen:

$$d(x, x) := 0 \quad \text{und } d(x, y) := p^{-v_p(x-y)} \quad \text{für } x, y \in \mathbb{Z}, x \neq y,$$

wobei $v_p(x)$ der Exponent von p in der Primzahlzerlegung von $|x|$, $0 \neq x \in \mathbb{Z}$, ist. Das System der p-adischen Metrik spielt eine wichtige Rolle in der Zahlentheorie. Jede p-adische Metrik genügt der Bedingung $d(x, z) \leq \max\{d(x, y), d(y, z)\}$.

(f) Aus schon vorhandenen metrischen Räumen lassen sich andere metrische Räume gewinnen. Ein einfaches Beispiel hierfür ist die Beschränkung der Metrik eines Raumes (X, d) auf eine Teilmenge $Y \subset X$: Die von d auf Y *induzierte Metrik* ist $d' := d|Y \times Y$.

(g) Die *Einheitssphäre* $S^2 = \{(\xi, \eta, \zeta) \in \mathbb{R}^3 \mid \xi^2 + \eta^2 + \zeta^2 = 1\} \subset \mathbb{R}^3$ trägt normalerweise die von $\mathbb{R}^3$ induzierte Metrik. Eine andere übliche Metrik benutzt Großkreise zur Abstandsermittlung: Der Abstand zweier Punkte ist die minimale Länge eines Bogens auf einem Großkreis, der die beiden Punkte enthält. Der maximal auftretende Abstand zweier Punkte von S^2 ist im ersten Falle gleich 2, im zweiten gleich π.

Die *n-dimensionale Einheitssphäre* $S^n = \{x \in \mathbb{R}^{n+1} \mid \|x\| = 1\}$ erhält eine Metrik aus der des $(n + 1)$-dimensionalen euklidischen Raumes bzw. mittels Bogenlängen.

(h) Auf dem Produkt zweier metrischer Räume (X_1, d_1) und (X_2, d_2) lassen sich verschiedene Metriken einführen, wie z.B.

$$d'(x, y) := d_1(x_1, y_1) + d_2(x_2, y_2), \quad x = (x_1, x_2) \text{ und } y = (y_1, y_2),$$
$$d''(x, y) := \sqrt{(d_1(x_1, y_1))^2 + (d_2(x_2, y_2))^2},$$
$$d'''(x, y) := \max\{d_1(x_1, y_1), d_2(x_2, y_2)\},$$

vgl. Abb. 1.1. Diese Konstruktionen lassen sich offenbar auf Produkte mit endlich vielen Faktoren verallgemeinern.

(i) Auf unendliche Produkte $\prod_{n=0}^{\infty} X_n$ von metrischen Räumen (X_n, d_n) lassen sich die unter (h) genannten Verfahren nicht direkt übertragen, da eine Metrik den Wert ∞ nicht annimmt. Durch

$$d(x,y) := \sum_{n=0}^{\infty} \frac{1}{2^{n+1}} \frac{d_n(x_n, y_n)}{1 + d_n(x_n, y_n)}, \quad x = (x_n)_{n \in \mathbb{N}},\ y = (y_n)_{n \in \mathbb{N}},$$

wird eine Metrik auf X definiert, vgl. 1.A2.

(j) Allgemeiner entsteht aus einer beliebigen Norm $\|\cdot\|$ auf einer Menge X eine neue Norm $\|\cdot\|'$ durch $\|x\|' = \frac{\|x\|}{1+\|x\|}$. Diese Norm ist durch 1 beschränkt. Dann ergibt

$$d_0(x,y) = \left\| \frac{x}{1 + \|x\|} - \frac{y}{1 + \|y\|} \right\|$$

eine Metrik auf X, vgl. Abb. 1.2.

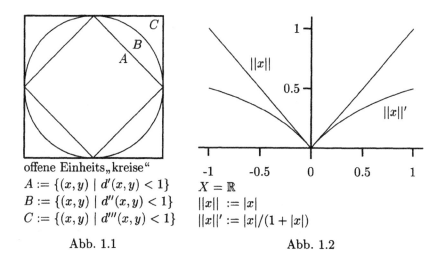

offene Einheits„kreise“
$A := \{(x,y) \mid d'(x,y) < 1\}$
$B := \{(x,y) \mid d''(x,y) < 1\}$
$C := \{(x,y) \mid d'''(x,y) < 1\}$

Abb. 1.1

$X = \mathbb{R}$
$\|x\| := |x|$
$\|x\|' := |x|/(1 + |x|)$

Abb. 1.2

B Offene und abgeschlossene Mengen, Umgebungen

1.3 Definition. Sei (X, d) ein metrischer Raum, $a \in X$, $0 < r \in \mathbb{R}$. Die Menge $B(a, r) := \{x \in X \mid d(a, x) < r\}$ heißt *offene Kugel um a mit Radius r*. Eine Teilmenge $O \subset X$ heißt *offen*, wenn zu jedem $x \in O$ ein $r > 0$ existiert mit $B(x, r) \subset O$. Insbesondere ist die leere Menge offen, da es kein $x \in \emptyset$ gibt. Eine Teilmenge $A \subset X$ heißt *abgeschlossen*, wenn $X \backslash A$ offen ist. Ein $U \subset X$ heißt *Umgebung* von $x \in X$, wenn U eine offene Kugel um x enthält.

Jede offene Kugel ist wegen der Dreiecksungleichung eine offene Menge. Für die Metriken d', d'', d''' aus 1.2 (h) sind die offenen Kugeln vom Radius 1 für $\mathbb{R} \times \mathbb{R}$ in Abb. 1.1 skizziert.

Der folgende Satz beschreibt grundlegende Eigenschaften offener Mengen.

1.4 Satz. *Für einen metrischen Raum (X, d) gilt:*

(a)   *Die Vereinigung von offenen Mengen ist offen.*

(b)   *Der Durchschnitt endlich vieler offener Mengen ist offen.*

(c)   *Der gesamte Raum X und die leere Menge sind offen.*

(d)   *Eine Menge $A \subset (X, d)$ ist genau dann offen in X, wenn A Umgebung jedes seiner Punkte ist.*

Beweis. (b) Sei $O = \bigcap_{i=1}^{n} O_i$, O_i offen und $x \in O$. Für jedes $i \in \{1, \ldots, n\}$ gibt es ein $r_i > 0$ mit $B(x, r_i) \subset O_i$. Dann ist $B(x, r) \subset \bigcap_{i=1}^{n} O_i$ für $r = \min\{r_1, \ldots, r_n\}$.

(c) Für jedes $x \in X$ und jedes $r > 0$ ist $B(x, r) \subset X$. Also ist X offen. $\square$

Die in 1.4 (a-c) gegebene Charakterisierung der offenen Mengen wird später (vgl. 2.1) zur Definition einer Topologie benutzt.

1.5 Anmerkungen.

(a) In einem metrischen Raum ist jede einpunktige Menge abgeschlossen.

(b) Hat die Metrik d die Eigenschaft $d(x, z) \leq \max\{d(x, y), d(y, z)\}$ für alle $x, y, z \in X$, so ist jede offene Kugel zugleich offen und abgeschlossen (vgl. 1.2 (e) und 1.A6).

(c) Verschiedene Metriken auf einer Menge X können dasselbe System von offenen Mengen definieren, wie es z.B. die Metriken d', d'' und d''' aus 1.2 (g) tun.

Der folgende Satz charakterisiert die offenen Teilmengen von $\mathbb{R}$.

1.6 Satz. *Jede offene Teilmenge von $\mathbb{R}$ ist Vereinigung abzählbar vieler offener, disjunkter Intervalle.*

Beweis. Sei $A \neq \emptyset$ offen in $\mathbb{R}$. Die Relation

$$x \sim y :\iff \exists \;]a, b[\subset A \quad \text{mit } a \neq b \text{ und } \{x, y\} \in \;]a, b[$$

ist eine Äquivalenzrelation auf A. Die Äquivalenzklassen sind disjunkte offene Intervalle, deren Vereinigung A ist. Da in jedem offenen, nichtleeren Intervall eine rationale Zahl liegt, ist die Menge der Äquivalenzklassen abzählbar. $\square$

1.7 Definition. Sei $A \neq \emptyset$ eine Teilmenge von (X, d) und $x \in X$. Dann heißt x *innerer Punkt* von A, wenn A Umgebung von x ist, und x heißt *Randpunkt* von A, wenn jede Umgebung von x sowohl mit A wie auch mit $X \backslash A$ einen nicht leeren Durchschnitt hat. Die Menge $\overset{\circ}{A}$ der inneren Punkte von A heißt das *Innere von A*, die Menge $\dot{A}$ der Randpunkte von A heißt der *Rand* von A, und die Menge $\bar{A}$ der inneren und der Randpunkte von A heißt die *abgeschlossene Hülle von A*.

Es ist $\mathring{A}$ die größte in A enthaltene offene Menge von X und $\bar{A}$ die kleinste abgeschlossene Teilmenge von X, die A umfasst. Aus den Definitionen 1.3 und 1.7 ergibt sich unmittelbar: Eine Menge $A \subset X$ ist genau dann offen, wenn $\mathring{A} = A$ gilt, und genau dann abgeschlossen, wenn $\bar{A} = A$ gilt. Ferner ist $\bar{A} = \mathring{A} \cup \dot{A}$, $\mathring{A} \cap \dot{A} = \emptyset$, und $\dot{A} = \bar{A} \cap \overline{X \backslash A}$ ist auch der Rand von $X \backslash A$.

1.8 Beispiele.

(a) Für die Teilmenge $A := [0, 1[\, \cup \, \{2\}$ des euklidischen Raumes $\mathbb{R}$ gilt $\mathring{A} = \,]0, 1[\, , \; \bar{A} = [0, 1] \cup \{2\}$ und $\dot{A} = \{0, 1, 2\}$.

(b) Die Teilmenge $A := \left\{ \frac{1}{n} \mid n \in \mathbb{N}^* \right\}$ von $\mathbb{R}$ hat keine inneren Punkte, und es gilt $\bar{A} = \{0\} \cup A$.

(c) Die Menge $\mathbb{Q}$ der rationalen Zahlen hat als Teilmenge von $\mathbb{R}$ keine inneren Punkte; jeder Punkt von $\mathbb{R}$ ist Randpunkt von $\mathbb{Q}$.

Innere Punkte und Randpunkte lassen sich auch mit Hilfe des Abstandes beschreiben.

1.9 Definition. Der *Abstand zweier nichtleerer Teilmengen* von A und B eines metrischen Raumes (X, d) wird durch $d(A, B) := \inf\{d(x, y) \mid x \in A, y \in B\}$ definiert. Für $A = \{x\}$ sei $d(x, B) := d(A, B)$.

1.10 Satz. *Sei (X, d) ein metrischer Raum, $x \in X$ und $\emptyset \neq A \subset X$.*

(a) $x \in \bar{A}$ *gilt genau dann, wenn* $d(x, A) = 0$.

(b)   *x ist genau dann Randpunkt von A, wenn* $d(x, A) = d(x, X \backslash A) = 0$.

(c)   *x ist genau dann innerer Punkt von A, wenn* $d(x, X \backslash A) > 0$.

Beweis. (a) Ist $d(x, A) = \varepsilon > 0$, so ist $B(x, \varepsilon)$ eine Umgebung von x, die mit A leeren Durchschnitt hat, d.h. $x \notin \bar{A}$. Sei nun $d(x, A) = 0$ und U eine Umgebung von x. Nach Definition 1.3 gibt es ein $\varepsilon > 0$ mit $B(x, \varepsilon) \subset U$. Wegen $d(x, A) = 0$ gibt es ein $y \in A \cap B(x, \varepsilon)$, d.h. es ist $U \cap A \neq \emptyset$, also $x \in \bar{A}$.

(b) und (c) ergeben sich aus (a). $\qquad\qquad\qquad\qquad\qquad\qquad\qquad\quad$ $\square$

C Stetige Abbildungen

1.11 Definition. Es seien (X, d) und (X', d') metrische Räume. Eine Abbildung $f \colon X \to X'$ heißt *stetig in* $x_0 \in X$, wenn es für jedes $\varepsilon > 0$ ein $\delta(\varepsilon, x_0) > 0$ gibt, sodass $d'(f(x_0), f(x)) < \varepsilon$ für jedes x mit $d(x_0, x) < \delta(\varepsilon, x_0)$ folgt. Wenn f in jedem Punkt $x \in X$ stetig ist, heißt *f stetig auf X*.

1.12 Beispiele.

(a) Die Abbildung

$$\mathbb{R} \to \mathbb{R}, \quad x \mapsto \begin{cases} x \sin \frac{1}{x}, & x \neq 0, \\ 0, & x = 0, \end{cases}$$

ist in jedem $x \in \mathbb{R}$ stetig, vgl. Abb. 1.3 (a); die Abbildung

$$\mathbb{R} \to \mathbb{R}, \quad x \mapsto \begin{cases} \sin \frac{1}{x}, & x \neq 0, \\ 0, & x = 0, \end{cases}$$

ist stetig bei allen $x \neq 0$ und nicht stetig bei $x = 0$, vgl. Abb. 1.3 (b).

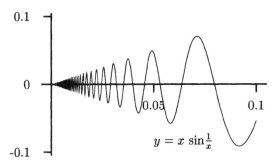

Abb. 1.3 (a)

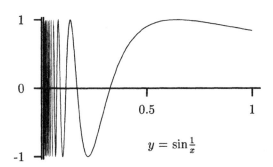

Abb. 1.3 (b)

(b) Die Abbildung

$$\mathbb{R}^2 \to \mathbb{R}, \quad (x,y) \mapsto \begin{cases} \frac{xy}{x^2+y^2}, & (x,y) \neq (0,0), \\ 0, & (x,y) = (0,0), \end{cases}$$

ist stetig auf $\mathbb{R}^2 \setminus \{0\}$ und nicht stetig in $0 = (0,0)$, vgl. Abb. 1.3 (c). Dagegen ist

$$\mathbb{R}^2 \to \mathbb{R}, \quad (x,y) \mapsto \begin{cases} \frac{x^2 y^2}{x^2+y^2}, & (x,y) \neq (0,0), \\ 0, & (x,y) = (0,0), \end{cases}$$

stetig auf $\mathbb{R}^2$, vgl. Abb. 1.3 (d).

$$f(x,y) = \frac{xy}{x^2+y^2}$$

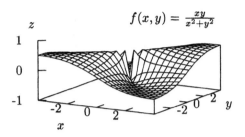

Abb. 1.3 (c)

$$f(x,y) = \frac{x^2y^2}{x^2+y^2}$$

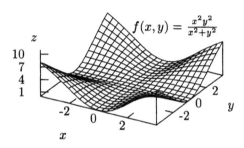

Abb. 1.3 (d)

(c) Sei N der Nordpol $(0,0,1)$ der Einheitssphäre S^2, vgl. 1.2 (g). Die *stereographische Projektion*

$$s\colon (S^2\backslash\{N\}) \to \mathbb{C}, \quad (\xi,\eta,\zeta) \mapsto z = x + iy \quad \text{mit} \quad x = \frac{\xi}{1-\zeta}, \; y = \frac{\eta}{1-\zeta},$$

und die Umkehrabbildung

$$\mathbb{C} \to (S^2\backslash\{N\}), \quad x+iy \mapsto \left(\frac{2x}{x^2+y^2+1}, \frac{2y}{x^2+y^2+1}, \frac{x^2+y^2-1}{x^2+y^2+1}\right)$$

sind stetig, vgl. Abb. 1.4.

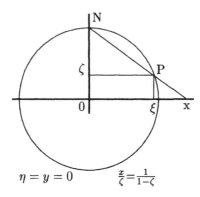

$$\eta = y = 0 \qquad \frac{x}{\zeta} = \frac{1}{1-\zeta}$$

Abb. 1.4

1.13 Grundlegende Eigenschaften stetiger Funktionen.

(a) Sind $f\colon X \to Y$ und $g\colon Y \to Z$ stetige Abbildungen zwischen metrischen Räumen, so ist auch $g \circ f$ stetig.

(b) (X, d) sei ein metrischer Raum. Sind $f, g\colon X \to \mathbb{R}$ stetig, so sind auch die folgenden Abbildungen von X nach $\mathbb{R}$ stetig:

$$(f + g) : x \mapsto f(x) + g(x), \; (f \cdot g) : x \mapsto f(x) \cdot g(x), \; |f| : x \mapsto |f(x)|,$$
$$h : x \mapsto \max\{f(x), g(x)\}, \; k : x \mapsto \min\{f(x), g(x)\}.$$

Ist $f(x) \neq 0$ für alle $x \in X$, so ist auch $\frac{1}{f}\colon x \mapsto \frac{1}{f(x)}$ stetig.

(c) Die Abbildung $f\colon \mathbb{R} \to \mathbb{R}$ mit $f(x) := \sum_{i=0}^{n} a_i x^i$, $a_i \in \mathbb{R}$, ist stetig. Ferner definiert $g(x) := \sum_{i=-m}^{n} a_i x^i$, $a_i \in \mathbb{R}$, eine stetige Abbildung von $\mathbb{R}\backslash\{0\}$ nach $\mathbb{R}$.

(d) Die Projektion $\mathbb{R}^2 \to \mathbb{R}$, $(x, y) \mapsto x$, ist stetig.

(e) Die Abbildungen $f, g\colon \mathbb{R}^2 \to \mathbb{R}$, definiert durch $f(x, y) := x + y$ und $g(x, y) := x \cdot y$, sind stetig.

Mit Hilfe des Umgebungsbegriffes ergibt sich folgende äquivalente Definition der Stetigkeit.

1.14 Satz. *Eine Abbildung $f\colon (X, d) \to (X', d')$ ist genau dann stetig in $x_0 \in X$, wenn das Urbild jeder Umgebung von $f(x_0)$ eine Umgebung von x_0 ist.*

f ist genau dann in ganz X stetig, wenn für jede offene (bzw. abgeschlossene) Menge aus X' das Urbild in X offen (bzw. abgeschlossen) ist. $\qquad\square$

In der Analysis spielt die gleichmäßige Konvergenz an verschiedenen Stellen, z.B. bei Vertauschungen von Differentiation oder Integration mit Limesbildungen, eine wichtige Rolle; dabei hängt die Schranke δ im Urbild nicht von der Stelle x_0, sondern nur von der Schranke ε im Bild ab. Für stetige Abbildungen gilt:

1.15 Definition. Eine Abbildung $f\colon (X, d) \to (X', d')$ heißt *gleichmäßig stetig*, wenn es zu jedem $\varepsilon > 0$ ein $\delta(\varepsilon) > 0$ gibt, so daß $d'(f(x), f(y)) < \varepsilon$ für alle $x, y \in X$ mit $d(x, y) < \delta(\varepsilon)$ ist.

1.16 Beispiele.

(a) Die lineare Abbildung $f\colon \mathbb{R} \to \mathbb{R}$ mit $f(x) := ax + b$, $a, b \in \mathbb{R}$, ist gleichmäßig stetig auf dem euklidischen Raum $\mathbb{R}$; dagegen ist die durch $g(x) := x^2$ definierte quadratische Abbildung dort nicht gleichmäßig stetig.

(b) Sei (X, d) ein metrischer Raum und $\emptyset \neq A \subset X$. Die durch $f(x) := d(A, x)$ definierte Abbildung $f\colon X \to \mathbb{R}$ ist gleichmäßig stetig; denn für alle $y \in X$ ist

$$d(A, x) = \inf\{d(z, x) \mid z \in A\} \leq \inf\{d(z, y) + d(y, x) \mid z \in A\}$$
$$= \inf\{d(z, y) \mid z \in A\} + d(y, x) = d(A, y) + d(y, x)$$

und analog $d(A, y) \leq d(A, x) + d(y, x)$, also $|d(A, x) - d(A, y)| \leq d(x, y)$.

(c) Sei (X, d) ein metrischer Raum, und $X \times X$ werde mit der Metrik $d'(x, y) = d(x_1, y_1) + d(x_2, y_2)$, $x = (x_1, x_2)$, $y = (y_1, y_2)$, versehen (vgl. 1.2 (h)). Die Abbildung $d'\colon X \times X \to \mathbb{R}$ ist gleichmäßig stetig; denn es gilt

$$|d(x_1, y_1) - d(x_2, y_2)| = |d(x_1, y_1) - d(x_2, y_1) + d(x_2, y_1) - d(x_2, y_2)| \leq$$
$$|d(x_1, y_1) - d(x_2, y_1)| + |d(x_2, y_1) - d(x_2, y_2)| \leq d(x_1, x_2) + d(y_1, y_2) =$$
$$d'((x_1, x_2), (y_1, y_2)).$$

D Konvergente Folgen

1.17 Definition. Eine Folge $(x_n)_{n \in \mathbb{N}}$ in einem metrischen Raum (X, d) heißt *konvergent* gegen $x \in X$, in Zeichen: $(x_n)_{n \in \mathbb{N}} \to x$, wenn es zu jedem $0 < \varepsilon \in \mathbb{R}$ ein $N(\varepsilon) \in \mathbb{N}$ gibt mit $d(x_n, x) < \varepsilon$ für alle $n \geq N(\varepsilon)$. Der Punkt x heißt *Limespunkt* der Folge $(x_n)_{n \in \mathbb{N}}$. Ein Punkt $y \in X$ heißt *Häufungspunkt* einer Folge $(x_n)_{n \in \mathbb{N}}$, wenn in jeder Umgebung von y unendlich viele Folgenglieder liegen, d.h. für unendlich viele n liegt x_n in der Umgebung.

Die Folge $((-1)^n)_{n \in \mathbb{N}}$ hat die Häufungspunkte 1 und -1, sie hat aber keinen Limespunkt. Offenbar gilt:

1.18 Satz. *Eine konvergente Folge in einem metrischen Raum hat höchstens einen Limespunkt.* □

In metrischen Räumen lassen sich Begriffe wie „abgeschlossen" und „Stetigkeit" durch konvergente Folgen beschreiben.

1.19 Satz. (X, d) *und* (X', d') *seien metrische Räume und* $\emptyset \neq A \subset X$.

(a) $x \in \bar{A}$ *gilt genau dann, wenn es eine Folge* $(x_n)_{n \in \mathbb{N}}$ *in* A *gibt, die gegen* x *konvergiert.*

(b) *Eine Abbildung* $f \colon (X, d) \to (X', d')$ *ist genau dann stetig in* $x \in X$, *wenn für jede gegen* x *konvergierende Folge* $(x_n)_{n \in \mathbb{N}}$ *die Folge* $(f(x_n))_{n \in \mathbb{N}}$ *gegen* $f(x)$ *konvergiert.*

Beweis. (b) Sei f stetig in x und $(x_n)_{n \in \mathbb{N}} \to x \in X$. Für den offenen Ball $B(f(x), \varepsilon)$ ist $f^{-1}(B(f(x), \varepsilon))$ eine offene Umgebung von x. Daher gibt es ein $n_0 \in \mathbb{N}$ mit $x_n \in f^{-1}(B(f(x), \varepsilon))$, also auch $f(x_n) \in B(f(x), \varepsilon)$ für alle $n \geq n_0$, d.h. $(f(x_n))_{n \in \mathbb{N}} \to f(x)$.

Ist f nicht stetig in $x \in X$, so gibt es ein $\varepsilon > 0$ mit $f(B(x, \delta)) \not\subset B(f(x), \varepsilon)$ für alle $\delta > 0$. Zu jedem $n \in \mathbb{N}^*$ existiert daher ein $x_n \in B(x, \frac{1}{n})$ mit $f(x_n) \notin B(f(x), \varepsilon)$. Also konvergiert $(f(x_n))_{n \in \mathbb{N}}$ nicht gegen $f(x)$. $\qquad \square$

1.20 Definition. Eine Folge $(x_n)_{n \in \mathbb{N}}$ in einem metrischen Raum (X, d) heißt *Cauchy-Folge*, wenn es zu jedem $\varepsilon > 0$ ein $N(\varepsilon) \in \mathbb{N}$ gibt mit $d(x_p, x_q) < \varepsilon$ für alle $p, q \geq N(\varepsilon)$.

1.21 Satz.

(a) *Ist* $(x_n)_{n \in \mathbb{N}}$ *eine Cauchy-Folge in* (X, d), *so ist jeder Häufungspunkt von* $(x_n)_{n \in \mathbb{N}}$ *zugleich Limespunkt.*

(b) *Jede konvergente Folge ist eine Cauchy-Folge.* $\qquad \square$

Beispiel. $\mathbb{Q}$ trage die von $\mathbb{R}$ induzierte Metrik. Die Folge $(x_n)_{n \in \mathbb{N}}$ mit $x_0 := 1$ und $x_{n+1} := \frac{1}{2}(x_n + \frac{2}{x_n})$ ist eine Cauchy-Folge, die in $\mathbb{Q}$ nicht konvergiert. In $\mathbb{R}$ konvergiert diese Folge gegen $\sqrt{2}$. Allgemein ist jede reelle Zahl Limespunkt einer Cauchy-Folge rationaler Zahlen. Die Vollständigkeitseigenschaft der reellen bzw. komplexen Zahlen besagt, dass jede Cauchy-Folge konvergiert, was bei rationalen Zahlen nicht der Fall ist.

1.22 Definition. Seien $f \colon X \to Y$ und $f_n \colon X \to Y$, $n \in \mathbb{N}$, Abbildungen einer Menge X in einen metrischen Raum (Y, d). Die Folge $(f_n)_{n \in \mathbb{N}}$ *konvergiert gleichmäßig* gegen f, falls es zu jedem $\varepsilon > 0$ ein $N(\varepsilon) \in \mathbb{N}$ gibt mit $d(f_n(x), f(x)) < \varepsilon$ für alle $x \in X$ und $n \geq N(\varepsilon)$.

1.23 Satz. *Sind* $f_n \colon X \to Y$, $n \in \mathbb{N}$, *stetige Abbildungen des metrischen Raumes* X *in den metrischen Raum* (Y, d) *und konvergiert die Folge* $(f_n)_{n \in \mathbb{N}}$ *gleichmäßig gegen* $f \colon X \to Y$, *so ist auch* f *stetig.*

Beweis. Sei $\varepsilon > 0$ und $n \geq N(\frac{\varepsilon}{3})$. Dann ist

$$d(f(x), f(y)) \leq d(f(x), f_n(x)) + d(f_n(x), f_n(y)) + d(f_n(y), f(y))$$
$$< \frac{2}{3}\varepsilon + d(f_n(x), f_n(y)).$$

Da f_n stetig ist, gibt es eine Umgebung U von x derart, dass für $y \in U$ stets $d(f_n(x), f_n(y)) < \frac{\varepsilon}{3}$ ist. Also gilt für $y \in U$ auch $d(f(x), f(y)) < \varepsilon$. $\qquad\square$

1.24 Beispiel. Sei $f_n\colon [0,1] \to [0,1], f_n(x) := x^n$. Auf jedem Intervall $[0, 1 - \varepsilon]$ konvergiert die Folge $(f_n)_{n \in \mathbb{N}}$ gleichmäßig gegen f mit $f(x) = 0$, $x \in [0, 1 - \varepsilon]$. Für jedes $x \in [0,1]$ konvergiert die Folge $(f_n(x))_{n \in \mathbb{N}^*}$ gegen

$$f(x) := \begin{cases} 0 & \text{für } x \neq 1, \\ 1 & \text{für } x = 1; \end{cases}$$

die Funktion f ist offenbar nicht stetig bei 1. Deshalb konvergiert die Folge $(f_n)_{n \in \mathbb{N}^*}$ auf $[0,1]$ nicht gleichmäßig gegen f, vgl. Abb. 1.5.

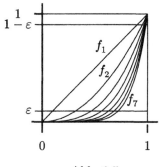

Abb. 1.5

E Trennungseigenschaften in Metrischen Räumen

1.25 Satz. *In einem metrischen Raum (X, d) gilt:*

(a) *Zwei verschiedene Punkte $x_1, x_2 \in X$ besitzen disjunkte Umgebungen.*

(b) *Sind A_i, $i = 1,2$, disjunkte, abgeschlossene Teilmengen von X, so gibt es disjunkte offene Mengen O_i, $i = 1,2$, mit $O_i \supset A_i$.*

(c) *Sind A und B abgeschlossene, disjunkte, nichtleere Teilmengen von X, so gibt es eine stetige Funktion $f\colon X \to [0,1]$ mit $f(A) = \{0\}$ und $f(B) = \{1\}$.*

Beweis. (a) Ist $2r = d(x_1, x_2)$, so sind die offenen Kugeln $B(x_i, r)$, $i = 1,2$, disjunkt, und $B(x_i, r)$ ist Umgebung von x_i.

(b) $\forall x \in A_i \; \exists r_x > 0$ mit $B(x, 2r_x) \cap A_j = \emptyset$, $i, j \in \{1,2\}, i \neq j$. Die offenen Mengen $O_i = \bigcup_{x \in A_i} B(x, r_x)$ erfüllen die geforderte Eigenschaft.

(c) Vgl. 1.A9. $\qquad\square$

Aufgaben

1.A1 (X, d) und (X, d') seien metrische Räume, $x, y \in X$. Dann sind auch

$$d_1(x, y) := k d(x, y), \; k \in \mathbb{R}, \; k > 0, \quad d_2(x, y) := d(x, y) + d'(x, y),$$

$$d_3(x, y) := \max\{(d(x, y), d'(x, y))\}, \quad d_4(x, y) := \frac{d(x, y)}{1 + d(x, y)},$$

$$d_5(x, y) := \min\{1, d(x, y)\}$$

Metriken auf X.

1.A2 Weisen Sie die Eigenschaften einer Metrik für die unter 1.2 (h) bzw. (i) angegebenen Funktionen d', d'', d''' bzw. d nach.

1.A3 Die Menge ℓ^2 der Folgen reeller Zahlen $(a_i)_{i \in \mathbb{N}}$ mit $\sum_{i=0}^{\infty} a_i^2 < \infty$ ist ein Vektorraum. Auf ihm ist $d((a_i), (b_i)) := \sqrt{\sum_{i=0}^{\infty}(a_i - b_i)^2}$ eine Metrik. Dieser Raum heißt *Hilbert'scher Folgenraum*.

1.A4 In einem metrischen Raum (X, d) ist $\bar{B}(x, r) := \{y \in (X, d) \mid d(x, y) \leq r\}$ für $x \in X$ und $Q < r \in \mathbb{R}$ abgeschlossen.

1.A5 In einem metrischen Raum ist jede abgeschlossene Menge als Durchschnitt abzählbar vieler offener Mengen darstellbar.

1.A6 Sei d eine Metrik auf X mit der folgenden Eigenschaft:

$$d(x, z) \leq \max\{d(x, y), d(y, z)\} \quad \text{für alle } x, y, z \in X.$$

Zeigen Sie, dass $B(x, r) := \{y \in X \mid d(x, y) < r\}$ für jedes $r > 0$ offen und abgeschlossen ist.

1.A7 Zeigen Sie, dass die in 1.2 (h) beschriebenen Metriken d', d'' und d''' auf $X_1 \times X_2$ dasselbe System von offenen Mengen definieren.

1.A8 Jede streng monotone, surjektive Abbildung $f \colon \mathbb{R} \to \mathbb{R}$, $\mathbb{R}$ versehen mit der euklidischen Metrik, ist stetig.

1.A9 Sind A und B abgeschlossene, disjunkte Teilmengen des metrischen Raumes (X, d), so gibt es eine stetige Funktion $f \colon X \to [0, 1]$ mit $f^{-1}(0) = A$ und $f^{-1}(1) = B$. Hinweis: Benutzen Sie die „Abstandsfunktionen" $d(x, A)$ und $d(x, B)$.

1.A10 Verifizieren Sie die grundlegenden Eigenschaften stetiger Funktionen von 1.13.

1.A11 Sind d_1 und d_2 zwei Metriken auf X mit $\alpha d_1(x, y) < d_2(x, y) < \beta d_1(x, y)$ für festes $\alpha, \beta \in \mathbb{R}$, $\alpha, \beta > 0$, so sind die identischen Abbildungen von (X, d_1) nach (X, d_2) und (X, d_2) nach (X, d_1) gleichmäßig stetig.

Zeigen Sie, daß für jedes Paar von Metriken d', d'', d''' aus 1.2 (h) die identische Abbildung in beiden Richtungen gleichmäßig stetig ist.

1.A12 Sei d_1 die euklidische Metrik auf $\mathbb{R}$ und $d_2(x,y) := |x^3 - y^3|$. Zeigen Sie, dass die identische Abbildung von $(\mathbb{R}, d_1)$ nach $(\mathbb{R}, d_2)$ stetig, aber nicht gleichmäßig stetig ist.

1.A13 $(X_i, d_i), i = 1, 2$, seien metrische Räume und $X := X_1 \times X_2$ sei versehen mit einer der unter 1.2 (h) angegebenen Metriken. Zeigen Sie: Die Projektionsabbildung $p_1\colon X_1 \times X_2 \to X_1, p_1(x_1, x_2) := x_1$, ist gleichmäßig stetig.

1.A14 (X, d) sei ein metrischer Raum, $(f_i)_{i \in \mathbb{N}}$ eine Folge von Abbildungen $f_i\colon X \to \mathbb{R}$, $(a_i)_{i \in \mathbb{N}}$ eine Folge in $\mathbb{R}$ derart, dass $|f_i(x)| < a_i$ für alle $x \in X$ und dass die Folge $(\tilde{s}_j)_{j \in \mathbb{N}}, \tilde{s}_j := \sum_{i=0}^{j} a_i$, konvergent ist. Dann konvergiert die Folge $(s_n)_{n \in \mathbb{N}}, s_n := \sum_{i=0}^{n} f_i$, gleichmäßig gegen $f = \lim_{n \to \infty} s_n = \sum_{i=0}^{\infty} f_i$.

1.A15 Sei $p \in \mathbb{N}$ eine Primzahl und $\mathcal{K}_p = \{\pm \sum_{k=0}^{\infty} x_k p^k \mid x_k \in \mathbb{Z}, 0 \leq x_k < p\}$ definiert als Menge formaler Ausdrücke. Die Elemente von $\mathcal{K}_p$ heißen p-adische Zahlen. Offenbar stellen die endlichen Ausdrücke die ganzen Zahlen $\mathbb{Z}$ eineindeutig dar; wir bezeichnen diese Teilmenge hier mit $\mathcal{Z}$. Sei $V_n = \{\pm \sum_{k=n}^{\infty} \mid 0 \leq x_k < p\}$. Wir definieren

$$d(x,y) = d(x - y, 0) = p^{-n} \quad \text{falls } x - y \in V_n \setminus V_{n-1}.$$

Zeigen Sie:

(a) d ist eine Metrik auf $\mathcal{K}_p$. Sie ist nicht-archimedisch, d.h. es gilt die Dreiecksungleichung in der schärferen Form $d(x,y) \leq \max\{d(x,z), d(z,y)\}$ für beliebige $x, y, z \in \mathcal{K}_p$, vgl. 1.A6. Auf der Teilmenge $\mathcal{Z}$ wird die p-adische Metrik von 1.2 (e) induziert.

(b) $\mathcal{Z}$ *liegt dicht in* $\mathcal{K}_p$, d.h. $\overline{\mathcal{Z}} = \mathcal{K}_p$.

(c) Setzen Sie die Addition und Multiplikation von $\mathcal{Z}$ auf $\mathcal{K}_p$ fort, und zeigen Sie, dass dann $\mathcal{K}_p$ ein Körper ist.

(d) Die Addition und Multiplikation sind stetige Abbildungen $\mathcal{K}_p \times \mathcal{K}_p \to \mathcal{K}_p$, ebenfalls ergibt das Inversenbilden bzgl. der Multiplikation eine stetige Abbildung $\mathcal{K}_p \setminus \{0\} \to \mathcal{K}_p \setminus \{0\}$.

(e) Zeigen Sie, dass $\mathcal{K}_p$ *vollständig* ist, d.h. jede Cauchy-Folge konvergiert gegen ein Element aus $\mathcal{K}_p$.

2 Topologische Räume und stetige Abbildungen

Die im vorigen Kapitel gewonnenen Eigenschaften von offenen Mengen in metrischen Räumen werden nun zur Definition von Topologien auf einer Menge X verwandt, und es wird der Begriff der stetigen Abbildung zwischen metrischen Räumen auf beliebige mit Topologien versehene Mengen verallgemeinert.

A Topologische Räume

2.1 Definition.

(a) Ein System $\mathcal{O}$ von Teilmengen einer Menge X heißt *Topologie* auf X, wenn folgende Bedingungen erfüllt sind:

(1) Jede Vereinigung von Mengen aus $\mathcal{O}$ gehört zu $\mathcal{O}$:

$$O_i \in \mathcal{O}, \ i \in I \implies \bigcup_{i \in I} O_i \in \mathcal{O}.$$

(2) Jeder Durchschnitt von endlich vielen Mengen aus $\mathcal{O}$ gehört zu $\mathcal{O}$:

$$O_1, \ldots, O_n \in \mathcal{O} \implies \bigcap_{i=1}^{n} O_i \in \mathcal{O}.$$

(3) $X, \emptyset \in \mathcal{O}$.

(b) Ein *topologischer Raum* ist ein Paar $(X, \mathcal{O})$, wobei X eine Menge und $\mathcal{O}$ eine Topologie auf X ist. Die Teilmengen von X, die zu $\mathcal{O}$ gehören, heißen *offene Mengen* von $(X, \mathcal{O})$; die Komplemente von offenen Mengen heißen *abgeschlossene Mengen* von $(X, \mathcal{O})$.

Die Bedingung (3) ist in (1) und (2) enthalten, wenn die Konventionen der mathematischen Sprechweise: $\bigcup_{i \in \emptyset} O_i = \emptyset$ und $\bigcap_{i \in \emptyset} O_i = X$ übernommen wird.

2.2 Besondere Topologien.

(a) Die *indiskrete Topologie* auf einer Menge X besteht lediglich aus zwei offenen Mengen, nämlich $\mathcal{O}_{\text{ind}} = \{\emptyset, X\}$.

(b) Bei der *diskreten Topologie* auf einer Menge X ist $\mathcal{O}_{\text{dis}}$ die Potenzmenge von X, d.h. die Menge aller Teilmengen von X, und $(X, \mathcal{O})$ heißt *diskreter topologischer Raum*.

(c) Die *natürliche Topologie* $\mathcal{O}_n$ auf $\mathbb{R}$ besteht aus den Vereinigungen von offenen Intervallen $]a, b[$, $a, b \in \mathbb{R}$. Analog wird die zu einem metrischen Raum (X, d) gehörige Topologie gegeben durch die Vereinigungsmengen von offenen Kugeln. Speziell erhält man so die *natürlichen Topologien* auf dem n-dimensionalen euklidischen Raum $\mathbb{R}^n$, auf $\mathbb{C}$ und $\mathbb{C}^n$ bzw. $\mathbb{Q}$ und $\mathbb{Q}^n$.

(d) Die Menge aller offenen Intervalle $] - \infty, a[$ zusammen mit $\emptyset$ und $\mathbb{R}$ ist eine Topologie $\mathcal{O}_<$ auf $\mathbb{R}$.

(e) Die Menge aller Vereinigungen von abgeschlossenen Intervallen $] - \infty, a]$ ergibt eine Topologie $\mathcal{O}_{\leq}$ auf $\mathbb{R}$; sie besteht aus $\emptyset$, $\mathbb{R}$ und allen abgeschlossenen und offenen Halbgeraden.

(f) Die Mengen $\mathbb{R} \backslash \{x_1, \ldots, x_n\}$, $n \in \mathbb{N}$, $x_j \in \mathbb{R}$, und $\emptyset$ ergeben eine andere Topologie $\mathcal{O}_{\text{cof}}$ auf $\mathbb{R}$. Allgemein ist für eine beliebige Menge X die *cofinite Topologie* dadurch definiert, dass die offenen Mengen $\mathcal{O}_{\text{cof}}$ neben $\emptyset$ die Komplemente der endlichen Teilmengen sind.

Für die auf $\mathbb{R}$ definierten Topologien gilt:

$$\mathcal{O}_{\text{ind}} \subset \mathcal{O}_{\text{cof}} \subset \mathcal{O}_n \subset \mathcal{O}_{\text{dis}}, \quad \mathcal{O}_{\text{ind}} \subset \mathcal{O}_< \subset \mathcal{O}_{\leq} \subset \mathcal{O}_{\text{dis}}, \quad \mathcal{O}_< \subset \mathcal{O}_n.$$

(g) Auf einer linear geordneten Menge $(X, \leq)$ wird folgendermaßen eine Topologie erklärt: Zunächst bildet man das System $\mathcal{S}$ der Mengen

$$] - \infty, a[= \{x \in X \mid x < a\} \quad \text{und} \quad]a, \infty[= \{x \in X \mid a < x\} \quad \text{für } a \in X.$$

Das System der Vereinigungen von allen endlichen Durchschnitten von Mengen von $\mathcal{S}$ ist die *Ordnungstopologie*; $\mathcal{S}$ wird Subbasis der Topologie genannt. Ein Beispiel dafür ist die natürliche Topologie auf $\mathbb{R}$.

(h) Die von zwei Metriken d und d' auf einer Menge X definierten Topologien können übereinstimmen. Dieses ist immer der Fall, wenn die identische Abbildung in beiden Richtungen stetig ist. Beispiele dafür stehen unter 1.2 (h), in denen die identische Abbildung in beiden Richtungen sogar gleichmässig stetig ist (vgl. 1.A11). Auch die Metriken

$$d(x, y) = |x - y| \quad \text{und} \quad d'(x, y) = \left| \frac{x}{1 + |x|} - \frac{y}{1 + |y|} \right|$$

erzeugen auf $\mathbb{R}$ dieselbe Topologie, obwohl $\text{id} : (\mathbb{R}, d') \to (\mathbb{R}, d)$ nicht gleichmässig stetig ist.

Im Folgenden tragen $\mathbb{R}$, $\mathbb{R}^n$, $\mathbb{C}$, $\mathbb{Q}$ *die natürliche Topologie, wenn es nicht ausdrücklich anders festgelegt wird.*

2.3 Definition.

(a) Ein System $\mathcal{B}$ von offenen Mengen eines topologischen Raumes $(X, \mathcal{O})$ heißt *Basis der Topologie*, wenn jede offene Menge von $(X, \mathcal{O})$ Vereinigung von Mengen aus $\mathcal{B}$ ist, d.h. zu jedem $x \in O \in \mathcal{O}$ gibt es ein $B \in \mathcal{B}$ mit $x \in B \subset O$.

(b) Eine *Subbasis* von $(X, \mathcal{O})$ ist ein System $\mathcal{S} \subset \mathcal{O}$, sodass die Menge aller endlichen Durchschnitte von Mengen aus $\mathcal{S}$ eine Basis von $\mathcal{O}$ ist.

(c) Dual zu (a) wird eine *Basis $\mathcal{F}$ der abgeschlossenen Mengen* dadurch definiert, dass jede abgeschlossene Menge von $(X, \mathcal{O})$ der Durchschnitt von Mengen aus $\mathcal{F}$ ist.

2.4 Eigenschaften von Basen.

(a) Alle Topologien auf X, die $\mathcal{B}$ als Basis haben, stimmen überein.

(b) Ist $\mathcal{B}$ eine Basis einer Topologie auf X, so gilt:

(1) Die Vereinigung aller Mengen aus $\mathcal{B}$ ist X.

(2) Der Durchschnitt zweier Mengen aus $\mathcal{B}$ ist Vereinigung von Mengen aus $\mathcal{B}$.

(c) Hat eine Menge $\mathcal{B}$ von Teilmengen einer Menge X die unter (b) formulierten Eigenschaften, so ist $\mathcal{B}$ Basis einer eindeutig bestimmten Topologie auf X.

(d) Ein System $\mathcal{F}$ von Teilmengen von X ist genau dann Basis für die abgeschlossenen Mengen bezüglich einer Topologie auf X, wenn $\mathcal{F}$ folgende Bedingungen erfüllt:

(1) $\bigcap_{F \in \mathcal{F}} F = \emptyset$.

(2) Die Vereinigung zweier Mengen aus $\mathcal{F}$ ist Durchschnitt von Mengen aus $\mathcal{F}$.

(e) Ist X ein topologischer Raum, so ist ein System $\mathcal{A}$ von Teilmengen von X eine Basis für die abgeschlossenen Mengen von X genau dann, wenn es zu jedem abgeschlossenen $B \subset X$ und jedem $x \in X \setminus B$ ein $A \in \mathcal{A}$ gibt mit $B \subset A$ und $x \notin A$. $\square$

2.5 Beispiele.

(a) Für die indiskrete Topologie in Beispiel 2.2 (a) ist $\{X\}$ und für die diskrete Topologie in Beispiel 2.2 (b) ist $\{\{x\} \mid x \in X\}$ eine Basis. Für die natürliche Topologie auf $\mathbb{R}$ in Beispiel 2.2 (c) bilden die offenen Intervalle mit rationalen Endpunkten eine Basis. In Beispiel 2.2 (d) bilden die Intervalle $]-\infty, a[$ mit rationalem a eine Basis. In Beispiel 2.4 (e) bilden die Intervalle $]-\infty, a]$ mit rationalem a *keine* Basis; denn z.B. lässt sich $]-\infty, e]$ nicht als Vereinigung solcher Intervalle schreiben.

(b) Eine Subbasis für die Standardtopologie von $\mathbb{R}$ ist

$$\mathcal{S}_{\mathbb{R}} := \{\,]-\infty, a[,\ ]a, \infty[\ \mid\ a \in \mathbb{Q}\}.$$

Analog bilden für ein abgeschlossenes Intervall $I = [a, b]$, $a < b$, die halboffenen Intervalle $[a, c[$ und $]c, b]$ für $a < c < b$ eine Subbasis $\mathcal{S}_I$ der Standardtopologie. Diese hat die folgende Eigenschaft: Ist $\mathcal{C} \subset \mathcal{S}_I$ eine Überdeckung von I und ist $L = \sup\{d \mid [a, d[\in \mathcal{C}\}$ sowie $K = \inf\{d \mid [d, b] \in \mathcal{C}\}$, so ist $K < L$, da $\mathcal{S}_I$ das Intervall $I = [a, b]$ überdeckt. Deshalb gibt es c_a, c_b mit $c_b < \frac{K+L}{2} < c_a$, sodass die Intervalle $C_a = [a, c_a[$, $C_b =]c_b, b]$ in $\mathcal{C}$ liegen. Dann gilt $I \subset C_a \cup C_b$. In $\mathbb{R}$ dagegen besitzt die Überdeckung $\{\,]-\infty, n[\ \mid\ n \in \mathbb{N}\} \subset \mathcal{S}_{\mathbb{R}}$ keine endliche Teilüberdeckung.

(c) Zu einer gegebenen Menge X kann jedes System $\mathcal{S}$ von Teilmengen als Subbasis einer Topologie auf X dienen; denn das System $\mathcal{B}$ aller endlichen Durchschnitte von Mengen aus $\mathcal{S}$ hat – unter Beachtung der Konvention über den leeren Durchschnitt – die Eigenschaften 2.4 (1, 2) und bildet deshalb die Basis einer Topologie $\mathcal{O}$ mit $\mathcal{S}$ als Subbasis.

(d) Auch für rein algebraische Fragenkreise werden Topologien verwandt. Sei etwa A ein Ring, so wird die Menge $X = \mathrm{spec}(A)$ aller Primärideale, d.h. Potenzen von Primidealen, von A als *Spektrum von A* bezeichnet. Auf X wird die *Zariski Topologie* durch die Angabe der abgeschlossenen Mengen erklärt Eine Teilmenge $V \subset X$ heißt abgeschlossen, wenn es ein Ideal $J \subset A$ gibt, sodass $V = \{P \in X \mid J \subset P\}$.

Betrachten wir z.B. den Ring $\mathbb{Z}_{36}$. Jetzt ist

$$X = \mathrm{spec}(\mathbb{Z}_{36}) = \{(2), (4), (3), (9)\},$$

wobei (k) das von k in $\mathbb{Z}_{36}$ erzeugte Ideal bezeichnet. Die Ideale in $\mathbb{Z}_{36}$ und die zugehörigen abgeschlossenen Mengen der Zariski-Topologie sind:

Ideal	(0)	(1)	(2)	(3)	(4)	(6)	(9)	(12)	(18)
abg.	$\emptyset$	X	$\{(2)\}$	$\{(3)\}$	$\{(2),(4)\}$	$\{(2),(3)\}$	$\{(3),(9)\}$	$\{(2),(3),(4)\}$	$\{(2),(3),(9)\}$

B Umgebungen

Der in der Analysis häufig benutzte Begriff der $\varepsilon-$Umgebung wird wie folgt verallgemeinert.

2.6 Definition. Es sei $(X, \mathcal{O})$ ein topologischer Raum und x ein Punkt von X. Eine Teilmenge $U \subset X$ heißt *Umgebung von x*, wenn es eine offene Menge $O \in \mathcal{O}$ mit $x \in O \subset U$ gibt. Die Menge aller Umgebungen von x heißt *Umgebungssystem von x* und wird mit $\mathcal{U}(x)$ bezeichnet.

Durch Umgebungen lassen sich die offenen Mengen einer Topologie charakterisieren:

2.7 Hilfssatz. *Folgende Aussagen sind äquivalent:*

(a) *O ist offen.*

(b) *O ist Umgebung jedes seiner Punkte.*

(c) *Zu jedem $x \in O$ gibt es eine Umgebung $U \in \mathcal{U}(x)$ mit $U \subset O$.*   □

2.8 Charakteristische Eigenschaften von Umgebungssystemen. In einem topologischen Raum $(X, \mathcal{O})$ haben die Umgebungssysteme $\{\mathcal{U}(x) \mid x \in X\}$ die folgenden Eigenschaften:

(a) Ist $U \in \mathcal{U}(x)$ und gilt $U \subset U' \subset X$, so ist auch $U' \in \mathcal{U}(x)$.

(b) Ist $U_j \in \mathcal{U}(x)$, $1 \le j \le n$, so gilt $\bigcap_{j=1}^{n} U_j \in \mathcal{U}(x)$.

(c) Ist $U \in \mathcal{U}(x)$, so gilt $x \in U$.

(d) Zu jedem $U \in \mathcal{U}(x)$ gibt es ein $V \in \mathcal{U}(x)$, sodass $U \in \mathcal{U}(y)$ gilt für alle $y \in V$.

Beweis. Es bleibt nur die Eigenschaft (d) nachzuprüfen. Jede offene Menge V mit $x \in V \subset U$, die es nach der Definition des Umgebungsbegriffes gibt, erfüllt (d) wegen 2.7 (b).   □

2.9 Satz. *Ist jedem Element x einer Menge X ein nichtleeres System $\mathcal{U}(x)$ von Teilmengen von X zugeordnet, sodass die Eigenschaften 2.8 (a-d) erfüllt sind, so gibt es eine eindeutig bestimmte Topologie auf X, für die $\mathcal{U}(x)$ das Umgebungssystem von x ist.*

Beweis. Eindeutigkeit: Hat irgendeine Topologie $\mathcal{O}$ das Umgebungssystem $(\mathcal{U}(x))_{x \in X}$ und ist $O \in \mathcal{O}$, so ist O wegen 2.7 (b) Umgebung eines jeden seiner Punkte. Nur die Mengen aus $\mathcal{O}$ haben nach 2.7 (a) diese Eigenschaft. Daraus folgt die Eindeutigkeit.

Konstruktion: Als offene Teilmengen von X wählen wir, wie es der Eindeutigkeitsbeweis nahelegt,

(∗) $\mathcal{O} := \{O \subset X \mid O \in \mathcal{U}(x)\ \forall x \in O\}.$

Aus 2.8 (a,b) ergibt sich, dass $\mathcal{O}$ eine Topologie ist.

Es bleibt zu zeigen, dass für jeden Punkt $x \in X$ das aus $\mathcal{O}$ gemäß 2.6 gewonnene Umgebungssystem $\mathcal{U}'(x)$ mit $\mathcal{U}(x)$ übereinstimmt.

Sei $U' \in \mathcal{U}'(x)$. Nach Definition der Umgebungen gibt es ein $O \in \mathcal{O}$ mit $x \in O \subset U'$. Wegen (∗) ist $O \in \mathcal{U}(x)$, und wegen der Eigenschaft 2.8 (a) ist $U' \in \mathcal{U}(x)$. Also gilt $\mathcal{U}'(x) \subset \mathcal{U}(x)$.

Sei $U \in \mathcal{U}(x)$ und $\overset{\circ}{U} := \{y \mid U \in \mathcal{U}(y)\} \subset U$. Wenn wir $x \in \overset{\circ}{U}$ und $\overset{\circ}{U} \in \mathcal{O}$ gezeigt haben, ist $U \in \mathcal{U}'(x)$, also $\mathcal{U}(x) \subset \mathcal{U}'(x)$. Die Behauptung $x \in \overset{\circ}{U}$ ergibt sich aus 2.8 (c). Sei nun $y \in \overset{\circ}{U}$. Nach 2.8 (d) gibt es ein $V \in \mathcal{U}(y)$ mit $U \in \mathcal{U}(z)$ für alle $z \in V$, also gilt $V \subset \overset{\circ}{U}$. Daraus folgt $\overset{\circ}{U} \in \mathcal{U}(y)\ \forall y \in \overset{\circ}{U}$, also ist $\overset{\circ}{U} \in \mathcal{O}$.   □

Es folgen nun zwei naheliegende Definitionen:

2.10 Definition.

(a) Ist $(X, \mathcal{O})$ ein topologischer Raum und $Y \subset X$, so heißt eine Menge $V \subset X$ *Umgebung von Y*, wenn $V \in \mathcal{U}(y)\ \forall y \in Y$. Dieses ist gleichbedeutend damit, dass es eine offene Menge $O \in \mathcal{O}$ gibt mit $Y \subset O \subset V$.

(b) Ist $(X, \mathcal{O})$ ein topologischer Raum, so heißt ein Teilsystem $\mathcal{B}(x)$ des Umgebungssystemes $\mathcal{U}(x)$ eine *Umgebungsbasis* von x, wenn zu jeder Umgebung $U \in \mathcal{U}(x)$ ein $B \in \mathcal{B}(x)$ mit $B \subset U$ existiert.

2.11 Beispiele.

(a) Für eine Teilmenge Y eines metrischen Raumes (X, d) sind die ε-Umgebungen $\{x \in X \mid d(Y, x) < \varepsilon\}$ Umgebungen von Y. Aber es braucht nicht jede Umgebung von Y eine solche ε-Umgebung zu enthalten. Sei z.B. $Y = \{1, \frac{1}{2}, \frac{1}{3}, \ldots\} \subset \mathbb{R}$. Dann ist

$$U = \bigcup_{n=1}^{\infty} \left] \frac{1}{n} - \frac{1}{2n(n+1)},\ \frac{1}{n} + \frac{1}{2n(n+1)} \right[$$

eine Umgebung von Y, die keine ε-Umgebung von Y enthält. Auch besitzt jede Hyperbel H eine Umgebung, die keinen Punkt der Asymptote A enthält, obgleich $d(H, A) = 0$ ist, vgl. Abb. 2.1.

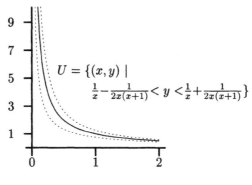

Abb. 2.1

(b) In einem metrischen Raum (X, d) bilden die offenen Kugeln mit dem Zentrum x und den Radien $1/n, n = 1, 2, \ldots$, eine Umgebungsbasis von x. Natürlich tun dieses ebenfalls die offenen Kugeln mit Radien r_n für jede Folge positiver reeller Zahlen mit $r_n \to 0$.

2.12 Definition.

(a) Ein topologischer Raum $(X, \mathcal{O})$ erfüllt das *erste Abzählbarkeitsaxiom*, wenn jeder Punkt eine abzählbare Umgebungsbasis hat.

(b) Der topologische Raum $(X, \mathcal{O})$ genügt dem *zweiten Abzählbarkeitsaxiom*, wenn $\mathcal{O}$ eine abzählbare Basis besitzt.

2.13 Beispiele.

(a) Nach 2.11 erfüllen alle metrischen Räume das erste Abzählbarkeitsaxiom, ebenfalls alle diskreten Räume. Ein Beispiel für einen topologischen Raum, der dem ersten Abzählbarkeitsaxiom nicht genügt, ist jede überabzählbare Menge mit der in 2.2 (f) besprochenen cofiniten Topologie, in der die offenen Mengen die Komplemente der endlichen Teilmengen sind.

(b) Genügt $(X, \mathcal{O})$ dem zweiten Abzählbarkeitsaxiom, so auch dem ersten. Gemäß 2.5 erfüllen die indiskrete Topologie sowie die Topologien $\mathcal{O}_n$ und $\mathcal{O}_<$ aus 2.2 (c, d) das zweite Abzählbarkeitsaxiom. Dagegen genügt $\mathcal{O}_\leq$ nicht dem zweiten Abzählbarkeitsaxiom. Ein ähnliches Beispiel wird in Aufgabe 2.A4 beschrieben. Ferner erfüllt ein diskreter Raum X genau dann das zweite Abzählbarkeitsaxiom, wenn X höchstens abzählbar ist.

Wir übertragen nun die Definition 1.7 und geben eine Reihe von Begriffen, die einfache Formulierungen erlauben und in der Analysis oftmals benutzt werden.

2.14 Definition. Sei $(X, \mathcal{O})$ ein topologischer Raum und $A \subset X$.

(a) Ein Punkt $x \in X$ heißt *innerer Punkt von A*, wenn A eine Umgebung von x ist. Die Menge aller inneren Punkte von A wird das *Innere* von A genannt und mit $\mathring{A}$ bezeichnet.

(b) Ein Punkt $x \in X$ heißt *Randpunkt von A*, wenn jede Umgebung von x sowohl A wie auch das Komplement von A schneidet, d.h. für $U \in \mathcal{U}(x)$ gilt $U \cap A \neq \emptyset \neq U \cap (X \backslash A)$. Die Menge der Randpunkte von A heißt der *Rand von A* und wird mit $\dot{A}$ oder ∂A bezeichnet. Liegt ein Randpunkt von A nicht in A, so spricht man auch oft von *Berührungspunkt*.

(c) die Menge $\{x \in X \mid U \cap A \neq \emptyset \; \forall \, U \in \mathcal{U}(x)\}$ heißt *abgeschlossene Hülle* oder *Abschluss von A*; sie wird mit $\bar{A}$ bezeichnet.

(d) A liegt *dicht in X*, wenn $\bar{A} = X$. Ist das Innere des Abschlusses von A leer, also $(\bar{A})^\circ = \emptyset$, so heißt A *nirgends dicht in X*.

Die Mengen $\bar{A}, \mathring{A}$ und $\dot{A}$ lassen sich auch wie folgt charakterisieren:

2.15 Satz. *Ist $(X, \mathcal{O})$ ein topologischer Raum und $\mathcal{F}$ das System seiner abgeschlossenen Mengen, so gilt für $A \subset X$:*

(a) *$\bar{A}$ ist die kleinste abgeschlossene Menge, die A enthält, und es ist* $\bar{A} = \bigcap_{A \subset F \in \mathcal{F}} F$.

(b) *$\mathring{A}$ ist die grösste offene Menge, die in A enthalten ist, und es ist* $\mathring{A} = \bigcup_{A \supset O \in \mathcal{O}} O$.

(c) *Für den Rand gilt:* $\dot{A} = \bar{A} \backslash \mathring{A}$.   □

2.16 Beispiele.

(a) Beispiele für metrische Räume befinden sich in 1.8. Ergänzend fügen wir hinzu, dass $\mathbb{Q}$ dicht in $\mathbb{R}$ liegt und $\mathbb{Z}$ in $\mathbb{R}$ nirgends dicht ist. Letzteres gilt ebenfalls für die Menge $A = \{\frac{1}{n} \mid n \in \mathbb{N}^*\}$, obgleich 0 ein Häufungspunkt von A ist.

(b) Die unendliche Menge X trage die cofinite Topologie, in der neben der leeren Menge die Komplemente der endlichen Teilmengen offen sind (vgl. 2.2 (f)). Sei $A \subset X$. Ist A eine endliche Menge, so gilt $\mathring{A} = \emptyset$, $\bar{A} = A$, $\dot{A} = \bar{A} \backslash \mathring{A} = A$, und A ist nirgends dicht in X. Ist $X \backslash A$ endlich, so gilt $\mathring{A} = A$, $\bar{A} = X$, $\dot{A} = \bar{A} \backslash \mathring{A} = X \backslash A$, und A ist dicht in X. Sind schließlich A und $X \backslash A$ unendliche Mengen, so ist $\mathring{A} = \emptyset$, $\bar{A} = X$, $\dot{A} = \bar{A} \backslash \mathring{A} = X$, und A ist dicht in X.

(c) Ist A offen oder abgeschlossen in X, so ist $\dot{A}$ nirgends dicht in X; z.B. ist $\mathbb{R}$ nirgends dicht in $\mathbb{R}^2$.

(d) Ist A eine abgeschlossene echte Teilmenge von X, so ist A *nicht dicht* in X; doch hat A nicht die Eigenschaft „*nirgends dicht*", wenn $\mathring{A} \neq \emptyset$. Z.B. ist $[0,1]$ nicht dicht, aber ist natürlich nicht „nirgends dicht" im R Also sind „*nicht dicht*" und „*nirgends dicht*" verschiedene Eigenschaften, letztere ist viel schärfer.

2.17 Das Cantor'sche Diskontinuum. Als nächstes konstruieren wir einen Raum, der an vielen Stellen als Beispiel dient. Das Einheitsintervall werde an den Punkten $\frac{1}{3}$ und $\frac{2}{3}$ geteilt, und aus I wird das offene Intervall $]\frac{1}{3}, \frac{2}{3}[$ herausgenommen. Sei T_1 die Restmenge:

$$T_1 := [0, \frac{1}{3}] \cup [\frac{2}{3}, 1].$$

Nun werden die beiden Intervalle von T_1 in den Punkten $\frac{1}{9}$ und $\frac{2}{9}$ und $\frac{7}{9}$ und $\frac{8}{9}$ in drei Teile geteilt, und die „mittleren" Drittel werden herausgenommen; die entstehende Menge ist

$$T_2 := [0, \frac{1}{9}] \cup [\frac{2}{9}, \frac{1}{3}] \cup [\frac{2}{3}, \frac{7}{9}] \cup [\frac{8}{9}, 1].$$

Wird in dieser Weise fortgefahren, so erhält man die absteigende Folge von Mengen $T_1 \supset T_2 \supset T_3 \ldots$, wobei T_m aus T_{m-1} durch Wegnahme der mittleren Drittel entsteht. Man beachte, dass T_m aus genau 2^m disjunkten abgeschlossenen Intervallen besteht, die sich von links nach rechts durchnummerieren lassen. Dann heißt $T := \bigcap_{m=1}^{\infty} T_m$ *Cantor'sches Diskontinuum*. Es hat folgende Eigenschaften:

(a) Das Cantor'sche Diskontinuum T ist nicht abzählbar.

(b) Das Cantor'sche Diskontinuum T ist eine abgeschlossene Teilmenge von $\mathbb{R}$.

(c) T ist nirgends dicht in $[0, 1]$.

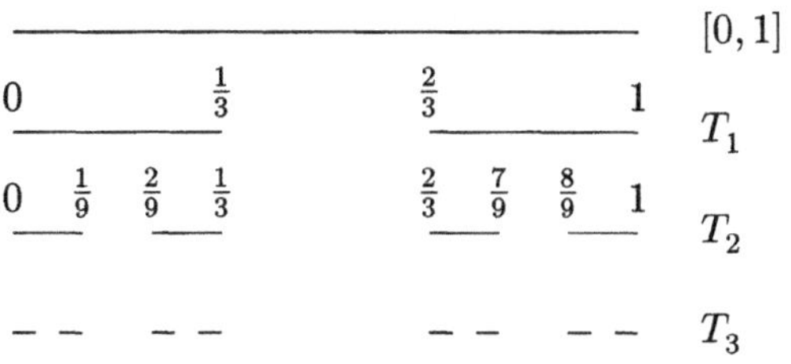

Abb. 2.2

C Stetige Abbildungen

Zur Definition der Stetigkeit übernehmen wir die Kennzeichnung mittels offener Mengen, wie sie in 1.14 für Abbildungen zwischen metrischen Räumen gegeben ist.

2.18 Definition. Sind $(X, \mathcal{O}_1)$ und $(Y, \mathcal{O}_2)$ topologische Räume, so heißt eine Abbildung $f\colon X \to Y$ *stetige Abbildung von* $(X, \mathcal{O}_1)$ *nach* $(Y, \mathcal{O}_2)$, wenn die Urbilder offener Mengen von $(Y, \mathcal{O}_2)$ offen in $(X, \mathcal{O}_1)$ sind, d.h.

$$f\colon X \to Y \quad \text{stetig} \iff f^{-1}(O) \in \mathcal{O}_1 \ \forall \, O \in \mathcal{O}_2.$$

Durch Übergang zu den Komplementen ergibt sich die äquivalente Definition mittels abgeschlossenener Mengen: $f\colon X \to Y$ ist stetig, wenn die Urbilder abgeschlossener Mengen von $(Y, \mathcal{O}_2)$ abgeschlossen in $(X, \mathcal{O}_1)$ sind.

2.19 Beispiele.

(a) Ist $(X, \mathcal{O}_1)$ ein diskreter Raum, so ist für jeden topologischen Raum $(Y, \mathcal{O}_2)$ jede Abbildung $f\colon X \to Y$ stetig. Durch diese Eigenschaft lässt sich die diskrete Topologie auf X kennzeichnen.

(b) Ist $(Y, \mathcal{O}_2)$ ein indiskreter topologischer Raum, so ist für jeden topologischen Raum $(X, \mathcal{O}_1)$ jede Abbildung $f\colon X \to Y$ stetig. Hierdurch lässt sich die indiskreter Topologie auf Y charakterisieren.

(c) Werden in $f\colon (X, \mathcal{O}_1) \to (Y, \mathcal{O}_2)$ die topologischen Räume aus metrischen Räumen (X, d_1) bzw. (Y, d_2) gewonnen, so stimmen die beiden Stetigkeitsbegriffe, wie sie für metrische Räume in 1.11 bzw. topologische Räume in 2.18 definiert sind, wegen 1.14 überein.

(d) Für Folgen von Abbildungen irgendeiner Menge X in einen metrischen Raum (Y, d) ist die gleichmässige Konvergenz erklärt, vgl. 1.22. Satz 1.23 lässt sich auf topologische Räume verallgemeinern: Sind $f_n\colon X \to Y$ stetige Abbildungen des topologischen Raumes X in den metrischen Raum (Y, d) und konvergiert die Folge stetiger Funktionen $(f_n)_{n \in \mathbb{N}}$ gleichmäßig gegen $f\colon X \to Y$, so ist auch f stetig (vgl. 2.A13).

2.20 Satz. *Sind* $f\colon (X, \mathcal{O}_1) \to (Y, \mathcal{O}_2)$ *und* $g\colon (Y, \mathcal{O}_2) \to (Z, \mathcal{O}_3)$ *stetig, so auch* $g \circ f\colon (X, \mathcal{O}_1) \to (Z, \mathcal{O}_3)$. $\square$

Um die Stetigkeit nachzuweisen, müßte man eigentlich für alle offenen Mengen des Bildraumes testen, ob ihre Urbilder offen sind. Wegen

$$f^{-1}\left(\bigcup_{i \in I} A_i\right) = \bigcup_{i \in I} f^{-1}(A_i) \quad \text{und} \quad f^{-1}\left(\bigcap_{i \in I} A_i\right) = \bigcap_{i \in I} f^{-1}(A_i)$$

genügt es aber, dieses für eine Subbasis zu verifizieren:

2.21 Satz. *Sind* $(X, \mathcal{O}_1)$ *und* $(Y, \mathcal{O}_2)$ *topologische Räume, so ist eine Abbildung* $f\colon X \to Y$ *genau dann stetig, wenn für eine beliebige Subbasis* $\mathcal{S}_2$ *von* $\mathcal{O}_2$ *die Mengen* $f^{-1}(S)$, $S \in \mathcal{S}_2$, *offen in* $(X, \mathcal{O}_1)$ *sind.* $\square$

Für die Topologien auf einer Menge wird die folgende Ordnung nahegelegt.

2.22 Definition. Sind $\mathcal{O}_1$ und $\mathcal{O}_2$ Topologien auf X, so heißt $\mathcal{O}_1$ *feiner als* $\mathcal{O}_2$ bzw. $\mathcal{O}_2$ *gröber als* $\mathcal{O}_1$, wenn $\mathcal{O}_2 \subset \mathcal{O}_1$.

Die Topologie $\mathcal{O}_1$ ist genau dann feiner als $\mathcal{O}_2$, wenn $\mathrm{id}_X \colon (X, \mathcal{O}_1) \to (X, \mathcal{O}_2)$ stetig ist. Das Ergebnis für die Topologien in 2.2 (f) können wir nun so ausdrücken: Die indiskrete Topologie ist gröber als die cofinite, letztere ist gröber als die normale und diese wiederum gröber als die diskrete. Die diskrete Topologie ist feiner als $\mathcal{O}_{\leq}$, letztere ist feiner als $\mathcal{O}_{<}$, und diese ist feiner als die indiskrete Topologie.

Die Stetigkeit in einem Punkte lässt sich ebenfalls einfach auf Abbildungen zwischen topologischen Räumen übertragen:

2.23 Definition. Eine Abbildung $f \colon (X, \mathcal{O}_1) \to (Y, \mathcal{O}_2)$ heißt *stetig in dem Punkt* $x \in X$, wenn es zu jeder Umgebung $V \in \mathcal{U}_2(f(x))$ von $f(x)$ eine Umgebung $U \in \mathcal{U}_1(x)$ von x gibt mit $f(U) \subset V$, also wenn

$$\forall \, V \in \mathcal{U}_2(f(x)) \implies f^{-1}(V) \in \mathcal{U}_1(x).$$

Aus 2.7 bzw. der Definition einer Umgebungsbasis folgt

2.24 Satz.

(a) *Eine Abbildung $f \colon (X, \mathcal{O}_1) \to (Y, \mathcal{O}_2)$ ist genau dann stetig, wenn sie in jedem Punkt von X stetig ist.*

(b) *f ist genau dann stetig in einem Punkt $x \in X$, wenn für beliebige Umgebungsbasen $\mathcal{B}_X(x)$ und $\mathcal{B}_Y(f(x))$ gilt:*

$$\forall \, V \in \mathcal{B}_Y(f(x)) \implies \exists \, U \in \mathcal{B}_X(x) : f(U) \subset V. \qquad \square$$

2.25 Beispiele.

(a) Sind $f, g \colon X \to \mathbb{R}$ stetig in $x_0 \in X$, so sind es auch

$$f + g, \ f \cdot g, \ a \cdot f \ \text{für} \ a \in \mathbb{R}, \ \max\{f, g\}, \ \min\{f, g\} \ \text{und} \ |f|.$$

Falls $f(x_0) \neq 0$, so ist $1/f$ ebenfalls in x_0 stetig.

(b) Wir versehen $\mathbb{R}$ mit der Topologie $\mathcal{O}_{<}$ von 2.2 (d), in der neben $\emptyset$ und $\mathbb{R}$ die offenen Mengen die offenen Halbgeraden $]-\infty, a[$ sind. Ist nun $(X, \mathcal{O})$ ein topologischer Raum und $f \colon (X, \mathcal{O}) \to (\mathbb{R}, \mathcal{O}_{<})$ stetig bei $x_0 \in X$, so gibt es zu jedem $\varepsilon > 0$ eine Umgebung $U \in \mathcal{U}(x_0)$, sodass $f(x) < f(x_0) + \varepsilon \quad \forall x \in U$. Dann heißt f bei x_0 *nach oben halbstetig*; dieser Begriff ist aus der Analysis bekannt. Analog heißt f bei x_0 *nach unten halbstetig*, wenn es zu jedem $\varepsilon > 0$ eine Umgebung $U \in \mathcal{U}(x_0)$ gibt $f(x) > f(x_0) - \varepsilon$ für alle $x \in U$. Diese Stetigkeit gehört zu der Topologie $\mathcal{O}_{>} = \{]a, \infty[\mid a \in \mathbb{R}\} \cup \{\emptyset, \mathbb{R}\}$ auf dem Bildraum $\mathbb{R}$. Ist die Funktion bei allen Stellen aus X nach oben (bzw. unten) halbstetig, so heißt $f \colon X \to \mathbb{R}$ *nach oben (bzw. unten) halbstetig*. Ist eine Funktion $f\colon X \to \mathbb{R}$ (in x_0) nach oben wie auch nach unten halbstetig, so ist sie (in x_0) stetig bezüglich der natürlichen Topologie von $\mathbb{R}$.

Wenn wir im Folgenden von reellwertigen Funktionen sprechen oder eine Funktion $f\colon X \to \mathbb{R}$ oder $f\colon X \to I$, $I \subset \mathbb{R}$, betrachten, ohne über die Topologie des Bildes $\mathbb{R}$ bzw. I etwas zu sagen, trägt $\mathbb{R}$ bzw. I die natürliche Topologie.

Bei stetigen Abbildungen sind die Urbilder von offenen bzw. abgeschlossenen Mengen wieder offen bzw. abgeschlossen; über die Bilder offener oder abgeschlossener Mengen dagegen lässt sich im allgemeinen gar nichts aussagen. Als Beispiel hierfür diene $f\colon \mathbb{R} \to \mathbb{R}$ mit $f(x) := 1/(1 + x^2)$; das Bild des Gesamtraumes $f(\mathbb{R}) = \,]0,1]$ ist im Bildraum $\mathbb{R}$ weder offen noch abgeschlossen.

2.26 Definition. Eine Abbildung $f\colon X \to Y$ zwischen topologischen Räumen $(X, \mathcal{O}_1)$ und $(Y, \mathcal{O}_2)$ heißt *offen* bzw. *abgeschlossen*, wenn das Bild jeder offenen bzw. abgeschlossenen Menge wieder offen bzw. abgeschlossen ist, d.h.

$$\{f(O) \mid O \in \mathcal{O}_1\} \subset \mathcal{O}_2 \quad \text{bzw.} \quad \{f(A) \mid A \in \mathcal{A}_1\} \subset \mathcal{A}_2,$$

wobei $\mathcal{A}_1$ und $\mathcal{A}_2$ die Systeme der abgeschlossenen Mengen in X und Y bezeichnen.

Offenbar ist eine Abbildung zwischen zwei topologischen Räumen $(X, \mathcal{O}_1)$ und $(Y, \mathcal{O}_2)$ genau dann offen, wenn die Bilder einer Subbasis von $\mathcal{O}_1$ offen sind, also in $\mathcal{O}_2$ liegen. Analoges gilt für abgeschlossene Abbildungen und Basen der abgeschlossenen Mengen von $(X, \mathcal{O}_1)$. Ferner ist $f\colon (X, \mathcal{O}_1) \to (Y, \mathcal{O}_2)$ genau dann offen, wenn für jedes $x \in X$ gilt:

$$U \in \mathcal{U}_1(x) \implies f(U) \in \mathcal{U}_2(f(x)).$$

2.27 Definition. Eine bijektive Abbildung $f\colon (X, \mathcal{O}_1) \to (Y, \mathcal{O}_2)$ zwischen topologischen Räumen heißt *topologisch* oder *Homöomorphismus*, wenn f und f^{-1} stetig sind. Die Räume X und Y heißen dann *homöomorph*.

2.28 Satz.

(a) *Eine bijektive Abbildung $f\colon (X, \mathcal{O}_1) \to (Y, \mathcal{O}_2)$ ist genau dann ein Homöomorphismus, wenn f stetig und offen (oder stetig und abgeschlossen) ist.*

(b) *Ein Homöomorphismus $f\colon (X, \mathcal{O}_1) \to (Y, \mathcal{O}_2)$ induziert durch $O \mapsto f(O)$ eine Bijektion $\mathcal{O}_1 \to \mathcal{O}_2$.* $\square$

2.29 Beispiele.

(a) Aus der Analysis ist bekannt, dass jede streng monotone surjektive Funktion $f\colon \mathbb{R} \to \mathbb{R}$ stetig und stetig umkehrbar, also ein Homöomorphismus ist.

(b) Sei X das offene Intervall $]-1,1[\subset \mathbb{R}$ versehen mit der Betragsmetrik $d(x,y) = |y - x|$, und sei $(X, \mathcal{O})$ der zugehörige topologische Raum. Dann ist

$$f \colon (X, \mathcal{O}) \to \mathbb{R}, \quad x \mapsto \frac{x}{1 - |x|},$$

eine topologische Abbildung. Daraus ergibt sich allgemeiner, dass jedes offene Intervall homöomorph zu $\mathbb{R}$ ist.

(c) Die stereographische Projektion $s \colon (S^2 \backslash \{N\}) \to \mathbb{C}$ ist bijektiv und umkehrbar stetig (vgl. 1.12 (c)), also sind $\mathbb{C}$ und $S^2 \backslash \{N\}$ homöomorph. In der komplexen Analysis definiert man $\bar{\mathbb{C}} = \mathbb{C} \cup \{\infty\}$ und nimmt als eine Umgebungsbasis für ∞ die Komplemente der abgeschlossenen Kreise um den Nullpunkt. Diese Umgebungen sind bei der stereographischen Projektion gerade die Bilder der Umgebungen des Nordpols, die von Breitenkreisen berandet werden.

Aufgaben

2.A1 Geben Sie alle möglichen Topologien auf der Menge $\{a, b\}$ an.

2.A2 Die Ordnungstopologie (vgl. 2.2 (g)) ist gleich der natürlichen Topologie auf $\mathbb{R}$.

2.A3 Sei X eine Menge und $\mathcal{A}$ ein System von Teilmengen mit den folgenden Eigenschaften:

(a) Eine endliche Vereinigung von Mengen aus $\mathcal{A}$ liegt in $\mathcal{A}$, speziell $\emptyset \in \mathcal{A}$.

(b) Jeder Durchschnitt von Mengen aus $\mathcal{A}$ liegt in $\mathcal{A}$, speziell $X \in \mathcal{A}$.

Dann gibt es genau eine Topologie $\mathcal{O}$ auf X, in der $\mathcal{A}$ das System der abgeschlossenen Mengen ist.

2.A4 Die linear geordnete Menge $(X, \leq)$ sei mit der Ordnungstopologie versehen. Zeigen Sie: Für $a, b \in X$ mit $a < b$ gibt es Umgebungen U von a und V von b, sodass für alle $x \in U$ und $y \in V$ stets $x < y$ gilt.

2.A5 Sei X eine nicht abzählbare, linear geordnete Menge. Zeigen Sie, dass die Intervalle $[a, b[, a, b \in X, a \leq b$, die Basis einer Topologie von X bilden; beschreiben Sie die offenen Mengen von X, und weisen Sie nach, dass diese Topologie keine abzählbare Basis besitzt.

2.A6 Sei X ein topologischer Raum.

(a) $A \subset X$ ist genau dann offen, wenn $A \cap \dot{A} = \emptyset$.

(b) $A \subset X$ ist genau dann offen, wenn A Umgebung jedes seiner Punkte ist.

(c) $\bar{A} = A \cup \dot{A}$.

2.A7 Sei $\bar{} \colon \mathcal{P}(X) \to \mathcal{P}(X)$ eine Abbildung des Systems aller Teilmengen von X in sich mit den folgenden Eigenschaften:

(a) $\bar{\emptyset} = \emptyset$,

(b) $\forall A \subset X$ ist $A \subset \bar{A}$,

(c) $\forall A \subset X$ ist $\bar{\bar{A}} = \bar{A}$,

(d) $\forall A, B \subset X \colon (\overline{A \cup B}) = \bar{A} \cup \bar{B}$.

Eine solche Abbildung heißt *Hüllenoperator*. Zeigen Sie, dass auf X eine eindeutig bestimmte Topologie existiert, sodass $\bar{A}$ für alle $A \subset X$ die abgeschlossene Hülle von A in dieser Topologie ist.

2.A8 Die Abbildung $f \colon (X, \mathcal{O}_1) \to (Y, \mathcal{O}_2)$ ist genau dann stetig, wenn für jedes $A \subset X$ die Beziehung $f(\bar{A}) \subset \overline{f(A)}$ gilt.

2.A9 Geben Sie zwei Topologien auf $\mathbb{R}$ an, sodass für einen beliebigen topologischen Raum X und eine beliebige Teilmenge $A \subset X$ die *charakteristische Funktion* $\chi_A \colon X \to \mathbb{R}$, $\chi_A(x) = \begin{cases} 1, & x \in A \\ 0 & \text{sonst} \end{cases}$ genau dann stetig ist, wenn A offen bzw. abgeschlossen ist.

2.A10 Auf $X := \{1, 2, 3, 4, 5\}$ sei $\{\emptyset, X, \{1\}, \{3, 4\}, \{1, 3, 4\}\}$ die Topologie, und auf $Y := \{A, B\}$ sei die Topologie $\{\emptyset, Y, \{A\}\}$. Bestimmen Sie alle stetigen Abbildungen von X nach Y.

2.A11 $X = (\mathbb{R}, \mathcal{O}_<)$ sei der Raum aus Beispiel 2.2 (d), $Y = (\mathbb{R}, \mathcal{O}_\le)$ der Raum aus 2.2 (e). Bestimmen Sie alle stetigen Abbildungen $X \to X$, $X \to Y$, $Y \to X$, $Y \to Y$.

2.A12 Sei X ein topologischer Raum. Summe, Produkt, Maximum usw. von reellwertigen Funktionen werden definiert wie in 1.13 (b). Zeigen Sie: Summe, Produkt, Maximum usw. stetiger reellwertiger Funktionen sind wieder stetig.

2.A13 X sei ein topologischer Raum und $f_n \colon X \to \mathbb{R}$ eine Folge stetiger Funktionen.

(a) Konvergiert f_n gleichmäßig gegen die Funktion $f \colon X \to \mathbb{R}$, dann ist f stetig.

(b) Gilt $|f_n(x)| < a_n$ für alle $x \in X$ und konvergiert $\sum_{n=0}^{\infty} a_n$, dann ist f_n gleichmäßig konvergent.

2.A14 X sei ein topologischer Raum, $A \subset X$ eine Teilmenge. Die charakteristische Funktion $\chi_A \colon X \to \mathbb{R}$ ist in allen Punkten $X \backslash \dot{A}$ stetig, in den Punkten von $\dot{A}$ nicht.

2.A15 (a) Sei X ein topologischer Raum und $f, g \colon X \to \mathbb{R}$ seien zwei in $a \in X$ stetige Funktionen mit $f(a) = g(a)$. Dann ist eine Funktion $h \colon X \to \mathbb{R}$, für die $f(x) \le h(x) \le g(x)$ für alle Punkte x einer Umgebung $U \in \mathcal{U}(a)$ gilt, stetig in a.

(b) $f \colon \mathbb{R} \to \mathbb{R}$ mit $f(x) = x \sin \frac{1}{x}$ für $x \neq 0$ und $f(0) = 0$ ist stetig.

2.A16 Sei A eine abgeschlossene Teilmenge von X. Zeigen Sie: A ist genau dann nirgends dicht in X, wenn $X \backslash A$ dicht in X ist.

2.A17 Weisen Sie für das Cantor'sche Diskontinuum die Eigenschaften 2.17 (a-c) nach.

2.A18 (a) Es seien X, Y topologische Räume und $f\colon X \to Y$ eine abgeschlossene Abbildung. Ist B eine Teilmenge von Y und ist $U \subset X$ offen mit $f^{-1}(B) \subset U$, so liegt B in einer offenen Menge V mit $f^{-1}(V) \subset U$.

(b) Sei $f\colon X \to Y$ offen. Ist B eine Teilmenge von Y und ist $A \subset X$ abgeschlossen mit $f^{-1}(B) \subset A$, so liegt B in einer abgeschlossenen Menge F von Y mit $f^{-1}(F) \subset A$.

3 Erzeugung topologischer Räume

In diesem Kapitel konstruieren wir auf Teilmengen, Summenmengen, Produkt- und Quotientenmengen Topologien, die jeweils durch eine „universelle" Eigenschaft gekennzeichnet sind. *Meistens werden wir von einem topologischen Raum X sprechen, ohne das System $\mathcal{O}$ der offenen Mengen explizit anzugeben.*

A Unterraumtopologie, Produkttopologie

Ist U eine Teilmenge des metrischen Raumes (X, d), so wird U durch die von X induzierte Metrik $d' := d|U \times U$ auf natürliche Weise zu einem topologischen Raum. Die offenen Mengen von (U, d') sind die Schnitte der offenen Mengen von X mit U. Diese Eigenschaft nehmen wir nun, um auf Teilmengen topologischer Räume eine Topologie zu erklären.

3.1 Satz. *Ist U Teilmenge eines topologischen Raumes $(X, \mathcal{O})$, so wird durch $\mathcal{O}_U := \{O \cap U \mid O \in \mathcal{O}\}$ eine Topologie auf U erklärt. Sie heißt* Unterraumtopologie, induzierte Topologie *oder* Spurtopologie, *und $(U, \mathcal{O}_U)$ heißt* Unterraum von X. $\qquad\square$

Die offenen (abgeschlossenen) Mengen von U sind die Schnitte der offenen (abgeschlossenen) Mengen von X mit U. Ist eine Teilmenge des Unterraumes U offen (abgeschlossen) in U, so ist sie im allgemeinen nicht offen (abgeschlossen) in X. Jedoch sind *alle* in U offenen (abgeschlossenen) Teilmengen von U genau dann offen (abgeschlossen) in X, wenn U offen (abgeschlossen) in X ist.

3.2 Beispiele.
 (a) Die Menge $\mathbb{C}$ der komplexen Zahlen ist mit der Metrik $d(z_1, z_2) := \sqrt{(x_2 - x_1)^2 + (y_2 - y_1)^2}, z_k = x_k + iy_k, x_k, y_k \in \mathbb{R}, k = 1, 2$, versehen. Die von d auf $\mathbb{C}$ induzierte Topologie heißt *natürliche Topologie*. Die auf $\mathbb{R}$ induzierte Unterraumtopologie ist die natürliche Topologie von $\mathbb{R}$. Eine nicht-leere in $\mathbb{R}$ offene Teilmenge von $\mathbb{R}$ ist niemals offen in $\mathbb{C}$!

(b) Wir betrachten $\mathbb{R} \subset \mathbb{C} \subset \bar{\mathbb{C}} = \mathbb{C} \cup \{\infty\}$, vgl. 2.29 (c). Dann stimmen die von $\mathbb{C}$ und $\bar{\mathbb{C}}$ auf $\mathbb{R}$ induzierten Topologien überein. Offenbar lässt sich dieses auf beliebige Tripel $A \subset B \subset X$, wobei X ein beliebiger topologischer Raum ist, verallgemeinern.

(c) Das Cantor'sche Diskontinuum T von 2.17, versehen mit der von $\mathbb{R}$ induzierten Topologie, wird zu einem topologischen Raum.

3.3 Satz. *Sei X ein topologischer Raum, $U \subset X$ und $j\colon U \hookrightarrow X$ die Inklusionsabbildung. Die Unterraumtopologie $\mathcal{O}_U$ auf U hat folgende Eigenschaften:*

(a) Für jeden topologischen Raum Y und jede Abbildung $g\colon Y \to U$ gilt: g ist genau dann stetig, wenn $j \circ g$ stetig ist.

(b) $\mathcal{O}_U$ ist die gröbste Topologie auf U, bei der die Inklusionsabbildung $j\colon U \hookrightarrow X$ stetig ist.

Beweis. Die Abbildung $j \circ g$ ist genau dann stetig, wenn für jede offene Menge O von X das Urbild $(j \circ g)^{-1}(O) = g^{-1}(j^{-1}(O)) = g^{-1}(O \cap U)$ in Y offen ist, d.h. genau dann, wenn g stetig ist.

Zum Beweis von (b) setzen wir $Y = U$, versehen mit irgendeiner Topologie, und nehmen für g die identische Abbildung.   □

Es seien X und Y topologische Räume, $A \subset X$ trage die Unterraumtopologie, und $f\colon X \to Y$ sei stetig im Punkt $x \in A$. Dann ist auch $f|A\colon A \to Y$ stetig in x. Ist $f|A$ stetig, so braucht jedoch $f\colon X \to Y$ in keinem Punkt von A stetig zu sein, wie folgendes Beispiel zeigt: Sei $X = Y := \mathbb{R}$ und $A := \mathbb{Q}$. Die Abbildung

$$f(x) := \begin{cases} 0 & \text{für } x \in \mathbb{Q} \\ 1 & \text{für } x \in \mathbb{R} \backslash \mathbb{Q} \end{cases}$$

ist in keinem Punkt stetig, während $f|\mathbb{Q}$ in jedem Punkt von $\mathbb{Q}$ und $f|(\mathbb{R} \backslash \mathbb{Q})$ in jedem Punkt von $\mathbb{R} \backslash \mathbb{Q}$ stetig ist.

Unter folgenden Bedingungen lässt sich die Stetigkeit einer Abbildung aus der Stetigkeit der eingeschränkten Abbildungen folgern.

3.4 Satz. *Die Abbildung $f\colon X \to Y$ zwischen topologischen Räumen X und Y ist stetig, wenn für ein endliches System $A_1, \ldots, A_n$ abgeschlossener Teilmengen von X mit $\bigcup_{i=1}^{n} A_i = X$ die Einschränkungen $f|A_i$, $1 \leq i \leq n$, stetig sind.*

Beweis. Für eine abgeschlossene Teilmenge B von Y gilt:

$$f^{-1}(B) = f^{-1}(B) \cap \left(\bigcup_{i=1}^{n} A_i \right) = \bigcup_{i=1}^{n} (f^{-1}(B) \cap A_i) = \bigcup_{i=1}^{n} (f|A_i)^{-1}(B).$$

Da $f|A_i$ stetig und A_i abgeschlossen ist, ist $(f|A_i)^{-1}(B)$ abgeschlossen in X, wie wir nach 3.1 bemerkt haben. Also ist $\bigcup_{i=1}^{n}(f|A_i)^{-1}(B) = f^{-1}(B)$ abgeschlossen in X.   □

3.5 Definition und Satz. *Eine Abbildung $f\colon X \to Y$ zwischen topologischen Räumen heißt* Einbettung *von X in Y, wenn f ein Homöomorphismus von X auf den Unterraum $f(X)$ ist.*

Die Abbildung $f\colon X \to Y$ ist genau dann eine Einbettung, wenn f injektiv und stetig und für jedes offene $U \subset X$ die Bildmenge $f(U)$ offen in $f(X)$ ist.   □

3.6 Beispiele.

(a) $f\colon \mathbb{R} \to \mathbb{R}^2$, definiert durch $f(x) := (x,0)$, ist eine Einbettung.

(b) Die Abbildung $f\colon [0,2\pi[\to S^1 \subset \mathbb{R}^2$, $x \mapsto (\cos x, \sin x)$, ist injektiv und stetig, jedoch keine Einbettung; denn die Bilder der in $[0,2\pi[$ offenen Mengen $[0,t[$, $0 < t < 2\pi$, sind nicht offen in S^1.

(c) Die Abbildung $f_v\colon \mathbb{R} \to \mathbb{C}$, $t \mapsto e^{it+vt}$, $v > 0$, ist eine Einbettung; die Bildmenge ist eine Spirale, die für $t \to -\infty$ gegen 0 und für $t \to +\infty$ nach unendlich läuft, vgl. Abb 3.1.

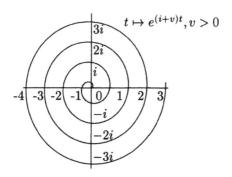

Abb. 3.1

(d) Für $x \in \mathbb{R}$ bezeichnet $[x]$ die größte ganze Zahl, die kleiner oder gleich x ist. Sei $\gamma < 1$ eine positive irrationale Zahl. Die Abbildung $f\colon \mathbb{Z} \to [0,1[$, definiert durch $n \mapsto n\gamma - [n\gamma]$ ist injektiv, und $f(\mathbb{Z})$ liegt dicht in $[0,1[$. Wenn $\mathbb{Z}$ die diskrete Topologie trägt, ist f natürlich stetig, aber keine Einbettung.

In 1.2 (h, i) haben wir auf dem Produkt metrischer Räume (X_i, d_i), $i \in I$, Metriken definiert, die auf den üblichen Einbettungen der Faktorräume in den Produktraum jeweils die ursprünglichen Metriken der Faktorräume – eventuell bis auf einen konstanten Faktor genau – induzieren. Dabei war die Indexmenge I endlich oder abzählbar. Bei überabzählbarer Indexmenge kann man eine solche Metrik nicht finden, wie wir später zeigen werden (vgl. 10.14).

Die Einschränkung der Indexmenge I entfällt bei Produkten topologischer Räume!

3.7 Definition. Sei $(X_i, \mathcal{O}_i)$ eine Familie topologischer Räume, $X = \prod_{i \in I} X_i$ und $p_i \colon X \to X_i$, $i \in I$, die Projektion. Die *Produkttopologie* $(X, \mathcal{O})$ wird durch die Basis

$$\mathcal{B} = \left\{ \bigcap_{k \in K} p_k^{-1}(O_k) \mid O_k \text{ offen in } X_k,\ K \text{ endliche Teilmenge von } I \right\}$$

definiert. $(X, \mathcal{O})$ heißt *Produktraum* oder *topologisches Produkt* der Räume $(X_i, \mathcal{O}_i)$.

Eine Subbasis der Produkttopologie ist $\mathcal{S} = \{ p_i^{-1}(O_i) \mid O_i \in \mathcal{O}_i,\ i \in I \}$. Die Menge der endlichen Durchschnitte dieser Mengen ist gerade die Menge $\mathcal{B}$; deshalb ist $\mathcal{B}$ eine Basis. Eine Teilmenge $A \subset \prod_{i \in I} X_i$ gehört genau dann zu $\mathcal{B}$, wenn $A = \prod_{i \in I} O_i$, O_i offen in X_i und $O_i = X_i$ für fast alle $i \in I$ ist.

3.8 Beispiele.

(a) Die natürliche Topologie des $\mathbb{R}^n$ stimmt überein mit der Produkttopologie auf $\prod_{i=1}^n \mathbb{R}_i$, $\mathbb{R}_i := \mathbb{R}$.

(b) Der Produktraum einer Kreislinie und eines Intervalls $[a, b]$ mit $0 \leq a \leq b$ ist dem Kreisring $\{ (x, y) \in \mathbb{R}^2 \mid a \leq x^2 + y^2 \leq b \}$ homöomorph.

(c) Das Produkt von diskreten, nicht einpunktigen Räumen ist genau dann ein diskreter Raum, wenn die Anzahl der Faktoren endlich ist.

(d) Für jedes $i \in I$ sei A_i ein Unterraum von X_i. Die von der Produkttopologie von $\prod_{i \in I} X_i$ auf $A := \prod_{i \in I} A_i$ induzierte Topologie stimmt mit der Produkttopologie von $\prod_{i \in I} A_i$ überein.

(e) Sei $f \colon X \to Y$ eine Abbildung von topologischen Räumen. Der Unterraum $G(f) := \{ (x, y) \in X \times Y \mid y = f(x) \}$ heißt *Graph von f*. Genau dann ist f stetig, wenn die Abbildung $g \colon x \mapsto (x, f(x))$ eine Einbettung von X in $X \times Y$ ist (Beweis als Aufgabe 3.A6).

(f) Für $n \in \mathbb{N}^*$ werde $X_n := \{0, 2\}$ versehen mit der diskreten Topologie und $X := \prod_{n \in \mathbb{N}^*} X_n$ versehen mit der Produkttopologie; ferner sei T das Cantor'sche Diskontinuum, s. 3.2 (c). Durch

$$(x_n)_{n \in \mathbb{N}^*} \mapsto \frac{x_1}{3} + \frac{x_2}{9} + \ldots + \frac{x_n}{3^n} + \ldots = \sum_{n=1}^{\infty} \frac{x_n}{3^n}$$

wird eine Abbildung $f \colon X \to T$ erklärt. Diese Abbildung ist bijektiv (Hinweis: $\frac{1}{3} = \sum_{n=2}^{\infty} \frac{2}{3^n}$) und stetig, ja sogar ein Homöomorphismus, vgl. 3.A15.

3.9 Satz.

(a) *Die Projektionsabbildungen $p_j \colon \prod_{i \in I} X_i \to X_j$, $j \in I$, sind stetig und offen.*

(b) *Die Produkttopologie auf $\prod_{i \in I} X_i$ ist die gröbste Topologie, für die alle Projektionen $p_j, j \in I$, stetig sind.*

Beweis von (b). Jede Topologie auf $\prod_{i \in I} X_i$, für die alle p_i stetig sind, enthält als offene Mengen die Mengen $p_j^{-1}(O), O \in \mathcal{O}_j$, also die nach 3.7 behandelte Subbasis $\mathcal{S}$ der Produkttopologie, und ist folglich feiner als diese. $\qquad\square$

3.10 Satz. *Die Abbildung $g\colon Y \to \prod_{i \in I} X_i$ eines topologischen Raumes Y in den Produktraum topologischer Räume $(X_i)_{i \in I}$ ist genau dann stetig, wenn für jedes $i \in I$ die Abbildung $g_i := p_i \circ g$ stetig ist.*

Beweis. Die erste Richtung folgt aus 3.9 (a). Umgekehrt genügt es nach 2.21 zu zeigen, dass die Urbilder der Subbasis $\mathcal{S}$ von 3.7 offen in Y sind. Für jedes Element $p_i^{-1}(O), O$ offen in X_i, $i \in I$, der Subbasis $\mathcal{S}$ von $\prod_{i \in I} X_i$ ist $g^{-1}(p_i^{-1}(O)) = g_i^{-1}(O)$ offen in Y. $\qquad\square$

3.11 Satz. *Gegeben seien Abbildungen $f_i\colon X_i \to Y_i$, $i \in I$, $X_i \neq \emptyset$, zwischen topologischen Räumen X_i und Y_i. Die Abbildung*

$$f\colon \prod_{i \in I} X_i \to \prod_{i \in I} Y_i, \quad (x_i)_{i \in I} \mapsto (f_i(x_i))_{i \in I},$$

ist genau dann stetig, wenn für alle $i \in I$ die Abbildungen f_i stetig sind.

Beweis. Es seien p_i und q_i die Projektionsabbildungen für $\prod_{i \in I} X_i$ bzw. $\prod_{i \in I} Y_i$. Sind alle f_i stetig, so ist f wegen $f_i \circ p_i = q_i \circ f$ nach 3.10 stetig. Sei nun f stetig und $(a_i)_{i \in I}$ ein fester Punkt aus $\prod_{i \in I} X_i$. Für jedes $j \in I$ wird X_j nach $\prod_{i \in I} X_i$ eingebettet durch

$$s_j\colon X_j \to \prod_{i \in I} X_i, \ s_j(x_j) = (z_i)_{i \in I} \quad \text{mit } z_i := \begin{cases} a_i & \text{für } i \neq j \\ x_j & \text{für } i = j. \end{cases}$$

Dann ist das Diagramm

$$
\begin{array}{ccc}
\prod_{i \in I} X_i & \xrightarrow{\ f\ } & \prod_{i \in I} Y_i \\
{\scriptstyle p_j}\Big\updownarrow{\scriptstyle s_j} & & \Big\downarrow{\scriptstyle q_j} \\
X_j & \xrightarrow[\ f_j\ ]{} & Z_j
\end{array}
$$

kommutativ. Wegen 3.10 sind alle s_j stetig, und deshalb ist $q_j \circ f \circ s_j = f_j$ stetig für jedes $j \in I$. $\qquad\square$

B Initialtopologie

Die Konstruktion der Unterraum- bzw. Produkttopologie als gröbste Topologie bezüglich der Stetigkeit der Injektion bzw. der Projektionsabbildungen lässt sich auf die Topologisierung einer Menge X mittels einer Familie von topologischen Räumen verallgemeinern. Eine „universelle" Konstruktion bekommen wir, wenn wir die Aussage über das Verhalten stetiger Abbildungen in den Unterraum bzw. Produktraum (vgl. 3.3 bzw. 3.10) zugrunde legen:

3.12 Definition. Gegeben sei eine Menge X, eine Familie von topologischen Räumen $(X_i, \mathcal{O}_i)_{i \in I}$ und eine Familie von Abbildungen $(f_i \colon X \to X_i)_{i \in I}$. Eine Topologie $\mathcal{I}$ auf X heißt *Initialtopologie bezüglich* $(f_i)_{i \in I}$, wenn sie die folgende universelle Eigenschaft $(*)$ hat:

$(*)$ *Ist* Y *ein beliebiger topologischer Raum, so ist eine Abbildung* $g \colon Y \to X$ *genau dann stetig, wenn* $f_i \circ g$ *für jedes* $i \in I$ *stetig ist.*

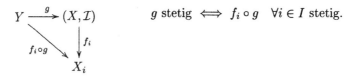

$$g \text{ stetig} \iff f_i \circ g \quad \forall i \in I \text{ stetig.}$$

Die Unterraum- und die Produkttopologie sind wegen 3.3 und 3.10 Initialtopologien bzgl. der Inklusion bzw. der Projektionen.

3.13 Satz. *Auf* X *gibt es bezüglich* $(f_i)_{i \in I}$ *eine eindeutig bestimmte Initialtopologie. Die Initialtopologie ist die gröbste Topologie auf* X, *für die die Abbildungen* $f_i \colon X \to X_i$ *stetig sind, und sie besitzt* $\mathcal{S} = \bigcup_{i \in I} \mathcal{M}_i$ *mit* $\mathcal{M}_i = \{f_i^{-1}(O) \mid O \in \mathcal{O}_i\}$ *als Subbasis.*

Beweis. Eindeutigkeit: Sind $\mathcal{I}_1$ und $\mathcal{I}_2$ zwei Topologien auf X, die die universelle Eigenschaft $(*)$ haben, so entsteht für die identische Abbildung das Diagramm

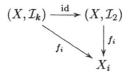

für $k\{1,2\}$ und $i \in I$. Nehmen wir zunächst $k = 2$, so ist nach 3.12 $(*)$ id stetig, also auch alle f_i, $i \in I$. Nehmen wir $k = 1$, so folgt aus 3.12 $(*)$, dass id$\colon (X, \mathcal{I}_1) \to (X, \mathcal{I}_2)$ stetig ist; also ist $\mathcal{I}_1$ feiner als $\mathcal{I}_2$. Analog ergibt sich, dass $\mathcal{I}_2$ feiner als $\mathcal{I}_1$ ist. Deshalb gibt es höchstens eine Initialtopologie auf X bezüglich der $(f_i)_{i \in I}$.

Konstruktion: Ist $\mathcal{I}$ Initialtopologie auf X bezüglich $(f_i)_{i \in I}$, so folgt aus der Kommutativität von

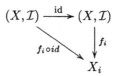

$$(X, \mathcal{I}) \xrightarrow{\ \text{id}\ } (X, \mathcal{I})$$

und der Stetigkeit von id, dass $f_i \circ \text{id} = f_i$ stetig ist. Deshalb muss $\mathcal{I}$ die Mengen aus $\mathcal{S} = \bigcup_{i \in I} \{ f_i^{-1}(O) \mid O \in \mathcal{O}_i \}$ enthalten. Die durch die Subbasis $\mathcal{S}$ definierte Topologie $\mathcal{O}$ ist nach Definition der Stetigkeit die gröbste Topologie, so dass alle Abbildungen f_i stetig sind.

Wir zeigen nun, dass $\mathcal{O}$ die Eigenschaft 3.12 (∗) hat, woraus dann $\mathcal{I} = \mathcal{O}$ folgt: Ist $g: Y \to (X, \mathcal{O})$ stetig, so ist für $i \in I$ auch $f_i \circ g$ stetig, da f_i stetig ist. Umgekehrt seien nun alle $f_i \circ g$ stetig. Um die Stetigkeit von g nachzuweisen, genügt es nach 2.21 zu zeigen, dass die Urbilder der Mengen einer Subbasis von $(X, \mathcal{O})$ offen sind. Für ein beliebiges Element S der Subbasis $\mathcal{S}$ gibt es ein $j \in I$ und ein $O \in \mathcal{O}_j$ mit $S = f_j^{-1}(O)$. Dann ist

$$g^{-1}(S) = g^{-1}(f_j^{-1}(O)) = (f_j \circ g)^{-1}(O)$$

offen in Y; denn $f_j \circ g$ ist stetig. $\square$

3.14 Beispiele.

(a) Sei $X_i \cong \mathbb{R}$, $i \in \mathbb{N}^*$ und $X^* = \prod_{i=1}^{\infty} X_i$ das direkte Produkt von abzählbar vielen Vektorräumen $\mathbb{R}$ mit den Projektionsabbildungen $p_j : X^* \to X_j$, $(x_1, x_2, \ldots) \mapsto x_j$. Dann ist die direkte Summe der X_i, nämlich

$$X^{\oplus} = \{ x = (x_1, x_2, \ldots) \mid x_i \in \mathbb{R},\ x_i \neq 0 \text{ nur endlich oft} \},$$

eine Teilmenge von X^*. Sei ferner $q_j : X^{\oplus} \to X_j$ mit $q_j(x) = x_j$ für jedes $j \in \mathbb{N}$ und $\iota : X^{\oplus} \hookrightarrow X^*$ die Einbettung. Folgendes Diagramm ist für jedes $j \in \mathbb{N}$ kommutativ:

$$X^{\oplus} \xrightarrow{\ \iota\ } X^*$$

Auf $X^{\oplus}$ stimmt die Initialtopologie bezüglich der q_j mit der Unterraumtopologie bezüglich ι überein: Sei nämlich $g: Y \to X^{\oplus}$ eine Abbildung eines topologischen Raumes Y nach $X^{\oplus}$. Es entsteht das folgende Diagramm:

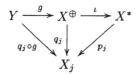

$$Y \xrightarrow{\ g\ } X^{\oplus} \xrightarrow{\ \iota\ } X^*$$

Ist $X^\oplus$ mit der Unterraumtopologie versehen, dann gilt:

$$g \text{ stetig} \iff \iota \circ g \text{ stetig} \iff p_j \circ \iota \circ g \text{ stetig } \forall j,$$

wobei die zweite Äquivalenz daraus folgt, dass die Produkttopologie auf X^* die Initialtopologie bezüglich der p_j ist. Trägt $X^\oplus$ die Initialtopologie, so gilt:

$$g \text{ stetig} \iff q_j \circ g = p_j \circ \iota \circ g \text{ stetig } \forall\ j.$$

Daraus folgt, dass die beiden Topologien übereinstimmen.

(b) Ist Z ein topologischer Raum und $X \xrightarrow{f} Y \xrightarrow{g} Z$, so stimmt die Initialtopologie von X bezüglich $g \circ f$ mit der Initialtopologie von X bezüglich f überein, falls Y mit der Initialtopologie bezüglich g versehen ist. Allgemeiner verhält sich das Bilden der Initialtopologie transitiv.

(c) Sei $\mathbb{C}$ mit der natürlichen Topologie versehen, und sei $p \colon \mathbb{R} \to \mathbb{C}$, $t \mapsto e^{2\pi i t}$. Die offenen Mengen der Initialtopologie auf $\mathbb{R}$ bezüglich p sind genau diejenigen offenen Mengen der natürlichen Topologie auf $\mathbb{R}$, die unter der Operation $\mathbb{Z} \times \mathbb{R} \to \mathbb{R}$, $(n, x) \mapsto x + n$, invariant sind; die Initialtopologie ist also viel gröber als die natürliche Topologie.

(d) Der Hilbertsche Folgenraum $\ell^2 = \{(a_i)_{i \in \mathbb{N}} \mid \prod_{i=0}^{\infty} a_i^2 < \infty\}$, vgl. 1.A3, liegt selbstverständlich in $\prod_{j=0}^{\infty} R_j$, $R_j = \mathbb{R}$. Aber seine Topologie ist echt feiner als die von diesem Produktraum induzierte!

(e) Die Topologie auf dem Cantor'schen Diskontinuum, wie in 2.17 und 3.8 (f) beschrieben, ist die Initialtopologie bezüglich der Abbildungen $j_n \colon T \hookrightarrow T_n$, $n \in \mathbb{N}^*$.

C Finaltopologie, Quotiententopologie

Die universelle Eigenschaft $(*)$ der Initialtopologie lässt sich dualisieren:

3.15 Definition. Gegeben sei eine Menge X, eine Familie von topologischen Räumen $(X_i, \mathcal{O}_i)_{i \in I}$ und eine Familie von Abbildungen $(f_i \colon X_i \to X)_{i \in I}$. Eine Topologie $\mathcal{F}$ auf X heißt *Finaltopologie bezüglich* $(f_i)_{i \in I}$, wenn sie die folgende universelle Eigenschaft $(**)$ hat:

$(**)$ *Ist Y ein beliebiger topologischer Raum, so ist eine Abbildung $g \colon X \to Y$ genau dann stetig, wenn $g \circ f_i$ für jedes $i \in I$ stetig ist:*

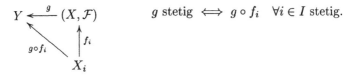

3.16 Satz. *Auf X gibt es bezüglich $(f_i)_{i \in I}$ eine eindeutig bestimmte Finaltopologie. Die Finaltopologie ist die feinste Topologie auf X, für die die Abbildungen $f_i \colon X_i \to X$ stetig sind; die offenen Mengen sind $\bigcap_{i \in I} \{ O \subset X \mid f_i^{-1}(O) \in \mathcal{O}_i \}$.* □

3.17 Definition. Sei X ein topologischer Raum, $\sim$ eine Äquivalenzrelation auf X und $p \colon X \to X/{\sim}$ die kanonische Projektion von X auf die Menge der Äquivalenzklassen. Die Finaltopologie auf $X/{\sim}$ bezüglich p heißt *Quotiententopologie* auf $X/{\sim}$; versehen mit dieser Topologie heißt $X/{\sim}$ *Quotientenraum* oder *Faktorraum* bezüglich der Relation $\sim$.

Die Quotiententopologie ist die feinste Topologie, für die p stetig ist, d.h. eine Menge A in $X/{\sim}$ ist genau dann offen, wenn $p^{-1}(A)$ offen in X ist.

3.18 Beispiele.

(a) Durch „$x \sim y \iff x - y \in \mathbb{Z}$" wird eine Äquivalenzrelation auf $\mathbb{R}$ erklärt. Der Quotientenraum $S := \mathbb{R}/{\sim}$ ist homöomorph zum Einheitskreis. Weitere Beispiele stehen unter 3.A12 und 3.A13 (b).

(b) Sei I eine induktiv geordnete Menge, vgl. 0.35, und $(X_j, \mathcal{O}_j)_{j \in I}$ ein System topologischer Räume, sodass für $j < k, j, k \in I$, gilt: $X_j \subset X_k$ und $\mathcal{O}_j = \mathcal{O}_k | X_j$, d.h. die Topologie auf X_j wird durch die Injektion $i_{jk} \colon X_j \hookrightarrow X_k$ aus der Topologie von X_k erhalten. Auf $X = \bigcup_{j \in I} X_j$ sei $\mathcal{O}$ die Finaltopologie bzgl. $(i_j \colon X_j \hookrightarrow X)_{j \in I}$; sie heißt *schwache Topologie* auf X.

(c) Beispiele der obigen Art ergeben die Systeme $(\mathbb{R}^n)_{n \in \mathbb{N}}$, $(S^n)_{n \in \mathbb{N}}$, $(\mathbb{P}^n)_{n \in \mathbb{N}}$ mit den Limes-Räumen $\mathbb{R}^\infty$, S^∞ bzw. $\mathbb{P}^\infty$. Eine Folge $(x_k = (x_{k1}, x_{k2}, \ldots))_{k \in \mathbb{N}}$ konvergiert dabei genau dann gegen $x = (x_1, x_2, \ldots)$, wenn für jedes n die Folge $(x_{kn})_{k \in \mathbb{N}}$ gegen x_n konvergieren.

(d) Sei $f \colon X \to T$ wieder die Abbildung von $X = \prod_{n \in \mathbb{N}*} \{0, 2\}$, vgl. Beispiel 3.8 (f), auf das Cantor'sche Diskontinuum. Dabei trage X die Produkttopologie. Dann ist die Topologie auf T, definiert in 3.2 (c) als Unterraumtopologie von $T \subset \mathbb{R}$, gleich der Finaltopologie von T bzgl. f. (Siehe auch 3.14 (e)).

D Identifizierungstopologie, Zusammenkleben von topologischen Räumen

Jede Abbildung $f \colon X \to Y$ bewirkt eine Äquivalenzrelation durch

$$x \sim y \iff f(x) = f(y).$$

Dann ergibt sich eine Projektion $p \colon X \to X/{\sim}$, eine Bijektion $\bar{f} \colon X/{\sim} \to f(X)$ und eine Injektion $j \colon f(X) \to Y$, so dass folgende Zerlegung von f entsteht:

$$f\colon X \xrightarrow{\ p\ } X/\!\sim \ \xrightarrow{\ \bar{f}\ } f(X) \overset{j}{\hookrightarrow} Y.$$

3.19 Definition. $f\colon X \to Y$ sei eine stetige Abbildung, $X/\!\sim$ trage die Quotiententopologie und $f(X)$ die von Y induzierte Unterraumtopologie. Ist $\bar{f}\colon X/\!\sim \ \to f(X)$ ein Homöomorphismus, so heißt f *identifizierende Abbildung*. Ist außerdem f surjektiv, so heißt die Topologie von Y *Identifizierungstopologie bezüglich* f.

3.20 Satz. *Ist* $f\colon X \to Y$ *stetig, so gilt:*

(a) *Die Abbildungen* $p, \bar{f}$ *und* j *sind stetig.*

(b) $\bar{f}$ *ist genau dann ein Homöomorphismus, wenn das Bild jeder offenen (abgeschlossenen) Menge der Form* $f^{-1}(A)$, $A \subset Y$, *offen (abgeschlossen) in* $f(X)$ *ist.*

(c) *Ist* $f\colon X \to Y$ *außerdem surjektiv und offen oder abgeschlossen, so trägt* Y *die Identifizierungstopologie bezüglich* f.

Beweis. (a) Die Projektionsabbildung und die Injektion j sind nach 3.16 und 3.3 stetig. Da $f(X)$ die Initialtopologie bezüglich j trägt und $f = j \circ \bar{f} \circ p$ stetig ist, ist auch $\bar{f} \circ p$ stetig. Da $X/\!\sim$ die Finaltopologie bezüglich p trägt, ist $\bar{f}$ stetig.

(b) Die Eigenschaft, dass $f(f^{-1}(A))$ offen (abgeschlossen) in $f(X)$ ist, ist äquivalent zur Stetigkeit der Umkehrabbildung von $\bar{f}$.

(c) Im Fall der Identifizierungstopologie vereinfacht sich die Zerlegung zu $f\colon X \xrightarrow{\ p\ } X/\!\sim \ \xrightarrow{\ \bar{f}\ } Y$, und die Behauptung folgt aus (b). ☐

3.21 Beispiele.

(a) Sei $X := [0, 2\pi] \subset \mathbb{R}$ und S^1 der Einheitskreis der euklidischen Ebene. Dann ist $f\colon X \to S^1$ mit $f(x) = (\cos x, \sin x)$ eine abgeschlossene, surjektive, stetige Abbildung. Unter der Äquivalenzrelation „$x \sim y \iff f(x) = f(y)$" ist $[0, 2\pi]/\!\sim$ nach 3.20 (c) homöomorph zum Einheitskreis, vgl. Abb. 3.2 (a).

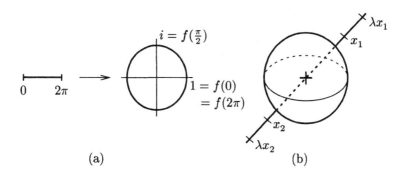

Abb. 3.2

(b) Sei $X := \mathbb{R}^3 \setminus \{0\}$, $x = (x_1, x_2, x_3) \in \mathbb{R}^3$, $\|x\| = \sqrt{x_1^2 + x_2^2 + x_3^2}$ und $\bar{x} = \frac{x}{\|x\|} \in S^2 \subset \mathbb{R}^2 \setminus \{0\}$. Die Äquivalenzrelation $\sim$ auf X sei definiert durch

$$x \sim x' \iff \exists \lambda \in \mathbb{R}, \lambda > 0 \text{ und } x' = \lambda x,$$

und es bezeichne $[x]$ die Äquivalenzklasse von x. Dann ist $\bar{f} \colon X/\!\sim \to S^2$ mit $\bar{f}([x]) := \bar{x}$ ein Homöomorphismus. Sei $p \colon X \to X/\!\sim$ die kanonische Projektion. Die Identifizierungstopologie auf S^2 bezüglich $f = \bar{f} \circ p$ stimmt mit der Unterraumtopologie der Teilmengen S^2 von $\mathbb{R}^3$ überein, vgl. Abb. 3.2 (b).

(c) Auf $S^2 \subset \mathbb{R}^3$ sei $x \sim -x$. Dann ist $S^2/\!\sim$ die *projektive Ebene*, und sie wird mit der Quotiententopologie versehen. Einen hierzu homöomorphen Raum erhalten wir, wenn wir $\mathbb{R}^3 \setminus \{0\}$ mit der Äquivalenzrelation

$$x \sim x' \iff \exists \lambda \in \mathbb{R}, \ \lambda \neq 0 \text{ und } x' = \lambda x$$

versehen.

Die projektive Ebene erhalten wir ebenfalls, indem wir die Kreisscheibe $D^2 = \{x \in \mathbb{R}^2 \mid \|x\| \leq 1\}$ mit der Äquivalenzrelation

$$x \sim x \ \forall x \in D^2 \text{ und } x \sim -x \text{ für } \|x\| = 1$$

versehen, d.h. einander gegenüberliegende Punkte des Randes werden identifiziert.

3.22 Definition. Sei $(X_i, \mathcal{O}_i)_{i \in I}$ eine Familie topologischer Räume, die paarweise disjunkt sind. Dann heißt $\bigcup_{i \in I} X_i$, versehen mit der Finaltopologie bezüglich der kanonischen Injektionen $j_i \colon X_i \to \bigcup_{\iota \in I} X_\iota$, *topologische*

Summe der $(X_i)_{i \in I}$. Sind die X_i nicht disjunkt, so nehmen wir die Familie $(X_i \times \{i\})_{i \in I}$.

Eine Teilmenge $O \subset \bigcup_{j \in I} X_j$ ist genau dann offen, wenn für jedes $i \in I$ die Menge $O \cap X_i$ offen in X_i ist. Die von $\bigcup_{j \in I} X_j$ auf X_i induzierte Topologie ist die ursprüngliche Topologie $\mathcal{O}_i$ auf X_i.

3.23 Definition. Seien X und Y disjunkte topologische Räume, $A \subset X$ abgeschlossen und $f \colon A \to Y$ eine Abbildung von A in Y. Auf $X \cup Y$ sei eine Äquivalenzrelation $\sim$ wie folgt erklärt:

$$z_1 \sim z_2 \iff \begin{cases} z_1, z_2 \in A & \text{und } f(z_1) = f(z_2) \text{ oder} \\ z_1 \in A, z_2 \in f(A) & \text{und } f(z_1) = z_2 \text{ oder} \\ z_2 \in A, z_1 \in f(A) & \text{und } f(z_2) = z_1 \text{ oder} \\ z_2 = z_1. \end{cases}$$

Der Faktorraum $(X \cup Y)/{\sim}$ wird mit $Y \cup_f X$ bezeichnet und heißt der durch *Zusammenkleben von X und Y mittels f* entstandene Raum.

Beim Übergang von $X \cup Y$ zu $Y \cup_f X$ wird jeder Punkt aus $f(A)$ mit seinen Urbildern identifiziert!

3.24 Beispiele.

(a) Sei $X := [0,1], A := \{0\} \cup \{1\}, Y := [2,3]$ und $f(0) := 2, f(1) := 3$. Dann ist $Y \cup_f X$ homöomorph einer Kreislinie. Vgl. Abb. 3.3 (a).

(b) Sei $X = \{(x,y) \in \mathbb{R}^2 \mid x^2 + y^2 \leq 1\}, A = \{(x,y) \in \mathbb{R}^2 \mid x^2 + y^2 = 1\}$, $Y = \{(2,2) \in \mathbb{R}^2\}$ und $f(x,y) = (2,2)$ für alle $(x,y) \in A$. Dann ist $Y \cup_f X$ homöomorph zu S^2. Vgl. Abb. 3.3 (b).

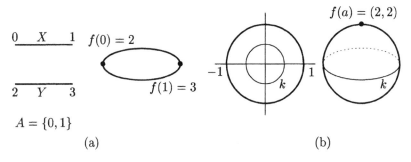

Abb. 3.3

3.25 Definition. Sei D^n die abgeschlossene Einheitskugel des $\mathbb{R}^n, e^n = \mathring{D}^n$ und $S^{n-1} = D^n \backslash \mathring{D}^n$. Alle drei Mengen seien mit der Unterraumtopologie versehen. D^n bzw. e^n (sowie zu diesen homöomorphe Räume) heißt *n-dimensionaler Ball bzw. n-dimensionale Zelle*; es ist S^{n-1} die $(n-1)$-*dimensionale Sphäre* von 1.2 (g). Sei $f \colon S^{n-1} \to X$ eine Abbildung in einen topologischen Raum X. Man sagt, $X \cup_f D^n$, ebenso wie jeder dazu homöomorphe Raum, ist *aus X durch Ankleben einer n-Zelle mittels f* entstanden. In der Literatur wird auch $X \cup_f e^n$ statt $X \cup_f D^n$ benutzt.

Der anschauliche Begriff „Ankleben einer Zelle" lässt sich mit der kanonischen Projektion p: $X \cup D^n \to X \cup_f D^n$ mathematisch beschreiben: $p|e^n$ bildet e^n homöomorph auf $p(e^n)$ ab.

3.26 Beispiele.
(a) Sei $X := D^2$, $f := \mathrm{id}_{S^1}$. Der Raum $X \cup_f D^2$ ist eine 2-dimensionale Sphäre. Vgl. Abb. 3.4 (a).

(b) Sei $X := \{(x,y) \in \mathbb{R}^2 \mid 0 \le x \le 1, 0 \le y \le 1\}$, $A := \{(x,y) \in X \mid x = 0 \text{ oder } 1\}$, $Y := [0,1]$, und f: $A \to Y$ sei definiert durch $f(0,y) = y$, $f(1,y) = 1 - y$. Der Raum $M := Y \cup_f X$ heißt *Möbiusband*. Vgl. Abb. 3.4 (b).

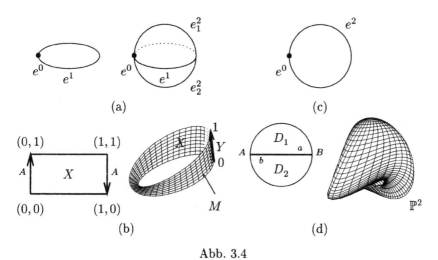

Abb. 3.4

(c) Der „Rand" des Möbiusbandes ist homöomorph zu S^1. Somit lässt sich an M eine 2-Zelle mittels einer Abbildung g: $S^1 \to \partial M$ ankleben, wobei g ein Homöomorphismus ist. Anschaulich formuliert: Der Rand von M wird mit dem Rand einer Kreisscheibe verklebt. *Der entstehende Raum $M \cup_g D^2$ ist homöomorph zur projektiven Ebene* $\mathbb{P}^2$. Vgl. Abb. 3.4 (c).

Es ist naheliegend, den Prozess des Anklebens auf beliebig viele n-Zellen zu verallgemeinern.

3.27 Definition.
(a) Seien $D^n \times \{i\}$, $i \in I$, n-Bälle und f_i: $S^{n-1} \times \{i\} \to X$ stetige Abbildungen der zugehörigen $(n-1)$-Sphären in einen topologischen Raum X. Es ist $S_I^{n-1} := \bigcup_{i \in I}(S^{n-1} \times \{i\})$ Unterraum von $D_I^n := \bigcup_{i \in I}(D^n \times \{i\})$, und $f(x,i) := f_i(x)$ definiert eine stetige Abbildung f: $S_I^{n-1} \to X$. Man

sagt, $X' = X \cup_f D_I^n$ entsteht aus X durch *Ankleben der n-Zellen* $e^n \times \{i\}$, $i \in I$.

(b) Ein nulldimensionaler (endlicher) *CW-Komplex* ist eine (endliche) Menge von Punkten, versehen mit der diskreten Topologie.

(c) Ein n-dimensionaler (endlicher) CW-Komplex, $n \geq 1$, ist ein Raum der Form $X \cup_f e_I^n$, wobei X ein k-dimensionaler (endlicher) CW-Komplex mit $k < n$ und $e_I^n = \bigcup_{i \in I}(e^n \times \{i\})$ die (endliche) topologische Summe von n-Zellen ist. Im Falle eines endlichen CW-Komplexes ist die Gesamtzahl der Zellen endlich.

3.28 Beispiele.

(a) S^2 ist zu einem zweidimensionalen CW-Komplex homöomorph: Zuerst kleben wir eine 1-Zelle e^1 an einen Punkt P und dann zwei 2-Zellen e_1^2 und e_2^2 an den resultierenden Raum, vgl. Abb. 3.4 (a).

(b) Einen zweiten CW-Komplex, der zu S^2 homöomorph ist, erhalten wir, indem wir eine 2-Zelle an einen Punkt kleben Abb 3.4 (d).

(c) Analog zu (b) entsteht durch Ankleben einer n-Zelle an einen Punkt ein zu einer n-Sphäre homöomorpher n-dimensionaler CW-Komplex.

3.29 Bemerkung. Der Begriff des CW-Komplexes lässt auch den Fall zu, dass unendlich viele Zellen angeklebt werden. Dabei wird aber zusätzlich verlangt:

(C) Für jede Zelle e trifft der Abschluss $\bar{e}$ nur endlich viele Zellen (**C**losure finite).

(W) Ist $A \subset X$ ein Teilraum, so dass $A \cap \bar{e}$ in $\bar{e}$ abgeschlossen für alle Zellen e von X ist, so ist A abgeschlossen in X (**W**eak topology).

Ferner wird verlangt, dass der topologische Raum X Hausdorff'sch ist, vgl. 6.1.

3.30 Beispiele.

(a) $\mathbb{R}$ läßt sich als eindimensionaler CW-Komplex mit unendlich vielen Zellen deuten: $\mathbb{Z}$ ist die Menge der 0-Zellen, die Intervalle $\{]n, n+1[\mid n \in \mathbb{Z}\}$ bilden die 1-Zellen.

(b) Die *Hawaiischen Ohrringe*

$$H = \{0\} \cup \bigcup_{n=1}^{\infty} \left\{ \frac{1}{2n}\left(e^{it} + 1\right) \mid 0 \leq t \leq 2\pi \right\}$$

bilden mit der von $\mathbb{C}$ induzierten Topologie keinen *CW*-Komplex, obwohl sie aus 0-Zellen, nämlich genau einer Zelle 0, und 1-Zellen bestehen (s. Abb. 3.5); denn (C) ist nicht erfüllt, da die 0-Zelle, der Nullpunkt, den Abschluss jeder 1-Zelle, also den von unendlich vielen Zellen schneidet. (W) gilt nicht, da $A = \{\frac{1}{n} \mid n \in \mathbb{N}^*\}$ den Abschluss jeder Zelle in höchstens einem Punkte schneidet, aber in H nicht abgeschlossen ist.

Bilden wir aber nur die „endlichen" Hawaiischen Ohrringe

$$H_k = \{0\} \cup \bigcup_{n=1}^{k} \left\{ \frac{1}{2n}(e^{it} + 1) \mid 0 \le t \le 2\pi \right\}$$

mit der von $\mathbb{C}$ induzierten Topologie, so ist $H = \bigcup_{k=1}^{\infty} H_k$, und wir können H die dadurch definierte schwache Topologie, vgl. 3.18 (b), geben. Dann ist zwar die Bedingung (W) erfüllt, jedoch (C) nicht.

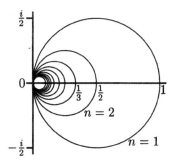

Abb. 3.5

(c) Wir konstruieren nun im $\mathbb{R}^3$ eine aus Zellen bestehende Punktmenge und geben ihr die vom $\mathbb{R}^3$ induzierte Topologie: Die Nullzellen sind die Punkte $\{(n, 0, 0) \mid n \in \mathbb{Z}\}$. Alle offenen Intervalle $]n, n + 1[\times 0 \times 0$, $n \in \mathbb{Z}$, auf der x-Achse A_x werden 1-Zellen. Hinzu kommen noch die folgenden 1-Zellen: Für $n \in \mathbb{N}^*$ sei δ_n die Drehung des $\mathbb{R}^3$ um die x-Achse um den Winkel π/n, und es sei

$$e_n^1 = \delta_n \left(\{(\pm n, y, 0) \mid 0 < y \le \frac{1}{n}\} \cup \{(x, \frac{1}{n}, 0) \mid -n \le x \le n\} \right).$$

Die Punktmenge $X = A_x \cup \bigcup_{n=1}^{\infty} e_n^1$ mit der vom $\mathbb{R}^3$ induzierten Topologie ist ein in Zellen zerlegter Raum, in dem jede Zelle den Abschluß von höchstens vier Zellen trifft. Also liegt die Eigenschaft (C) vor. Dagegen hat dieser Raum nicht die Eigenschaft (W); denn die Menge $\left(0, \frac{1}{n} \cos \frac{\pi}{n}, \frac{1}{n} \sin \frac{\pi}{n}\right)$ hat den Ursprung $(0, 0, 0)$ als Limespunkt und enthält aus jeder Zelle e_n^1 genau einen Punkt und sonst keinen weiteren.

(d) Wir fassen die $(n-1)$-Sphäre S^{n-1} als Äquator der n-Sphäre S^n auf. Dann sind die „offene" obere und untere Halbsphäre n-Zellen, und es werden sukzessive $S^0, S^1, \ldots, S^n$ zu CW-Räumen; dabei ist die Topologie von S^n die vom $\mathbb{R}^{n+1}$ induzierte. Wir haben nun, vgl. 3.18 (c),

$$S^0 \subset S^1 \subset \ldots \subset S^{n-1} \subset S^n \subset \ldots \subset \bigcup_{n=0}^{\infty} S^n =: \lim_{n \to \infty} S^n =: S^\infty.$$

Geben wir S^∞ die schwache Topologie, so entsteht ein CW-Komplex. Vorsicht: Die Einheitssphäre eines unendlich-dimensionalen Hilbert- oder Banach-Raumes, vgl. 18.1, ist nicht homöomorph zu S^∞, sie lässt sich sogar nicht als CW-Komplex darstellen!

(e) Den reellen projektiven Raum $\mathbb{P}^n$ können wir aus $\mathbb{P}^{n-1}$ erhalten, indem wir eine n-Zelle hinzunehmen. Dann ist der unendlich-dimensionale projektive $\mathbb{P}^\infty := \lim_{n\to\infty} \mathbb{P}^n$, versehen mit der schwachen Topologie, ein CW-Komplex.

CW-Komplexe spielen in der algebraischen Topologie eine große Rolle, da sich für sie die wichtigen Invarianten meistens einfacher berechnen lassen als für allgemeine Räume und diese sich durch CW-Komplexe gut approximieren lassen. Zwei wichtige Beispiele haben wir unter 3.30 (d,e) schon vorgestellt.

E Mannigfaltigkeiten und topologische Gruppen

In der Topologie und in vielen anderen mathematischen Disziplinen spielen gewisse Räumen eine besondere Rolle: die Mannigfaltigkeiten. Ein anderes wichtiges Konzept sind die topologischen Gruppen, die wir ausführlich in den Kapiteln 16, 19 und 20 behandeln werden, aber hier schon vorstellen. Mittels Gruppen, die auf Räumen operieren, werden neue Quotientenräume definiert.

3.31 Definition. Sei M^n eine Menge, ferner $((U_i, f_i))_{i\in I}$ ein System von topologischen Räumen homöomorph zu $\mathbb{R}^n$ und injektiven Abbildungen $f_i\colon U_i \to M^n$. Für $i, j \in I$ wird ferner verlangt, dass die bijektive Abbildung

$$(*) \qquad f_j^{-1} \circ f_i\colon\ f_i^{-1}\left(f_i(U_i) \cap f_j(U_j)\right) \to f_j^{-1}\left(f_i(U_i) \cap f_j(U_j)\right)$$

ein Homöomorphismus ist, wobei die Urbild- und die Bildmenge die vom $\mathbb{R}^n$ induzierten Topologien tragen. Wir setzen weiter voraus, dass M von den $f_i(U_i)$ überdeckt werden. Nun erhält M die Finaltopologie bzgl. des Systemes der Abbildungen $f_i\colon U_i \to M^n$. Wir setzen weiterhin voraus, dass M eine abzählbare Basis besitzt. Dann heißt M^n eine *n-dimensionale (topologische) Mannigfaltigkeit* und n die *Dimension* von M^n. Die Abbildungen $f_i\colon U_i \to M^n$ werden *Karten* genannt; ferner heißt das System $((U_i, f_i))_{i\in I}$ ein *Atlas* von M^n. Allerdings muss die Bedingung, dass je zwei verschiedene Punkte von M^n disjunkte Umgebungen besitzen, hinzugefügt werden; wir werden sie später besprechen, Stichwort: Hausdorff, s. 6.1, 6.4.

Bemerkung. Sind alle Abbildungen $f_j \circ f_i^{-1}$, $i, j \in I$ k-mal stetig differenzierbar (als Abbildungen zwischen Teilräumen des $\mathbb{R}^n$), so heißt M^n eine

$C^{(k)}$- oder k-fach differenzierbare Mannigfaltigkeit; hier ist $0 \leq k \leq \infty$. Analog werden $C^{(\omega)}$- oder analytische Mannigfaltigkeiten erklärt, wenn die obigen Abbildungen in Potenzreihen entwickelbar sind.

Aus der Definition ergibt sich direkt die folgende Aussage, die oftmals auch als Definition genommen wird.

3.32 Satz. *Ist M^n eine n-dimensionale Mannigfaltigkeit, also insbesondere ein topologischer Raum, so besitzt jeder Punkt $x \in M^n$ eine offene Umgebung, die homöomorph zu einem offenen Einheitsball des $\mathbb{R}^n$ ist. Umgekehrt ist jeder topologischer Raum X, der diese Eigenschaften besitzt, eine n-dimensionale Mannigfaltigkeit, sofern die Topologie von X eine abzählbare Basis besitzt und die oben erwähnte Hausdorff-Eigenschaft hat.* $\square$

3.33 Beispiele.
(a) Offenbar stellt jeder $\mathbb{R}^n$ eine Mannigfaltigkeit dar, natürlich eine $C^{(\infty)}$-Mannigfaltigkeit. Dasselbe gilt für die Räume $\mathbb{C}^n$.

(b) Die Sphären $S^n = \{(x_1, \ldots, x_{n+1}) \mid x_k \in \mathbb{R}, \sum_{k=1}^{n+1} x_k^2 = 1\}$ sind Mannigfaltigkeiten, und zwar genügen zwei Karten:

$$\varphi_\pm \colon \mathbb{R}^n \to S^n, \quad (x_1, \ldots, x_n) \mapsto \frac{1}{\sqrt{1 + \sum_{k=1}^n x_k^2}} (x_1, \ldots, x_n, \pm 1).$$

(c) Sind M_1^n und M_2^m Mannigfaltigkeiten der Dimensionen n, m, so ist $M_1^n \times M_2^m$ eine $(m+n)$- dimensionale Mannigfaltigkeit. Z.B. ist der n-dimensionale Torus $T^n = S^1 \times \ldots \times S^1$, n Faktoren, eine n-dimensionale Mannigfaltigkeit.

(d) Es sei Ω die Ordinalzahlen bis zur ersten nicht-abzählbaren Ordinalzahl ω_1. An jede Ordinalzahl ω hängen wir ein offenes Intervall "der Länge 2" an, welches in ω beginnt, bis $\omega + 2$ läuft und im Inneren die Ordinalzahl $\omega + 1$ enthält. Der gebildete 1-dimensionale Raum heißt *Kneser's lange Gerade*. Sie hat das lokale Verhalten einer Mannigfaltigkeit, ist jedoch keine; denn die Topologie hat keine abzählbare Basis.

Häufig werden topologische Räume in der folgenden Weise konstruiert:

3.34 Konstruktion. Sei X ein topologischer Raum und G eine Untergruppe der Gruppe der Homöomorphismen von X. Wir sagen dann, G *operiert stetig auf X*; diese Sprechweise wird auch benutzt, wenn eine (abstrakte) Gruppe G mittels eines Endomorphismusses auf eine Untergruppe der Homöomorphismen von X abgebildet wird. Durch

$$x \sim y \quad :\Longleftrightarrow \quad \exists g \in G : y = g(x)$$

wird ein Äquivalenzrelation erklärt. Die Menge der Äquivalenzklassen werde mit der Quotiententopologie versehen; den erhaltenen Raum bezeichnen wir mit X/G. Die Äquivalenzklasse eines Punktes $x \in X$ wird $(G\text{-})Bahn$ oder *Orbit* von x genannt; der Raum X/G heißt der *Bahnen-* oder *Orbitraum von G*.

3.35 Beispiele.
(a) Auf $X = \mathbb{C}$, versehen mit der natürlichen Topologie, operiert die Gruppe $G = \mathbb{R}$ durch

$$\varphi\colon G \to \text{Hom\"oo}(\mathbb{C}), \quad t \mapsto \varphi_t\colon \mathbb{C} \to \mathbb{C} \quad \text{mit} \quad \varphi_t(z) = e^{t+2\pi i t} \cdot z.$$

Die Bahn $\{e^{t+2\pi i t} \cdot z_0 \mid t \in \mathbb{R}\}$ eines Punktes z_0 ist eine *Spirale*, ausgenommen der Fall, dass z_0 der Nullpunkt ist, vgl. Abb. 3.1, in welcher eine ähnliche Situation dargestellt ist. Die Bahnen werden repräsentiert durch die Punkte 0 und $[1, e]$; sie füllen die ganze Ebene aus und sind zueinander disjunkt mit Ausnahme der Bahnen von 1 und e, die zusammenfallen. Also können wir X/G als Punktmenge identifizieren mit $\{0\} \cup [1, e]\{\tilde{e}\} \approx \{0\} \cup S^1$. Es verbleibt die Topologie von X/G anzugeben. Eine Teilmenge von X/G ist offen, wenn das Urbild offen ist. Offensichtlich ist das Urbild eines jeden offenen Bogens auf S^1, der bijektiv einem offenen Intervall $]a, b[$ entspricht, offen in $\mathbb{C}$. Deshalb bilden für einen Punkt auf S^1 die „Standard-Umgebungen" eine Umgebungsbasis in X/G. Da jede Umgebung von $0 \in \mathbb{C}$ jede Bahn schneidet, ist dagegen der ganze Raum X/G die einzige Umgebung von $0 \in X/G = \{0\} \cup S^1$. Es entsteht also eine ganz andere Topologie als die Topologie, die auf $\{0\} \cup S^1$ von $\mathbb{C}$ induziert wird.

Beschränken wir die Operation auf $Y = \mathbb{C}\backslash\{0\}$, so ist Y/G homöomorph zu S^1.

(b) Ist $X = \mathbb{R}$ und operiert $G = \mathbb{Z}$ auf X durch

$$\Phi\colon G \times X \to X, \quad (g, x) \mapsto x + g,$$

so ist $X/G \approx S^1$. Analog operiert $\mathbb{Z}^n$ auf $\mathbb{R}^n$ und der *Bahnenraum ist homöomorph zum n-dimensionalen Torus* $T^n = (S^1)^n$.

(c) Sei $X = \mathbb{R}^{n+1} \setminus \{0\}$ und $G = \mathbb{R}_+^*$, versehen mit der Multiplikation als Gruppenoperation. Dann operiert G stetig auf X durch $x \mapsto g \cdot x$. Die Bahn eines Punktes x ist die offene Halbgerade, die von 0 ausgeht und x enthält. Jede Bahn enthält genau einen Punkt vom Abstand 1 vom Nullpunkt; deshalb können wir den *Bahnenraum mit der n-Sphäre S^n identifizieren*. Die Topologie des Bahnenraumes X/G stimmt dann mit der Topologie des Unterraumes S^n von $\mathbb{R}^{n+1}$ überein, vgl. 1.2 (g). Es handelt sich um die in 3.33 (b) definierte Topologie. Denselben Raum erhalten wir auch als CW-Komplex durch iteriertes Ankleben von k-Zellen an die zweipunktige Menge S^0, vgl. 3.30 (d).

Nehmen wir nun als operierende Gruppe $H = \mathbb{R}^*$, so erhalten wir als *Bahnenraum den projektiven Raum* $\mathbb{P}^n$. Denselben Raum können wir auch bekommen, indem wir auf S^n die Antipodalabbildung $x \mapsto -x$ anwenden, also $\mathbb{Z}_2$ auf S^n operieren lassen. Die beiden auf $\mathbb{P}^n$ erhaltenen Topologien stimmen überein, also für die topologischen Räume gilt:

$$\mathbb{P}^n = \mathbb{R}^{n+1}/\mathbb{R}^* = S^n/\mathbb{Z}_2.$$

Denselben Raum erhalten wir als CW-Komplex durch sukzessives Ankleben von k-Zellen an einen Punkt $\mathbb{P}^0$, vgl. 3.30 (e).

Die Bildung von T^n aus $\mathbb{R}^n$ oder $\mathbb{P}^n$ aus S^n ist ein spezieller Fall einer sehr viel allgemeineren häufig benutzten Konstruktion.

3.36 Definition. Auf dem topologischen Raum X operiere die Gruppe G stetig. Dabei gelte:

(i) *G operiert diskontinuierlich*, d.h. zu jedem $x \in X$ gibt es eine Umgebung $U \in \mathcal{U}(x)$, sodass

$$|\{g \in G \mid g(U) \cap U = \emptyset\}| < \infty.$$

(ii) *G operiert frei*, d.h.

$$x \in X, g \in G : g(x) = x \implies g = \mathrm{id}.$$

Man sagt dann, dass *G frei und diskontinuierlich* oder *eigentlich diskontinuierlich* auf X operiert.

Die oben beschriebenen Operationen von $\mathbb{Z}^n$ auf $\mathbb{R}^n$ und $\mathbb{Z}_2$ auf S^n sind eigentlich diskontinuierlich und die erhaltenen Orbiträume sind Mannigfaltigkeiten.

3.37 Satz. *Die Gruppe G operiere eigentlich diskontinuierlich auf der n-dimensionalen Mannigfaltigkeit M^n. Dann ist auch M^n/G eine n-dimensionale Mannigfaltigkeit.*

Die Projektion $p\colon M^n \to M^n/G$ ist eine Überlagerung , d.h. zu jedem Punkt $\tilde{x} \in M^n/G$ gibt es eine Umgebung $\tilde{U}$, sodass $p^{-1}(\tilde{U})$ die disjunkte Vereinigung von offenen Mengen $\{U_g \mid g \in G\}$, von denen jede durch p homöomorph auf $\tilde{U}$ abgebildet wird. Ferner ist $U_g = g(U_{\mathrm{id}})$.

Beweis. Da G eigentlich diskontinuierlich auf der Mannigfaltigkeit operiert, gibt es zu jedem Punkt $x \in M^n$ eine Umgebung U_x homöomorph einem „kleinen" offenen Ball $D^n = \{x \in \mathbb{R}^n \mid \|x\| < r\} \approx \mathbb{R}^n$, $r > 0$, sodass

$$g \in G : gU_x \cap U_x \neq \emptyset \implies g = \mathrm{id}.$$

Dabei können wir noch annehmen, dass U_x für jedes $x \in M^n$ in einer Karte aus einem Atlas von M^n liegt. Dann aber können wir aus diesen U_x und ihren Bildern $(g(U_x))_{g \in G}$ ein Kartensystem bilden. Aus diesem „G-invarianten" Atlas von M^n erhalten wir einen Atlas auf M^n/G. Die Projektion $p\colon M^n \to$

M^n/G hat offenbar die Überlagerungseigenschaft, wobei die $p(U_x)$ die Rolle des $\tilde{U}$ spielen.   □

Der Begriff der Überlagerung spielt in der algebraischen Topologie, z. B. im Zusammenhang mit der Fundamentalgruppe, eine wichtige Rolle. Er wird auch in der Funktionentheorie bei der Behandlung von *Riemann'schen Flächen* benutzt; aber hier werden meistens sogenannte *verzweigte Überlagerungen* benutzt, die diskontinuierlichen, aber nicht-notwendig eigentlich diskontinuierlichen operierenden Gruppen entsprechen.

Eine anderes fruchtbares Koppeln der Begriffe Topologie und Gruppe geschieht bei den topologischen Gruppen. Dieser Begriff steht im Mittelpunkt der Kapitel 16, 19, 20; hier geben wir nur einige Definitionen sowie Beispiele und formulieren einfache Aussagen als Aufgaben.

3.38 Definition. Eine Menge G heißt *topologische Gruppe*, wenn G mit einer Gruppenstruktur und einer Topologie versehen ist, sodass die folgenden Axiome erfüllt sind.

(a) Die Abbildung $(x,y) \mapsto xy$ von $G \times G$ in G ist stetig.

(b) Die Abbildung $x \mapsto x^{-1}$ von G in G ist stetig.

3.39 Beispiele.

(a) Eine beliebige Gruppe G, versehen mit der diskreten oder indiskreten Topologie, ist eine topologische Gruppe. Produkte topologischer Gruppen sind wieder topologische Gruppen.

(b) $\mathbb{R}^n$ und $\mathbb{C}^n$, $n \geq 1$, mit der Addition und der natürlichen Topologie sind topologische Gruppen. Genauso sind die multiplikativen Gruppen $\mathbb{R}^*$ und $\mathbb{C}^*$ topologisch. Ebenfalls bilden die komplexen Zahlen vom Betrag 1, d.h. $S^1 = \{e^{2\pi i t} \in \mathbb{C} \mid 0 \leq t \leq 1\}$, mit der Multiplikation und der Standardtopologie eine topologische Gruppe.

(c) Die Matrizengruppen $GL(n,\mathbb{R})$, $SL(n,\mathbb{R})$, $GL(n,\mathbb{C})$, $SL(n,\mathbb{C})$, $O(n)$, $U(n)$ und viele andere mehr sind topologische Gruppen; dabei wird die Topologie durch die Koeffizienten definiert, d.h. die Gruppen werden als Teilräume der Produkträume $\mathbb{R}^{n^2}$ bzw. $\mathbb{C}^{n^2}$, versehen mit den natürlichen Topologien, aufgefasst.

(d) Indem wir die $(n \times n)$-Matrizen zu $((n + 1) \times (n + 1))$-Matrizen in der üblichen Weise durch Zufügen einer weiteren Zeile und Spalte, die an der $(n + 1)$-Stelle eine 1 und sonst nur 0'en stehen haben, erweitern, bekommen wir eine Sequenz.

$$GL(1,\mathbb{R}) \subset GL(2,\mathbb{R}) \subset \ldots \subset GL(n,\mathbb{R}) \subset GL(n+1,\mathbb{R}) \subset \ldots .$$

Dann bilden wir $GL(\infty,\mathbb{R}) = \bigcup_{n=1}^{\infty} GL(n,\mathbb{R})$ und versehen diesen Raum mit der Finaltopologie, vgl. 3.18 (b) oder 3.30 (d). Mit der naheliegenden Gruppenoperation wird $GL(\infty,\mathbb{R})$ zu einer topologischen Gruppe. Ähnlich lassen sich die topologische Gruppen $SL(\infty, \mathbb{R})$, $GL(\infty, \mathbb{C})$, $SL(\infty, \mathbb{C})$, $O(\infty)$, $U(\infty)$ definieren.

(e) Sei p eine Primzahl. Dann ist $\mathbb{Z}$ versehen mit der p-adischen Metrik, vgl. 1.2 (e), bezüglich der Addition eine topologische Gruppe. Das Gleiche gilt für die additive Gruppen des p-adischen Körpers $\mathcal{K}_p$, vgl. 1.A15. Dasselbe ist wahr für die multiplikativen Gruppen $\mathbb{Z} \setminus \{0\}$ bzw. $\mathcal{K}_p \setminus \{0\}$.

(f) Ist G eine topologische Gruppe, H ein abgeschlossener Normalteiler in G, so wird G/H eine topologische Gruppe. Deshalb ist der n-Torus T^n eine topologische Gruppe.

Aufgaben

3.A1 Sei X ein topologischer Raum und $A, B \subset X$.

(a) Ist $X = A \cup B$ und $M \subset A \cap B$ offen (abgeschlossen) in A und B, so ist M offen (abgeschlossen) in X.

(b) A ist genau dann Durchschnitt einer in X offenen mit einer in X abgeschlossenen Menge, wenn jedes $x \in A$ eine Umgebung $U(x)$ in X besitzt, so dass $A \cap U(x)$ in $U(x)$ abgeschlossen ist.

3.A2 X und Y seien topologische Räume, $A \subset X$ und $B \subset Y$. Zeigen Sie:
  (a) $(A \times B)^\circ = \mathring{A} \times \mathring{B}$,
  (b) $\overline{(A \times B)} = \bar{A} \times \bar{B}$,
  (c) $(A \times B)^\bullet = (\mathring{A} \times \bar{B}) \cup (\bar{A} \times \dot{B})$.

3.A3 Sei $(X_i)_{i \in I}$ ein System topologischer Räume, $x_i \in X_i$ und $I' \subset I$. Dann ist $\prod_{i \in I'} X_i \times \prod_{j \in I \setminus I'} \{x_j\}$ als Unterraum von $\prod_{i \in I} X_i$ homöomorph zu $\prod_{i \in I'} X_i$.

3.A4 Sei $a = (a_i)_{i \in I}$ ein Punkt des Produktraumes $X = \prod_{i \in I} X_i$. Dann ist die Menge $D := \{x \in X \mid p_i(x) = a_i \text{ für fast alle } i \in I\}$ dicht in X; hier bezeichnet p_i wieder die Projektion $X \to X_i$.

3.A5 Die Projektion $p_1 \colon \mathbb{R} \times \mathbb{R} \to \mathbb{R}$, $(x, y) \mapsto x$, ist nicht abgeschlossen.

3.A6 Beweisen Sie 3.8 (e). Hinweis: 3.5 und 3.10.

3.A7 I sei eine überabzählbare Menge und $(X_i)_{i \in I}$ ein System topologischer Räume

(a) Besitzt in jedem X_i, $i \in I$, jeder Punkt eine von $\emptyset$ oder X_i verschiedene Umgebung, so besitzt kein Punkt von $\prod_{i \in I} X_i$ eine abzählbare Umgebungsbasis.

(b) Charakterisieren Sie für den allgemeinen Fall die Punkte aus $\prod_{i \in I} X_i$ mit abzählbarer Umgebungsbasis.

3.A8 (a) Die zu den Metriken d', d'', d''' in 1.2 (h) gehörenden Topologien stimmen mit der Produkttopologie von $X_1 \times X_2$ überein.

(b) Die zu der Metrik in 1.2 (i) gehörende Topologie stimmt mit der Produkttopologie von $\prod_{n=0}^{\infty} X_n$ i.a. nicht überein.

3.A9 Wir betrachten wieder den Hilbert'schen Folgenraum ℓ^2 der Folgen reeller Zahlen $(a_i)_{i \in \mathbb{N}}$ mit $\sum_{i=0}^{\infty} a_i^2 < \infty$ und der Metrik

$$d((a_i), (b_i)) = \sqrt{\sum_{i=0}^{\infty} (a_i - b_i)^2},$$

vgl. 3.14 (d). Zeigen Sie:

(a) Die Projektionsabbildungen $p_j \colon \ell^2 \to \mathbb{R}$ mit $p_j((a_i)_{i \in \mathbb{N}}) := a_j$ sind stetig für alle $j \in \mathbb{N}$.

(b) Die Metrik definiert nicht die Initialtopologie. Hinweis: Konvergenz der Folge $x_j = (\delta_{ij})_{i \in \mathbb{N}}$.

3.A10 Seien $X_i, i \in I$, topologische Räume und $A_i \subset X_i$ Teilmengen. Dann ist $\prod_{i \in I} A_i$ eine Teilmenge von $\prod_{i \in I} X_i$. Zeigen Sie:

(a) $\prod_{i \in I} \mathring{A}_i \supset \left(\prod_{i \in I} A_i \right)^{\circ}$,

(b) $\prod_{i \in I} \bar{A}_i = \overline{\prod_{i \in I} A_i}$.

Geben Sie ein Beispiel an, für welches in (a) kein Gleichheitszeichen steht.

3.A11 Die Bezeichnungen seien wie in A3.10. Auf den A_i nehmen wir die induzierte Topologie. Zeigen Sie:

(a) Die Produkttopologie auf $\prod A_i$ ist dieselbe wie die von $\prod X_i$ induzierte Topologie auf $\prod A_i$.

(b) Die Finaltopologie auf X_j bezüglich der Projektionsabbildung $p_j \colon \prod X_i \to X_j$ ist die ursprüngliche Topologie auf X_j.

3.A12 X sei ein topologischer Raum, $\sim$ eine Äquivalenzrelation. (O) bezeichne folgende Bedingung:

(O): $O \subset X$ offen $\implies \{x \in X \mid \exists y \in O \colon x \sim y\}$ offen in X.

Beweisen Sie:

(a) Die kanonische Projektion $\pi \colon X \to X/\!\sim$ ist d.u.n.d. offen, wenn (O) gilt.

(b) Es gelte (O). Sei $A \subset X$ abgeschlossen bezüglich der Relation $\sim$, d.h. $x \sim a, a \in A \implies x \in A$. Sei $\dot{\sim}$ die auf A eingeschränkte Relation $\sim$. Dann ist $A/\dot{\sim}$, versehen mit der Identifizierungstopologie, in natürlicher Weise homöomorph zu dem Unterraum $\pi(A)$ von $X/\!\sim$.

(c) Dass die Aussage (b) ohne die Voraussetzung (O) nicht gelten muß, zeigt das folgende Beispiel: Sei $X = S^1 = \{e^{it} \mid t \in \mathbb{R}\}$ und $A = \{e^{2\pi i k/n} \mid k, n = 1, 2, \ldots\}$. Es sei „$x \sim y :\iff x$ und y haben die gleiche endliche Ordnung in der multiplikativen Gruppe S^1". Beschreiben Sie den Quotientenraum $S^1/\!\sim$ und die Identifizierungsabbildung $p \colon S^1 \to S^1/\!\sim$, bestimmen Sie die Topologie des Unterraumes $p(A)$ von $S^1/\!\sim$, schränken Sie die Relation $\sim$ auf A ein, und beschreiben Sie den zugehörigen Quotientenraum.

3.A13 (a) Beweisen Sie, dass die in 3.21 (b) beschriebene Identifizierungstopologie auf S^2 mit der Topologie des Unterraumes S^2 von $\mathbb{R}^3$ übereinstimmt.

(b) Die Äquivalenzrelation $\sim$ auf $\mathbb{R}^3 \setminus \{(0,0,0)\}$ sei definiert durch

$$x \sim y \iff z = \lambda y \quad \text{mit } \lambda \in \mathbb{R}.$$

(Bezeichnung wie in 3.21 (b,c)). Der Quotientenraum heißt *projektive Ebene* $\mathbb{P}^2$. Es sei $p \colon \mathbb{R}^3 \setminus \{0\} \to \mathbb{P}^2$ die kanonische Projektion. Eine Gerade in $\mathbb{P}^2$ ist definitionsgemäß eine Teilmenge $A \subset \mathbb{P}^2$, für die $q^{-1}(A)$ der Schnitt von $\mathbb{R}^3 \setminus \{0\}$ mit einer Ebene des $\mathbb{R}^3$ durch den Ursprung ist. Jede Gerade in $\mathbb{P}^2$ ist homöomorph zum Unterraum S^1 von $\mathbb{R}^2$.

3.A14 Beschreiben Sie durch Basen der offenen Mengen folgende Topologien:

(a) die feinste Topologie auf dem Einheitskreis im $\mathbb{R}^2$, sodass die Abbildung $t \mapsto (\cos t, \sin t), t \in [0, 2\pi]$, stetig ist, wobei das Intervall $[0, 2\pi]$ die übliche Topologie trägt;

(b) analog für das Intervall $]0, 2\pi[$;

(c) analog für das Intervall $[0, 2\pi[$;

(d) die gröbste Topologie auf dem Einheitskreis, sodass die Abbildung

$$(\cos t, \sin t) \mapsto \cos t, \ t \in [0, 2\pi[$$

auf das Intervall $[-1, +1]$ stetig ist.

3.A15 Sei $T \subset \mathbb{R}^3$ das Cantor'sche Diskontinuum mit der Unterraumtopologie $\mathcal{U}$, $X_n = \{0, 2\}$ trage die diskrete Topologie und $X = \prod_{n=1}^{\infty} X_n$ die Produkttopologie $\mathcal{P}$. Ferner sei $f \colon X \to T$ die Abbildung $(x_n)_{n \in \mathbb{N}^*} \mapsto \sum_{n=1}^{\infty} x_n \cdot 3^{-n}$, vgl. 3.8 (f).

(a) Die Initialtopologie auf X bezüglich $f \colon X \to (T, \mathcal{U})$ ist gleich der Produkttopologie $\mathcal{P}$.

(b) Die Quotiententopologie auf T bezüglich $f \colon (X, \mathcal{P}) \to T$ ist gleich $\mathcal{U}$.

3.A16 $(X_i)_{i \in I}$ sei eine Familie von topologischen Räumen, wobei jedes X_i eine von $\emptyset$ und X_i verschiedene offene Menge besitzt. Zeigen Sie:

In $\prod_{i \in I} X_i$ bilden die Mengen der Form $\prod_{i \in I} U_i, U_i \subset X_i$ offen für alle $i \in I$, eine Basis für eine Topologie auf $\prod_{i \in I} X_i$, die sogenannte *Box-Topologie*.

Die Box-Topologie ist i.a. feiner als die Produkttopologie. Die beiden Topologien stimmen genau dann überein, wenn die Anzahl der mindestens zweipunktigen Faktoren endlich ist.

3.A17 X und Y seien topologische Räume, und $f \colon X \to Y$ sei eine Abbildung. Ferner gebe es ein System $(A_i)_{i \in I}$ von abgeschlossenen Teilmengen von X mit

(i) $\bigcup_{i \in I} A_i = X$ (dann heißt $(A_i)_{i \in I}$ *abgeschlossene Überdeckung*);

(ii) zu jedem $x \in X$ gibt es eine Umgebung $U(x)$, so dass $\{i \in I \mid A_i \cap U(x) \neq \emptyset\}$ endlich ist (dann heißt die Überdeckung *lokal-endlich*).

Zeigen Sie: Sind alle Abbildungen $f|A_i \colon A_i \to Y$ stetig, so ist auch $f \colon X \to Y$ stetig.

3.A18 Sei Y ein Unterraum eines topologischen Raumes X und A eine Teilmenge von Y.

(a) Ist A nirgends dicht in Y, dann ist A nirgends dicht in X.

(b) Ist Y offen in X, dann gilt: Ist A nirgends dicht in X, dann ist A nirgends dicht in Y. Diese Aussage ist nicht richtig, wenn Y nicht offen in X ist!

3.A19 Sei G eine topologische Gruppe. Zeigen Sie: Ist $\mathcal{U}$ das Umgebungssystem des Einselements von G, so gilt:

(a) Für alle $U \in \mathcal{U}$ gibt es ein $V \in \mathcal{U}$ mit $V^2 \subset U$.

(b) Für alle $U \in \mathcal{U}$ gibt es ein $V \in \mathcal{U}$ mit $V^{-1} \subset U$.

(c) Für alle $U \in \mathcal{U}$ und $x \in \overset{\circ}{U}$ gibt es ein $V \in \mathcal{U}$ mit $xV \subset U$.

(d) Für alle $U \in \mathcal{U}$ und $x \in G$ gibt es ein $V \in \mathcal{U}$ mit $xVx^{-1} \subset U$.

3.A20 Sei auf der Menge $I \neq \emptyset$ eine Ordnungsrelation $\leq$ erklärt. Für jedes $i \in I$ gebe es einen topologische Raum $(X_i, \mathcal{O}_i)$, ferner zu je zwei $i, j \in I$ mit $i \leq j$ eine stetige Abbildung $f_{ji}\colon X_j \to X_i$, sodass gilt:

(1) $f_{ii} = \mathrm{id}_{G_i}\ \forall i \in I$,

(2) $f_{ki} = f_{ji} \circ f_{kj}$ für alle $i, j, k \in I$ mit $i \leq j \leq k$, d.h. das folgende Diagramm ist kommutativ:

Dann heißt $(X_i, f_{ij}, i, j \in I)$ ein *projektives System topologischer Räume*. Zeigen Sie:

(a) Es gibt einen topologischen Raum $(X, \mathcal{O}) = \varprojlim X_i$ mit der folgenden universellen Eigenschaft:

$(*)$ Ist Y irgendein topologischer Raum und gibt es stetige Abbildungen $(g_i\colon Y \to X_i)_{i \in I}$, sodass für jedes Paar $i, j \in I$ mit $i \leq j$ gilt $g_i = f_{ji} \circ g_j$, so gibt es eine eindeutig bestimmte stetige Abbildung $g\colon Y \to X$, sodass $g_i = f_i \circ g$ für jedes $i \in I$ ist.

(b) Durch diese Eigenschaft ist X bis auf Homöomorphie bestimmt: Hat ein zweiter topologischer Raum X' mit stetigen Abbildungen $(f_i')_{i \in I}$ die Eigenschaft $(*)$, so gibt es einen eindeutig bestimmten Homöomorphismus $h\colon X' \to X$, sodass $f_i' = f_i \circ h$ für alle $i \in I$ gilt.

Der Raum $X = \varprojlim X_i$ heißt *projektiver* oder *inverser Limes* der X_i.

3.A21 Es seien $\{Y_j \,|\, j \in J\}$ topologische Räume. Das System I aller nicht-leeren endlichen Teilmenge von J werde durch die Inklusion geordnet. Zu $i \in I$ werde $X_i = \prod_{j \in i} Y_j$ mit der Produkttopologie versehen. Zeigen Sie, dass sich der Produktraum $\prod_{j \in J} Y_j$, versehen mit der Produkttopologie von 3.7, mit dem projektiven Limes $\varprojlim X_i$ identifizieren lässt.

3.A22 Besprechen Sie den Zusammenhang von Initialtopologie und projektivem Limes.

3.A23 Dualisieren Sie die Aufgaben 3.A20–22, indem in der universellen Eigenschaft $(*)$ die Pfeilrichtungen umgedreht werden, d.h. jetzt Abbildungen $X_i \to Y$ usw. betrachtet werden. Es entsteht der *injektive* oder *direkte Limes* $\varinjlim X_i$.

4 Zusammenhängende Räume

Aus der Analysis ist bekannt, dass eine auf den reellen Zahlen definierte stetige Funktion jeden Wert zwischen zwei Bildwerten annimmt. Grundlegend für diesen „Zwischenwertsatz" ist der „Zusammenhang" der reellen Zahlen. Der Begriff des Zusammenhangs wird nun für allgemeine topologische Räume eingeführt.

A Zusammenhängende Räume

4.1 Definition und Folgerungen.

(a) Ein topologischer Raum $(X, \mathcal{O})$ heißt *zusammenhängend*, wenn X nicht in zwei disjunkte, nichtleere, offene Mengen zerlegt werden kann; positiv formuliert heißt das: Aus $X = O_1 \cup O_2$, $O_1, O_2 \in \mathcal{O}$ und $O_1 \neq \emptyset \neq O_2$ folgt $O_1 \cap O_2 \neq \emptyset$. Eine gleichwertige Definition ergibt sich, wenn „offene Mengen" durch „abgeschlossene Mengen" ersetzt werden.

(b) Ein *Teilmenge* $A \subset X$ heißt *zusammenhängend*, wenn sie in der induzierten Topologie zusammenhängend ist.

Folgende Kriterien lassen sich leicht aus der Definition herleiten:

(c) $(X, \mathcal{O})$ ist genau dann zusammenhängend, wenn $\emptyset$ und X die einzigen zugleich offenen und abgeschlossenen Teilmengen von X sind.

(d) $(X, \mathcal{O})$ ist genau dann nicht zusammenhängend, wenn es eine stetige, surjektive Abbildung von X *auf* einen diskreten Raum mit mindestens zwei Punkten gibt, vgl. 4.A3.

4.2 Satz. *Ein offenes Intervall* $]a, b[\subset \mathbb{R}$, *versehen mit der natürlichen Topologie, ist zusammenhängend.*

Beweis. Wäre $]a, b[$ nicht zusammenhängend, so gäbe es in $\mathbb{R}$ offene Mengen O_1, O_2 mit

$$U := O_1 \cap\,]a, b[\neq \emptyset, \; V := O_2 \cap\,]a, b[\neq \emptyset, \quad U \cup V = \,]a, b[\text{ und } U \cap V = \emptyset.$$

Wir wählen $u \in U$, $v \in V$ und nehmen $u < v$ an. Sei

$$S = \{s \in \,]a,b[\mid [u,s] \subset U\} \quad \text{und } s_0 := \sup S.$$

Dann ist $a < u \leq s_0 \leq v < b$, also $s_0 \in U \cup V$. Läge s_0 in U, so wäre $(s_0 - \varepsilon, s_0 + \varepsilon) \subset U$ für ein $\varepsilon > 0$, und s_0 wäre nicht das Supremum von S. Analog ergibt $s_0 \in V$ einen Widerspruch.   □

Da $\mathbb{R}$ homöomorph zu einem offenen Intervall $]a,b[\subset \mathbb{R}$ ist, ist auch $\mathbb{R}$ zusammenhängend.

4.3 Beispiele.

(a) Die leere Menge und jede einpunktige Menge ist zusammenhängend.

(b) Enthält ein diskreter Raum mehr als einen Punkt, so ist er nicht zusammenhängend. Deshalb ist auch $\mathbb{N}$, versehen mit der von $\mathbb{R}$ induzierten Topologie, nicht zusammenhängend.

(c) $\mathbb{Q}$ ist nicht zusammenhängend; denn z.B. ist

$$\mathbb{Q} = \big(\mathbb{Q} \,\cap\,]-\infty, \sqrt{2}[\big) \cup \big(\mathbb{Q} \,\cap\,]\sqrt{2}, +\infty[\big),$$
$$\emptyset = \big(\mathbb{Q} \,\cap\,]-\infty, \sqrt{2}[\big) \cap \big(\mathbb{Q} \,\cap\,]\sqrt{2}, +\infty[\big).$$

4.4 Satz. *Sei X ein topologischer Raum und $A \subset X$ zusammenhängend.*

(a) *Gilt $A \subset B \subset \bar{A}$, dann ist auch B zusammenhängend.*

(b) *Enthält A sowohl innere als auch äußere Punkte einer Menge $B \subset X$, dann enthält A auch Randpunkte von B.*

Beweis. (a) Ist B nicht zusammenhängend, so gibt es zwei offene Mengen O_1, O_2 aus X mit $(B \cap O_1) \cup (B \cap O_2) = B$, $(B \cap O_1) \cap (B \cap O_2) = \emptyset$ und $B \cap O_i \neq \emptyset$ für $i = 1, 2$. Dann gilt auch

$$(A \cap O_1) \cup (A \cap O_2) = A \quad \text{und} \quad (A \cap O_1) \cap (A \cap O_2) = \emptyset.$$

Für $b_i \in B \cap O_i$, $i = 1, 2$, ist $b_i \in \bar{A}$ und deshalb $O \cap A \neq \emptyset$ für jede offene, b_i enthaltende Menge $O \subset X$. Insbesondere gilt $O_i \cap A \neq \emptyset$. Also ist A im Widerspruch zur Annahme nicht zusammenhängend.

(b) Wenn A keine Randpunkte von B enthält, so überdecken die beiden offenen und disjunkten Mengen $\mathring{B}$ und $(X \backslash B)^\circ$ die Menge A, und es sind nach Annahme $\mathring{B} \cap A$ und $(X \backslash B)^\circ \cap A$ nicht leer, im Widerspruch zum Zusammenhang von A.   □

4.5 Satz. *Ist X zusammenhängend und $f\colon X \to Y$ stetig, so ist auch $f(X)$ zusammenhängend.*

Beweis. Wäre $f(X)$ nicht zusammenhängend, so gäbe es in $f(X)$ nichtleere, offene Mengen O_1 und O_2 mit $O_1 \cup O_2 = f(X)$ und $O_1 \cap O_2 = \emptyset$. Dann wären auch $f^{-1}(O_1)$ und $f^{-1}(O_2)$ nichtleere, offene, disjunkte Mengen, die X überdeckten, Widerspruch.   □

Da die einzigen zusammenhängenden, mindestens zwei Punkte enthaltenden Teilmengen von $\mathbb{R}$ offene, abgeschlossene bzw. halboffene Intervalle bzw. Halbgeraden bzw. $\mathbb{R}$ sind, s. 4.A1 , ergibt sich aus 4.5:

4.6 Zwischenwertsatz. *Ist $f\colon X \to \mathbb{R}$ eine stetige, reellwertige Funktion auf einem zusammenhängenden Raum X und sind $s, t \in f(X)$, so nimmt f jeden Wert zwischen s und t an.*   □

4.7 Beispiele.
(a) Der Graph einer stetigen Funktion f, welche in einem Intervall $I \subset \mathbb{R}$ erklärt ist und I nach $\mathbb{R}$ abbildet, ist zusammenhängend. Die Abbildung $F\colon I \to \mathbb{R}{\times}\mathbb{R}$ mit $F(X) := (x, f(x))$ ist stetig, da die „Komponentenfunktionen" $F_1\colon x \mapsto x$ und $F_2\colon x \mapsto f(x)$ stetig sind. Also lässt sich 4.5 anwenden.

(b) Der Graph G von $f\colon\,]0,1] \to [-1,1]$ mit $f(x) := \sin \frac{1}{x}$ ist nach (a) zusammenhängend. Wegen 4.4 ist auch der Abschluss $\bar{G} = G \cup \{(0,y) \in \mathbb{R}^2 \mid -1 \le y \le 1\}$ zusammenhängend.

(c) Der Graph G von $f\colon \mathbb{R}\backslash\{0\} \to [-1,1]$ mit $f(x) := \sin\frac{1}{x}$ ist nicht zusammenhängend. Er wird durch die offenen Mengen $H_+ = \{(x,y) \in G \mid x > 0\}$ und $H_- = \{(x,y) \in G \mid x < 0\}$ zerlegt. Nimmt man aber nur einen Punkt aus $\bar{G}\backslash G = \{(0,y) \in \mathbb{R}^2 \mid -1 \le y \le 1\}$ hinzu, so entsteht ein zusammenhängender topologischer Raum.

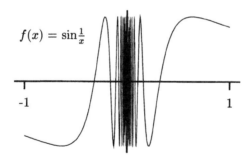

$$f(x) = \sin\frac{1}{x}$$

-1   1

Abb. 4.1

4.8 Lemma. *Ein topologischer Raum X ist genau dann zusammenhängend, wenn es zu je zwei Punkten $a, b \in X$ und zu jeder Überdeckung $\mathcal{U}$ von X durch offene Mengen eine endliche Teilmenge $\{U_1, \ldots, U_n\} \subset \mathcal{U}$ gibt mit*

(1) $\quad a \in U_1,\ a \notin U_i,\ i > 1,\quad b \in U_n,\ b \notin U_i,\ i < n,$

(2) $\quad U_i \cap U_j \neq \emptyset \iff |i - j| \le 1.$

Beweis. Ist X nicht zusammenhängend, so gibt es zwei nicht leere, offene Mengen $O_1, O_2 \subset X$ mit $O_1 \cup O_2 = X$, $O_1 \cap O_2 = \emptyset$. Für $a \in O_1$ und $b \in O_2$ sowie $\mathcal{U} = \{O_1, O_2\}$ läßt sich (2) nie erfüllen.

Sei $\mathcal{U}$ eine offene Überdeckung von X. Wir nennen zwei Punkte $a, b \in X$ „verbindbar", wenn es zu ihnen eine Teilmenge von $\mathcal{U}$ gibt, die (1) und (2) erfüllt. „Verbindbar" ist eine Äquivalenzrelation: Sie ist offenbar reflexiv und symmetrisch. Wird a mit b durch $\{U_1, \ldots, U_n\} \subset \mathcal{U}$ und b mit c durch $\{V_1, \ldots, V_m\} \subset \mathcal{U}$ verbunden, so sei

$$k = \inf\{i \in \{1, \ldots, n\} \mid U_i \cap V_j \neq \emptyset \quad \text{für ein } j \in \{1, \ldots, m\}\},$$
$$\ell = \sup\{j \in \{1, \ldots, m\} \mid U_k \cap V_j \neq \emptyset\}.$$

Dann erfüllt $\{U_1 \ldots, U_k, V_\ell, \ldots, V_m\}$ die Bedingungen (1) und (2) und verbindet a mit c.

Jede Äquivalenzklasse ist offen, aber auch abgeschlossen; denn ihr Komplement ist die Vereinigung der restlichen Äquivalenzklassen. Wenn X zusammenhängend ist, gibt es also nur eine Äquivalenzklasse, d.h. je zwei Punkte sind „verbindbar". $\square$

Aus dem Lemma und dessen Beweis ergibt sich

4.9 Satz. *Sind A, B zusammenhängende Teilmengen eines topologischen Raumes X mit $A \cap B \neq \emptyset$, so ist $A \cup B$ zusammenhängend.* $\square$

4.10 Satz. *Der Produktraum $X = \prod_{i \in I} X_i$ ist genau dann zusammenhängend, wenn jeder Faktor X_i zusammenhängend ist.*

Beweis. Ist X zusammenhängend, so folgt der Zusammenhang von X_i aus der Stetigkeit der Projektionsabbildung p_i, vgl. 4.5.

Seien umgekehrt alle X_i zusammenhängend und $a = (a_i)_{i \in I} \in X$ ein fester Punkt. Die Teilmenge $Y \subset X$ bestehe aus den Punkten, die mit a in *irgendeinem* zusammenhängenden Unterraum von X liegen. Nach 4.9 ist Y zusammenhängend, also ist auch der Abschluss $\bar{Y}$ zusammenhängend (vgl. 4.4). Es bleibt zu zeigen, dass X der Abschluss von Y ist, d.h. dass Y mit jeder Elementarmenge $U := \bigcap_{k \in K} p_k^{-1}(U_k)$, K endliche Teilmenge von I, $U_k \subset X_k$ offen, einen nichtleeren Durchschnitt hat. Zum Nachweis wählen wir in jedem U_k einen Punkt b_k. Für die Elementarmenge U sei o.B.d.A. $K = \{1, \ldots, n\}$. Für $1 \leq j \leq n$ sei

$$Z_j := \left\{ x \in \prod_{i \in I} X_i \;\middle|\; x_i = \begin{cases} b_i & \text{für } i < j \\ x_j & \text{beliebig} \\ a_i & \text{für } i > j \end{cases} \right\}, \quad \text{vgl. Abb. 4.2}$$

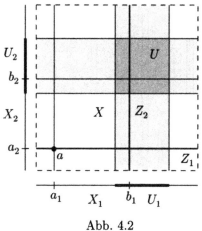

Abb. 4.2

Offenbar ist Z_j homöomorph zu X_j und somit zusammenhängend. Ferner ist $Z_j \cap Z_{j+1} \neq \emptyset$, und deshalb ist nach 4.9 auch die Vereinigung $Z = \bigcup_{j=1}^{n} Z_j$ zusammenhängend. Aus $a \in Z_1 \subset Z$ und $a \in Y$ folgt somit $Z \subset Y$. Wegen $Z_n \cap U \neq \emptyset$ ist auch $Y \cap U \neq \emptyset$. $\qquad\qquad\square$

4.11 Definition und Satz. *Sei X ein topologischer Raum und $x \in X$. Die Vereinigung aller zusammenhängenden Mengen aus X, welche x enthalten, heißt* Zusammenhangskomponente $K(x)$ *von x. Sie ist nach 4.9 zusammenhängend und nach 4.4 abgeschlossen. Ferner gilt entweder $K(x) = K(y)$ oder $K(x) \cap K(y) = \emptyset$.* $\qquad\square$

Ist O eine offene *und* abgeschlossene Menge, die x enthält, so muss O auch $K(x)$ enthalten; denn anderenfalls wäre $K(x)$ durch $K(x) \cap O$ und $K(x) \cap (X \backslash O)$ in zwei disjunkte, nichtleere, offene Mengen zerlegbar. Also liegt $K(x)$ im Durchschnitt aller gleichzeitig offenen und abgeschlossenen Mengen von X, die x enthalten. Dass $K(x)$ nicht gleich diesem Durchschnitt ist, zeigt folgendes Beispiel:

4.12 Beispiel. Die Teilmenge X des $\mathbb{R}^2$ enthalte die Punkte $u := (0,0)$, $v := (0,1)$ sowie die Strecken $s_i := \left\{ \left(\frac{1}{i}, y \right) \mid 0 \leq y \leq 1 \right\}, i \in \mathbb{N}^*$, und X sei versehen mit der von $\mathbb{R}^2$ induzierten Topologie. Die Strecken s_i sind in dieser Topologie offen, abgeschlossen und zusammenhängend, und aus $(x,y) \in s_i$ folgt $K((x,y)) = s_i$. Ferner gilt $K(u) = \{u\}$ und $K(v) = \{v\}$. Nun sei O eine offene und abgeschlossene Teilmenge von X, die u enthält. Da O offen ist, enthält O Punkte aus fast allen s_i. Da O offen und abgeschlossen ist, enthält O alle Zusammenhangskomponenten ihrer Punkte, also $s_i \subset O$ für fast alle i. Da v somit Berührungspunkt von O und da O abgeschlossen ist, gilt $v \in O$, also $u, v \in O$, und $K(u)$ ist vom Durchschnitt aller offenen und abgeschlossenen Mengen von X, die u enthalten, verschieden.

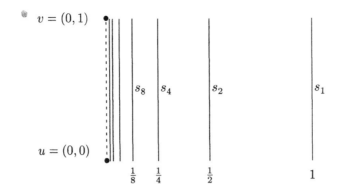

Abb. 4.3

4.13 Satz. *Für die Zusammenhangskomponente $K(x)$ eines Elementes $x = (x_i) \in \prod_{i \in I} X_i$ gilt $K(x) = \prod_{i \in I} K(x_i)$, wobei $K(x_i)$ die Zusammenhangskomponente von x_i in X_i ist.*

Beweis. Weil $K(x_i)$ zusammenhängend ist, ist nach 4.10 auch $\prod_{i \in I} K(x_i)$ zusammenhängend, also $K(x) \supset \prod_{i \in I} K(x_i)$. Aus der Stetigkeit der Projektionsabbildung p_i folgt nach 4.5 der Zusammenhang von $p_i(K(x))$ und somit $p_i(K(x)) \subset K(x_i)$, woraus $K(x) \subset \prod_{i \in I} K(x_i)$ folgt.   □

4.14 Definition. Ein topologischer Raum X heißt *total unzusammenhängend*, wenn für jedes $x \in X$ gilt $K(x) = \{x\}$.

4.15 Beispiele.

(a) Jeder topologische Raum X, versehen mit der diskreten Topologie, ist total unzusammenhängend.

(b) Der Raum $\mathbb{Q}$ der rationalen Zahlen, versehen mit der von $\mathbb{R}$ induzierten Topologie, ist total unzusammenhängend. Ist nämlich $p < q$ und $p \in K(q)$, so gibt es eine nicht rationale Zahl $r \in \mathbb{R}$ mit $p < r < q$. Dann ist

$$(] - \infty, r[\cap K(q)) \cup (]r, +\infty[\cap K(q))$$

eine Überdeckung von $K(q)$ mit zwei disjunkten, nichtleeren, in $K(q)$ offenen Mengen. Demnach wäre $K(q)$ nicht zusammenhängend.

(c) Das Cantor'sche Diskontinuum T (s. 2.17) ist total unzusammenhängend (s. 4.A9).

B Wegzusammenhang, Lokaler Zusammenhang

4.16 Definition. Sei X ein topologischer Raum und $I := [0,1] \subset \mathbb{R}$.

(a) Eine stetige Abbildung $w\colon I \to X$ heißt *Weg* von X. Der Raum X heißt *wegzusammenhängend*, wenn es zu je zwei Punkten $x, y \in X$ einen Weg w mit $w(0) = x$ und $w(1) = y$ gibt.

(b) Ein topologischer Raum X heißt *lokal (weg-)zusammenhängend*, wenn es zu jedem Punkt $x \in X$ und zu jeder Umgebung U von x eine (weg-) zusammenhängende Umgebung V von x mit $V \subset U$ gibt.

Aus den Definitionen ergeben sich die folgenden Aussagen:

4.17 Satz.

(a) *Ein wegzusammenhängender Raum ist zusammenhängend.*

(b) *Ist X zusammenhängend und lokal wegzusammenhängend, dann ist X wegzusammenhängend.*

(c) *In einem lokal zusammenhängenden Raum sind die Zusammenhangskomponenten offen.*

(d) *Ein Produktraum $X = \prod_{i \in I} X_i$ ist genau dann lokal zusammenhängend, wenn jedes X_i lokal zusammenhängend ist und ausserdem alle X_i bis auf endlich viele zusammenhängend sind.* $\square$

4.18 Beispiele.

(a) Jeder indiskrete Raum ist wegzusammenhängend.

(b) Der Abschluss eines wegzusammenhängenden Raumes ist im Allgemeinen nicht wegzusammenhängend. Ein Beispiel hierfür ist der Graph G der Funktion $f(x) = \sin \frac{1}{x}$, vgl. 4.7(b). Der Abschluß $\bar{G}$ ist zusammenhängend, aber nicht wegzusammenhängend; 4.17 (a) läßt sich also nicht umkehren. $\bar{G}$ ist auch nicht lokal zusammenhängend, obgleich G es ist.

(c) $\mathbb{R}$ ist lokal zusammenhängend, dagegen ist $\mathbb{Q}$ nicht lokal zusammenhängend.

(d) Der Teilraum

$$X = \{(0,y) \mid 0 \le y \le 1\} \cup \bigcup_{n=1}^{\infty} S_n, \quad S_n = \left\{ (x,y) \in \mathbb{R}^2 \mid 0 \le x \le \frac{1}{n}, nx + y = 1 \right\}$$

des $\mathbb{R}^2$ ist zusammenhängend, wegzusammenhängend, aber nicht lokal zusammenhängend; denn jede Umgebung U von $(0, \frac{1}{2})$ trifft fast alle S_n. Liegt der Punkt $(0,1)$ nicht in U, so ist U nicht zusammenhängend.

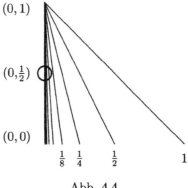

Abb. 4.4

Aufgaben

4.A1 Die einzigen, mindestens zwei Punkte enthaltenden, zusammenhängenden Mengen in $\mathbb{R}$ sind abgeschlossene, offene bzw. halboffene Intervalle und Halbgeraden sowie $\mathbb{R}$.

4.A2 Ist X ein zusammenhängender topologischer Raum und R eine Äquivalenzrelation auf X, so ist der Quotientenraum X/R zusammenhängend.

4.A3 Ein topologischer Raum X ist genau dann zusammenhängend, wenn jede stetige Abbildung von X in einen diskreten Raum mit mindestens zwei Punkten konstant ist.

4.A4 Der Kreis $S^1 := \{(x,y) \in \mathbb{R}^2 \mid x^2 + y^2 = 1\}$, versehen mit der vom $\mathbb{R}^2$ induzierten Topologie, ist wegzusammenhängend.

4.A5 Die Menge $\mathbb{N}$ der natürlichen Zahlen, versehen mit der cofiniten Topologie (s. 2.2 (f)), ist zusammenhängend.

4.A6 (a) Es seien A und B abgeschlossene Untermengen eines topologischen Raumes X. Dann sind A und B zusammenhängend, wenn $A \cap B$ und $A \cup B$ es sind.

(b) Die Voraussetzung, dass A und B abgeschlossen sind, ist notwendig.

4.A7 X und Y seien zusammenhängende Räume, $A \underset{\neq}{\subset} X$ und $B \underset{\neq}{\subset} Y$. Zeigen Sie, dass in $X \times Y$ das Komplement von $A \times B$ zusammenhängend ist.

4.A8 Ham-Sandwich-Problem: Eine Scheibe Brot sei mit Schinken belegt. Aufgabe ist es, durch einen geraden Schnitt Brot und Schinken gleichzeitig zu halbieren. Ist das Problem lösbar?

4.A9 Sei T das Cantor'sche Diskontinuum. Zeigen Sie, dass T total unzusammenhängend ist.

4.A10 In einem lokal zusammenhängenden, topologischen Raum X sind die Zusammenhangskomponenten der Punkte von X offen und abgeschlossen.

4.A11 Der Abschluss des Graphen der in 4.7 (b) definierten Funktion ist zusammenhängend, aber nicht wegzusammenhängend.

4.A12 Ist der Raum $\mathbb{N}$ aus 4.A5 wegzusammenhängend?

4.A13 Jede nichtleere, offene, zusammenhängende Teilmenge des $\mathbb{R}^2$ ist wegzusammenhängend.

4.A14 Die *p-adischen Zahlen* $\mathcal{K}_p$, vgl. 1.A15, sind total unzusammenhängend.

5 Filter und Konvergenz

In metrischen Räumen lassen sich viele topologische Begriffe, z.B. Abschluss einer Menge, Stetigkeit einer Abbildung, durch die Konvergenz von Folgen beschreiben, und Folgen sind ein oft benutztes Hilfsmittel für Beweise (vgl. 1.19 ff). Dass die Benutzung von Folgen für die Behandlung allgemeiner topologischer Räume nicht ausreicht, wird an einem Beispiel in Abschnitt A gezeigt; ferner werden die Räume angegeben, für die Folgen ein angebrachtes Hilfsmittel sind. Verallgemeinerungen des Folgenbegriffes sind die Begriffe des *Netzes* und des *Filters*, die hier beide eingeführt werden; in späteren Kapiteln wird nur der Filterbegriff benutzt.

A Folgen

Zunächst verallgemeinern wir den Konvergenzbegriff von Folgen (vgl. 1.17) in naheliegender Weise auf topologische Räume.

5.1 Definition. Eine Folge $(x_n)_{n \in \mathbb{N}}$ von Punkten eines topologischen Raumes X *konvergiert gegen* $x \in X$, geschrieben $x_n \to x$, wenn es zu jeder Umgebung U von x ein $n_0 \in \mathbb{N}$ gibt, so dass $x_n \in U$ für alle $n \geq n_0$ gilt. Der Punkt x heißt dann *Limespunkt*. Ein Punkt $x \in X$ heißt *Häufungspunkt* von $(x_n)_{n \in \mathbb{N}}$, wenn es zu jeder Umgebung U von x unendlich viele Indizes n gibt mit $x_n \in U$.

Offenbar genügt es, die Umgebungen aus einer Umgebungsbasis zu benutzen, um die Konvergenz nachzuweisen.

5.2 Beispiele.
(a) Konvergente Folgen in metrischen Räumen (vgl. 1.17) sind auch topologisch konvergent.

(b) In dem Produktraum $\mathbb{R}^{\mathbb{R}}$ (vgl. 0.18) konvergiert eine Folge $(f_n)_{n \in \mathbb{N}}$ genau dann gegen $f \in \mathbb{R}^{\mathbb{R}}$, wenn $f_n(x) \to f(x)$ für alle $x \in \mathbb{R}$ gilt, also wenn an jedem Punkt Konvergenz vorliegt; denn nach Definition der Produkttopologie 3.7 besitzt f eine Umgebungsbasis in den Mengen

$$U(f, E, \varepsilon) := \{g \in \mathbb{R}^{\mathbb{R}} \mid |g(x) - f(x)| < \varepsilon \quad \text{für alle } x \in E\},$$

wo E die endlichen Teilmengen von $\mathbb{R}$ und ε die positiven reellen Zahlen durchläuft. Diese Konvergenz von Funktionen heißt *punktweise Konvergenz*, und die Produkttopologie auf $\mathbb{R}^{\mathbb{R}}$ heißt auch die *Topologie der punktweisen Konvergenz*.

In metrischen Räumen lassen sich topologische Begriffe, wie z.B. Berührpunkt, Randpunkt, Stetigkeit, mit Hilfe von Folgen ausdrücken (vgl. 1.19 ff). Dass dieses für den allgemeinen Fall nicht möglich ist, soll das nun folgende Beispiel zeigen.

5.3 Beispiel. Es gibt eine nicht abzählbare, wohlgeordnete Menge $(\Omega, \leq)$ mit den folgenden Eigenschaften (vgl. 5.A10):

(i) Ω besitzt ein größtes Element ω_1,

(ii) für alle $\alpha \in \Omega$ mit $\alpha < \omega_1$ ist die Menge $\{\beta \in \Omega \mid \beta \leq \alpha\}$ abzählbar.

Die Elemente von Ω heißen im Folgenden *Ordinalzahlen*, ω_1 heißt *erste nichtabzählbare Ordinalzahl*, $\Omega_0 := \Omega \setminus \{\omega_1\}$ Menge der abzählbaren Ordinalzahlen. Das kleinste Element von Ω wird mit der natürlichen Zahl 1 identifiziert. Versehen wir $(\Omega, \leq)$ mit der Ordnungstopologie 2.2 (g), so bilden die Intervalle der Form $[1, \alpha[$ und $]\alpha, \omega_1]$ mit $\alpha \in \Omega$ eine Subbasis. Der zugehörige topologische Raum heißt *Ordinalzahlraum*. Für ihn gilt:

(a) ω_1 *ist Berührungspunkt von Ω_0. Es gibt jedoch keine Folge in Ω_0, die gegen ω_1 konvergiert, im Gegensatz zum Verhalten in metrischen Räumen,* vgl. 1.19 (a).

Beweis. Ist $(\alpha_n)_{n \in \mathbb{N}}$ eine Folge von Ordinalzahlen in Ω_0, die gegen ω_1 konvergiert, so ist $\sup_{n \in \mathbb{N}} \alpha_n = \omega_1$. Die Mengen $A_n := \{\beta \in \Omega \mid \beta \leq \alpha_n\}$ sind abzählbar, also auch deren Vereinigung

$$B := \bigcup_{n \in \mathbb{N}} A_n = \{\beta \in \Omega \mid \beta \leq \alpha_m \quad \text{für ein } m \in \mathbb{N}\}.$$

Bezeichnet γ das kleinste Element von $\Omega \setminus B$, so gilt: $\beta \in B \iff \beta < \gamma$. Da B abzählbar ist, ist es auch $B \cup \{\gamma\}$. Deshalb ist $\gamma < \omega_1$. Da γ eine obere Schranke für $\{\alpha_n \mid n \in \mathbb{N}\}$ ist, d.h. $\sup_{n \in \mathbb{N}} \alpha_n \leq \gamma < \omega_1$, kann $(\alpha_n)_{n \in \mathbb{N}}$ nicht gegen ω_1 konvergieren. $\qquad\square$

(b) *Es gibt eine unstetige Funktion $f \colon \Omega \to \mathbb{R}$, für die aus $x_n \to x$ stets $f(x_n) \to f(x)$ folgt, im Gegensatz zum Verhalten bei metrischen Räumen,* vgl. 1.19 (b).

Beweis. Sei $f \colon \Omega \to \mathbb{R}$ definiert durch $f(\alpha) = 0$ für $\alpha \in \Omega_0$ und $f(\omega_1) = 1$. Die Behauptung folgt daraus, dass jede gegen ω_1 konvergierende Folge wegen (a) nur endlich viele von ω_1 verschiedene Glieder besitzt. $\qquad\square$

Beschränkt auf topologische Räume, die in jedem Punkt eine abzählbare Umgebungsbasis haben, lassen sich die Begriffe „abgeschlossen" und „stetig" wie bei metrischen Räumen durch konvergente Folgen beschreiben (vgl. 1.19):

5.4 Satz. *Sind X und Y topologische Räume, hat jeder Punkt von X eine abzählbare Umgebungsbasis und ist $A \subset X$, so gilt:*

(a) $x \in \bar{A} \iff \exists (x_n)_{n \in \mathbb{N}}, x_n \in A$, *mit* $x_n \to x$.

(b) $f\colon X \to Y$ *stetig in* $x \in X \iff \forall (x_n)_{n \in \mathbb{N}}$ *mit* $x_n \to x$ *gilt* $f(x_n) \to f(x)$. □

Wird die Beschränkung, daß jeder Punkt eine abzählbare Umgebungsbasis besitzt, aufgehoben, so muss der Begriff der Folge verallgemeinert werden, um einen zu 5.4 analogen Satz beweisen zu können. Im Wesentlichen gibt es zwei derartige Verallgemeinerungen, nämlich Netze und Filter.

B Netze

Der Begriff des Netzes wird nur der Vollständigkeit halber gegeben, da er gelegentlich in der Fachliteratur benutzt wird.

5.5 Definition. Eine Menge I heißt *gerichtet*, wenn auf ihr eine Relation $\leq$ mit den folgenden Eigenschaften erklärt ist:

(a) $i \leq i$ für alle $i \in I$,

(b) aus $i_1 \leq i_2$ und $i_2 \leq i_3$ folgt $i_1 \leq i_3$,

(c) zu $i_1, i_2 \in I$ gibt es ein $i_3 \in I$ mit $i_1 \leq i_3$ und $i_2 \leq i_3$.

Im Folgenden soll $i_1 < i_2$ heißen: $i_1 \leq i_2$, aber nicht $i_2 \leq i_1$.

5.6 Beispiele.

(a) $\mathbb{N}$ mit der gewöhnlichen Ordnung $\leq$ ist eine gerichtete Menge.

(b) Für jeden Punkt x eines topologischen Raumes X bildet die Menge der Umgebungen $\mathcal{U}(x)$ von x eine gerichtete Menge bezüglich der Relation $U_1 \leq U_2 :\iff U_2 \subset U_1$.

(c) Die Menge $\mathcal{Z}$ der Zerlegungen $Z := (x_0, x_1, \ldots, x_n)$ des Intervalles $[a, b] \subset \mathbb{R}, a = x_0 < x_1 < \ldots < x_n = b$, wird durch die Inklusion gerichtet:

$$Z_1 \leq Z_2 :\iff Z_1 \subset Z_2.$$

5.7 Definition.

(a) Ein *Netz* oder eine *Moore-Smith Folge* in einer Menge X ist eine Abbildung $\Phi\colon I \to X, i \mapsto x_i$, einer gerichteten Menge I in die Menge X; in Analogie zur Folge schreiben wir $(x_i)_{i \in I}$ statt Φ.

(b) Ein Netz $(x_i)_{i \in I}$ in einem topologischen Raum X heißt *konvergent gegen* $x \in X$, geschrieben $(x_i)_{i \in I} \to x$ oder auch nur $x_i \to x$, wenn es zu jeder Umgebung U von x ein $i_0 \in I$ gibt, so dass $x_i \in U$ für $i \geq i_0$ ist.

5.8 Beispiele.

(a) Jede Folge $(x_n)_{n \in \mathbb{N}}$ ist ein Netz mit Indexmenge $\mathbb{N}$. Die Konvergenz-definition 5.1 und 5.7 für die Folge bzw. das Netz $(x_n)_{n \in \mathbb{N}}$ stimmen offenbar überein.

(b) Für einen Punkt x eines topologischen Raumes werde das Umgebungs-system $\mathcal{U}(x)$ wie in 5.6 (b) gerichtet. Gibt es für jedes $U \in \mathcal{U}(x)$ einen Punkt $x_U \in U$, so konvergiert das Netz $(x_U)_{U \in \mathcal{U}(x)}$ gegen x.

(c) Sei $\mathcal{Z}$ wie in 5.6 (c) das gerichtete System der Zerlegung des Intervalles $[a, b]$. Für eine reellwertige Funktion f wird ein Netz $\Phi_1 \colon \mathcal{Z} \to \mathbb{R}$ durch

$$(x_0, x_1, \ldots, x_n) \mapsto \sum_{i=1}^{n} (x_i - x_{i-1}) \cdot \sup\{f(x) \mid x \in [x_{i-1}, x_i]\}$$

und ein zweites Netz $\Phi_2 \colon \mathcal{Z}_n \to \mathbb{R}$ durch

$$(x_0, x_1, \ldots, x_n) \mapsto \sum_{i=1}^{n} (x_i - x_{i-1}) \cdot \inf\{f(x) \mid x \in [x_{i-1} x_i]\}$$

definiert. *Die Funktion f ist genau dann Riemann-integrierbar, wenn die Netze Φ_1 und Φ_2 gegen dieselbe reelle Zahl c konvergieren; in dem Fall ist*

$$c = \int_a^b f(x) dx.$$

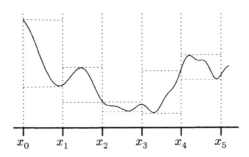

Abb. 5-1

Der folgende Satz zeigt, dass Netze ein geeignetes Mittel für Konvergenz-fragen in topologischen Räumen sind.

5.9 Satz. *Für topologische Räume X und Y gilt:*

(a) *Für* $A \subset X$ *gilt* $x \in \bar{A}$ *genau dann, wenn es ein Netz* $(x_i)_{i \in I}, x_i \in A$, *gibt, welches gegen* x *konvergiert.*

(b) *Eine Funktion* $f \colon X \to Y$ *ist in* $x \in X$ *genau dann stetig, wenn für jedes Netz* $(x_i)_{i \in I}$ *in* X *mit* $(x_i)_{i \in I} \to x$ *folgt* $(f(x_i))_{i \in I} \to f(x)$ *in* Y. $\quad\square$

C Filter

Für eine befriedigende Konvergenztheorie in einem beliebigen topologischen Raum X kann man jedem Punkt $x \in X$ das Umgebungssystem $\mathcal{U}(x)$ als Indexmenge für „Folgen" zuordnen und muss es im wesentlichen auch, wie Beispiel 5.8 (b) und Satz 5.9 zeigen. Es liegt nahe, von einem durch die Inklusion gerichteten Teilmengensystem $\mathcal{F}$ zu sagen, dass es gegen x konvergiert, wenn „schließlich" alle Mengen aus $\mathcal{F}$ in einer vorgegebenen Umgebung $U \in \mathcal{U}(x)$ liegen. Eine genaue Fassung dieses Ansatzes führt zu dem Begriff des Filters, auf dem nun die Konvergenztheorie aufgebaut wird. Wir beginnen mit der Definition der grundlegenden Begriffe:

5.10 Definition.

(a) Ein *Filter* $\mathcal{F}$ auf einer Menge X ist ein System $\mathcal{F}$ von Teilmengen von X mit folgenden Eigenschaften:

(1) $\emptyset \notin \mathcal{F}, X \in \mathcal{F}$;

(2) $F_1, F_2 \in \mathcal{F} \implies F_1 \cap F_2 \in \mathcal{F}$;

(3) $F \in \mathcal{F}$ und $F' \supset F \implies F' \in \mathcal{F}$.

(b) Eine Teilmenge $\mathcal{F}_0 \subset \mathcal{F}$ heißt *Filterbasis für* $\mathcal{F}$, wenn jedes Element aus $\mathcal{F}$ ein Element aus $\mathcal{F}_0$ enthält. Ein nichtleeres System $\mathcal{B}$ von nichtleeren Teilmengen von X ist also genau dann eine Filterbasis für einen Filter auf X, wenn es zu $B_1, B_2 \in \mathcal{B}$ stets ein $B_3 \in \mathcal{B}$ mit $B_3 \subset B_1 \cap B_2$ gibt.

(c) Ein Filter $\mathcal{F}$ heißt *frei*, wenn $\bigcap_{F \in \mathcal{F}} F = \emptyset$; andernfalls heißt er *fixiert*.

(d) Sind $\mathcal{F}_1, \mathcal{F}_2$ Filter auf X, so heißt $\mathcal{F}_1$ *feiner* als $\mathcal{F}_2$ (oder $\mathcal{F}_2$ *gröber* als $\mathcal{F}_1$), wenn $\mathcal{F}_1 \supset \mathcal{F}_2$. Ein Filter $\mathcal{F}$ auf X heißt *Ultrafilter*, wenn es keinen Filter auf X gibt, der echt feiner ist als $\mathcal{F}$.

5.11 Beispiele.

(a) Ist X eine Menge und $\emptyset \neq A \subset X$, so ist $\mathcal{F} := \{F \subset X \mid A \subset F\}$ ein Filter auf X, und $\mathcal{B} := \{A\}$ ist eine Basis für $\mathcal{F}$. Natürlich ist $\mathcal{F}$ fixiert. Genau dann ist $\mathcal{F}$ ein Ultrafilter, wenn A aus nur einem Punkt besteht.

(b) Ist X ein topologischer Raum, so ist die Menge $\mathcal{U}(x)$ der Umgebungen eines Punktes $x \in X$ ein fixierter Filter auf X, der *Umgebungsfilter* von x.

(c) Für eine Folge $(x_i)_{i \in \mathbb{N}}$ in X ist das System $\mathcal{B}$ der Mengen
$B_k := \{x_i \mid i \geq k\}, k \in \mathbb{N}$, eine Filterbasis für einen Filter $\mathcal{F}$ auf X, für den *von der Folge erzeugten* oder den *zu der Folge gehörigen Filter*.

(d) Das System $\mathcal{B} := \{]a, \infty[\mid a \in \mathbb{R}\}$ ist Basis für einen Filter $\mathcal{F}$, den *Fréchet-Filter* auf $\mathbb{R}$. Dieser Filter ist frei.

5.12 Satz.

(a) *Jeder Filter $\mathcal{F}$ ist in einem Ultrafilter enthalten.*

(b) *$\mathcal{F}$ ist genau dann ein Ultrafilter auf X, wenn für jedes $A \subset X$ entweder $A \in \mathcal{F}$ oder $X \backslash A \in \mathcal{F}$ gilt.*

(c) *Ein Filter $\mathcal{F}$ auf X ist genau dann ein fixierter Ultrafilter, wenn es einen Punkt $x \in X$ gibt, so dass $\mathcal{F} = \{F \subset X \mid x \in F\}$ ist.*

Beweis. (a) Die Menge Φ aller Filter, die feiner als $\mathcal{F}$ sind, wird durch die Relation „$\subset$" geordnet. Ist Φ_1 eine linear geordnete Teilmenge von Φ, so ist $\bigcup_{\mathcal{E} \in \Phi_1} \mathcal{E}$ ein Filter, also eine obere Schranke von Φ_1. Deshalb ist Φ induktiv geordnet und besitzt nach dem Zorn'schen Lemma 0.36 ein maximales Element $\mathcal{G}$. Es ist klar, dass $\mathcal{G}$ ein Ultrafilter ist.

(b) Da $A \cap (X \backslash A) = \emptyset$ ist, kann es in $\mathcal{F}$ keine zwei Mengen F_1 und F_2 geben, so dass $F_1 \subset A$ und $F_2 \subset X \backslash A$ ist. Also treffen alle Elemente aus $\mathcal{F}$ die Menge A oder alle treffen $X \backslash A$. Angenommen, es ist $F \cap A \neq \emptyset$ für alle $F \in \mathcal{F}$, dann ist $\{F \cap A \mid F \in \mathcal{F}\}$ die Basis für einen Filter $\mathcal{G}$, der feiner als $\mathcal{F}$ ist und A enthält. Da $\mathcal{F}$ Ultrafilter ist, folgt $\mathcal{F} = \mathcal{G}$ und somit $A \in \mathcal{F}$.

Für alle $A \subset X$ sei nun A oder $X \backslash A$ Element von $\mathcal{F}$. Ist ein Filter $\mathcal{G}$ echt feiner als $\mathcal{F}$, so gibt es ein $G \in \mathcal{G}$ mit $G \notin \mathcal{F}$, also $X \backslash G \in \mathcal{F} \subset \mathcal{G}$. Da G und $X \backslash G$ nicht zugleich Elemente eines Filters sein können, ergibt sich ein Widerspruch; es muss deshalb $\mathcal{F}$ ein Ultrafilter sein.

(c) folgt nun aus (b). □

5.13 Definition.

(a) Ein Filter $\mathcal{F}$ auf einem topologischen Raum X *konvergiert* gegen $x \in X$, geschrieben $\mathcal{F} \to x$, wenn $\mathcal{F} \supset \mathcal{U}(x)$. Dann heißt x *Limespunkt* von $\mathcal{F}$.

(b) Ein Punkt $x \in X$ heißt *Berührungspunkt* des Filters $\mathcal{F}$, wenn für alle $U \in \mathcal{U}(x)$ und alle $F \in \mathcal{F}$ gilt: $F \cap U \neq \emptyset$. Die Menge der Berührungspunkte ist also $\bigcap_{F \in \mathcal{F}} \bar{F}$.

5.14 Einfache Eigenschaften und Beispiele.

(a) Ist $(x_n)_{n \in \mathbb{N}}$ eine Folge in dem topologischen Raum X und $\mathcal{F}$ der von $(x_n)_{n \in \mathbb{N}}$ erzeugte Filter, so ist x genau dann Häufungspunkt der Folge $(x_n)_{n \in \mathbb{N}}$, wenn x Berührungspunkt des Filters $\mathcal{F}$ ist.

(b) Der Fréchet-Filter auf $\mathbb{R}$ (vgl. 5.11 (d)) besitzt keine Berührungspunkte.

(c) Ist X ein topologischer Raum und $\emptyset \neq A \subset X$, so besteht $\bar{A}$ aus den Berührungspunkten des Filters $\mathcal{F} := \{F \subset X \mid A \subset F\}$. Es ist also $\bar{A} = \bigcap_{F \in \mathcal{F}} \bar{F}$.

(d) Ist $\mathcal{F}$ der von der Filterbasis $\{]0, \varepsilon[\mid \varepsilon > 0\}$ auf $\mathbb{R}$ erzeugte Filter, so gilt $\mathcal{F} \to 0$.

5.15 Satz. *Ein Punkt $x \in X$ ist genau dann Berührungspunkt eines Filters $\mathcal{F}$ auf X, wenn es einen Filter $\mathcal{G}$ auf X gibt, der feiner als $\mathcal{F}$ ist und gegen x konvergiert.*

Beweis. Besitzt $\mathcal{F}$ den Berührungspunkt x, so ist $\{U \cap F \mid U \in \mathcal{U}(x), F \in \mathcal{F}\}$ Basis für einen Filter $\mathcal{G}$, der feiner als $\mathcal{F}$ ist und gegen x konvergiert.

Gilt umgekehrt $\mathcal{F} \subset \mathcal{G}$ und $\mathcal{G} \to x$, so gehört jedes $U \in \mathcal{U}(x)$ und jedes $F \in \mathcal{F}$ zu $\mathcal{G}$. Deshalb ist $U \cap F \neq \emptyset$; nach Definition 5.13 (b) ist x Berührungspunkt von $\mathcal{F}$.   □

Im Folgenden werden für beliebige topologische Räume Begriffe wie „Berührungspunkt einer Menge" oder „Stetigkeit einer Abbildung" mittels Filtern beschrieben und Analoga zu den Sätzen über Folgen (1.19, 5.4) bzw. Netze (5.9) nachgewiesen.

5.16 Definition. Für einen Filter $\mathcal{F}$ auf X und eine Abbildung $f\colon X \to Y$ wird mit $f(\mathcal{F})$ der Filter auf Y bezeichnet, der $\{f(F) \mid F \in \mathcal{F}\}$ als Basis besitzt. $f(\mathcal{F})$ heißt *Bild von $\mathcal{F}$ unter f* oder auch nur *Bildfilter*.

5.17 Satz. *Für topologische Räume X, Y und $A \subset X$ gilt:*

(a) $x \in \bar{A} \iff \exists$ *Filter $\mathcal{F}$ auf X mit $A \in \mathcal{F}$ und $\mathcal{F} \to x$.*

(b) *Eine Abbildung $f\colon X \to Y$ ist stetig in $x \in X$ genau dann, wenn das Bild eines jeden gegen $x \in X$ konvergierenden Filters gegen $f(x)$ konvergiert:*

$$\mathcal{F} \to x \implies f(\mathcal{F}) \to f(x).$$

Beweis. (a) Für $x \in \bar{A}$ ist $\{A \cap U \mid U \in \mathcal{U}(x)\}$ eine Basis für einen Filter, der A enthält und gegen x konvergiert. Gilt umgekehrt $\mathcal{F} \to x$ und $A \in \mathcal{F}$, dann ist x Berührungspunkt von $\mathcal{F}$, also $x \in \bigcap\{\bar{F} \mid F \in \mathcal{F}\} \subset \bar{A}$.

(b) Sei f stetig in x und $\mathcal{F} \to x$. Zu einer beliebigen Umgebung V von $f(x)$ gibt es eine Umgebung U von x mit $f(U) \subset V$. Wegen $\mathcal{F} \to x$ ist $U \in \mathcal{F}$, also $V \in f(\mathcal{F})$, und daraus ergibt sich $f(\mathcal{F}) \to f(x)$.

Umgekehrt folgt aus $\mathcal{F} \to x$ stets $f(\mathcal{F}) \to f(x)$. Wir setzen speziell $\mathcal{F} = \mathcal{U}(x)$. Dann gehört jede Umgebung V von $f(x)$ zum Bildfilter $f(\mathcal{F})$, also gibt es nach Definition eine Umgebung U von x mit $f(U) \subset V$.   □

5.18 Satz. *Seien X_i, $i \in I$, topologische Räume, $f_i\colon X \to X_i$ Abbildungen einer Menge X in die X_i, und X trage die Initialtopologie bezüglich dieser*

Abbildungen. Dann konvergiert ein Filter $\mathcal{F}$ auf X genau dann gegen $x \in X$, wenn für jedes $i \in I$ der Bildfilter $f_i(\mathcal{F})$ gegen $f_i(x)$ konvergiert.

Beweis. Konvergiert $\mathcal{F}$ gegen x, so folgt aus 5.17 (b), dass $f_i(\mathcal{F})$ gegen $f_i(x)$ konvergiert. Um die umgekehrte Richtung zu beweisen, nehmen wir die Umgebungsbasis $\{\bigcap_{k \in K} f_k^{-1}(U_k) \mid K \subset I$ endlich, $U_k \in \mathcal{U}(f_k(x))\}$ für x. Nach Annahme gibt es zu $U_k \in \mathcal{U}(f_k(x))$ ein $F_k \in \mathcal{F}$ mit $f_k(F_k) \subset U_k$. Dann ist $F = \bigcap_{k \in K} F_k \in \mathcal{F}$ und $F \subset \bigcap_{k \in K} f_k^{-1}(U_k)$. □

5.19 Korollar. *Sind X_i, $i \in I$, topologische Räume, ist $X = \prod_{i \in I} X_i$ ihr Produkt und $p_i \colon X \to X_i$ die i-te Projektionsabbildung, so konvergiert $\mathcal{F}$ auf X genau dann gegen $x \in X$, wenn $p_i(\mathcal{F}) \to p_i(x)$ für alle $i \in I$ gilt.* □

5.20 Satz. *Sei X eine Menge und A eine nicht leere Teilmenge von X.*

(a) Für einen Filter $\mathcal{F}$ auf X bildet $\mathcal{F} \cap A := \{F \cap A \mid F \in \mathcal{F}\}$, auch Spurfilter von $\mathcal{F}$ auf A genannt, genau dann einen Filter auf A, wenn $F \cap A \neq \emptyset$ für alle $F \in \mathcal{F}$ ist.

(b) Für einen Ultrafilter $\mathcal{F}$ auf X bildet $\mathcal{F} \cap A$ genau dann einen Filter auf A, wenn $A \in \mathcal{F}$ gilt. Dann ist $\mathcal{F} \cap A$ ein Ultrafilter auf A. □

5.21 Korollar. *Für einen topologischen Raum X und eine Teilmenge $A \subset X$ sind die folgenden Aussagen äquivalent:*

(a) $x \in \bar{A}$.

(b) Für den Umgebungsfilter $\mathcal{U}(x)$ von x ist $\mathcal{U}(x) \cap A$ auf A ein Filter.

(c) Es gibt einen Filter auf A, dessen Bild unter der Injektion $A \hookrightarrow X$ gegen x konvergiert. □

Aufgaben

5.A1 Beweisen Sie Satz 5.4; zum Beweis von (b) vgl. 1.19 (b).

5.A2 Es werde $\mathbb{N} \times \mathbb{N}$ mit der folgenden Topologie versehen:

(1) $\mathbb{N} \times \mathbb{N} \setminus \{0, 0\}$ trage die diskrete Topologie.

(2) Eine Menge $U \subset \mathbb{N} \times \mathbb{N}$ ist Umgebung von $(0, 0)$, wenn $(0, 0) \in U$ und die Mengen $\{n \in \mathbb{N} \mid (n, m) \notin U\}$ für fast alle $m \in \mathbb{N}$ endlich sind.

Zeigen Sie:

(a) Zu je zwei verschiedenen Punkten $x, y \in \mathbb{N} \times \mathbb{N}$ gibt es Umgebungen $U(x)$ und $V(y)$ mit $U(x) \cap V(y) = \emptyset$.

(b) Es gibt keine Folge in $\mathbb{N} \times \mathbb{N} \setminus \{(0, 0)\}$, die gegen $(0, 0)$ konvergiert.

(c) Es gibt eine Folge $(x_n)_{n \in \mathbb{N}}$ in $\mathbb{N} \times \mathbb{N} \setminus \{(0,0)\}$, die $(0,0)$ als Häufungspunkt besitzt, aber keine Teilfolge $(x_{n(i)})_{i \in \mathbb{N}}$, $n(i) \in \mathbb{N}$, $n(i) < n(i+1)$, konvergiert wegen (b) gegen $(0,0)$.

5.A3 Beweisen Sie Satz 5.9.

5.A4 $(\Omega, \leq)$ ist der Ordinalzahlraum aus Beispiel 5.3. Geben Sie ein Netz in Ω_0 an, das gegen $\omega_1 \in \Omega$ konvergiert.

5.A5 Die unendliche Menge X trage die cofinite Topologie. Zeigen Sie, dass die Komplemente der endlichen Teilmengen von X einen Filter $\mathcal{F}$ erzeugen, und bestimmen Sie die Menge der Berührungspunkte von $\mathcal{F}$.

5.A6 Beweisen Sie 5.20 und 5.21.

5.A7 Sei X ein topologischer Raum und $A(X)$ die Menge seiner abgeschlossenen Teilmengen. Ein System $\mathcal{F}$ von abgeschlossenen Teilmengen heißt *abgeschlossener Filter*, wenn es die Filtereigenschaften 5.10 (1), (2) und (3) nur für abgeschlossene Mengen F' hat, d.h.

$$F' \in A(X) \quad \text{mit } F' \supset F, \ F \in \mathcal{F} \implies F' \in \mathcal{F}.$$

Ein maximaler abgeschlossener Filter $\mathcal{F}$ *konvergiert* gegen einen Punkt $x \in X$, wenn jede Umgebung von x eine Menge aus $\mathcal{F}$ enthält. Zeigen Sie:

(a) Jeder abgeschlossene Filter ist in einem abgeschlossenen Ultrafilter enthalten.

(b) Ein abgeschlossener Filter $\mathcal{F}$ ist genau dann abgeschlossener Ultrafilter, wenn jede abgeschlossene Menge B, die jedes $F \in \mathcal{F}$ schneidet, zu $\mathcal{F}$ gehört.

(c) Ist $f \colon X \to Y$ eine stetige Abbildung und $\mathcal{F}$ ein abgeschlossener Filter auf X, dann ist $f^*(\mathcal{F}) = \{B \in A(Y) \mid f^{-1}(B) \in \mathcal{F}\}$ ein abgeschlossener Filter auf Y.

5.A8 Ist $\mathcal{U}$ ein Ultrafilter und $A \cup B \in \mathcal{U}$, dann ist $A \in \mathcal{U}$ oder $B \in \mathcal{U}$.

5.A9 Ist $\mathcal{U}$ ein Ultrafilter auf X und $f \colon X \to Y$ eine Abbildung, dann ist $f(\mathcal{U})$ ein Ultrafilter auf Y.

5.A10 Zeigen Sie, dass eine nicht abzählbare wohlgeordnete Menge $(\Omega, \leq)$ mit den Eigenschaften (i) und (ii) aus 5.3 existiert.

6 Trennungseigenschaften

In metrischen Räumen lassen sich disjunkte, abgeschlossene Mengen durch disjunkte, offene Umgebungen „trennen", vgl. 1.24 (b). In beliebigen topologischen Räumen braucht dies keineswegs zu gelten. In einem indiskreten topologischen Raum X lassen sich noch nicht einmal zwei verschiedene Punkte durch disjunkte Umgebungen voneinander trennen; denn X besitzt nur die offenen Mengen X und $\emptyset$. Die Existenz genügend vieler offener Mengen, die gewisse Mengen voneinander trennen, fordert man durch sogenannte *Trennungsaxiome*.

A Trennungseigenschaften topologischer Räume

6.1 Definition. Ein topologischer Raum X heißt

T_0-*Raum*, wenn von je zwei verschiedenen Punkten einer eine Umgebung besitzt, welche den anderen Punkt nicht enthält;

T_1-*Raum*, wenn von je zwei verschiedenen Punkten aus X jeder eine Umgebung besitzt, die den anderen Punkt nicht enthält;

T_2-*Raum* oder *Hausdorff-Raum*, wenn je zwei verschiedene Punkte aus X disjunkte Umgebungen besitzen;

T_3-*Raum*, wenn jede abgeschlossene Menge $A \subset X$ und jeder Punkt $x \in X \backslash A$ disjunkte Umgebungen besitzen;

T_{3a}-*Raum*, wenn es zu jeder abgeschlossenen Menge $A \subset X$ und jedem $x \in X \backslash A$ eine stetige Funktion $f\colon X \to [0,1]$ gibt mit $f(x) = 1$ und $f(A) \subset \{0\}$;

T_4-*Raum, wenn es zu je zwei disjunkten, abgeschlossenen Teilmengen disjunkte Umgebungen gibt.*

Die für T_i-Räume geforderten Eigenschaften heißen T_i-Axiome oder Trennungsaxiome.

T_1-Raum T_2-Raum T_3-Raum T_4-Raum

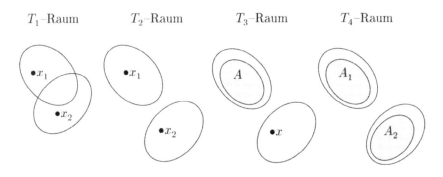

Abb. 6.1

6.2 Beziehungen zwischen den Trennungsaxiomen.

(a) Jeder T_1-Raum ist ein T_0-Raum. Die Umkehrung gilt nicht; denn die Topologien $\mathcal{O}_<$ und $\mathcal{O}_\le$ von $\mathbb{R}$ wie auch die Zariski-Topologie, vgl. 2.2 (d,c) und 2.5 (d) ergeben T_0-Räume, aber keine T_1-Räume.

(b) Jeder T_2-Raum ist ein T_1-Raum. Die Umkehrung gilt nicht: Trägt nämlich die unendliche Menge X die cofinite Topologie (s. 2.2 (f)), so ist X ein T_1-Raum, da zu beliebigen $x, y \in X$, $x \ne y$, die Mengen $X\backslash\{y\}$ und $X\backslash\{x\}$ Umgebungen von x bzw. y sind, wie sie im T_1-Axiom gefordert werden. Jedoch ist X kein T_2-Raum; denn für offene U, V würde aus $x \in U$ und $y \in V$ mit $U \cap V = \emptyset$ folgen: $X \subset X\backslash(U \cap V) = (X\backslash U) \cup (X\backslash V)$, und damit wäre X als Vereinigung zweier endlicher Mengen endlich.

(c) Ein T_3-Raum braucht weder ein T_2- noch ein T_1-Raum zu sein; jede nicht einpunktige Menge mit der indiskreten Topologie (vgl. 2.2 (a)) erfüllt T_3, aber nicht T_2 und nicht T_1.

(d) Jeder T_{3a}-Raum ist ein T_3-Raum; denn ist $A \ne \emptyset$ eine abgeschlossene Menge eines T_{3a}-Raumes X und $x \in X\backslash A$, dann gibt es eine stetige Funktion $f\colon X \to [0,1]$ mit $f(A) = \{0\}$ und $f(x) = 1$. In $f^{-1}([0, \frac{1}{2}[)$ und $f^{-1}(]\frac{1}{2}, 1])$ erhält man offene, disjunkte Umgebungen von A bzw. x.

(e) Ein T_4-Raum braucht kein T_3-Raum zu sein. Ein Beispiel liefert die Menge $X = \{1, 2, 3, 4\}$ mit der Topologie $\{\emptyset, \{1\}, \{1, 2\}, \{1, 3\}, \{1, 2, 3\}, X\}$. Die abgeschlossenen Teilmengen von X sind: $\emptyset, X, \{4\}, \{2, 3, 4\}, \{3, 4\}, \{2, 4\}$. Zwei abgeschlossene Teilmengen von X sind nur dann disjunkt, wenn mindestens eine der beiden leer ist, also ist X ein T_4-Raum. In X lassen sich jedoch der Punkt 1 und die abgeschlossene Menge $\{4\}$ durch offene Umgebungen nicht voneinander trennen, d.h. X ist kein T_3-Raum.

(f) Metrische Räume sind nach Satz 1.25 T_2-, T_4- und T_{3a}-Räume, also auch T_0-, T_1- und T_3-Räume.

6.3 Satz. *Für einen topologischen Raum X sind folgende Aussagen äquivalent:*

(a) X *ist ein* T_1-*Raum.*

(b) *Jede einpunktige Menge ist abgeschlossen.*

(c) *Jede Teilmenge* $A \subset X$ *ist der Durchschnitt aller ihrer Umgebungen.*

Beweis. (a) $\Longrightarrow$ (b): Ist $x \in X$ fest, so gibt es zu jedem $y \neq x$ eine offene Umgebung U_y, die x nicht enthält. Dann ist $\{x\} = X \backslash \bigcup \{U_y \mid y \in X \backslash \{x\}\}$ abgeschlossen.

(b) $\Longrightarrow$ (c): Für jedes $x \notin A$ ist $X \backslash \{x\}$ eine offene Umgebung von A und $A = \bigcap \{X \backslash \{x\} \mid x \notin A\}$.

(c) $\Longrightarrow$ (a): Da $\{x\}$ der Durchschnitt aller seiner Umgebungen ist, gibt es zu jedem $y \neq x$ eine Umgebung von x, welche y nicht enthält. $\qquad \square$

6.4 Satz. *Für einen topologischen Raum X sind folgende Aussagen äquivalent:*

(a) X *ist Hausdorff'sch.*

(b) *Jeder konvergente Filter auf X besitzt genau einen Limespunkt.*

(c) *Für jeden Punkt $x \in X$ ist der Durchschnitt aller seiner abgeschlossenen Umgebungen gleich der Menge $\{x\}$.*

(d) *Die Diagonale $\Delta \subset X \times X$ ist abgeschlossen in $X \times X$.*

Beweis. (a) $\Rightarrow$ (b): Ist $\mathcal{F}$ ein konvergenter Filter und sind x und y Limespunkte von $\mathcal{F}$, so ist nach Definition $\mathcal{U}(x) \subset \mathcal{F}$ und $\mathcal{U}(y) \subset \mathcal{F}$. Gilt $x \neq y$, so gibt es nach Voraussetzung Umgebungen $U \in \mathcal{U}(x)$ und $V \in \mathcal{U}(y)$ mit $U \cap V = \emptyset$. Da mit U und V auch $U \cap V$ zu $\mathcal{F}$ gehört, würde also $\emptyset \in \mathcal{F}$ folgen. Widerspruch!

(b) $\Rightarrow$ (c): Sei $y \in \bigcap \{\bar{U} \mid U \in \mathcal{U}(x)\}$. Nach Definition 5.13 ist y Berührungspunkt von $\mathcal{U}(x)$. Es gibt nach 5.15 deshalb einen Filter $\mathcal{F}$ mit y als Limespunkt und $\mathcal{U}(x) \subset \mathcal{F}$. Damit sind x und y Limespunkte von $\mathcal{F}$, also ist $x = y$.

(c) $\Rightarrow$ (a): Es seien $x \neq y$ Punkte von X. Nach Voraussetzung existiert eine abgeschlossene Umgebung $\bar{U} \in \mathcal{U}(x)$ mit $y \notin \bar{U}$. Dann ist $X \backslash \bar{U}$ eine zu $\bar{U}$ disjunkte Umgebung von y.

(a) $\Longleftrightarrow$ (d): Ist X ein T_2-Raum und ist $(x, y) \notin \Delta$, dann existieren Umgebungen $U \in \mathcal{U}(x)$ und $V \in \mathcal{U}(y)$ mit $U \cap V = \emptyset$. Also ist $U \times V$ eine zu Δ disjunkte Umgebung von (x, y), also $(x, y) \notin \bar{\Delta}$. Somit ist Δ abgeschlossen. – Ist Δ abgeschlossen und $x \neq y$, also $(x, y) \notin \Delta$, so gibt es eine offene Umgebung $U \times V$ von (x, y) mit $(U \times V) \cap \Delta = \emptyset$. Dann aber sind U und V disjunkte Umgebungen von x bzw. y. $\qquad \square$

Das folgende Beispiel zeigt, dass ein topologischer Raum X nicht Hausdorff'sch zu sein braucht, wenn jede konvergente Folge in X genau einen Limespunkt besitzt.

6.5 Beispiele. Sei Ω der Ordinalzahlraum(vgl. 5.3). Auf $(\Omega \times \{1\}) \cup (\Omega \times \{2\})$ wird durch $(\alpha, 1) \sim (\alpha, 2)$ für $\alpha \in \Omega$, $\alpha \neq \omega_1$, eine Äquivalenzrelation definiert. Der zugehörige Quotientenraum X ist nicht Hausdorff'sch; denn jede Umgebung von $(\omega_1, 1)$ schneidet jede Umgebung von $(\omega_1, 2)$. Es gibt keine Folge aus $X \backslash \{(\omega_1, 1), (\omega_1, 2)\}$, die gegen $(\omega_1, 1)$ oder $(\omega_1, 2)$ konvergiert; denn jede gegen einen dieser beiden Punkte konvergierende Folge aus dieser Menge ist ab einem Index konstant, wie aus 5.3 (a) folgt. Deshalb hat jede in X konvergente Folge genau einen Limespunkt.

6.6 Satz. *Ein topologischer Raum X ist genau dann ein T_3-Raum, wenn es zu jedem Punkt x und jeder x enthaltenden offenen Menge O eine offene Umgebung U von x gibt, deren Abschluß in O liegt:*

$$x \in O \implies \exists\, U \text{ offen mit } x \in U \subset \overline{U} \subset O.$$

Gleichbedeutend hiermit bilden für jeden Punkt $x \in X$ die abgeschlossenen Umgebungen eine Umgebungsbasis.

Beweis. Ist $X \backslash O$ abgeschlossen und $x \in O$, so gibt es in dem T_3-Raum X disjunkte, offene Mengen U und W mit $x \in U$ und $X \backslash O \subset W$. Dann ist $X \backslash W$ abgeschlossen, $O \supset X \backslash W \supset U$ und deshalb gilt $\overline{U} \subset O$.

Sei umgekehrt A abgeschlossen und $x \notin A$. Da $X \backslash A$ offen ist, gibt es eine offene Umgebung U von x mit $x \in U \subset \overline{U} \subset X \backslash A$. Dann können U und $X \backslash \overline{U}$ als die offenen Mengen dienen, die x und A trennen. $\square$

6.7 Satz. *Für einen topologischen Raum sind folgende Aussagen äquivalent:*

(a) *X ist ein T_{3a}-Raum.*

(b) *Die Topologie von X besitzt als Basis das Mengensystem*

$$\mathcal{B} = \{f^{-1}(U) \mid U \subset \mathbb{R} \quad \text{offen}, f \colon X \to \mathbb{R} \quad \text{stetig}\}.$$

(c) *Die Nullstellenmengen der stetigen, reellwertigen Funktionen auf X bilden eine Basis für die abgeschlossenen Mengen von X.*

(d) *Die Nullstellenmengen der beschränkten, stetigen, reellwertigen Funktionen auf X bilden eine Basis für die abgeschlossenen Mengen von X.*

Beweis. (a) $\implies$ (b): Ist V eine offene Umgebung von $x \in X$, dann ist $X \backslash V$ abgeschlossen und enthält x nicht. Wegen (a) gibt es eine stetige Funktion

$$f \colon X \to [0, 1] \subset \mathbb{R} \text{ mit } f(X \backslash V) \subset \{0\} \text{ und } f(x) = 1.$$

Offenbar ist $f^{-1}(]0, 1]) = f^{-1}(\mathbb{R} \backslash \{0\})$ eine offene Umgebung von x, die in V enthalten ist, also ist $\mathcal{B}$ nach Definition eine Umgebungsbasis für x, vgl. 2.3 (a). Daraus folgt unmittelbar, dass $\mathcal{B}$ eine Basis der Topologie von X ist.

(b) $\implies$ (c): Es genügt nach 2.4 (e) zu zeigen, dass es zu jeder abgeschlossenen Menge A und jedem $x \in X \backslash A$ eine Nullstellenmenge gibt, die A

umfasst und x nicht enthält. Wegen (b) ist $X \backslash A = \bigcup_{i \in I} f_i^{-1}(U_i)$ für offene $U_i \subset \mathbb{R}$ und stetige $f_i \colon X \to \mathbb{R}$. Deshalb ist $A = \bigcap_{i \in I} \left(X \backslash f_i^{-1}(U_i) \right)$. Wegen $x \notin A$ gibt es ein $k \in I$ mit $x \in f_k^{-1}(U_k)$. Da $\mathbb{R}$ ein metrischer und somit ein T_{3a}-Raum ist, gibt es ein stetiges $g \colon \mathbb{R} \to [0,1]$ mit $g\left(f_k(x)\right) = 1$ und $g(\mathbb{R} \backslash U_k) \subset \{0\}$. Es gilt

$$g \circ f_k(A) \subset g \circ f_k \left(X \backslash f_k^{-1}(U_k) \right) \subset g(\mathbb{R} \backslash U_k) \subset \{0\} \quad \text{und} \quad g \circ f_k(x) \neq 0.$$

(c) $\Longrightarrow$ (a): Ist $A \subset X$ abgeschlossen und $x \notin A$, dann gibt es nach (c) eine stetige Funktion $f \colon X \to \mathbb{R}$ mit $A \subset f^{-1}(0)$ und $f(x) \neq 0$. Die folgende Funktion g hat die gewünschten Eigenschaften:

$$g \colon X \to [0,1] \quad \text{mit} \quad g(y) = \begin{cases} \min\{\frac{f(y)}{f(x)}, 1\} & \text{für } f(y) \geq 0, \\ 0 & \text{für } f(y) \leq 0. \end{cases}$$

(c) $\Longleftrightarrow$ (d) ergibt sich daraus, dass $\mathbb{R}$ zu jedem offenen Intervall homöomorph ist. $\square$

6.8 Satz. *Ein topologischer Raum X ist genau dann ein T_4-Raum, wenn für jede abgeschlossene Menge A die Menge der abgeschlossenen Umgebungen eine Umgebungsbasis von A bildet, d.h. wenn es zu jeder Umgebung U von A eine offene Menge O gibt, so dass $A \subset O \subset \bar{O} \subset U$.* $\square$

Topologische Räume, in denen jeder Punkt abgeschlossen ist, d.h. T_1-Räume, erhalten bezüglich weiterer Trennungseigenschaften besondere Bezeichnungen.

6.9 Definition. Ein topologischer Raum heißt

— *regulär*, wenn er ein T_3- und ein T_1-Raum ist,
— *vollständig-regulär*, wenn er ein T_{3a}- und ein T_1-Raum ist,
— *normal*, wenn er ein T_4- und ein T_1-Raum ist.

Offenbar ist jeder normale Raum regulär. Normale Räume sind sogar, wie wir später sehen werden (s. 7.3), vollständig regulär. Aus 6.2 und 6.9 ergibt sich der folgende Zusammenhang zwischen den T_i-Räumen:

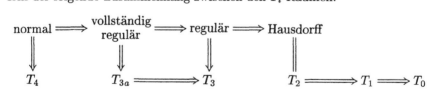

6.10 Satz. *Jeder vollständig reguläre Raum X kann in einen Produktraum der Form $\prod_{f \in L} I_f$ eingebettet werden, wobei L eine geeignete Indexmenge und jedes I_f ein abgeschlossenes, beschränktes Intervall in $\mathbb{R}$ ist.*

Beweis. Wir zeigen die schärfere Aussage: *Sei L eine Menge von reellwerti-gen, stetigen, beschränkten Funktionen mit den folgenden beiden Eigenschaf-ten:*

(1) *L trennt Punkte, d.h. zu $x, y \in X$, $x \neq y$, gibt es eine Funktion $f \in L$ mit $f(x) \neq f(y)$.*

(2) *Ist $\mathcal{B}$ eine Basis der Topologie von $\mathbb{R}$, so ist $\{g^{-1}(B) \mid B \in \mathcal{B}, g \in L\}$ eine Basis der Topologie von X.*

Dann ist

$$(*) \qquad\qquad e: X \to \prod_{f \in L} I_f, \quad x \mapsto (f(x))_{f \in L},$$

eine Einbettung.

Eine Menge L mit den Eigenschaften (1) und (2) gibt es, nämlich z.B. die Menge L *aller* reellwertigen, stetigen, beschränkten Funktionen: Wegen der vollständigen Regularität gibt es nämlich einerseits zu verschiedenen Punkten $x, y \in X$ eine stetige Funktion $f: X \to [0, 1]$ mit $f(x) = 0$, $f(y) = 1$, andererseits zu jedem Punkt $x \in X$ und jeder offenen Umgebung U von x eine stetige Funktion $g: X \to [0, 1]$ mit $g(x) = 0$ und $g(z) = 1$ für $z \in X \backslash U$.

Wir definieren nun e wie in $(*)$. Dann folgt aus (1), dass e *injektiv* ist. Da für jede Projektion $p_g: \prod_{f \in L} I_f \to I_g$, $g \in L$, die Funktion $p_g \circ e = g$ stetig und die Produktraumtopologie die Initialtopologie zu den $g \in L$ ist, ist e *stetig* (vgl. 3.10).

Zum Nachweis der *Einbettungseigenschaft* von e müssen wir nur noch zeigen, dass für jede Menge U einer Basis von X das Bild $e(U)$ offen in $e(X)$ ist (vgl. 3.5). Da X vollständig regulär ist, bilden die Mengen

$$U := g^{-1}(V), \ g \in L, \ V \subset \mathbb{R} \text{ beschränkt, offen}$$

eine Basis von X, vgl. 6.7. Offenbar genügt es, die Mengen $V \subset \mathbb{R}$ aus einer Basis $\mathcal{B}$ der Topologie von $\mathbb{R}$ zu nehmen. Wegen $p_g \circ e = g$ ist

$$e^{-1}\left(p_g^{-1}(V)\right) = (p_g \circ e)^{-1}(V) = g^{-1}(V) = U \implies e(U) = p_g^{-1}(V) \cap e(X).$$

Dieses aber ist eine offene Menge in $e(X)$. □

B Vererbbarkeit von Trennungseigenschaften

6.11 Satz. *Ein Unterraum eines T_0-, T_1-, T_2-, T_3-, T_{3a}-Raumes ist wieder ein T_0-, T_1-, T_2-, T_3- bzw. T_{3a}-Raum. Deshalb ist jeder Unterraum eines (vollständig) regulären Raumes auch (vollständig) regulär.*

Beweis. Wir führen den Beweis hier nur für T_3-Räume; die anderen Fälle lassen sich analog beweisen.

Ist X ein T_3-Raum, Y ein Unterraum von X und A eine abgeschlossene Menge in Y, so gibt es zu A eine abgeschlossene Menge B in X mit $A = Y \cap B$. Ist $y \in Y \setminus A$, dann ist $y \in X \setminus B$, und es gibt wegen der T_3-Eigenschaft von X disjunkte, offene Mengen U und V von X mit $y \in U$ und $B \subset V$. Nun sind $U \cap Y$ und $V \cap Y$ disjunkte, offene Mengen in Y, die y bzw. A enthalten. □

Dagegen *braucht ein Unterraum eines normalen Raumes nicht normal zu sein*, wie folgendes Beispiel zeigt.

6.12 Beispiel. Sei Ω der Ordinalzahlraum, vgl. 5.3, und $\bar{\mathbb{N}}$ der Raum $\mathbb{N} \cup \{\infty\}$, versehen mit der Ordnungstopologie, vgl. 2.2 (g). Später wird gezeigt, dass $\Omega \times \bar{\mathbb{N}}$ normal ist, vgl. 8.A10; wir setzen es hier schon voraus. *Der Unterraum $X := (\Omega \times \bar{\mathbb{N}}) \setminus \{(\omega_1, \infty)\}$ ist nicht normal*, weil die in X abgeschlossenen, disjunkten Mengen

$$A := \{(\omega_1, n) \mid n \in \mathbb{N}\} \subset \Omega \times \bar{\mathbb{N}}, \ B := \{(\alpha, \infty) \mid \alpha \in \Omega_0\} \subset \Omega \times \bar{\mathbb{N}}$$

nicht durch Umgebungen getrennt werden können: Ist nämlich U eine Umgebung von A, dann enthält U mit dem Punkt (ω_1, n), $n \in \mathbb{N}$, auch eine Umgebung der Form $]\alpha_n, \omega_1] \times \{n\}$ von (ω_1, n) mit $\alpha_n < \omega_1$. Die Folge $(\alpha_n)_{n \in \mathbb{N}}$ besitzt nach 5.3 (a) eine obere Schranke $\beta < \omega_1$. Dann ist $]\beta, \omega_1] \times [0, \infty[\subset U$. Jede Umgebung eines Punktes $(\alpha, \infty) \in B$ mit $\alpha > \beta$ enthält also Punkte von U, d.h. $U \cap B \neq \emptyset$.

6.13 Satz. *Ein abgeschlossener Unterraum eines normalen (bzw. T_4-) Raumes ist ein normaler (bzw. T_4-) Raum.*

Beweis. Die Aussage folgt daraus, dass abgeschlossene Teilmengen eines abgeschlossenen Unterraumes von X auch abgeschlossen in X sind. □

6.14 Satz. *Für eine Familie $(X_k)_{k \in I}$ nicht-leerer, topologischer Räume ist das Produkt genau dann ein T_i-Raum, wenn alle Faktoren X_k ebenfalls T_i-Räume sind $(i = 0, 1, 2, 3, 3a)$. Das Gleiche gilt für reguläre und vollständig reguläre Räume.*

Beweis. Sei $X := \prod_{i \in I} X_i$ ein T_i-Raum und $(x_i) \in X$. Dann ist für $j \in I$

$$\prod_{k \in I} Y_k \quad \text{mit } Y_k := \{x_k\} \quad \text{für alle } k \neq j \quad \text{und } Y_j = X_j$$

ein zu X_j homöomorpher Unterraum von X und somit nach 6.11 ein T_i-Raum.

Nun setzen wir die Trennungseigenschaften für die Faktoren voraus. Für T_0-, T_1- und T_2-Räume läuft der Beweis analog zum Beweis für T_3-Räume.

Beweis für T_3-Räume. Sei $x := (x_i) \in X$. Jede Umgebung von x enthält eine Umgebung der Form $U := \bigcap_{k \in K} p_k^{-1}(U_k)$, $K \subset I$ endlich, U_k Umgebung von x_k in X_k. Jedes U_k enthält eine abgeschlossene Umgebung A_k von

x_k. Dann ist $\bigcap_{k\in K} p_k^{-1}(A_k)$ eine abgeschlossene Umgebung von x, die in U enthalten ist. Nach 6.6 ist X ein T_3-Raum.

Beweis für T_{3a}-Räume. Zu $x := (x_k) \in X$ und abgeschlossenem $A \subset X$ mit $x \notin A$ nehmen wir eine Umgebung $U := \bigcap_{k\in K} p_k^{-1}(U_k)$ von x, $U_k \subset X_k$ offen und $K \subset I$ endlich, die A nicht schneidet. Zu jedem $k \in K$ gibt es eine stetige Funktion $f_k\colon X_k \to [0,1]$ mit $f_k(x_k) = 1$ und $f_k(X_k\backslash U_k) \subset \{0\}$. Die Funktion $g\colon \prod_{i\in I} X_i \to [0,1]$, $(y_i)_{i\in I} \mapsto \min\{f_k(y_k) \mid k \in K\}$, ist als Minimum der endlich vielen stetigen Funktionen $f_k \circ p_k\colon X \to [0,1]$ stetig, vgl. 2.25, und trennt x von A.

Der *Beweis für reguläre und vollständig reguläre Räume* folgt aus dem eben Bewiesenen zusammen mit dem Ergebnis für T_1-Räume. $\qquad\square$

Dagegen braucht das Produkt normaler Räume nicht normal zu sein, wie folgendes Beispiel zeigt.

6.15 Beispiel. Sei $\mathbb{R}$ mit der Topologie $\mathcal{O}$ versehen, die von den Intervallen der Form $[a,b[$, $a,b \in \mathbb{R}$, erzeugt wird. Man überlege sich, dass $(\mathbb{R},\mathcal{O})$ normal ist. Im Produktraum $X := (\mathbb{R},\mathcal{O}) \times (\mathbb{R},\mathcal{O})$ ist $D := \{(x,y) \mid x,y \in \mathbb{Q}\}$ eine abzählbare, dichte Teilmenge von X und $S := \{(x,-x) \mid x \in \mathbb{R}\}$ ein abgeschlossener, diskreter Unterraum von X mit $\mathrm{card}(S) = \mathrm{card}(\mathcal{P}(D))$ (Beweis als Aufgabe 6.A10). Dann erfüllen S und D die Voraussetzungen von folgendem Lemma 6.16, also ist X nicht normal.

6.16 Lemma. *Enthält X eine dichte Teilmenge D und einen abgeschlossenen diskreten Unterraum S mit $\mathrm{card}(S) \geq \mathrm{card}(\mathcal{P}(D))$, dann ist X nicht normal.*

Beweis. Angenommen, X ist normal. Dann gibt es zu jedem $A \subset S$ offene Mengen $U(A)$ und $V(S\backslash A)$ mit

$$U(A) \supset A, \; V(S\backslash A) \supset S\backslash A \quad \text{und} \quad U(A) \cap V(S\backslash A) = \emptyset.$$

Durch $A \mapsto U(A) \cap D$ wird eine Abbildung $f\colon \mathcal{P}(S) \to \mathcal{P}(D)$ definiert. Wir zeigen nun, dass f injektiv ist. Daraus folgt, dass $\mathrm{card}(\mathcal{P}(S)) \leq \mathrm{card}(\mathcal{P}(D))$ ist, im Widerspruch zu $\mathrm{card}(\mathcal{P}(D)) \leq \mathrm{card}(S) < \mathrm{card}(\mathcal{P}(S))$, vgl. 0.41. Sind nämlich A und B zwei Teilmengen von S mit $A\backslash B \neq \emptyset$, so ist $U(A)\cap V(S\backslash B)$ offen und nicht leer. Da D dicht in X ist, gilt

$$U(A) \cap V(S\backslash B) \cap D \neq \emptyset.$$

Nach Konstruktion ist $U(B) \cap V(S\backslash B) \cap D = \emptyset$; deshalb sind $U(A) \cap D$ und $U(B) \cap D$ verschieden. $\qquad\square$

Vorsicht: *Trennungseigenschaften eines topologischen Raumes vererben sich im Allgemeinen nicht auf seine Quotienträume.*

6.17 Beispiel. $X := [0,1]$ trage die natürliche Topologie, und $\sim$ sei die folgende Äquivalenzrelation: „$x \sim y$:$\Longleftrightarrow$ $x = y$ oder $x, y \in \mathbb{Q} \cap [0,1]$". Obwohl X alle Trennungsaxiome T_i ($i = 1, 2, 3, 3a, 4$) erfüllt, ist keines dieser Axiome für den Quotientenraum $X/\sim$ erfüllt. Jedoch handelt es sich in $X/\sim$ um einen T_0-Raum.

$X/\sim$ ist kein T_1-Raum; denn sei $p\colon X \to X/\sim$ die kanonische Projektion. Ist $x \in [0,1]$ rational, dann ist die zugehörige Äquivalenzklasse $p(x)$ die Menge aller rationalen Punkte in $[0,1]$. Diese Menge ist in X nicht abgeschlossen, also ist auch die einpunktige Menge $\{p(x)\}$ in $X/\sim$ nicht abgeschlossen.

$X/\sim$ ist auch kein T_3-Raum und damit auch kein T_{3a}-Raum. Für ein irrationales $y \in [0,1]$ ist $\{p(y)\}$ abgeschlossen in $X/\sim$. Für $x \in [0,1] \cap \mathbb{Q}$ ist $p(x)$ ein Punkt in $X/\sim$, der nicht in $\{p(y)\}$ liegt, aber jede Umgebung von $\{p(y)\}$ enthält $p(x)$.

$X/\sim$ ist kein T_4-Raum (Aufgabe 6.A6).

Der folgende Satz liefert Bedingungen, unter denen sich Trennungseigenschaften auf Quotienträume vererben.

6.18 Satz. *Sei $\sim$ eine Äquivalenzrelation auf einem topologischen Raum X, sei $p\colon X \to X/\sim$ die kanonische Projektion und $R = \{(x, y) \in X \times X \mid x \sim y\}$.*

(a) $X/\sim$ ist genau dann ein T_1-Raum, wenn jede Äquivalenzklasse in X abgeschlossen ist.

(b) Ist $X/\sim$ ein Hausdorff-Raum, dann ist R abgeschlossen in $X \times X$.

(c) Ist die kanonische Projektion $p\colon X \to X/\sim$ offen, so ist $X/\sim$ genau dann Hausdorff'sch, wenn R abgeschlossen in $X \times X$ ist.

(d) Ist X regulär und p offen und abgeschlossen, so ist $X/\sim$ Hausdorff'sch.

(e) Sei X regulär und $A \subset X$ abgeschlossen. Ist $\sim$ die Äquivalenzrelation „$x \sim y$:$\Longleftrightarrow$ $x = y$ oder $x, y \in A$", dann ist $X/\sim$ Hausdorff'sch.

(f) Ist X ein normaler Raum und p abgeschlossen, dann ist auch $X/\sim$ ein normaler Raum. Analoges gilt für T_4-Räume.

Beweis. (a) folgt aus Satz 6.3.

(b) Die Menge R ist das Urbild der Diagonalen Δ von $(X/\sim) \times (X/\sim)$ bezüglich der Abbildung $p \times p\colon X \times X \to (X/\sim) \times (X/\sim)$. Da p stetig und Δ abgeschlossen (s. 6.4) ist, folgt die Behauptung.

(c) Seien $p(x), p(y)$ verschiedene Punkte von $X/\sim$. Wenn R abgeschlossen in $X \times X$ und $(x, y) \in X \times X \setminus R$ ist, gibt es eine Umgebung $U \times V$ von (x, y) mit $U \times V \cap R = \emptyset$. Dann sind $p(U), p(V)$ disjunkte Umgebungen von $p(x)$ bzw. $p(y)$ in $X/\sim$, da p offen ist. Die umgekehrte Richtung lässt sich ähnlich leicht beweisen.

(d) Nach (c) genügt es zu zeigen, dass R in $X \times X$ abgeschlossen ist. Für $(x, y) \in (X \times X) \setminus R$ ist $x \notin p^{-1}(y)$. Da X regulär ist, gibt es offene, disjunkte Mengen $U, V \subset X$ mit $x \in U$ und $p^{-1}(p(y)) \subset V$. Da p abgeschlossen ist, gibt es eine Umgebung W von $p(y)$ mit $p^{-1}(p(y)) \subset p^{-1}(W) \subset V$, vgl. 2.28 (a). Dann ist $U \times p^{-1}(W)$ eine Umgebung von (x, y), die R nicht schneidet. Deshalb ist $(X \times X) \setminus R$ offen und R abgeschlossen.

Beweis von (e) und (f) als Aufgabe 6.A8. $\square$

C Fortsetzung stetiger Abbildungen

6.19 Satz. *Ist X ein topologischer Raum, Y ein Hausdorff-Raum und sind $f, g \colon X \to Y$ stetige Abbildungen, so gilt:*

   (a) $\{x \in X \mid f(x) = g(x)\}$ *ist abgeschlossen in X.*

   (b) *Ist $D \subset X$ dicht und $f|D = g|D$, dann ist $f = g$.*

   (c) *Der Graph $\{(x, y) \in X \times Y \mid f(x) = y\}$ von f ist abgeschlossen in $X \times Y$.*

   (d) *Nach (c) genügt es zu zeigen, dass R in $X \times X$ abgeschlossen ist. Für $(x, y) \in (X \times X) \setminus R$ ist $x \notin p^{-1}(y)$. Da X regulär ist, gibt es offene, disjunkte Mengen $U, V \subset X$ mit $x \in U$ und $p^{-1}(p(y)) \subset V$; denn $p(y)$ ist abgeschlossen, weil p nach Annahme abgeschlossen ist. Daraus folgt auch, dass es eine Umgebung W von $p(y)$ mit $p^{-1}(p(y)) \subset p^{-1}(W) \subset V$, vgl. 2.A18 (a). Dann ist $U \times p^{-1}(W)$ eine Umgebung vn (x, y), die R nicht schneidet. Deshalb ist $(X \times X) \setminus R$ offen und R abgeschlossen.*

Beweis. (a) $\{x \in X \mid f(x) = g(x)\}$ ist abgeschlossen als Urbild der nach 6.4 abgeschlossenen Diagonalen in $Y \times Y$ bezüglich der stetigen Abbildung $(f, g) \colon X \to Y \times Y, x \mapsto (f(x), g(x))$.

   (b) Da $A := \{x \in X \mid f(x) = g(x)\}$ abgeschlossen ist und D enthält, gilt $A \supset \bar{D} = X$.

   (c) Der Graph von f ist als Urbild der Diagonalen $\Delta \subset Y \times Y$ bezüglich der stetigen Abbildung $(x, y) \mapsto (f(x), y)$ von $X \times Y$ in $Y \times Y$ abgeschlossen.

   (d) $f^{-1} \colon f(X) \to X$ ist eine offene Bijektion, und $f(X)$ ist Hausdorff'sch als Unterraum von Y. $\square$

Als Anwendung von 6.19 (d) erhalten wir:

6.20 Satz. *Ist f eine stetige Abbildung eines topologischen Raumes X in einen Hausdorff-Raum Y und bezeichnet $\sim$ die Äquivalenzrelation „$x \sim x' \colon \Longleftrightarrow f(x) = f(x')$", dann ist $X/\sim$ Hausdorff'sch.*

Beweis. In der Zerlegung $X \xrightarrow{p} X/\sim \xrightarrow{\bar{f}} f(X) \xrightarrow{j} Y$ von f ist $j \circ \bar{f}$ eine stetige, injektive Abbildung in einen Hausdorff-Raum. $\square$

Ist D ein dichter Unterraum eines topologischen Raumes X, Y ein Hausdorff-Raum und $f\colon D \to Y$ eine stetige Abbildung, so lässt sich f nach 6.19 (b) auf höchstens eine Weise zu einer stetigen Abbildung $F\colon X \to Y$ fortsetzen. Für reguläres Y gibt der nächste Satz Auskunft über die Existenz einer solchen Erweiterung.

6.21 Satz. *Ist X ein topologischer Raum, $D \subset X$ dicht, Y regulär und $f\colon D \to Y$ eine stetige Abbildung, so lässt sich f genau dann zu einer stetigen Abbildung $F\colon X \to Y$ erweitern, wenn für jedes $x \in X$ der Filter $\mathcal{U}(x) \cap D :=$ $\{U \cap D \mid U \in \mathcal{U}(x)\}$ unter f auf einen konvergenten Filter abgebildet wird.*

Beweis. „$\Longrightarrow$": Der von $\mathcal{U}(x) \cap D$ in X erzeugte Filter ist feiner als $\mathcal{U}(x)$. Nach 5.17 (b) konvergiert der von $F(\mathcal{U}(x) \cap D) = f(\mathcal{U}(x) \cap D)$ erzeugte Filter.

„$\Longleftarrow$": Sei $F(x)$ Limespunkt von $f(\mathcal{U}(x) \cap D) \subset Y$. Da Y Hausdorff'sch ist, ist F nach 6.4 (b) wohldefiniert. Für $x \in D$ gilt $F(x) = f(x)$, da f stetig und $\mathcal{U}(x) \cap D$ der Umgebungsfilter von x in D ist. Wir zeigen, dass F für alle $x \in X$ stetig ist. Sei $x \in X$ und W Umgebung von $F(x)$. Da Y regulär ist, gibt es nach 6.6 eine abgeschlossene Umgebung V von $F(x)$ mit $V \subset W$. Nach Definition von F existiert eine Umgebung U von x mit $f(U \cap D) \subset V$. Wir dürfen U als offen annehmen. Dann gilt $U \in \mathcal{U}(y)$ für alle $y \in U$, also $f(U \cap D) \in f(\mathcal{U}(y) \cap D)$. Es ist $F(y)$ Limespunkt von $f(\mathcal{U}(y) \cap D)$, also $F(y) \in \overline{f(U \cap D)}$. Da V abgeschlossen ist, gilt $\overline{f(U \cap D)} \subset V$, also $F(U) \subset V \subset W$. $\square$

Aufgaben

6.A1 (a) Ein endlicher T_1-Raum ist diskret.

(b) Es gilt endliche T_0-Räume, die nicht diskret sind.

6.A2 Sind $a_1, \ldots, a_n$ verschiedene Punkte eines Hausdorff-Raumes, so gibt es disjunkte offene Umgebungen U_i, $1 \le i \le n$, mit $a_i \in U_i$.

6.A3 Auf $\mathbb{R}$ erklären wir eine Topologie wie folgt: Für $x \ne 0$ sei $\mathcal{U}(x)$ das Umgebungssystem von x in der natürlichen Topologie von $\mathbb{R}$; $\mathcal{U}(0)$ sei das System der Teilmengen, die eine Menge der Form $]a,b[\setminus \{\frac{1}{n} \mid n \in \mathbb{N}^*\}$ mit $a < 0 < b$ enthalten. Zeigen Sie, dass $(\mathcal{U}(x))_{x \in \mathbb{R}}$ eine Topologie auf X definiert, in der X Hausdorff'sch, aber nicht regulär ist.

6.A4 Ist $(X, \le)$ eine linear geordnete Menge und trägt die Ordnungstopologie (s. 2.2(g)), so ist X normal.

Anleitung: Zeigen Sie zunächst, dass für disjunkte abgeschlossene Mengen A, B die Menge $A^* := \bigcup\{[a,b] \mid a,b \in A, [a,b] \cap B = \emptyset\}$ und $B^* := \bigcup\{[c,d] \mid c,d \in B, [c,d] \cap A = \emptyset\}$ sich nicht treffen. Dann zerlegen Sie die Mengen A^* und B^* in ihre konvexen Komponenten und trennen A^* und B^* komponentenweise durch offene Mengen; dabei heißt eine Teilmenge C einer linear geordneten Menge X *konvex*, wenn mit $a, b \in C$ auch $[a,b]$ in C enthalten ist.

6.A5 Beliebige Produkte von T_1- bzw. T_2-Räumen sind wieder T_1- bzw. T_2-Räume.

6.A6 Auf $[0,1]$ wird durch „$x \sim y$:$\iff$ $x = y$ oder x und y rational" eine Äquivalenzrelation definiert. Es ist $[0,1]/\sim$ kein T_4-Raum (vgl. 6.17).

6.A7 Auf $[0,1]$ wird durch „$x \overset{\cdot}{\sim} y$:$\iff$ x und y rational oder x und y irrational" eine Äquivalenzrelation erklärt. Welche Trennungseigenschaften besitzt $[0,1]/\overset{\cdot}{\sim}$?

6.A8 Beweisen Sie 6.18 (e) und (f).

6.A9 Sei X ein Hausdorff-Raum, $\sim$ eine Äquivalenzrelation auf X und $p \colon X \to X/\sim$ die kanonische Projektion. Zeigen Sie: Existiert eine stetige Abbildung $s \colon X/\sim \to X$ mit $p \circ s = \mathrm{id}_{X/\sim}$, dann ist $X/\sim$ Hausdorff'sch.

6.A10 $\mathrm{card}(\mathbb{R}) = \mathrm{card}(\mathcal{P}(\mathbb{N}))$; vgl. 6.15.

Hinweis: Identifizieren Sie $\mathcal{P}(\mathbb{N})$ mit der Menge der charakteristischen Funktionen $\chi \colon \mathbb{N} \to \{0,1\}$.

7 Normale Räume

Abbildungen $f\colon X \to \mathbb{R}$ werden im Folgenden kurz *Funktionen* genannt. Es wird die Frage nach der Vielfalt stetiger Funktionen auf einem Raum untersucht, wie z.B.: Gibt es zu zwei disjunkten abgeschlossenen Mengen A und B aus einem topologischen Raum X eine stetige Funktion $f\colon X \to \mathbb{R}$, die auf den Mengen A und B vorgeschriebene Werte a bzw. b annimmt? Lässt sich eine auf einer abgeschlossenen Menge A erklärte und dort stetige Funktion auf ganz X stetig fortsetzen? Wir zeigen, dass beide Fragen für normale X eine positive Antwort haben. Eine Konsequenz ist, dass es auf normalen Räumen „viele" stetige Funktionen gibt, was für allgemeine topologische Räume keinesweg der Fall zu sein braucht; für einen indiskreten Raum sind z.B. nur die konstanten Funktionen stetig.

A Das Lemma von Urysohn

Sei (X, d) ein metrischer Raum, und seien A, B disjunkte, nicht leere, abgeschlossene Teilmengen von X. Nach 1.25 (c) gibt es eine stetige Funktion $f\colon X \to [0,1]$ mit $f(A) = \{0\}$ und $f(B) = \{1\}$. Der folgende Satz zeigt, dass es eine Funktion mit denselben Eigenschaften gibt, wenn X ein normaler Raum ist.

7.1 Urysohn'sches Lemma. *Ist X ein T_4-Raum und sind A, B disjunkte, nichtleere, abgeschlossene Mengen in X, dann gibt es eine stetige Funktion $f\colon X \to [0,1]$ mit $f(A) = \{0\}$, $f(B) = \{1\}$.*

Beweis. In einem T_4-Raum gibt es zu einer abgeschlossenen Menge C und einer offenen Menge O mit $C \subset O$ stets eine offene Menge O_1 mit $C \subset O_1 \subset \bar{O}_1 \subset O$, vgl. 6.8.

Aus der Menge $D = \{\frac{p}{2^k} \mid p, k \in \mathbb{N}, 0 \leq p \leq 2^k\}$ bilden wir die Folge

$$F = \left(0, 1, \frac{1}{2}, \frac{1}{4}, \frac{3}{4}, \ldots, \frac{1}{2^n}, \frac{3}{2^n}, \ldots, \frac{2^n - 1}{2^n}, \ldots\right).$$

Wir wählen offene Mengen G_0, G_1, sodass $A \subset G_0 \subset \bar{G}_0 \subset G_1 \subset \bar{G}_1 \subset X \backslash B$. Jeder weiteren Zahl $d \in D$ ordnen wir durch vollständige Induktion nach den

Folgengliedern eine offene Menge G_d zu, sodass für $d < d'$ gilt: $\bar{G}_d \subset G_{d'}$. Allen Zahlen d von D, die in der Folge vor $b = (2p+1) \cdot 2^{-n}$ stehen, seien schon offene Mengen G_d zugeordnet mit $\bar{G}_d \subset G_{d'}$, wenn d und d' vor b stehen und $d < d'$ ist. Unter den vor b stehenden Gliedern der Folge F ist $a = p \cdot 2^{-n+1}$ bzw. $c = (p+1) \cdot 2^{-n+1}$ die von b aus gesehen nächst kleinere bzw. nächst grössere Zahl bezüglich der Relation „$<$". Sei nun G_b eine offene Menge mit $\bar{G}_a \subset G_b \subset \bar{G}_b \subset G_c$.

Für $t \in [0,1]$ sei $G_t := \bigcup_{d \in D, d \le t} G_d$. Dann ist G_t offen, und für $t < t'$ gilt $\bar{G}_t \subset G_{t'}$. Wir definieren $f: X \to \mathbb{R}$ durch

$$f(x) = \begin{cases} \inf\{t \in \mathbb{R} \mid x \in G_t\} & \text{für } x \in G_1, \\ 1 & \text{für } x \notin G_1. \end{cases}$$

Dann gilt $0 \le f(x) \le 1$ für alle $x \in X$, und $f(A) = \{0\}$, $f(B) = \{1\}$, und es bleibt nur noch die Stetigkeit von f zu zeigen.

Dazu sei $G_t := \emptyset$ für $t < 0$ und $G_t := X$ für $t > 1$. Für $x_0 \in X$ und $0 < \delta < \varepsilon$ gilt: $x_0 \in O := G_{f(x_0)+\varepsilon-\delta} \backslash \bar{G}_{f(x_0)-\varepsilon} \subset f^{-1}(]f(x_0) - \varepsilon, f(x_0) + \varepsilon[)$, und es ist O offen. Also ist f in x_0 stetig. $\qquad\square$

Hat nun umgekehrt ein Raum X die Eigenschaft, dass es zu je zwei disjunkten, abgeschlossenen, nichtleeren Teilmengen A und B eine stetige Funktion $f: X \to \mathbb{R}$ mit $f(A) = \{0\}$ und $f(B) = \{1\}$ gibt, so ist X offensichtlich ein T_4-Raum. Somit gilt:

7.2 Satz. *Ein Raum X ist genau dann ein T_4-Raum, wenn es zu je zwei disjunkten, abgeschlossenen, nichtleeren Teilmengen A und B eine stetige Funktion $f: X \to [0,1]$ gibt mit $f(A) = \{0\}$ und $f(B) = \{1\}$.* $\qquad\square$

Vergleichen wir diesen Satz mit der Definition 6.9 des vollständig regulären Raumes, so erhalten wir

7.3 Korollar. *Ein normaler Raum ist vollständig regulär.* $\qquad\square$

Für Anwendungen in anderen Gebieten der Topologie ist es wichtig zu wissen, welche abgeschlossenen Mengen sich durch stetige Funktionen definieren lassen; dabei wird $G \subset X$ durch die stetige Funktion $f: X \to [0,1]$ definiert, wenn $G = f^{-1}(0)$ ist. Wir interessieren uns also für abgeschlossene Mengen $A \subset X$, die Nullstellenmengen einer stetigen Funktion $f: X \to [0,1]$ sind. Das Urysohn'sche Lemma 7.1 zeigt nur, dass es zu jeder abgeschlossenen Teilmenge A eines T_4-Raumes und zu jeder Umgebung U von A eine stetige Funktion $f: X \to [0,1]$ gibt mit $A \subset f^{-1}(\{0\}) \subset U$.

7.4 Definition. Sei X ein topologischer Raum. Eine Teilmenge A von X heißt G_δ-*Menge*, wenn sie als Durchschnitt abzählbar vieler offener Mengen dargestellt werden kann: $A = \bigcap_{i=1}^{\infty} G_i$, G_i offen. Eine Teilmenge B von X

heißt F_σ-*Menge*, wenn sie als Vereinigung abzählbar vieler abgeschlossener Mengen dargestellt werden kann: $B = \bigcup_{i=1}^{\infty} F_i$, F_i abgeschlossen.

Die Bezeichnung rührt von Folgendem her: G-Gebiet-offen, F-fermé-abgeschlossen, σ-Summe-Vereinigung, δ-Durchschnitt.

7.5 Satz. *Ist X ein T_4-Raum und ist $\emptyset \neq A \subset X$ abgeschlossen, so gibt es genau dann eine stetige Funktion f auf X mit $f^{-1}(\{0\}) = A$, wenn A eine G_δ-Menge ist.*

Beweis. Ist f eine stetige Funktion mit $f^{-1}(\{0\}) = A$, so gilt

$$A = f^{-1}(\{0\}) = f^{-1}\left(\bigcap_{n=1}^{\infty}]-\frac{1}{n}, \frac{1}{n}[\right) = \bigcap_{n=1}^{\infty} f^{-1}\left( ]-\frac{1}{n}, \frac{1}{n}[\right).$$

Also ist A eine G_δ-Menge.

Ist umgekehrt $A = \bigcap_{i=1}^{\infty} G_i$ mit G_i offen in X, so gibt es nach dem Urysohn'schen Lemma 7.1 zu jedem $i = 1, 2, \dots$ eine stetige Funktion $f_i \colon X \to [0,1]$ mit $f_i(A) = \{0\}$ und $f_i(X \setminus G_i) = \{1\}$. Sei $s_n := \sum_{i=1}^{n} 2^{-i} f_i$. Die Folge $s_1, s_2, \dots$ konvergiert wegen der Abschätzung nach oben durch $\sum_{i=1}^{\infty} 2^{-i}$ gleichmäßig und

$$f := \lim_{n \to \infty} s_n = \sum_{n=1}^{\infty} \frac{1}{2^n} f_n$$

ist nach 2.A13 stetig, vgl. auch 1.23. Dabei ist $f(x) = 0$ genau dann, wenn $x \in A$ ist. □

Sind A und B disjunkte Teilmengen von X, $f \colon X \to [0,1]$ und $g \colon X \to [0,1]$ stetige Funktionen mit $f(A) = \{0\}$, $f(B) = \{1\}$ und $g^{-1}(\{0\}) = A$, so ist $h = \max\{f, g\}$ eine stetige Funktion mit Werten in $[0,1]$, sodass $A = h^{-1}(\{0\})$ bzw. $h(B) = 1$. Ist $k \colon X \to [0,1]$ eine stetige Funktion mit $k^{-1}(\{1\}) = B$, so ist $e := \frac{1}{2}(h + \min\{f, k\})$ eine stetige Funktion mit Werten in $[0,1]$, und es gilt $A = e^{-1}(\{0\})$ und $B = e^{-1}(\{1\})$. Aus den Sätzen 7.1 und 7.5 ergibt sich somit

7.6 Verschärfung des Urysohn'schen Lemmas. *Es sei X ein T_4-Raum, A und B seien disjunkte, abgeschlossene, nichtleere Teilmengen von X. Ist A bzw. B eine G_δ-Menge, so gibt es eine stetige Funktion $f \colon X \to [0,1]$ mit $f(A) = \{0\}$ und $f(B) = \{1\}$, die außerhalb von A verschieden von 0 bzw. außerhalb von B verschieden von 1 ist. Sind A und B G_δ-Mengen, so gibt es eine stetige Funktion $f \colon X \to [0,1]$ mit $A = f^{-1}(\{0\})$ und $B = f^{-1}(\{1\})$.* □

B Fortsetzung stetiger Abbildungen

Das Urysohn'sche Lemma 7.1 lässt sich wie folgt formulieren: Sind A und B disjunkte, abgeschlossene, nichtleere Teilmengen eines T_4-Raumes, so lässt sich die Funktion, die auf A konstant den Wert 0 und auf B konstant den Wert 1 annimmt, zu einer stetigen Funktion auf ganz X erweitern. Dieses Ergebnis lässt sich verallgemeinern:

7.7 Satz (Tietze). *Ein topologischer Raum X ist genau dann ein T_4-Raum, wenn sich jede auf einer abgeschlossenen Teilmenge von X definierte stetige Funktion auf ganz X stetig fortsetzen lässt.*

Der Beweis wird nach Hilfssatz 7.9 geführt. Im Folgenden sei X ein T_4-Raum und $A \subset X$ abgeschlossen.

7.8 Hilfssatz. *Zu einer stetigen Funktion $f \colon A \to [-1, +1]$ gibt es eine Folge stetiger Funktionen $g_n \colon X \to \mathbb{R}$ mit*

(a) $\quad -1 + \left(\dfrac{2}{3}\right)^n \le g_n(x) \le 1 - \left(\dfrac{2}{3}\right)^n \quad$ *für alle $x \in X$,*

(b) $\qquad |f(x) - g_n(x)| \le \left(\dfrac{2}{3}\right)^n \quad$ *für alle $x \in A$,*

(c) $\qquad |g_{n+1}(x) - g_n(x)| \le \dfrac{1}{3}\left(\dfrac{2}{3}\right)^n \quad$ *für alle $x \in X$,*

(d) $\qquad |g_n(x) - g_m(x)| \le \left(\dfrac{2}{3}\right)^p \quad$ *für alle $x \in X \quad$ und $m, n \ge p$.*

Beweis. Die Folge wird durch Induktion definiert. Die Funktion g_0 mit $g_0(x) := 0$, $x \in X$, erfüllt (a) und (b). Es seien $(g_m)_{m \le n}$ Funktionen, die den Bedingungen (a), (b) und (c) genügen. Wir definieren

$$B_{n+1} := \left\{ x \in A \mid f(x) - g_n(x) \ge \frac{1}{3}\left(\frac{2}{3}\right)^n \right\},$$

$$C_{n+1} := \left\{ x \in A \mid f(x) - g_n(x) \le -\frac{1}{3}\left(\frac{2}{3}\right)^n \right\}.$$

Nach dem Urysohn'schen Lemma 7.1 existiert eine stetige Funktion

$$v_n \colon X \to \left[-\frac{1}{3}\left(\frac{2}{3}\right)^n, \frac{1}{3}\left(\frac{2}{3}\right)^n \right] \quad \text{mit}$$

$$v_n(B_{n+1}) = \left\{ -\frac{1}{3}\left(\frac{2}{3}\right)^n \right\}, \ v_n(C_{n+1}) = \left\{ \frac{1}{3}\left(\frac{2}{3}\right)^n \right\}.$$

Für $g_{n+1} := g_n - v_n$ gelten dann offensichtlich (a), (b) und (c). Für die so konstruierte Folge gilt

$$|g_{n+k}(x) - g_n(x)| \leq \sum_{i=1}^{k} |g_{n+i}(x) - g_{n+i-1}(x)| \leq \frac{1}{3} \left(\frac{2}{3}\right)^n \sum_{i=1}^{k} \left(\frac{2}{3}\right)^{i-1} < \left(\frac{2}{3}\right)^n$$

und damit für $m, n \geq p$:

$$|g_n(x) - g_m(x)| \leq \left(\frac{2}{3}\right)^p.$$
$\square$

Wegen 7.8 (d) konvergiert die Folge g_n gleichmäßig gegen die durch $F(x) := \lim_{n\to\infty} g_n(x)$ definierte Funktion, und deshalb ist F stetig, vgl. 2.A13 (c). Für $x \in A$ gilt wegen 7.8 (b)

$$|f(x) - F(x)| = |f(x) - \lim_{n\to\infty} g_n(x)| = \lim_{n\to\infty} |f(x) - g_n(x)| = 0,$$

also $f = F|A$. Wegen 7.8 (a) ist außerdem $-1 \leq F(x) \leq 1$ für alle $x \in X$. Damit ist gezeigt, dass sich eine stetige Funktion $f\colon A \to [-1,1]$ zu einer stetigen Funktion $F\colon X \to [-1,1]$ fortsetzen lässt.

Sei nun $f^*\colon A \to \,]-1,+1[$ stetig, $F\colon X \to [-1,+1]$ eine stetige Fortsetzung von f^* und $B := \{x \in X \mid |F(x)| = 1\}$. Dann ist B abgeschlossen und disjunkt zu A. Folglich gibt es eine stetige Funktion $g\colon X \to [0,1]$ mit $g(A) = \{1\}$ und $g(B) \subset \{0\}$. Deshalb ist $F^* := F \cdot g$ eine stetige Funktion mit $F^*|A = f^*$ und $|F^*(x)| < 1$ für alle $x \in X$. Damit ist gezeigt:

7.9 Hilfssatz. *Eine stetige Funktion $f\colon A \to \,]-1,+1[$ lässt sich zu einer stetigen Funktion $F\colon X \to \,]-1,+1[$ fortsetzen.* $\square$

Beweis von 7.7. Lässt sich jede auf einer abgeschlossenen Teilmenge von X stetig definierte Funktion auf X fortsetzen, so gibt es zu disjunkten, abgeschlossenen Teilmengen A und B von X eine stetige Funktion $g\colon X \to \mathbb{R}$ mit $f(A) = \{0\}$ und $f(B) = \{1\}$. Dann sind $f^{-1}(]-\infty, \frac{1}{2}[)$ und $f^{-1}(]\frac{1}{2}, +\infty[)$ disjunkte Umgebungen von A und B; also ist X ein T_4-Raum.

Sei umgekehrt X ein T_4-Raum, $A \subset X$ abgeschlossen und $f\colon A \to \mathbb{R}$ stetig. Ferner sei $h\colon \mathbb{R} \to \,]-1,+1[$ ein Homöomorphismus, z.B. $h(x) := 1/(1 + |x|)$. Wegen 7.9 existiert eine stetige Fortsetzung $F^*\colon X \to \,]-1,+1[$ von $f^* := h \circ f$. Dann ist $F := h^{-1} \circ F^*$ stetig und $F|A = h^{-1} \circ f^* = f$. Also ist F eine stetige Fortsetzung von f. $\square$

Satz 7.5 lässt sich folgendermaßen ergänzen:

7.10 Korollar. *Ist A eine abgeschlossene G_δ-Menge eines T_4-Raumes X, so lässt sich jede stetige Funktion $f\colon A \to [-1,+1]$ zu einer stetigen Funktion $F\colon X \to [-1,+1]$ fortsetzen, sodass $|F(x)| < 1$ für $x \notin A$ ist.* $\square$

C Lokal-endliche Systeme und Partitionen der Eins

In der Analysis und der Maßtheorie ist es manchmal angebracht, Funktionen in solche mit „kleinen" Trägern zu zerlegen. Deren Existenz weisen wir nun nach.

7.11 Definition. Eine *Überdeckung* $(U_i)_{i \in I}$ eines topologischen Raumes X heißt *offen (abgeschlossen)*, wenn alle U_i, $i \in I$, in X offen (abgeschlossen) sind; sie heißt *endlich* bzw. *abzählbar*, wenn I eine endliche bzw. abzählbare Menge ist.

Ein System $\mathcal{A} = (A_i)_{i \in I}$ von Teilmengen von X heißt *lokal-endlich*, wenn es zu jedem $x \in X$ eine Umgebung U von x gibt, die nur endlich viele der A_i trifft. $\mathcal{A}$ heißt *punkt-endlich*, wenn jedes $x \in X$ nur in endlich vielen der A_i enthalten ist.

Offenbar ist jede lokal-endliche Überdeckung punkt-endlich, jedoch gilt nicht das Umgekehrte: Für $X = \{\frac{1}{n} \mid n \in \mathbb{N}^*\} \cup \{0\}$, versehen mit der von $\mathbb{R}$ induzierten Topologie, ist $\mathcal{A} = \{\{\frac{1}{n}\} \mid n \in \mathbb{N}^*\} \cup \{X\}$ eine punkt-endliche, aber nicht lokal-endliche Überdeckung, da jede Umgebung von 0 unendlich viele der Punkte $\frac{1}{n}$ enthält.

7.12 Satz. *Ist X normal, $F \subset X$ abgeschlossen und $\mathcal{A} = (A_i)_{i \in I}$ ein punkt-endliches System offener Mengen, welches F überdeckt, so gibt es eine offene Überdeckung $\mathcal{B} = (B_i)_{i \in I}$ von F mit $\bar{B}_i \subset A_i$ für alle i.*

Beweis. Sei $\mathcal{M}$ die Familie aller offenen Überdeckungen von F der Gestalt $(B_k)_{k \in K} \cup (A_\ell)_{\ell \in L}$ mit $K \cup L = I$, $K \cap L = \emptyset$ und $\bar{B}_k \subset A_k$ für $k \in K$. Für $K = \emptyset$ und $L = I$ sind alle Bedingungen erfüllt, also ist $\mathcal{M} \neq \emptyset$.

Sind $\mathcal{C} = (B_k)_{k \in K} \cup (A_\ell)_{\ell \in L}$ und $\mathcal{C}' = (B'_k)_{k \in K'} \cup (A_\ell)_{\ell \in L'}$ Überdeckungen aus $\mathcal{M}$, so sei $\mathcal{C} \leq \mathcal{C}'$, wenn $K \subset K'$ und $B_k = B'_k$ für alle $k \in K$ gilt.

Behauptung. Durch die so definierte Relation „<" wird $\mathcal{M}$ induktiv geordnet.

Zum Beweis betrachten wir eine linear geordnete Teilfamilie $(\mathcal{C}^s)_{s \in S}$ von $\mathcal{M}$. Zu $\mathcal{C}^s$ mögen die Indexmengen K^s und L^s mit $K^s \cup L^s = I$ und $K^s \cap L^s = \emptyset$ gehören. Für $K := \bigcup_{s \in S} K^s$ und $L := \bigcap_{s \in S} L^s$ gilt $K \cup L = I$ und $K \cap L = \emptyset$.

Sei $\mathcal{C} = (B_k)_{k \in K} \cup (A_\ell)_{\ell \in L}$ mit $B_k = B^s_k$ für $k \in K^s$. Wegen der Definition der Ordnung in $\mathcal{M}$ ist $\mathcal{C}$ wohldefiniert und besteht aus offenen Mengen. Es bleibt noch zu zeigen, dass $\mathcal{C}$ eine Überdeckung von F ist. Zu $x \in F$ ist $P(x) := \{i \in I \mid x \in A_i\}$ endlich. Für $i \in P(x) \cap L$ gilt $A_i \in \mathcal{C}$ und $x \in A_i$. Also bleibt nur noch der Fall $P(x) \subset K$. Wegen der linearen Ordnung gilt bereits $P(x) \subset K^s$ für ein geeignetes $s \in S$. Da $\mathcal{C}^s$ eine Überdeckung ist, gilt $x \in B_m$ für ein $m \in K^s \subset K$.

Also ist $\mathcal{M}$ induktiv geordnet. Nach dem Zorn'schen Lemma existiert ein maximales Element $\mathcal{C}^* = (B_k)_{k \in K^*} \cup (A_\ell)_{\ell \in L^*}$. Ist $L^* \neq \emptyset$, so sei $i \in L^*$ ein fester Index. Dann ist $D := F \backslash \left(\bigcup_{k \in K^*} B_k \cup \bigcup \{A_\ell \mid \ell \in L^*,\ \ell \neq i\} \right)$ abgeschlossen. Da $\mathcal{C}^*$ eine Überdeckung ist, gilt $D \subset A_i$. Wegen der Normalität von X gibt es eine offene Menge B_i mit $D \subset B_i \subset \bar{B}_i \subset A_i$. Dann aber ist $\mathcal{C}' := (B_k)_{k \in K^*} \cup (B_i) \cup (A_\ell)_{\ell \in L^*, \ell \neq i}$ ein Element von $\mathcal{M}$ mit $\mathcal{C}' > \mathcal{C}^*$ im Widerspruch zur Maximalität von $\mathcal{C}^*$. Also ist $L^* = \emptyset$. $\qquad \square$

Der folgende Hilfssatz wird in Kapitel 10 benötigt. Er ergibt sich daraus, dass eine offene Menge U den Abschluß $\bar{A}$ einer Menge A genau dann schneidet, wenn $U \cap A \neq \emptyset$.

7.13 Hilfssatz. *Ist X ein topologischer Raum und $\mathcal{A} = (A_i)_{i \in I}$ ein lokalendliches System von Teilmengen von X, so ist $\bar{\mathcal{A}} = (\bar{A}_i)_{i \in I}$ ebenfalls lokalendlich, und es gilt $\overline{\bigcup_{i \in I} A_i} = \bigcup_{i \in I} \bar{A}_i$.* $\qquad \square$

7.14 Definition. Sei X ein topologischer Raum, f eine reellwertige Funktion und $A = \{x \in X \mid f(x) \neq 0\}$. Dann heißt $\bar{A}$ der *Träger von f* und wird mit $\mathrm{Tr}\, f$ bezeichnet.

Ist $(f_i)_{i \in I}$ eine Familie von stetigen Funktionen auf X, deren Träger ein lokal-endliches Sytem bilden, so ist $f(x) := \sum_{i \in I} f_i(x)$ wohldefiniert und stetig, da an jeder Stelle nur endlich viele f_i einen von 0 verschiedenen Wert haben, s. 2.25 (a) und 2.24 (a).

7.15 Definition. Ist $\mathcal{U} = (U_i)_{i \in I}$ eine offene Überdeckung des topologischen Raumes X, so heißt ein System von stetigen Funktionen $(f_i)_{i \in I}$ eine *der Überdeckung $\mathcal{U}$ untergeordnete Partition der Eins*, wenn gilt:

(a) $f_i(x) \geq 0$ für alle $x \in X$ und für alle $i \in I$;

(b) die Träger der f_i bilden ein lokal-endliches System;

(c) für $i \in I$ liegt der Träger von f_i in U_i;

(d) $\sum_{i \in I} f_i(x) = 1$ für alle $x \in X$.

7.16 Satz. *Ist X ein normaler Raum und $\mathcal{U} = (U_i)_{i \in I}$ eine lokal-endliche, offene Überdeckung von X, so gibt es eine $\mathcal{U}$ untergeordnete Partition der Eins.*

Beweis. Nach 7.12 existiert eine offene Überdeckung $\mathcal{B} = (B_i)_{i \in I}$ von X mit $\bar{B}_i \subset U_i$. Wegen der Normalität von X gibt es für alle i eine offene Menge C_i mit $\bar{B}_i \subset C_i \subset \bar{C}_i \subset U_i$ und nach dem Lemma von Urysohn 7.1 eine stetige Funktion $g_i \colon X \to [0,1]$ mit $g_i(x) = 1$ für $x \in \bar{B}_i$ und $g_i(x) = 0$ für $x \in X \backslash C_i$. Der Träger von g_i liegt in $\bar{C}_i$, also in U_i. Die Funktion $g(x) := \sum_{i \in I} g_i(x)$ ist wohldefiniert und stetig. Da $(B_i)_{i \in I}$ eine Überdeckung von X ist, gilt

$g(x) \geq 1$. Dann sind die Funktionen $f_i(x) = g_i(x)/g(x)$ stetig und bilden eine der Überdeckung $\mathcal{U}$ untergeordnete Partition der Eins. $\Box$

7.17 Korollar. *Ist X ein normaler Raum, F eine abgeschlossene Teilmenge und $(U_i)_{i \in I}$ eine lokal-endliche offene Überdeckung von F, dann gibt es eine Familie $(f_i)_{i \in I}$ von stetigen Funktionen $f_i \colon X \to [0, 1]$, sodass $f_i(x) = 0$ für $x \notin U_i$ und $\sum_{i \in I} f_i(x) = 1$ für jedes $x \in F$ ist.*

Beweis. Wir ergänzen $(U_i)_{i \in I}$ durch $X \backslash F$ zu einer offenen Überdeckung von X und wenden 7.16 an. $\Box$

Partitionen der Eins erlauben es, Untersuchungen über Funktionen auf die Untersuchung von Funktionen mit „kleinen" Trägern zurückzuführen. In der Integrationstheorie werden z.B. lokal-kompakte Räume untersucht und Integrale als positive Linearformen auf den Funktionen mit kompakten Trägern definiert, vgl. 17.20f. Diese Definition lässt sich mittels Partitionen der Eins auf größere Funktionenklassen ausdehen. Ein anderes Beispiel geben die Mannigfaltigkeiten. Diese Räume besitzen für jeden Punkt eine Umgebung homöomorph zu $\mathbb{R}^n$. Durch Verwendung von Partitionen der Eins lassen sich Untersuchungen von Funktionen, die auf einer Mannigfaltigkeit erklärt sind, zurückführen auf die Betrachtung von Funktionen, die auf dem $\mathbb{R}^n$ erklärt sind und außerhalb einer kompakten Teilmenge verschwinden. Wir benutzen Partitionen der Eins beim Beweis des Metrisationssatzes 10.12.

Aufgaben

7.A1 (a) Jede abgeschlossene (offene) Menge in einem metrischen Raum ist eine G_δ-Menge (F_σ-Menge).

(b) $\mathbb{Q}$ ist eine F_σ-Menge in $\mathbb{R}$. Bemerkung: $\mathbb{Q}$ ist keine G_δ-Menge nach Satz 13.19 und 13.A5.

7.A2 (a) Der Ordinalzahlraum Ω ist normal.

(b) Es ist Ω_0 normal; zur Definition von Ω, Ω_0 vgl. 5.3.

7.A3 Jede stetige Funktion auf Ω_0 lässt sich zu einer stetigen Funktion auf Ω erweitern. Beachten Sie: Ω_0 ist nicht abgeschlossen in Ω.

7.A4 $A := \{(x,y) \in \mathbb{R}^2 \mid y = \frac{1}{x}, x \neq 0\}$ ist eine Hyperbel mit ihren Asymptoten $B := \{(x,y) \in \mathbb{R}^2 \mid x = 0 \text{ oder } y = 0\}$. Begründen Sie: Es gibt eine stetige Funktion $f \colon \mathbb{R}^2 \to [0,1]$ mit $f^{-1}(0) = A$ und $f^{-1}(1) = B$. Geben Sie eine derartige Funktion konkret an.

7.A5 (a) Ist X normal, $A \subset X$ abgeschlossen und $f \colon A \to \mathbb{R}^n$ stetig, dann gibt es eine stetige Fortsetzung von f auf X.

(b) Ist A eine abgeschlossene Teilmenge eines normalen Raumes X und $f \colon A \to S^n$ stetig, dann gibt es eine Umgebung U von A und eine stetige Fortsetzung $F \colon U \to S^n$ von f.

(c) Weisen Sie an einem Beispiel für $n = 0$ nach, dass sich f i.a. nicht zu einer stetigen Abbildung $F \colon X \to S^n$ fortsetzen lässt. (Für $n > 0$ benötigt man Hilfsmittel der algebraischen Topologie, um analoge Beispiele zu finden.)

7.A6 Beweisen Sie 7.13.

8 Kompakte Räume

Viele Ergebnisse der Analysis wie z.B. die Sätze, dass jede stetige Funktion auf einem abgeschlossenen Intervall gleichmäßig stetig ist oder dass jede stetige Funktion auf einem abgeschlossenen Intervall ihr Minimum und Maximum annimmt, beruhen auf dem Satz von Heine-Borel: Jede Überdeckung eines beschränkten, abgeschlossenen Intervalls in $\mathbb{R}$ durch offene Mengen enthält eine endliche Überdeckung. In diesem Kapitel untersuchen wir Räume mit dieser Überdeckungseigenschaft.

A Kompakte Räume

8.1 Definition. Ein topologischer Raum X heißt *kompakt*, wenn jede offene Überdeckung von X eine endliche Teilüberdeckung enthält, d.h.

$$\bigcup_{i \in I} U_i = X, \ U_i \text{ offen in } X \implies \exists \, I' \subset I \colon |I'| < \infty, \ \bigcup_{i \in I'} U_i = X.$$

Eine *Teilmenge* $A \subset X$ heißt *kompakt*, wenn der Unterraum A kompakt ist.

Anmerkung: Andere Autoren setzen bei dem Begriff „kompakt" die Hausdorff-Eigenschaft voraus, z.B. [Bourbaki].

8.2 Satz. *Folgende Aussagen sind äquivalent:*

(a) *X ist kompakt.*

(b) *Jede Familie $(A_i)_{i \in I}$ abgeschlossener Mengen von X mit $\bigcap_{i \in I} A_i = \emptyset$ enthält eine endliche Familie $(A_i)_{i \in I' \subset I}$ mit $\bigcap_{i \in I'} A_i = \emptyset$.*

(c) *Jeder Filter auf X besitzt einen Berührungspunkt.*

(d) *Jeder Ultrafilter ist konvergent.*

Beweis. (a) $\implies$ (b) folgt durch Übergang zum Komplement: Ist nämlich $(A_i)_{i \in I}$ eine Familie abgeschlossener Mengen von X mit $\bigcap_{i \in I} A_i = \emptyset$, so ist $(X \backslash A_i)_{i \in I}$ eine offene Überdeckung von X. Es gibt daher eine endliche Teilmenge $I' \subset I$ mit $\bigcup_{i \in I'} (X \backslash A_i) = X$, d.h. $\bigcap_{i \in I'} A_i = \emptyset$.

(b) $\Longrightarrow$ (c): Wenn der Filter $\mathcal{F}$ keinen Berührungspunkt besitzt, bildet $(\bar{F})_{F \in \mathcal{F}}$ eine Familie abgeschlossener Mengen mit leerem Durchschnitt, vgl. 5.13 (b). Nach Voraussetzung gibt es ein endliches Teilsystem $\{F_1, \ldots, F_k\} \subset \mathcal{F}$ mit $\bigcap_{j=1}^{k} \bar{F}_j = \emptyset$, im Widerspruch zu $\bigcap_{j=1}^{k} F_j \neq \emptyset$, vgl. die Filterdefinition 5.10.

(c) $\Longrightarrow$ (d): Nach Voraussetzung hat jeder Ultrafilter mindestens einen Berührungspunkt, und dieser muss nach 5.15 Limespunkt sein.

(d) $\Longrightarrow$ (a): Angenommen, $(U_i)_{i \in I}$ ist eine offene Überdeckung, die keine endliche Teilüberdeckung enthält. Für jede endliche Teilmenge $L \subset I$ ist dann $A_L := X \backslash (\bigcup_{i \in L} U_i) \neq \emptyset$. Die Mengen der Gestalt A_L sind paarweise nicht disjunkt und bilden deshalb nach Definition 5.10 (b) eine Basis für einen Filter. Dieser ist in einem Ultrafilter $\mathcal{V}$ enthalten (vgl. 5.12 (a)), der nach Voraussetzung gegen ein $x \in X$ konvergiert, d.h. $\mathcal{V}$ ist feiner als der Umgebungsfilter von x. Es gilt $x \in U_i$ für ein $i \in I$, also $U_i \in \mathcal{V}$. Nach Konstruktion von $\mathcal{V}$ gilt aber auch $X \backslash U_i \in \mathcal{V}$; Widerspruch. □

8.3 Korollar. *In einem kompakten Raum X besitzt jede unendliche Folge $(x_i)_{i \in \mathbb{N}}$ einen Häufungspunkt.*

Beweis. Jeder Berührungspunkt des Filters, der zur Folge $(x_i)_{i \in \mathbb{N}}$ gehört (vgl. 5.11 (c)), ist nach 5.14 (a) Häufungspunkt dieser Folge. Nach 8.2 (c) hat jeder Filter auf einem kompakten Raum einen Berührungspunkt. □

Ein topologischer Raum ist nicht notwendig kompakt, wenn jede unendliche *Folge einen Häufungspunkt besitzt* (s. 8.A2). Der folgende Satz von Alexander zeigt, dass wir die Überdeckungseigenschaft 8.1 kompakter Räume nur für Überdeckungen durch offene Mengen einer beliebigen Subbasis nachweisen müssen.

8.4 Satz (Alexander). *Sei S eine Subbasis des topologischen Raumes X. Genau dann ist X kompakt, wenn jede Überdeckung von X mit Mengen aus S eine endliche Überdeckung enthält.*

Beweis. Die eine Beweisrichtung ist trivial, die andere beweisen wir indirekt: Wir nehmen an, X ist nicht kompakt; es gibt also nach 8.2 (d) einen nicht konvergenten Ultrafilter $\mathcal{F}$ und somit zu jedem $x \in X$ eine Umgebung $U_x \in S$ mit $U_x \notin \mathcal{F}$. Dann ist $(U_x)_{x \in X}$ eine offene Überdeckung von X mit Mengen aus der Subbasis S. Also exisiert eine endliche Teilmenge $Y \subset X$ mit $X = \bigcup_{y \in Y} U_y$. Da U_y nicht im Ultrafilter $\mathcal{F}$ enthalten ist, gehört $X \backslash U_y$ zu $\mathcal{F}$ (vgl. 5.12 (b)) und somit auch der endliche Durchschnitt $\bigcap_{y \in U} (X \backslash U_y)$, der aber im Widerspruch zur Definition des Filters leer ist. □

Dieser Satz von Alexander erleichtert den Nachweis der Kompaktheit wesentlich.

Beispiel. Sei I das abgeschlossene Intervall $[a, b] \subset \mathbb{R}$ mit der von $\mathbb{R}$ induzierten Topologie. Eine Subbasis dieser Topologie bilden die Intervalle $[a, c[$ mit $a < c < b$ und $]d, b]$ mit $a < d < b$. Sei $\mathcal{U}$ eine Überdeckung von I mit Mengen dieser Subbasis. Sei $\tilde{c} := \sup\{c \mid [a, c[\in \mathcal{U}\}$. Dann gibt es ein $d_1 < \tilde{c}$ mit $]d_1, b] \in \mathcal{U}$ und ein c_1 mit $d_1 < c_1 \leq \tilde{c}$ mit $[a, c_1[\in \mathcal{U}$. Die beiden Mengen $[a, c_1[$ und $]d_1, b]$ überdecken $[a, b]$.

In einem kompakten Hausdorff-Raum besteht ein enger Zusammenhang zwischen den kompakten und abgeschlossenen Teilmengen, wie wir in 8.6 sehen werden. Zunächst ein auch weiterhin benötigter Hilfssatz:

8.5 Hilfssatz. *Ist X ein Hausdorff-Raum und K eine kompakte Teilmenge von X, so existiert zu jedem Punkt $x \in X \backslash K$ eine Umgebung U von K und eine Umgebung V von x mit $U \cap V = \emptyset$.*

Beweis. Da X Hausdorff'sch ist, gibt es zu $x \in X \backslash K$ und $y \in K$ eine offene Umgebung $U(y)$ von y und eine offene Umgebung V_y von x mit $U(y) \cap V_y = \emptyset$. Dann bildet $(U(y))_{y \in K}$ eine offene Überdeckung von K. Da K kompakt ist, existiert eine endliche Teilmenge $K' \subset K$, sodass $K \subset U := \bigcup_{y \in K'} U(y)$. Dann ist $V := \bigcap_{y \in K'} V_y$ eine offene Umgebung von x mit $V \cap U = \emptyset$. □

8.6 Satz.

(a) *Jede abgeschlossene Teilmenge eines kompakten Raumes ist kompakt.*

(b) *Jede kompakte Teilmenge eines Hausdorff-Raumes ist abgeschlossen.*

Beweis. (a) ergibt sich unmittelbar aus der Charakterisierung von „kompakt" mittels abgeschlossener Mengen unter 8.2 (b); die Aussage (b) folgt aus 8.5. □

Aus der Kompaktheit eines abgeschlossenen Intervalles I folgt nun der bekannte Satz der Analysis:

8.7 Satz. *Jede abgeschlossene und beschränkte Menge von $\mathbb{R}$ ist kompakt.* □

Eine kompakte Teilmenge eines kompakten Raumes braucht nicht abgeschlossen zu sein, wie folgendes Beispiel zeigt.

8.8 Beispiel. Auf dem Intervall $X = [-1, 1]$ nehmen wir folgende Äquivalenzrelation $\sim$:

$$x \sim y : \Longleftrightarrow \begin{cases} \pm y = x & \text{für } x \neq \pm 1, \\ y = x & \text{für } x = \pm 1. \end{cases}$$

Die kanonische Projektion $p : X \to X/\!\!\sim$ ist offen. Der Quotientenraum $X/\!\!\sim$ ist ein T_1-Raum, aber kein T_2-Raum; denn die Punkte $p(1)$ und $p(-1)$ lassen sich nicht durch disjunkte offene Mengen trennen. Ferner sind $(X/\!\sim)\backslash\{p(1)\}$ bzw. $(X/\!\sim)\backslash\{p(-1)\}$ kompakte Umgebungen von $p(-1)$ bzw. $p(1)$, die aber nicht abgeschlossen sind. Ihr Durchschnitt ist homöomorph zu $[0,1[$ und deshalb nicht kompakt.

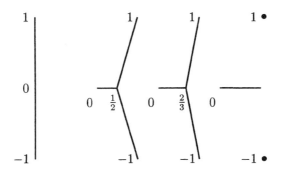

Abb. 8.1

8.9 Satz. *Ein kompakter Hausdorff-Raum ist normal, also auch regulär.*

Beweis. Sind A und B abgeschlossene, nach 8.6 also kompakte Teilmengen des kompakten Raumes X mit $A \cap B = \emptyset$, so gibt es nach 8.5 zu jedem $x \in A$ offene Umgebungen U_x von x und V_x von B mit $U_x \cap V_x = \emptyset$. Sei $K \subset A$ eine endliche Teilmenge, sodass $A \subset \bigcup_{x \in K} U_x$. Dann sind $U := \bigcup_{x \in K} U_x$ und $V := \bigcap_{x \in K} V_x$ disjunkte Umgebungen von A und B.   □

Stetige Abbildungen bewahren die Eigenschaft, kompakt zu sein:

8.10 Satz. *Ist X kompakt und $f\colon X \to Y$ stetig, dann ist $f(X)$ kompakt.*

Beweis. Ist $(U_i)_{i \in I}$ eine offene Überdeckung von $f(X)$, so ist $(f^{-1}(U_i))_{i \in I}$ eine offene Überdeckung von X, die wegen der Kompaktheit von X eine endliche Überdeckung $(f^{-1}(U_i))_{i \in L}$ enthält. Dann ist $(U_i)_{i \in L}$ eine endliche Überdeckung von $f(X)$.   □

Aus diesem Satz und der Kennzeichnung der kompakten Mengen in $\mathbb{R}$ folgt unmittelbar: *Ist X kompakt und $f\colon X \to \mathbb{R}$ eine stetige Funktion, so nimmt f sein Supremum und Infimum an, d.h. es gibt $x_1, x_2 \in X$ mit $f(x_1) \le f(x) \le f(x_2)$ $\forall x \in X$.*

8.11 Satz. *Jede stetige Abbildung $f\colon X \to Y$ des kompakten Raumes X in den Hausdorff-Raum Y ist abgeschlossen. Ist f injektiv (bijektiv), so ist f eine Einbettung (ein Homöomorphismus).*

Beweis. Ist A abgeschlossen in X, so ist A nach 8.6 (a) kompakt, also wegen 8.10 auch $f(A)$. Als Teilraum eines Hausdorff-Raumes ist das kompakte $f(A)$ nach 8.6 (b) in Y abgeschlossen. Ist f injektiv, so ist $f\colon X \to f(X)$ offen; denn für eine offene Menge $O \subset X$ ist $f(X\backslash O) = f(X)\backslash f(O)$ abgeschlossen in $f(X)$. Also ist $f\colon X \to f(X)$ ein Homöomorphismus und $f\colon X \to Y$ eine Einbettung. $\qquad\square$

Insbesondere ist jede stetige Abbildung eines kompakten Raumes in einen Hausdorff-Raum identifizierend; zur Definition von „identifizierend" vgl. 3.19.

8.12 Satz (Tychonoff). *Ein nicht-leerer Produktraum $X = \prod_{i\in I} X_i$ ist genau dann kompakt, wenn jedes X_i kompakt ist.*

Beweis. Die Projektion $p_i\colon X \to X_i$ von X auf X_i ist stetig, s. 3.9 (a). Ist X kompakt, dann ist jedes X_i kompakt wegen 8.10. Nun seien alle X_i kompakt. Ist $\mathcal{F}$ ein Ultrafilter auf X, dann ist der Bildfilter $p_i(\mathcal{F})$ für jedes $i \in I$ ein Ultrafilter. Da die X_i kompakt sind, konvergiert jedes $p_i(\mathcal{F})$ gegen ein $x_i \in X_i$, s. 8.2 (d). Da die projizierten Filter konvergieren, konvergiert $\mathcal{F}$ gegen $x = (x_i)_{i\in I}$, vgl. 5.19. Wegen 8.2 (d) ist X kompakt. $\qquad\square$

8.13 Satz (Heine-Borel). *Eine Teilmenge des $\mathbb{R}^n$ ist genau dann kompakt, wenn sie beschränkt und abgeschlossen ist.*

Beweis. Dass eine kompakte Menge beschränkt ist, sieht man an der offenen Überdeckung $(K_n)_{n\in\mathbb{N}^*}$, $K_n := \{y \mid d(0,y) < n\}$. Abgeschlossen ist sie nach 8.6. Die Umkehrung folgt aus den Tatsachen, dass eine beschränkte Menge des $\mathbb{R}^n$ in einem Würfel $W := \{(x_1,\dots,x_n) \in \mathbb{R}^n \mid |x_i| \le a\}$ liegt, dass W zu $[-a,a]^n$ homöomorph und dass $[-a,a]^n$ wegen 8.7 und 8.12 kompakt ist. $\qquad\square$

B Lokalkompakte Räume

Im Folgenden beschränken wir uns auf Hausdorff-Räume.

8.14 Definition. Ein topologischer Raum heißt *lokalkompakt*, wenn er Hausdorff'sch ist und jeder Punkt eine kompakte Umgebung besitzt.

Jeder kompakte Hausdorff-Raum ist trivialerweise lokalkompakt.

8.15 Satz. *Jeder lokalkompakte Raum ist regulär.*

Beweis. Sei x ein Punkt des lokalkompakten Hausdorff-Raumes X und K eine kompakte Umgebung von x. Dann ist K abgeschlossen (s. 8.6), und als kompakter Hausdorff-Raum ist K regulär (s. 8.9). Für eine beliebige Umgebung U von x ist $U \cap K$ eine Umgebung von x in K. Da K regulär ist, existiert eine Umgebung V von x in K mit $V \subset \bar{V} \subset U \cap K$. Es ist V aber auch Umgebung von x in X, da K Umgebung von x ist. Weiterhin ist $\bar{V}$ abgeschlossen in X, da K abgeschlossen ist. Nach 6.6 ist X regulär. □

Hat in einem nicht-Hausdorff'schen Raum X jeder Punkt eine kompakte Umgebung, so brauchen die kompakten Umgebungen noch keine Umgebungsbasis zu bilden. Als Beispiel diene der Raum $X := \mathbb{R} \cup \{\infty\}$; abgeschlossene Mengen auf X seien X, $\emptyset$ und jede Teilmenge von X, die den Punkt ∞ und höchstens abzählbar viele reelle Zahlen enthält. Dann ist X kompakt, aber die offene Menge $\mathbb{R}$ enthält für keinen ihrer Punkte eine kompakte Umgebung.

8.16 Satz. *In einem lokalkompakten Raum bilden die kompakten Umgebungen eines jeden Punktes eine Umgebungsbasis.*

Beweis. Sei $x \in X$ und K eine kompakte Umgebung von x. Da X nach 8.15 regulär ist, bilden die abgeschlossenen Umgebungen V von x eine Umgebungsbasis (s. 6.6). Jedes $V \cap K$ ist kompakt, und gemeinsam bilden sie eine Umgebungsbasis. □

8.17 Beispiele.

(a) Da im $\mathbb{R}^n$ jede beschränkte und abgeschlossene Menge kompakt ist und die abgeschlossenen Kugeln $\bar{B}(x,r) = \{y \in \mathbb{R}^n \mid d(x,y) \leq r\}$ Umgebungen von x sind, ist $\mathbb{R}^n$ lokalkompakt.

(b) In einem lokalkompakten Raum ist jeder Teilraum, der Durchschnitt einer offenen und einer abgeschlossenen Menge von X ist, selbst lokalkompakt.

8.18 Satz (Alexandroff-Kompaktifizierung). *Zu einem lokalkompakten Raum X gibt es einen bis auf Homöomorphie eindeutig bestimmten kompakten Hausdorff-Raum Y, der einen zu X homöomorphen Raum X_1 enthält, sodass $Y \setminus X_1$ aus einem Punkt ∞ besteht. Ist X nicht kompakt, so ist X_1 dicht in Y.*

Der Raum Y heißt die Einpunkt- *oder* Alexandroff-Kompaktifizierung *von X. Der neue Punkt ∞ heißt* unendlich ferner Punkt.

Beweis. Sei ∞ ein Punkt, der nicht zu X gehört, und sei $Y := X \cup \{\infty\}$. Offene Mengen von Y seien die offenen Mengen von X und alle Mengen der Form $Y \setminus K$, wobei K eine kompakte Teilmenge von X ist. Um einzusehen, dass dadurch auf Y eine Topologie definiert wird, beachten wir Folgendes:

(1) Eine endliche Vereinigung kompakter Mengen eines Hausdorff-Raumes ist ein kompakter Hausdorff-Raum.

(2) $(Y \setminus K) \cap X$ ist nach 8.6 (b) offen in X.

(3) In einem Hausdorff-Raum sind die Durchschnitte kompakter Mengen kompakt.

(4) Der Durchschnitt einer kompakten Hausdorff'schen Menge mit einer abgeschlossenen Menge ist kompakt.

Wegen (1) und (2) sind endliche Durchschnitte offener Mengen von Y offen; wegen (3) und (4) sind Vereinigungen offener Mengen von Y offen. Aus der Definition der Topologie von Y sieht man sofort, dass der Unterraum $X_1 = Y \backslash \{\infty\}$ von Y zu X homöomorph ist. Außerdem ist Y mit dieser Topologie ein kompakter Hausdorff-Raum: Y ist Hausdorff'sch, da X Hausdorff'sch ist, jedes $x \in X$ eine kompakte Umgebung $K(x)$ besitzt und somit x und ∞ die disjunkten Umgebungen $K(x)$ und $Y \backslash K(x)$ haben. Ferner ist Y kompakt, da jede offene Überdeckung eine Menge der Form $Y \backslash K$ mit kompaktem K enthält.

Es sei Y' ein weiterer Raum, der die Bedingungen des Satzes erfüllt; dabei sei X' ein zu X homöomorpher Unterraum, sodass $Y' \backslash X'$ aus einem Punkt ∞' besteht. Ist $f\colon X \to X'$ ein Homöomorphismus, so werde $F\colon Y \to Y'$ durch $F|X := f$ und $F(\infty) := \infty'$ definiert. Dann ist F bijektiv und in jedem Punkt von X stetig. Das Komplement jeder offenen Umgebung von ∞' ist als abgeschlossene Teilmenge des kompakten Raumes Y' kompakt. Da $f^{-1}(K')$ für jede kompakte Menge $K' \subset X'$ kompakt ist (nach 8.10), ist F auch in ∞ stetig. Analog läßt sich für F^{-1} schließen, und deshalb ist F ein Homöomorphismus. □

8.19 Definition und Satz. *Ein lokalkompakter Raum heißt abzählbar im Unendlichen, wenn er abzählbare Vereinigung kompakter Mengen ist.*

(a) *Ein lokalkompakter Raum ist genau dann abzählbar im Unendlichen, wenn der bei der Alexandroff-Kompaktifizierung hinzugefügte Punkt ∞ eine abzählbare Umgebungsbasis besitzt.*

(b) *Ein lokalkompakter Raum X ist genau dann abzählbar im Unendlichen, wenn es eine Folge $(U_n)_{n \in \mathbb{N}}$ von offenen Mengen in X gibt mit den Eigenschaften:*

(1) *$\bar{U}_n$ ist kompakt für alle $n \in \mathbb{N}$,*

(2) *$\bar{U}_n \subset U_{n+1}$ für alle $n \in \mathbb{N}$,*

(3) *$X = \bigcup_{n \in \mathbb{N}} U_n$.*

Beweis von (b). Offenbar ist X abzählbar im Unendlichen, wenn es Mengen U_i mit den Eigenschaften (1) – (3) gibt.

Für die umgekehrte Richtung beweisen wir zunächst: *In einem lokalkompakten Raum X gibt es zu jeder kompakten Menge $K \subset X$ eine offene Menge O und eine kompakte Menge $K' \subset X$, sodass $K \subset O \subset K'$;* m.a.W. besitzt jede kompakte Menge eine offene Umgebung mit kompaktem Abschluß. Wegen der Lokalkompaktheit von X gibt es nämlich zu jedem Punkt $x \in K$ eine offene Umgebung $U(x)$ mit kompaktem Abschluß. Endlich viele dieser Umgebungen genügen, um K zu überdecken: $K \subset U(x_1) \cup \ldots \cup U(x_m) =: O$. Dann ist $\overline{O}$ kompakt, und es ist $K \subset O \subset \overline{O} =: K'$.

Sei nun $X = \bigcup_{i=1}^{\infty} K_i$ mit kompakten Mengen K_i. Dann gibt es nach dem eben Bewiesenen ein offenes U_1 mit kompaktem Abschluss und $K_1 \subset U_1$. Induktiv nehmen wir zu dem kompakten $\bar{U}_n \cup K_{n+1}$ eine offene Umgebung U_{n+1} mit kompaktem Abschluss. Dann hat $(U_n)_{n\in\mathbb{R}}$ die Eigenschaften (1) – (3). $\qquad\square$

Aus der Definition der Alexandroff-Kompaktifizierung ergibt sich unmittelbar

8.20 Satz. *X und Y seien lokalkompakte Räume, X' und Y' ihre Alexandroff-Kompaktifizierungen mit unendlich fernen Punkten ∞ und ∞'. Eine stetige Abbildung $f: X \to Y$ lässt sich genau dann durch die Festsetzung $f'(\infty) := \infty'$ zu einer stetigen Abbildung $f': X' \to Y'$ fortsetzen, wenn für jede kompakte Menge $K \subset Y$ das Urbild $f^{-1}(K) \subset X$ kompakt ist.*

Die Abbildung f wird dann eigentlich *genannt.* $\qquad\square$

8.21 Satz. *Ist $f: X \to Y$ eine eigentliche Abbildung zwischen lokalkompakten Räumen, so ist f abgeschlossen und $f(X)$ lokalkompakt.*

Beweis. Die Erweiterung $f': X' \to Y'$ von f auf die Alexandroff-Kompaktifizierungen von X und Y ist abgeschlossen (s. 8.11). Nun ist $A \subset X$ genau dann in X abgeschlossen, wenn $A \cup \{\infty\}$ in X' abgeschlossen ist. Wegen $f'(A \cup \{\infty\}) = f(A) \cup \{\infty'\}$ ist auch f abgeschlossen. Deshalb ist $f(X) = f'(X') \cap Y$ Durchschnitt einer abgeschlossenen mit einer offenen Menge und ist nach 8.17 (b) lokalkompakt. $\qquad\square$

C Andere Kompaktheitsbegriffe

Im Folgenden werden einige weitere Begriffe besprochen, die unter gewissen Voraussetzungen mit der Kompaktheit zusammenfallen. Dieser Abschnitt kann übergangen werden.

8.22 Definition. Ein Hausdorff-Raum X heißt *abzählbar kompakt*, wenn jede abzählbare offene Überdeckung eine endliche Überdeckung enthält.

Für Hausdorff-Räume mit abzählbarer Basis, die m.a.W. dem 2. Abzählbarkeitsaxiom genügen, fallen die Begriffe *abzählbar kompakt* und *kompakt* zusammen; denn es gilt offenbar

8.23 Satz (Lindelöf). *Hat der Raum X eine abzählbare Basis, so enthält jede offene Überdeckung einer Teilmenge von X eine abzählbare Überdeckung.* $\qquad\square$

Räume mit abzählbarer Basis werden auch *Lindelöf-Räume* genannt. Dann besagt die vor dem Satz von Lindelöf gemachte Bemerkung, dass für *Lindelöf-Räume die Begriffe kompakt und abzählbar kompakt zusammenfallen.* Abzählbar kompakte Räume lassen sich durch Folgen charakterisieren; es gilt eine Umkehrung von 8.3:

8.24 Satz. *Ein Hausdorff-Raum ist genau dann abzählbar kompakt, wenn jede Folge* $(x_n)_{n\in\mathbb{N}}$ *einen Häufungspunkt besitzt.*

Beweis. Sei X ein abzählbar kompakter Hausdorff-Raum, $(x_i)_{i\in\mathbb{N}}$ eine Folge mit den Endstücken $S_n := \{x_m \mid m \geq n\}$, und sei $A_n := \bar{S}_n$ und $U_n := X\backslash A_n$. Hat die Folge (x_i) keinen Häufungspunkt, so gilt $\bigcap_{i=0}^{\infty} A_i = \emptyset$ und $(U_i)_{i\in\mathbb{N}}$ ist eine abzählbare Überdeckung von X. Dann existiert eine endliche Teilüberdeckung $(U_i)_{i\in K\subset\mathbb{N}}$, und daraus folgt $\bigcap_{i\in K} A_i = \emptyset$ im Widerspruch zu $\bigcap_{i\in K} A_i \supset \bigcap_{i\in K} S_i \neq \emptyset$.

Sei umgekehrt $(U_i)_{i\in\mathbb{N}}$ eine offene Überdeckung von X, die keine endliche Teilüberdeckung enthält. Dann existiert zu jedem $n \in \mathbb{N}$ ein $x_n \in X\backslash\bigcup_{i=0}^{n} U_i$. Die Folge (x_n) hat nach Voraussetzung einen Häufungspunkt x; er liege in U_j. Nach Konstruktion gilt $x_n \notin U_j$ für alle $n > j$. Deshalb kann x kein Häufungspunkt von (x_n) sein.   □

8.25 Definition. Ein Hausdorff-Raum X heißt *folgenkompakt,* wenn jede Folge von Punkten aus X eine konvergente Teilfolge besitzt.

Jeder folgenkompakte Raum ist offenbar abzählbar kompakt, die Umkehrung ist jedoch nicht richtig. *Es gibt sogar kompakte Hausdorff-Räume, die nicht folgenkompakt sind,* wie das folgende Beispiel zeigt.

8.26 Beispiel. Die zweipunktige Menge $\{0,1\}$ werde mit der diskreten Topologie versehen, ist also ein kompakter Hausdorff-Raum. Deshalb ist auch $X := \{0,1\}^{\mathcal{P}(\mathbb{N})}$ ein kompakter Hausdorff-Raum (s. 6.14 und 8.12). In X betrachten wir die Folge $(x_n)_{n\in\mathbb{N}}$, definiert durch

$$p_M(x_n) := \begin{cases} 0 & \text{für } n \notin M, \\ 1 & \text{für } n \in M \text{ und } \text{card}(\{m \in M \mid m < n\}) \equiv 0 \mod 2, \\ 0 & \text{für } n \in M \text{ und } \text{card}(\{m \in M \mid m < n\}) \equiv 1 \mod 2. \end{cases}$$

Dabei sei $M \in \mathcal{P}(\mathbb{N})$ und $p_M \colon X \to \{0,1\}$ die M-te Projektion. Dann besitzt $(x_n)_{n\in\mathbb{N}}$ keine konvergente Teilfolge (Aufgabe 8.A8).

8.27 Satz. *Hat im Hausdorff-Raum X jeder Punkt eine abzählbare Umgebungsbasis, genügt also X dem 1. Abzählbarkeitsaxiom, so ist X genau dann folgenkompakt, wenn X abzählbar kompakt ist.*

Beweis. Ist X abzählbar kompakt und $(x_n)_{n\in\mathbb{N}}$ eine Folge in X, so hat $(x_n)_{n\in\mathbb{N}}$ einen Häufungspunkt x, vgl. 8.24. Ist $(U_i)_{i\in\mathbb{N}}$ eine Umgebungsbasis von x, dann ist auch $(V_n)_{n \in \mathbb{N}}$ mit $V_n := \bigcap_{i=0}^{n} U_i$ eine Umgebungsbasis von x mit $V_{n+1} \subset V_n$. Wir definieren nun induktiv eine Teilfolge $(x_{i(n)})_{n \in \mathbb{N}}$ von $(x_i)_{i \in \mathbb{N}}$: Sei $x_{i(0)} \in V_0$. Da x Häufungspunkt von $(x_i)_{i \in \mathbb{N}}$ ist, existiert ein Index $i(n) > i(n-1)$ mit $x_{i(n)} \in V_n$. Offensichtlich konvergiert $(x_{i(n)})_{n \in \mathbb{N}}$ gegen x. $\qquad\square$

Da $\mathbb{R}^n$ eine abählbare Basis hat, fallen die drei Begriffe kompakt, folgenkompakt und abzählbar kompakt zusammen. Allgemeiner gilt:

8.28 Satz. *In einem metrischen Raum fallen die Begriffe kompakt, abzählbar kompakt und folgenkompakt zusammen.*

Beweis. Da ein metrischer Raum das 1. Abzählbarkeitsaxiom erfüllt, stimmen nach 8.27 die Begriffe folgenkompakt und abzählbar kompakt überein. In einem Hausdorff-Raum mit abzählbarer Basis fallen die Begriffe abzählbar kompakt und kompakt zusammen. Ein metrischer Raum, der eine abzählbare dichte Teilmenge enthält, hat offenbar eine abzählbare Basis. Wir zeigen nun, dass ein abzählbar kompakter metrischer Raum (X, d) eine abzählbare, dichte Teilmenge besitzt: Da in (X, d) jede Folge einen Häufungspunkt hat (s. 8.24), gibt es zu $p \in \mathbb{N}^*$ keine unendliche Teilmenge $E \subset X$, sodass $d(x, y) \geq \frac{1}{p}$ für alle $x, y \in E$, $x \neq y$. Es gibt also eine endliche Menge $K_p \subset X$, sodass zu jedem $x \in X$ ein $y \in K_p$ existiert mit $d(x, y) < \frac{1}{p}$. Dann ist $\bigcup_{p \in \mathbb{N}^*} K_p$ eine abzählbare in X dichte Menge. $\qquad\square$

Folgendes Diagramm veranschaulicht den Zusammenhang zwischen den Kompaktheitsbegriffen. 1.AA bzw. 2.AA an einem Pfeil bedeutet, dass die Beziehung unter der Voraussetzung besteht, dass der topologische Raum dem 1. bzw. 2. Abzählbarkeitsaxiom genügt.

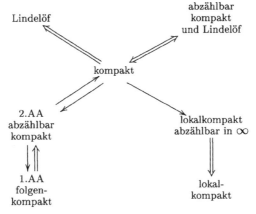

Aufgaben

8.A1 Die Menge X trage die cofinite Topologie (vgl. 2.2 (f)). Dann ist X kompakt.

8.A2 Ein kompakter metrischer Raum (X, d) ist genau dann zusammenhängend, wenn für je zwei Punkte $a, b \in X$ und für jedes $\varepsilon > 0$ eine Folge $x_1, \ldots, x_n \in X$ existiert mit $x_1 = a, x_n = b$ und $d(x_i, x_{i+1}) < \varepsilon$ für $i = 1, \ldots, n-1$.

8.A3 Sei X ein kompakter Raum und $f \colon X \to \mathbb{R}$ eine stetige Funktion. Dann nimmt f sein Supremum und Infimum an, d.h. $\exists\ x_1, x_2 \in X$ mit $f(x_1) = \max\{f(x) \mid x \in X\}$ und $f(x_2) = \min\{f(x) \mid x \in X\}$.

8.A4 (X, d) sei ein metrischer Raum, $A \subset X$ eine Teilmenge und $x_0 \in X$ ein Punkt. Gibt es einen Punkt $a \in A$ mit $d(x_0, a) = d(x_0, A)$,
(a) wenn A kompakt ist,
(b) wenn A abgeschlossen ist (betrachte z.B. $X = \mathbb{R}\backslash\{0\}$),
(c) wenn X der $\mathbb{R}^n$ mit der üblichen Metrik und A abgeschlossen ist?

8.A5 (X, d) sei ein metrischer Raum. Für zwei nicht-leere, kompakte Teilmengen A und B von X definieren wir

$$\Delta_1(A, B) = \inf\{d(x, y) \mid x \in A, y \in B\},$$
$$\Delta_2(A, B) = \sup\{d(x, y) \mid x \in A, y \in B\},$$
$$\Delta_3(A, B) = \max\{\sup_{x \in A} \inf_{y \in B} d(x, y), \sup_{y \in B} \inf_{x \in A} d(x, y)\}.$$

Untersuchen Sie, welche Δ_i auf der Menge der nicht-leeren, kompakten Teilmengen von X eine Metrik definieren.

8.A6 Sei X ein kompakter Raum und $f \colon X \to \mathbb{R}$ eine Abbildung. Ist f halbstetig nach oben bzw. nach unten, so gibt es einen Punkt $x_0 \in X$, sodass $f(x_0) = \sup\{f(x) \mid x \in X\}$ bzw. $f(x_0) = \inf\{f(x) \mid x \in X\}$.

8.A7 (a) Das Cantor'sche Diskontinuum T (s. 2.17) ist kompakt.
(b) T ist homöomorph zum Raum X aus 3.A15.

8.A8 Führen Sie den Beweis für Beispiel 8.26 durch.

8.A9 Sei M die Menge aller beschränkten Folgen $(x_n)_{n \in \mathbb{N}}$ reeller Zahlen. Zeigen Sie:
(a) $d((x_n), (y_n)) := \sup\{|x_n - y_n| \mid n \in \mathbb{N}\}$ ist eine Metrik auf M.
(b) (M, d) ist nicht kompakt.

8.A10 Sei X ein kompakter Raum, $C(X)$ die Menge aller stetigen Abbildungen von X nach $\mathbb{R}$ und $A \subset C(X)$ mit
(a) $f, g \in A \Longrightarrow f \cdot g \in A$,
(b) zu jedem $x \in X$ gibt es eine Umgebung U und ein $f \in A$ mit $f|U = 0$.
Zeigen Sie, dass A die Nullfunktion enthält.

8.A11 Die zweipunktige Menge $\{0,1\}$ trage die diskrete Topologie, und $X = \{0,1\}^{\mathbb{R}}$ sei mit der Produkttopologie versehen. Dann besitzt jede Folge von Punkten der Teilmenge

$$A := \left\{ x \in X \mid \exists \text{ abzählbares } I \subset \mathbb{R} : p_j(x) = \begin{cases} 0, & j \in I \\ 1, & j \in \mathbb{R}\backslash I \end{cases} \right\}$$

einen Häufungspunkt in A, jedoch ist A nicht kompakt.

8.A12 X ist kompakt $\Longleftrightarrow$ Für alle topologischen Räume Y ist $p_2 \colon X \times Y \to Y$, $(x,y) \mapsto y$, abgeschlossen.

(Hinweis für die Implikation „$\Leftarrow$": Zu einem Filter $\mathcal{F}$ auf X definiere man einen Filter $\mathcal{F}'$ auf $X' = X \cup \{\omega\}$ durch $\mathcal{F}' := \{F \cup \{\omega\} \mid F \in \mathcal{F}\}$ und topologisiere X' durch $\mathcal{U}(x) := \{V \subset X' \mid x \in V\}$ für $x \neq \omega$ und $\mathcal{U}(\omega) := \mathcal{F}'$. Aus der Abgeschlossenheit von $p_2 \colon X \times X' \to X$ schließe man auf die Existenz eines Berührungspunktes von $\mathcal{F}$.)

8.A13 $(X, \leq)$ sei eine linear geordnete Menge, versehen mit der Ordnungstopologie. Zeigen Sie:

(a) Besitzt jede Teilmenge von X ein Supremum und ein Infimum, so ist X kompakt. Insbesondere ist der Ordinalzahlraum $(\Omega, \leq)$, vgl. 5.3, kompakt.

(b) Wird zu $\mathbb{N}$ ein Element ∞ hinzugenommen und $n < \infty$ für alle $n \in \mathbb{N}$ gesetzt, so ist $\mathbb{N} \cup \{\infty\}$ in der zugehörigen Ordnungstopologie homöomorph zur Einpunktkompaktifizierung von $\mathbb{N}$.

8.A14 Ist X zusammenhängend und kompakt und $A \subset X$ abgeschlossen, so gibt es eine abgeschlossene, zusammenhängende Menge $B \supset A$ mit der Eigenschaft, dass jede abgeschlossene und zusammenhängende Teilmenge von B, die A enthält, gleich B ist.

8.A15 X sei ein abzählbar kompakter Raum, $x \in X$. Ist $(U_n)_{n \in \mathbb{N}}$ eine Folge von offenen Mengen $U_n \subset X$ mit $\bigcap_{n \in \mathbb{N}} U_n = \{x\}$, so ist $(U_n)_{n \in \mathbb{N}}$ eine Umgebungsbasis von x.

8.A16 $(\Omega_0, \leq)$, vgl. 5.3, ist abzählbar kompakt, aber nicht kompakt.

8.A17 Ist X abzählbar kompakt und metrisch, so besitzt X eine abzählbare, dichte Teilmenge.

8.A18 Ein Raum X ist genau dann ein Lindelöf-Raum, wenn jeder abgeschlossene Filter $\mathcal{F}$ von X (s. 5.A7) folgende Eigenschaft hat: Ist $\bigcap_{F \in \mathcal{G}} F \neq \emptyset$ für jedes abzählbare System $\mathcal{G} \subset \mathcal{F}$, so ist $\bigcap_{F \in \mathcal{F}} F \neq \emptyset$.

8.A19 Für abzählbar kompakte Räume sind abgeschlossene Unterräume abzählbar kompakt, ebenfalls deren stetige Bilder, sofern sie Hausdorff'sch sind.

8.A20 Ein lokalkompakter Raum ist vollständig regulär.

8.A21 Das Produkt abzählbar vieler folgenkompakter Räume ist wieder folgenkompakt. Hinweis: Wenden Sie das Diagonalverfahren an!

8.A22 Sei G eine lokalkompakte, kommutative Gruppe, vgl. 3.38. Ein *Charakter auf* G ist ein Homomorphismus $\chi\colon G \to T$, wobei T die Kreisgruppe bezeichnet, d.h. T ist der Einheitskreis in $\mathbb{R}^2$ mit der gewöhnlichen Topologie und der komplexen Multiplikation. Dann gilt:

(a) Die Menge $\hat{G}$ der stetigen Charaktere auf G ist eine topologische Gruppe bezüglich der punktweisen Multiplikation und der folgenden Topologie: Eine Umgebungsbasis des Einselements bilden die Mengen $U(K,\varepsilon) := \{\chi \in \hat{G} \mid |\chi(x) - 1| < \varepsilon \ \forall x \in K\}$ mit $K \subset G$ kompakt und $\varepsilon > 0$. Es heißt $\hat{G}$ die *Charaktergruppe* von G.

(b) $\hat{G}$ ist lokalkompakt und kommutativ.

(c) Ist G kompakt, dann ist $\hat{G}$ eine diskrete Gruppe (= Gruppe mit diskreter Topologie). Ist G diskret, dann ist $\hat{G}$ kompakt.

(d) $\hat{\mathbb{R}} = \mathbb{R}$, $\hat{\mathbb{Z}} = T$, $\hat{T} = \mathbb{Z}$.

8.A23 Für einen topologischen Raum X sei $C(X)$ das System aller stetigen Funktionen $f\colon X \to \mathbb{R}$. Eine Funktion f hat einen *kompakten Träger*, wenn es eine kompakte Menge $K \subset X$ gibt, sodass $f(x) = 0$ für alle $x \in X \setminus K$ gibt. Das System aller stetigen Funktionen mit kompaktem Träger wird mit $C_c(X)$ bezeichnet. Eine Funktion $f\colon X \to \mathbb{R}$ *verschwindet im Unendlichen*, wenn es zu jedem $\varepsilon > 0$ eine kompakte Menge K_ε gibt, sodass $|f(x)| < \varepsilon$ für $x \in X \setminus K_\varepsilon$ gilt. Mit $C_0(X)$ wird die Menge aller im Unendlichen verschwindenden Funktionen auf X bezeichnet. Mit $C_b(X)$ bezeichnen wir die beschränkten stetigen Funktionen auf X. Die analogen Bezeichnungen nimmt man auch für komplexwertige Funktionen.

(a) $C_c(X) \subset C_0(X) \subset C_b(X) \subset C(X)$.

(b) Auf $C_b(X)$ und damit auch auf $C_c(X)$ und $C_0(X)$ wird eine Norm eingeführt durch

$$\|f\|_\infty = \sup_{x \in X} |f(x)|, \quad f \in C_b(X).$$

(c) Zeigen Sie, dass $C_b(X)$, $C_c(X)$ und $C_0(X)$ Algebren sind, d.h. abgeschlossen gegenüber der Bildung von Summen, Multiplikation mit Skalaren aus $\mathbb{C}$ und Multiplikation von Funktionen ist.

(d) Ist X kompakt, so ist $C(X) = C_b(X) = C_c(X) = C_0(X)$.

(e) Ist X ein lokalkompakter Hausdorff'scher Raum, so liegt $C_c(X)$ dicht in $C_0(X)$.

(f) Ist X lokalkompakt, so läßt sich $C_0(X)$ mit den stetigen Funktionen auf der Alexandroff-Kompaktifizierung $X \cup \{\infty\}$ identifizieren, die im Punkt ∞ verschwinden.

8.A24 Sei X ein topologischer Raum. Eine Teilmenge $U \subset X$ heißt *relativ kompakt*, wenn ihr Abschluss $\bar{U}$ kompakt ist. Zeigen Sie:

(a) $\mathbb{Q}$ ist nicht relativ kompakt in $\mathbb{R}$, dagegen ist $\mathbb{Q} \cap [0,1]$ relativ kompakt, aber nicht kompakt.

(b) Das stetige Bild einer relativ kompakten Teilmenge ist relativ kompakt.

8.A25 (Satz von Poincaré-Volterra) Sei X ein zusammenhängender lokalkompakter Raum, Y ein Hausdorff'scher Raum mit abzählbarer Basis. Ist $f\colon X \to Y$ stetig und ist $f^{-1}(y) \in X$ diskret für jedes $y \in Y$, so hat auch X eine abzählbare Basis.

9 Satz von Stone-Weierstraß

Der klassische Satz von Weierstraß besagt, dass sich jede stetige Funktion auf einem abgeschlossenen Intervall durch Polynome gleichmäßig approximieren lässt, dass es also zu jeder stetigen Funktion $f\colon [a,b] \to \mathbb{R}$ eine Folge von Polynomen gibt, die auf $[a,b]$ gleichmäßig gegen f konvergiert. Diesen Satz verallgemeinern wir für stetige Funktionen auf einem kompakten Raum X, und zwar geben wir ein Kriterium dafür an, dass sich jede stetige Funktion auf X gleichmäßig durch Polynome in den Funktionen aus einer vorgegebenen Menge D stetiger reellwertiger Funktionen approximieren lässt.

X sei kompakt und $f\colon X \to \mathbb{R}$ stetig. Nach 8.10 und 8.13 ist $f(X)$ beschränkt. Die folgende Definition macht also Sinn.

9.1 Definition. Ist X ein kompakter Raum und $C(X)$ die Menge aller stetigen Funktionen auf X, so definiert $d(f,g) := \sup\{|f(x) - g(x)| \mid x \in X\}$ eine Metrik auf $C(X)$. Die zugehörige Topologie heißt *Topologie der gleichmäßigen Konvergenz*.

Eine Folge stetiger Funktionen auf X konvergiert bezüglich dieser Topologie in $C(X)$ genau dann, wenn sie gleichmäßig konvergiert. Dabei ist Konvergenz in $C(X)$ als Konvergenz in einem topologischen Raum zu verstehen, vgl. Definition 5.1, die gleichmäßige Konvergenz dagegen ist erklärt für Funktionen auf einer beliebigen Menge. Konvergenz in $C(X)$ besagt natürlich, dass der Limes auch in $C(X)$ liegt, also eine stetige Funktion ist. Dem entspricht Satz 1.23 bzw. 2.A13 für die gleichmäßige Konvergenz stetiger Funktionen.

Von nun an sei X ein kompakter Hausdorff-Raum, und es sei $C(X)$ mit der Topologie der gleichmäßigen Konvergenz versehen. Eine Teilmenge A von $C(X)$ ist genau dann dicht in $C(X)$, wenn es zu jedem $f \in C(X)$ eine Folge von Elementen aus A gibt, die gleichmäßig gegen f konvergiert. Dieses folgt aus 2.14 (d) und 1.19 (a), da $C(X)$ ein metrischer Raum ist. Wir sagen auch: *f lässt sich durch Elemente aus A gleichmäßig approximieren* . Wann ist eine Menge in $C(X)$ dicht? Zur Beantwortung dieser Frage stellen wir einige Hilfssätze über die Approximation gewisser elementarer Funktionen durch Polynome voran.

9.2 Hilfssatz. *Es gibt eine Folge von Polynomen* $p_n\colon \mathbb{R} \to \mathbb{R}$ *mit* $p_n(0) = 0$, *die auf dem abgeschlossenen Intervall* $[0,1]$ *gleichmäßig gegen die durch* $t \mapsto \sqrt{t}$ *definierte Funktion konvergiert.*

Beweis. Wir setzen

$$p_0(t) := 0, \quad p_{n+1}(t) := p_n(t) + \frac{1}{2}\left(t - p_n^2(t)\right).$$

Dann ist

(1) $\qquad \sqrt{t} - p_{n+1}(t) = \left(\sqrt{t} - p_n(t)\right)\left(1 - \frac{1}{2}\left(\sqrt{t} + p_n(t)\right)\right).$

Durch vollständige Induktion zeigen wir, dass für $t \in [0,1]$ gilt:

(2) $\qquad\qquad\qquad p_n(t) \geq 0, \quad p_n(0) = 0,$

(3) $\qquad\qquad\qquad 0 \leq \sqrt{t} - p_n(t) \leq \dfrac{2\sqrt{t}}{2 + n\sqrt{t}}.$

Für $n = 0$ sind (2) und (3) erfüllt. Gelten (2) und (3) für n, so folgt

$$p_{n+1}(t) \geq 0, \quad p_{n+1}(0) = 0, \quad 2 \geq 2 - \sqrt{t} - p_n(t) \geq 2 - 2\sqrt{t} \geq 0$$

und aus (1)

$$0 \leq \sqrt{t} - p_{n+1}(t) = \left(\sqrt{t} - p_n(t)\right)\left(1 - \frac{1}{2}(\sqrt{t} + p_n(t))\right)$$

$$\leq \frac{2\sqrt{t}}{2 + n\sqrt{t}} \cdot \frac{1}{2}\left(2 - \sqrt{t} - p_n(t)\right) \leq \frac{2\sqrt{t}}{2 + (n+1)\sqrt{t}}$$

Wegen

$$\frac{2\sqrt{t}}{2 + n\sqrt{t}} \leq \frac{2}{n}, \quad \text{also } \sup\{|\sqrt{t} - p_n(t)| \mid t \in [0,1]\} \leq \frac{2}{n},$$

konvergiert $p_n(t)$ gleichmäßig gegen $\sqrt{t}$. $\qquad\qquad\qquad\qquad\qquad\qquad\square$

9.3 Hilfssatz. *Es gibt eine Folge* $(q_n)_{n \in \mathbb{N}^*}$ *von Polynomen mit* $q_n(0) = 0$, *die in* $[-a,a], a > 0$, *gleichmäßig gegen die durch* $h(t) := |t|$ *definierte Funktion konvergiert.*

Beweis. Sei $(p_n)_{n \in \mathbb{N}^*}$ die Folge der Polynome aus 9.2. Setzen wir $q_n(t) := a \cdot p_n(t^2 a^{-2})$, so gilt für $t^2 \leq a^2$ wegen (3)

$$\left|\, |t| - q_n(t)\right| = \left|a\sqrt{\frac{t^2}{a^2}} - q_n(t)\right| = a\left|\sqrt{\frac{t^2}{a^2}} - p_n\left(\frac{t^2}{a^2}\right)\right| \leq \frac{2a\sqrt{\frac{t^2}{a^2}}}{2 + n\sqrt{\frac{t^2}{a^2}}} \leq \frac{2a}{n}.$$

$$\square$$

Die folgende Bemerkung über die algebraische Struktur dient hier nur einer angemessenen Formulierung des nächsten Hilfssatzes. Erst im Kapitel 15 wird die algebraische Struktur von $C(X)$ genauer untersucht.

9.4 Bemerkung. $C(X)$ ist bezüglich der Addition stetiger Funktionen und der Multiplikation reeller Zahlen mit stetigen Funktionen ein reeller Vektorraum. Mit der Multiplikation stetiger Funktionen wird $C(X)$ zu einem Ring. Ein Vektorraum V, auf dem eine Multiplikation erklärt ist, mit der V ein Ring wird, heißt *Algebra*. Es sei D eine Teilmenge von $C(X)$. Genauso wie alle Linearkombinationen von Elementen aus D den kleinsten linearen Unterraum von $C(X)$ bilden, der D enthält, ergeben alle Polynome *ohne konstantes Glied* in den Elementen von D die kleinste Unteralgebra $A(D)$ von $C(X)$, die D enthält. Also besteht $A(D)$ aus allen Elementen der Form

$$\sum_{0 \le \nu_1,\ldots,\nu_r \le n} a_{\nu_1 \ldots \nu_r} d_1^{\nu_1} \ldots d_r^{\nu_r},\ n \in \mathbb{N}^*,\ d_i \in D,\ 1 \le i \le r,$$

$$a_{0 \ldots 0} = 0,\ a_{\nu_1 \ldots \nu_r} \in \mathbb{R};$$

$A(D)$ heißt die *von D erzeugte Unteralgebra*.

9.5 Hilfssatz. *Ist X ein kompakter Hausdorff-Raum und A eine abgeschlossene Unteralgebra von $C(X)$, so enthält A mit f und g auch $|f|$, $\max\{f,g\}$ und $\min\{f,g\}$.*

Beweis. Da $\min\{f,g\} = \frac{1}{2}(f+g) - \frac{1}{2}|f-g|$ und $\max\{f,g\} = \frac{1}{2}(f+g) + \frac{1}{2}|f-g|$ ist, genügt es zu zeigen, dass mit f auch $|f|$ in A liegt.

Es sei $a := \sup\{|f(x)| \mid x \in X\}$. Nach 9.3 gibt es zu jedem $\varepsilon > 0$ ein Polynom $p_\varepsilon \colon \mathbb{R} \to \mathbb{R}$ mit $p_\varepsilon(0) = 0$, d.h. ohne konstantes Glied, sodass auch $||f(x)| - p_\varepsilon(f(x))| < \varepsilon$ für alle $x \in X$. Da p_ε hat kein konstantes Glied hat, gehört mit f auch die Funktion $p_\varepsilon(f) \colon X \to \mathbb{R}$ zu A; also liegt in jeder ε-Umgebung von $|f|$ eine Funktion aus A. Da A abgeschlossen ist, gehört $|f|$ zu A. □

9.6 Hilfssatz. *Sei X ein kompakter Hausdorff-Raum und A eine Unteralgebra von $C(X)$. Sind $f,g \in \bar{A}$, so liegen auch $f+g$, $f \cdot g$ und $c \cdot f$ für alle $c \in \mathbb{R}$ in $\bar{A}$, und somit ist $\bar{A}$ wieder eine Unteralgebra von $C(X)$.*

Beweis als Aufgabe 9.A6. □

9.7 Satz (Stone-Weierstraß). *Sei X ein kompakter Hausdorff-Raum. Ein System $D \subset C(X)$ erfülle folgende Bedingungen:*

(a) *Für jedes $x \in X$ gibt es eine Funktion $f_x \in D$ mit $f_x(x) \neq 0$.*

(b) *Für jedes Paar $x,y \in X, x \neq y$, gibt es ein $f \in D$ mit $f(x) \neq f(y)$.*

Dann ist die von D erzeugte Unteralgebra $A(D)$ dicht in $C(X)$, d.h. $\overline{A(D)} = C(X)$.

Beweis. Es genügt zu zeigen: *Ist* f *eine beliebige Funktion aus* $C(X)$, *so existiert zu jedem* $\varepsilon > 0$ *ein* $g_\varepsilon \in A(D)$ *mit* $|f(x) - g_\varepsilon(x)| < \varepsilon$ *für alle* $x \in X$.

1. Schritt: Wir zeigen zunächst: *Zu je zwei Punkten* $y, z \in X$ *gibt es ein* $h \in A(D)$ *mit* $h(y) = f(y)$ *und* $h(z) = f(z)$.

Für $y \neq z$ gibt es wegen (a) Funktionen $f_1, f_2 \in D$ mit $f_1(y) \neq 0$ und $f_2(z) \neq 0$. Die Funktionen

$$f_y := \frac{1}{f_1(y)} f_1 \quad \text{und} \quad f_z := \frac{1}{f_2(z)} f_2$$

liegen in $A(D)$, und für sie gilt $f_y(y) = 1 = f_z(z)$. Dann ist $h_1 := f_y + f_z - f_y \cdot f_z$ eine Funktion aus $A(D)$ mit $h_1(y) = h_1(z) = 1$. Wegen $y \neq z$ gibt es nach (b) ein $h_2 \in D$ mit $h_2(y) \neq h_2(z)$. Setzen wir

$$h := \frac{f(y) - f(z)}{h_2(y) - h_2(z)} h_2 - \frac{f(y)h_2(z) - f(z)h_2(y)}{h_2(y) - h_2(z)} h_1,$$

so ist $h \in A(D)$ und $h(y) = f(y)$, $h(z) = f(z)$.

Für $y = z$ ist $h := (f(y)/f_y(y)) \cdot f_y$ eine Funktion aus $A(D)$ mit $h(y) = f(y)$.

2. Schritt: *Zu jedem* $\varepsilon > 0$ *und jedem* $z \in X$ *gibt es ein* $h_z \in \overline{A(D)}$ *mit* $h_z(z) = f(z)$ *und* $h_z(x) < f(x) + \varepsilon$ *für alle* $x \in X$. Zu jedem $y \in X$ gibt es nämlich nach dem 1. Schritt ein $g_y \in A(D)$ mit $g_y(z) = f(z)$, $g_y(y) = f(y)$. Sei $U(y)$ eine offene Umgebung von y, sodass $g_y(x) < f(x) + \varepsilon$ für $x \in U(y)$ ist. Aus der Überdeckung $(U(y))_{y \in X}$ des *kompakten* Raumes X nehmen wir eine endliche Teilüberdeckung $(U(y))_{y \in L \subset X}$ und definieren $h_z := \min\{g_y \mid y \in L\}$. Nach 9.5 gehört h_z zu $\overline{A(D)}$ und hat die obigen Eigenschaften.

3. Schritt: *Konstruktion einer Funktion* $g_\varepsilon \in \overline{A(D)}$ *mit* $d(f, g_\varepsilon) < \varepsilon$. Zu jedem $z \in X$ sei h_z wie oben gewählt und $W(z)$ eine offene Umgebung von z, sodass $h_z(x) > f(x) - \varepsilon$ für alle $x \in W(z)$. Dann gibt es eine endliche Teilüberdeckung $(W(z))_{z \in K \subset X}$ von X. Wir setzen $g_\varepsilon := \max\{h_z \mid z \in K\}$. Nach 9.5 gehört g_ε zu $A(D)$, und es gilt $g_\varepsilon(x) > f(x) - \varepsilon$ für alle $x \in X$. Da aber $h_z(x) < f(x) + \varepsilon$ für alle $z \in K$ und alle $x \in X$ ist, gilt auch $g_\varepsilon(x) < f(x) + \varepsilon$ für alle $x \in X$. $\qquad\square$

9.8 Korollar (Satz von Weierstraß). *Ist* $[a, b] \subset \mathbb{R}$ *ein beschränktes, abgeschlossenes Intervall und* $f \colon [a, b] \to \mathbb{R}$ *eine stetige Funktion, dann gibt es zu jedem* $\varepsilon > 0$ *ein Polynom* $p_\varepsilon \colon \mathbb{R} \to \mathbb{R}$ *mit* $|p_\varepsilon(x) - f(x)| < \varepsilon$ *für alle* $x \in [a, b]$.

Beweis. Wir setzen $D = \{f_1, f_2\}$ mit $f_1(x) = 1$ und $f_2(x) = x$ für $x \in [a, b]$. $\qquad\square$

9.9 Korollar. *In einer kompakten Teilmenge des* $\mathbb{R}^n$ *kann jede stetige Funktion durch Polynome gleichmäßig approximiert werden.*

Beweis. Wir setzen $D := \{f_0, f_1, \ldots, f_n\}$, wobei f_i durch $f_i(x_1, \ldots, x_n) := x_i$, $1 \leq i \leq n$, und f_0 durch $f_0(x_1, \ldots, x_n) := 1$ definiert ist. Dann ist $A(D)$ die Menge der Polynome auf $\mathbb{R}^n$.   □

Um von einer Teilmenge $D \subset C(X)$, die die Bedingungen (a) und (b) von Satz 9.7 erfüllt, zu einer dichten Teilmenge von $C(X)$ zu gelangen, gingen wir von D zu einer größeren Menge D' über, in unserem Falle zu $D' = A(D)$. Um $\overline{D'} = C(X)$ zu zeigen, wurden nur noch folgende Eigenschaften von D' benutzt:

(1) D' ist ein linearer Unterraum von $C(X)$.

(2) Zu $y, z \in X$ existiert eine Funktion $h \in \overline{D'}$ mit $h(y) = h(z) = 1$. Dieses ermöglichte den ersten Schritt.

(3) Sind $g_1, g_2 \in \overline{D'}$, so sind auch $\max\{g_1, g_2\} \in \overline{D'}$ und $\min\{g_1, g_2\} \in \overline{D'}$. Falls D' ein linearer Unterraum ist, so folgt aus (3) und (1) wegen $|g| = 2\max\{g, 0\} - g$:

(3') Ist $g \in D'$, so ist $|g| \in \overline{D'}$.

Umgekehrt folgt (3) aus (3') und (1) wegen

$$\max\{g_1, g_2\} = \frac{1}{2}(g_1 + g_2 + |g_1 - g_2|) \text{ und } \min\{g_1, g_2\} = \frac{1}{2}(g_1 + g_2 - |g_1 - g_2|)$$

und folgender Tatsache: Konvergiert die Folge $(h_k)_{k \in \mathbb{N}}$ stetiger Funktionen gleichmäßig gegen h, so konvergiert $(|h_k|)_{k \in \mathbb{N}}$ gleichmäßig gegen $|h|$.

Die Eigenschaft (2) liegt sicherlich vor, wenn D' die konstante Funktion $f \colon X \to \mathbb{R}$ mit $f(x) := 1$ für jedes $x \in X$ enthält. Damit erhalten wir

9.10 Satz (M.H. Stone). *Es sei X ein kompakter Raum und $D \subset C(X)$ ein linearer Unterraum mit folgenden Eigenschaften:*

(a) *D enthält die konstante Funktion $f \colon X \to \mathbb{R}$ mit $f(x) := 1$ $\forall x \in X$.*

(b) *Für alle $x, y \in X$ mit $x \neq y$ existiert eine Funktion $h \in D$ mit $h(x) \neq h(y)$.*

(c) *Ist $h \in D$, so ist $|h| \in \bar{D}$.*

Dann liegt D dicht in $C(X)$.   □

Die Bedingung 9.10 (a) läßt sich nicht durch die schwächere Bedingung (a) von Satz 9.7 ersetzen, vgl. 9.A1.

Satz 9.10 lässt sich in zwei Richtungen verallgemeinern, nämlich einerseits auf komplexwertige Funktionen (s. 9.A7), andererseits auf nicht kompakte Räume, und zwar auf lokalkompakte Räume, die abzählbar im Unendlichen sind. Dann ist X nach 8.19 (b) Vereinigung abzählbar vieler kompakter Mengen K_i, $i = 0, 1, 2, \ldots$, sodass jede kompakte Teilmenge von X in einer endlichen Vereinigung von K_i liegt. Sei

$$d_i(f, g) := \min\{2^{-i}, \sup\{|f(x) - g(x)| \mid x \in K_i\}\};$$

dann definiert $d(f, g) := \sum_{i=0}^{\infty} d_i(f, g)$ eine Metrik auf $C(X)$. Die zugehörige Topologie auf $C(X)$ heißt die *Topologie der kompakten Konvergenz* und ist gleich der Topologie der gleichmäßigen Konvergenz, wenn X kompakt ist. Eine Folge $(f_n)_{n \in \mathbb{N}}$ stetiger Funktion auf X konvergiert genau dann gegen f, wenn sie auf jeder kompakten Menge K von X gleichmäßig gegen f konvergiert. Die kompakte Konvergenz, erst recht die gleichmäßige, induziert natürlich die punktweise Konvergenz; die Umkehrung ist falsch, vgl. 9.A5. Der folgende Satz läßt sich mit analogen Schlüssen wie zu Satz 9.7 von Stone-Weierstraß beweisen.

9.11 Satz (M.H. Stone).   *X sei lokalkompakt und abzählbar im Unendlichen, und $C(X)$ trage die Topologie der kompakten Konvergenz. Ist $D \subset C(X)$ ein linearer Unterraum mit den Eigenschaften* (a) - (c) *aus 9.10, so liegt D dicht in $C(X)$.* $\square$

Aufgaben

9.A1 X sei kompakt, und $C(X)$ habe die Topologie der gleichmäßigen Konvergenz. Zeigen Sie:

(a) Jeder endlich-dimensionale Unterraum von $C(X)$ ist abgeschlossen.

(b) Geben Sie einen 1-dimensionalen linearen Unterraum D von $C([0, 1])$ an, der die Bedingungen (b) und (c) von Satz 9.10 und Bedingung (a) von Satz 9.7 erfüllt.

9.A2 Zeigen Sie, dass sich $e^x, \sin x, \log x$ in $\mathbb{R}$ nicht gleichmäßig durch Polynome approximieren lassen.

9.A3 (a) Jede auf einer kompakten Menge $K \subset \mathbb{R}_+$ stetige Funktion lässt sich durch Funktionen der Form $\sum_{n=0}^{k} a_n e^{-nx}$ gleichmäßig approximieren.

(b) Zu stetigem $f \colon \mathbb{R}_+ \to \mathbb{R}$ gibt es eine Folge $(a_i)_{i \in \mathbb{N}}$ reeller Zahlen und eine Folge $(f_i)_{i \in \mathbb{N}}$ von Funktionen der Gestalt $f_i(x) := \sum_{n=0}^{n_i} a_n e^{-nx}$ für $x \in \mathbb{R}_+$, $i \in \mathbb{N}$, die auf jeder kompakten Teilmenge von $\mathbb{R}_+$ gleichmäßig gegen f konvergiert.

9.A4 (Fourier-Entwicklung periodischer Funktionen) Zu jeder stetigen periodischen Funktion $f \colon \mathbb{R} \to \mathbb{R}$ mit der Periode 2π, d.h. $f(x + 2\pi) = f(x)$, $x \in \mathbb{R}$, und zu jedem $\varepsilon > 0$ gibt es ein „trigonometrische Polynom" t_ε, definiert durch

$$t_\varepsilon(x) := \sum_{n=0}^{N} (a_n \cos(nx) + b_n \sin(nx)), \quad a_n, b_n \in \mathbb{R},$$

mit $|f(x) - t_\varepsilon(x)| < \varepsilon$ für jedes $x \in \mathbb{R}$.

Hinweis: Es gilt $(\sin \alpha)(\cos \beta) = \frac{1}{2}(\sin(\alpha + \beta) + \sin(\alpha - \beta))$ u.ä.

9.A5 Sei $f_n \colon [0, 1] \to \mathbb{R}$ definiert durch

$$f_n(x) := \begin{cases} 4n^2x & \text{für } 0 \leq x \leq \frac{1}{2n}, \\ -4n^2x + 4n & \text{für } \frac{1}{2n} \leq x \leq \frac{1}{n}, \\ 0 & \text{für } \frac{1}{n} \leq x \leq 1. \end{cases}$$

Zeigen Sie:

(a) Es ist $(f_n)_{n \in \mathbb{N}^*}$ eine Folge stetiger Funktionen, die punktweise gegen die Nullfunktion f mit $f(x) = 0$, $x \in [0,1]$, konvergiert, d.h. für jedes $x \in [0,1]$ konvergiert $(f_n(x))_{n \in \mathbb{N}^*}$ gegen 0.

(b) Die Folge $(f_n)_{n \in \mathbb{N}^*}$ konvergiert nicht bezüglich der Topologie der gleichmäßigen Konvergenz.

9.A6 Ist X kompakt, trägt $C(X)$ die Topologie der gleichmäßigen Konvergenz und ist $A \subset C(X)$ eine Unteralgebra, so ist auch $\bar{A}$ eine Unteralgebra.

9.A7 Sei X kompakt und $C(X, \mathbb{C})$ die Algebra der stetigen Funktionen $f: X \to \mathbb{C}$ mit der Topologie der gleichmäßigen Konvergenz. Sei D eine Teilmenge von $C(X, \mathbb{C})$ mit folgenden Eigenschaften:

(a) D trennt Punkte aus X.

(b) D enthält eine konstante Funktion $\neq 0$.

(c) Mit $h \in D$ liegt auch die konjugierte komplexe Funktion $\bar{h}$ in D.

Dann ist $A(D)$ dicht in $C(X, \mathbb{C})$.

10 Parakompakte Räume und Metrisationssätze

Diejenigen topologischen Räume, deren Topologien sich durch Metriken definieren lassen, werden durch topologische Eigenschaften gekennzeichnet (vgl. 10.12): Ein topologischer Raum ist genau dann metrisierbar, wenn er regulär ist und eine Basis besitzt, die aus abzählbar vielen lokal-endlichen Systemen besteht. Vorweg wird das Problem behandelt, aus vorgegebenen Mengensystemen lokal-endliche zu gewinnen.

A Parakompakte Räume

10.1 Definition.

(a) Seien $\mathcal{A} = (A_i)_{i \in I}$ und $\mathcal{B} = (B_j)_{j \in J}$ Systeme von Teilmengen einer Menge X. Dann heißt $\mathcal{B}$ *feiner als* $\mathcal{A}$ oder *Verfeinerung von* $\mathcal{A}$, wenn jedes B_j in einem A_i enthalten ist, wenn es also zu jedem $j \in J$ ein $i \in I$ gibt mit $B_j \subset A_i$.

(b) Ein Hausdorff-Raum X heißt *parakompakt*, wenn es zu jeder offenen Überdeckung $\mathcal{U}$ von X eine feinere, lokal-endliche, offene Überdeckung $\mathcal{V}$ gibt. Dabei bedeutet „lokal-endlich", dass es zu jedem $x \in X$ eine Umgebung $U(x)$ gibt, die nur endlich viele Mengen aus $\mathcal{V}$ trifft, s. 7.11.

Der Satz, dass ein kompakter Raum normal ist (vgl. 8.9), läßt sich auf parakompakte Räume übertragen.

10.2 Satz. *Ein parakompakter Raum ist normal und damit auch regulär.*

Beweis. Wir zeigen zunächst folgenden

Hilfssatz. *Sind A und B disjunkte abgeschlossene Mengen in einem parakompakten Raum X und gibt es zu jedem $x \in A$ eine offenen Umgebung $U(x)$ sowie eine offene Umgebung V_x von B mit $U(x) \cap V_x = \emptyset$, so gibt es disjunkte, offene Umgebungen von A und B.*

Beweis. Die offene Überdeckung $\mathcal{U} := \{U(x) \mid x \in A\} \cup \{X \backslash A\}$ hat nach Voraussetzung eine lokal-endliche Verfeinerungsüberdeckung $(T_i)_{i \in I}$. Dann ist $T = \bigcup_{A \cap T_i \neq \emptyset} T_i$ eine offene Umgebung von A. Zu jedem $y \in B$ gibt es eine Umgebung $W(y)$, die höchstens endlich viele Mengen der lokal-endlichen Überdeckung $(T_i)_{i \in I}$ schneidet. Ist T_j eine derartige Menge und gilt außerdem $A \cap T_j \neq \emptyset$, so existiert ein $x_j \in A$ mit $T_j \subset U(x_j)$, da (T_j) eine Verfeinerungsüberdeckung von $\mathcal{U}$ ist. Dann ist

$$J(y) = \{ j \in I \mid T_j \cap W(y) \neq \emptyset \neq T_j \cap A \}$$

endlich, und $\tilde{W}(y) = W(y) \cap \bigcap_{j \in J(y)} V_{x_j}$ ist eine offene Umgebung von y, die T nicht trifft, weil $T_j \cap V_{x_j} = \emptyset$ ist. Also ist $W = \bigcup_{y \in B} \tilde{W}(y)$ eine offene Umgebung von B mit $T \cap W = \emptyset$. $\square$

Nun zurück zum Beweis des Satzes: Es seien C und D disjunkte, abgeschlossene Mengen des parakompakten Raumes X. Weil X Hausdorff'sch ist, gibt es für $B = \{c\}$, $c \in C$, und $A = D$ nach dem Hilfssatz offene, disjunkte Umgebungen der einpunktigen Menge $\{c\}$ und der abgeschlossenen Menge D; der Raum X ist also regulär. Wenden wir nun den Hilfssatz auf $A = C$ und $B = D$ an, ergibt sich die Behauptung. $\square$

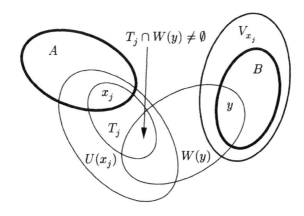

Abb. 10.1

In einem normalen Raum gibt es zu einer *lokal-endlichen* Überdeckung eine untergeordnete Partition der Eins (s. 7.16). In parakompakten Räumen gilt das sogar für *jede* offene Überdeckung:

10.3 Satz. *Zu jeder offenen Überdeckung $\mathcal{U}$ eines parakompakten Raumes X gibt es eine untergeordnete Partition der Eins.*

Beweis. Sei $\mathcal{B} = (B_j)_{j \in J}$ eine lokal-endliche, offene Verfeinerungsüberdeckung zu $\mathcal{U} = (U_i)_{i \in I}$. Zu jedem $j \in J$ wählen wir ein $i \in I$ mit $U_i \supset B_j$ und erhalten eine Abbildung $\Phi \colon J \to I$. Da X nach 10.2 normal ist, gibt es nach 7.16 eine Partition $(g_j)_{j \in J}$ der Eins, welche $\mathcal{B}$ untergeordnet ist. Für $x \in X$ sei

$$f_i(x) := \begin{cases} \sum_{\Phi(j)=i} g_j(x) & \text{falls } \Phi^{-1}(i) \neq \emptyset, \\ 0 & \text{sonst}. \end{cases}$$

f_i ist stetig, da $\mathcal{B}$ lokal-endlich ist. Der Träger von f_i ist die Vereinigung der Träger der g_j, $j \in \Phi^{-1}(i)$, und liegt in U_i. Außerdem gilt für $x \in X$:

$$\sum_{i \in I} f_i(x) = \sum_{i \in I} \sum_{\Phi(j)=i} g_j(x) = \sum_{j \in J} g_j(x) = 1. \qquad \square$$

Im Weiteren zeigen wir u.a., dass ein regulärer Raum mit abzählbarer Basis parakompakt ist. Definition 10.4 und Hilfssatz 10.5 bereiten auf den Beweis vor.

10.4 Definition. Ein System $\mathcal{A}$ von Teilmengen eines topologischen Raumes heißt σ-*lokal-endlich*, wenn $\mathcal{A}$ abzählbare Vereinigung von lokal-endlichen Teilsystemen $\mathcal{A}_i$ ist: $\mathcal{A} = \bigcup_{i=1}^{\infty} \mathcal{A}_i$.

Natürlich ist ein lokal-endliches System σ-lokal-endlich. Ebenfalls ist eine abzählbare Basis $\mathcal{B} = \{B_1, B_2, \ldots\}$ eines topologischen Raumes σ-lokal-endlich: $\mathcal{B} = \cup_{i=1}^{\infty} \mathcal{A}_i$ mit $\mathcal{A}_i = \{B_i\}$.

10.5 Hilfssatz. *Für einen regulären Raum X sind die folgenden Aussagen äquivalent:*

(a) *X ist parakompakt.*

(b) *Jede offene Überdeckung von X besitzt eine σ-lokal-endliche, offene Verfeinerungsüberdeckung.*

(c) *Jede offene Überdeckung hat eine – nicht notwendig offene – lokal-endliche Verfeinerungsüberdeckung.*

(d) *Jede offene Überdeckung hat eine lokal-endliche, abgeschlossene Verfeinerungsüberdeckung.*

Beweis. (a) $\Longrightarrow$ (b) folgt aus der Definition von parakompakt.

(b) $\Longrightarrow$ (c): Sei $\mathcal{U}$ eine offene Überdeckung von X und $\mathcal{S} = \bigcup_{n \in \mathbb{N}} \mathcal{S}_n$ eine offene Verfeinerungsüberdeckung, in der jedes $\mathcal{S}_n$ lokal-endlich ist. Sei $X_n := \bigcup_{S \in \mathcal{S}_n} S$, $Y_m := \bigcup_{n=0}^{m} X_n$ und $\mathcal{A} := (A_n)_{n \in \mathbb{N}}$ mit $A_0 := Y_0$ und $A_n := Y_n \backslash Y_{n-1}$ für $n \geq 1$. *Dann ist $\mathcal{Z} := (A_n \cap S)_{n \in \mathbb{N}, S \in \mathcal{S}_n}$ die gesuchte lokal-endliche Verfeinerungsüberdeckung von $\mathcal{U}$:* Offenbar ist $\mathcal{Z}$ nämlich eine Verfeinerung von $\mathcal{S}$ und somit von $\mathcal{U}$. Da es zu $x \in X$ ein n gibt mit $x \in A_n = Y_n \backslash Y_{n-1} \subset X_n$ und da $\mathcal{S}_n$ das X_n überdeckt, gibt es in $\mathcal{S}_n$ ein S mit $x \in S$, also $x \in A_n \cap S$. Folglich ist $\mathcal{Z}$ eine Überdeckung. Die lokale Endlichkeit bei einem $x \in X$ ergibt sich so: Da $\mathcal{S}_m$ lokal-endlich und Y_n offen ist, gibt es eine Umgebung $V_m \subset Y_n$ von x, die nur endlich viele Mengen aus $\mathcal{S}_m$ trifft. Dann schneidet $V := \bigcap_{m=0}^{n} V_m$ nur endlich viele Mengen aus $\mathcal{Z}$, da $V \cap A_k = \emptyset$ für $k > n$ ist.

(c) $\Longrightarrow$ (d): Sei $\mathcal{U}$ eine offene Überdeckung von X. Für $x \in X$ wählen wir ein $U_x \in \mathcal{U}$ mit $x \in U_x$. Da X regulär ist, gibt es eine offene Menge W_x mit $x \in W_x \subset \overline{W}_x \subset U_x$. Sei $\mathcal{W} = (W_x)_{x \in X}$ und $\mathcal{A}$ eine lokal-endliche Verfeinerungsüberdeckung von $\mathcal{W}$. Dann ist auch $\overline{\mathcal{A}} := (\overline{A})_{A \in \mathcal{A}}$ eine lokal-endliche Überdeckung von X (s. 7.13). Da jedes $A \in \mathcal{A}$ in einem W_x liegt und $W_x \subset \overline{W}_x \subset U_x$ gilt, ist $\overline{\mathcal{A}}$ eine Verfeinerungsüberdeckung von $\mathcal{U}$.

(d) $\Longrightarrow$ (a): Sei $\mathcal{U}$ eine offene Überdeckung von X und $\mathcal{V}$ eine lokal-endliche Verfeinerungsüberdeckung von $\mathcal{U}$. Für $x \in X$ sei W_x eine offene Umgebung von x, die nur endlich viele $V \in \mathcal{V}$ trifft. Sei $\mathcal{A}$ eine lokal-endliche, abgeschlossene Verfeinerungsüberdeckung der offenen Überdeckung $\mathcal{W} := (W_x)_{x \in X}$. Da W_x nur endlich viele $V \in \mathcal{V}$ trifft, schneidet auch jedes $A \in \mathcal{A}$ nur endlich viele $V \in \mathcal{V}$. Weil $\{A \in \mathcal{A} \mid A \cap V = \emptyset\}$ lokal-endlich ist, gilt

$$\overline{\bigcup\{A \in \mathcal{A} \mid A \cap V = \emptyset\}} = \bigcup\{\overline{A} \in \mathcal{A} \mid A \cap V = \emptyset\} = \bigcup\{A \in \mathcal{A} \mid A \cap V = \emptyset\}.$$

Also ist $V' := X \backslash \bigcup\{A \in \mathcal{A} \mid A \cap V = \emptyset\}$ offen und $\mathcal{V}' := (V')_{V \in \mathcal{V}}$ eine offene Überdeckung von X.

Es wird nun gezeigt, dass $\mathcal{V}'$ lokal-endlich ist. Zu $x \in X$ gibt es eine Umgebung $T(x)$, die nur endlich viele Mengen $A_1, \ldots, A_n \in \mathcal{A}$ trifft. Da $\mathcal{A}$ eine Überdeckung ist, gilt $T(x) \subset A_1 \cup \ldots \cup A_n$, und deshalb kann $T(x) \cap V' \neq \emptyset$ nur gelten, wenn $A_k \cap V' \neq \emptyset$ für mindestens ein k mit $1 \leq k \leq n$ ist. Dann ist aber auch $A_k \cap V \neq \emptyset$. Da $\mathcal{A}$ eine Verfeinerung von $\mathcal{W}$ ist, trifft A_k nur endlich viele $V \in \mathcal{V}$. Deshalb gilt $T(x) \cap V' \neq \emptyset$ nur für endlich viele $V' \in \mathcal{V}'$.

Wählen wir zu $V \in \mathcal{V}$ ein $U_V \in \mathcal{U}$ mit $V \subset U_V$, so ist $(U_V \cap V')_{V \in \mathcal{V}}$ die gesuchte lokal-endliche, offene Verfeinerungsüberdeckung von $\mathcal{U}$. Es bleibt nur die Überdeckungseigenschaft nachzuweisen; aber sie folgt unmittelbar aus $V \subset U_V \cap V'$. $\qquad \square$

Aus diesem Hilfssatz und Satz 10.2 ergibt sich

10.6 Satz. *Ein Raum ist genau dann parakompakt, wenn er regulär ist und jede offene Überdeckung eine σ-lokal-endliche, offene Verfeinerungsüberdeckung besitzt.* $\qquad \square$

10.7 Korollar.

(a) *Ein regulärer Raum mit abzählbarer Basis ist parakompakt.*

(b) *Ein regulärer Lindelöf-Raum (vgl. 8.23) ist parakompakt.*

(c) *Die Vereinigung von abzählbar vielen, abgeschlossenen Teilmengen eines parakompakten Raumes ist parakompakt.* $\qquad \square$

B Metrisationssätze

10.8 Definition. Ein topologischer Raum X heißt *metrisierbar*, wenn es auf X eine Metrik gibt, die die Topologie von X induziert.

Die Metrik ist durch die Topologie natürlich nicht eindeutig bestimmt (s. 2.2(h)). Ein metrisierbarer Raum muss Hausdorff'sch sein. Deshalb ist $\mathbb{R}$, versehen mit der cofiniten Topologie, nicht metrisierbar, s. 6.2 (b).

10.9 Satz. *Jeder metrisierbare Raum ist parakompakt.*

Der Beweis folgt aus Hilfssatz 10.5 und

10.10 Satz (M.H. Stone). *Jede offene Überdeckung $\mathcal{V} = (V_i)_{i \in I}$ eines metrisierbaren Raumes X besitzt eine σ-lokal-endliche, offene Verfeinerungsüberdeckung.*

Beweis. Sei d eine Metrik, die die Topologie von X induziert. Die Indexmenge I sei wohlgeordnet. Für $i \in I$ und eine natürliche Zahl n sei

$$(1) \qquad A_{n,i} := \{x \mid x \in V_i,\ d(x, X \backslash V_i) \geq 2^{-n}\}.$$

Da $X \backslash V_i$ abgeschlossen ist, gilt $V_i = \bigcup_{n \in \mathbb{N}} A_{n,i}$. Weiter definieren wir

$$(2) \qquad B_{n,i} := \{x \in A_{n,i} \mid x \notin A_{n+1,j} \text{ für } j < i\},$$
$$(3) \qquad U_{n,i} := \{x \in X \mid d(x, B_{n,i}) < 2^{-n-3}\}.$$

Es ist $U_{n,i}$ offen und $U_{n,i} \subset V_i$; denn für $x \in U_{n,i}$ existiert $y \in B_{n,i}$ mit $d(x,y) \leq 2^{-n-1}$, und aus $y \in A_{n,i}$ folgt

$$d(x, X \backslash V_i) \geq d(y, X \backslash V_i) - d(x,y) \geq 2^{-n-1},$$

also $x \in V_i$.

Für $x \in X$ sei i der kleinste Index mit $x \in V_i$; dann existiert ein n mit $x \in A_{n,i}$, und wegen der Definition von i gilt sogar $x \in B_{n,i}$, also auch $x \in U_{n,i}$. Setzen wir $\mathcal{S}_n := (U_{n,i})_{i \in I}$, so ist also $\mathcal{S} := \bigcup_{n \in \mathbb{N}} \mathcal{S}_n$ eine offene Überdeckung von X.

Um einzusehen, dass jedes $\mathcal{S}_n$ lokal-endlich ist, zeigen wir zunächst, dass $d(B_{n,i}, B_{n,j}) \geq 2^{-n-1}$ für $i \neq j$ gilt: Ist $j < i$, so folgt nach (2) aus $x \in B_{n,i}$ und $y \in B_{n,j}$, dass $x \notin A_{n+1,j}$ und $y \in A_{n,j}$, d.h.

$$d(x, X \backslash V_j) < 2^{-n-1} \quad \text{und} \quad d(y, X \backslash V_j) \geq 2^{-n}.$$

Also ist $d(x,y) \geq 2^{-n-1}$, und wegen $B_{n,j} \subset A_{n,j}$ gilt auch $d(B_{n,i}, B_{n,j}) \geq 2^{-n-1}$.

Aus (3) folgt $d(U_{n,i}, U_{n,j}) \geq 2^{-n-2}$. Die offene Kugel um einen beliebigen Punkt $x \in X$ mit dem Radius 2^{-n-2} kann also höchstens eine Menge aus $\mathcal{S}_n$ treffen.   □

Welche topologischen Räume sind metrisierbar? Eine notwendige Bedingung für die Metrisierbarkeit ist, dass offene Mengen F_σ-Mengen sind, vgl. 7.A1 (a). Unter welchen Bedingungen dieses eintreten kann, zeigt

10.11 Hilfssatz. *Hat der reguläre Raum X eine σ-lokal-endliche Basis, so ist jede offene Menge abzählbare Vereinigung von abgeschlossenen Mengen, also eine F_σ-Menge.*

Beweis. Sei $\mathcal{S} := \bigcup_{n \in \mathbb{N}} \mathcal{S}_n$ eine σ-lokal-endliche Basis mit lokal-endlichen Systemen $\mathcal{S}_n := (S_{n,i})_{i \in I_n}$. Sei O eine nicht-leere, offene Menge. Da X regulär ist, gibt es zu jedem $x \in O$ eine Umgebung V_x von x mit $x \in V_x \subset \overline{V}_x \subset O$. Weil $\mathcal{S}$ eine Basis ist, existiert ein $S_{n(x),i(x)} \in \mathcal{S}$ mit $x \in S_{n(x),i(x)} \subset V_x$. Dann gilt $\overline{S}_{n(x),i(x)} \subset \overline{V}_x \subset O$. Sei $S_k := \bigcup\{S_{n(x),i(x)} \mid n(x) = k, x \in O\}$. Da S_k lokal-endlich ist, folgt $\overline{S}_k = \bigcup\{\overline{S}_{n(x),i(x)} \mid n(x) = k, x \in O\}$ (vgl. 7.13). Deswegen gilt $\bigcup_{k \in \mathbb{N}} \overline{S}_k = O$.   □

10.12 Metrisationssatz (Bing, Nagata, Smirnow). *Ein topologischer Raum X ist genau dann metrisierbar, wenn er regulär ist und eine σ-lokal-endliche Basis besitzt.*

Beweis. $\Longrightarrow$: Sei d eine Metrik auf X, die die Topologie induziert, und sei $\mathcal{V}_n$ die Überdeckung von X durch alle offenen Kugeln vom Radius 2^{-n}. Nach 10.10 gibt es eine lokal-endliche, offene Verfeinerungsüberdeckung $\mathcal{E}_n$. Die Durchmesser der Mengen aus $\mathcal{V}_n$, also auch die Durchmesser der Mengen aus $\mathcal{E}_n$, sind kleiner als 2^{-n+1}. Dann ist $\mathcal{E} := \bigcup_{n=1}^{\infty} \mathcal{E}_n$ eine Basis.

$\Longleftarrow$: Wir zeigen zunächst, dass X parakompakt ist. Sei nämlich $\mathcal{S} := \bigcup_{n=1}^{\infty} \mathcal{S}_n$ eine nach Voraussetzung existierende σ-lokal-endliche Basis mit lokal-endlichen $\mathcal{S}_n := (S_{n,i})_{i \in I_n}$, und sei $\mathcal{U} := (U_i)_{i \in I}$ eine offene Überdeckung. Dann ist das System $\mathcal{V}_n := \{V \in \mathcal{S}_n \mid \exists i\colon V \subset U_i\}$ lokal-endlich, da $\mathcal{V}_n \subset \mathcal{S}_n$ ist. Weil jedes U_i Vereinigung von Mengen aus der Basis $\mathcal{S}$ ist, ergibt $\mathcal{V} = \bigcup_{n=1}^{\infty} \mathcal{V}_n$ eine σ-lokal-endliche, offene Überdeckung, und deshalb ist X parakompakt (s. 10.5).

Konstruktion einer Metrik. Da $S_{n,i}$ nach 10.11 eine F_σ-Menge und somit $X \backslash S_{n,i}$ eine G_δ-Menge ist und da X als parakompakter Raum normal ist, existiert nach 7.5 eine stetige Funktion $\varphi_{n,i}\colon X \to [0,1]$ mit $S_{n,i} = \{x \mid \varphi_{n,i}(x) > 0\}$. Wegen der lokalen Endlichkeit von $\mathcal{S}_n$ ist $\sum_{j \in I_n} \varphi_{n,j}(x)$ definiert und stetig und damit auch

$$\psi_{n,i}(x) := 2^{-n} \frac{\varphi_{n,i}(x)}{1 + \sum_{j \in I_n} \varphi_{n,j}(x)}.$$

Es gilt

$$0 \leq \psi_{n,i}(x) < 2^{-n}, \quad S_{n,i} = \{x \mid \psi_{n,i}(x) > 0\}, \quad 0 \leq \sum_{i \in I_n} \psi_{n,i}(x) < 2^{-n}.$$

Wir setzen $d(x,y) := \sum_{n=1}^{\infty} \left(\sum_{i \in I_n} |\psi_{n,i}(x) - \psi_{n,i}(y)| \right)$.

d ist eine Metrik. Ist nämlich $x \neq y$, so existiert ein $S_{n,i}$ mit $x \in S_{n,i}$ und $y \notin S_{n,i}$, d.h. $\psi_{n,i}(x) > 0$ und $\psi_{n,i}(y) = 0$. Also ist $d(x,y) \neq 0$. Ferner gilt $d(x,y) = 0$ dann und nur dann, wenn $x = y$ ist. Symmetrie und Dreiecksungleichung sind trivial.

Es bleibt zu zeigen, dass die Metrik d die Ausgangstopologie induziert. *Die durch d induzierte Topologie ist gröber als die Ausgangstopologie;* denn für festes x ist $d(x,y)$ als gleichmäßig konvergente Reihe stetiger Funktionen stetig in y bzgl. der gegebenen Topologie von X.

Sei umgekehrt U eine Umgebung von $x \in X$; dann existiert ein Paar (n,i) mit $x \in S_{n,i} \subset U$. Sei $\delta := \psi_{n,i}(x)$. Gilt $d(x,y) < \delta$, so auch $|\psi_{n,i}(x) - \psi_{n,i}(y)| < \delta = \psi_{n,i}(x)$. Daraus folgt $\psi_{n,i}(y) > 0$, d.h. $y \in S_{n,i} \subset U$. Somit ist die offene Kugel mit Radius δ um x in U enthalten; also ist *die Ausgangstopologie in X gröber als die durch die Metrik induzierte.* □

Da ein lokal-endliches Mengensystem eines kompakten Raumes höchstens endlich viele Mengen enthält, ergibt sich als Korollar

10.13 Zweiter Metrisationssatz (Urysohn). *Ein kompakter Hausdorff-Raum ist genau dann metrisierbar, wenn er eine abzählbare Basis besitzt.* □

Ebenfalls folgt aus dem Metrisationssatz 10.12

10.14 Korollar. *Das Produkt $\prod_{i \in I} X_i$ von mindestens zweipunktigen metrischen Räumen X_i ist genau dann metrisierbar, wenn die Indexmenge I höchstens abzählbar ist.* □

10.15 Satz. *Für einen lokalkompakten Raum X sind folgende Aussagen äquivalent:*

(a) *X besitzt eine abzählbare Basis.*

(b) *Die Einpunktkompaktifizierung $X' := X \cup \{\infty\}$ von X ist metrisierbar.*

(c) *X ist metrisierbar und abzählbar im Unendlichen.*

Beweis. (a) $\Longrightarrow$ (b): Besitzt der lokalkompakte Raum X eine abzählbare Basis, so bilden die Basiselemente mit kompaktem Abschluss auch eine Basis. Deshalb ist X abzählbare Vereinigung kompakter Mengen, d.h. abzählbar im Unendlichen. Der Punkt $\infty \in X'$ hat also eine abzählbare Umgebungsbasis (s. 8.19 (a)). Dann besitzt auch der kompakte Raum X' eine abzählbare Basis und ist nach 10.13 metrisierbar.

(b) $\Longrightarrow$ (c): Ist X' metrisierbar, dann besitzt ∞ eine abzählbare Umgebungsbasis. Damit ist X nach 8.19 (a) abzählbar im Unendlichen.

(c) $\Longrightarrow$ (a): Nach 8.19 (b) gibt es eine aufsteigende Folge offener Mengen $(V_n)_{n\in\mathbb{N}}$ mit $\bigcup_{n\in\mathbb{N}} V_n = X$, $\bar{V}_n$ kompakt und $\bar{V}_n \subset V_{n+1}$ für $n \in \mathbb{N}$. Der Unterraum $\bar{V}_n$ ist kompakt und metrisierbar, besitzt also nach dem Zweiten Metrisationssatz 10.13 eine abzählbare Basis $(U_{nm})_{m\in\mathbb{N}}$. Dann ist $(U_{nm} \cap V_n)_{m\in\mathbb{N}}$ eine Basis für den offenen Unterraum V_n von X, und deshalb bildet $(U_{nm} \cap V_n)_{n,m\in\mathbb{N}}$ eine Basis der Topologie von X. $\qquad\square$

Der Vollständigkeit halber sei noch der Erste Metrisationssatz von Urysohn angegeben, der Aussagen über die Metrisierbarkeit topologischer Räume macht, die das 2. Abzählbarkeitsaxiom erfüllen.

10.16 Erster Metrisationssatz (Urysohn). *Folgende Aussagen sind äquivalent:*

(a) *X ist regulär und besitzt eine abzählbare Basis.*

(b) *X besitzt eine abzählbare, dichte Teilmenge und ist metrisierbar.*

(c) *X kann in $[0,1]^{\mathbb{N}}$ eingebettet werden.* $\qquad\square$

Aufgaben

10.A1 X sei parakompakt. Zeigen Sie:

(a) Jede abgeschlossene Teilmenge von X ist parakompakt.

(b) Die Vereinigung abzählbar vieler abgeschlossener Teilmengen von X ist parakompakt (s. 10.7 (c)).

10.A2 Das Produkt eines parakompakten und eines kompakten Raumes ist parakompakt.

10.A3 Der Ordinalzahlraum Ω_0 aus 5.3 ist nicht parakompakt.

10.A4 Ist jeder offene Unterraum eines parakompakten Raumes X parakompakt, so ist jeder Unterraum parakompakt.

10.A5 $\mathbb{R}$ trage die Topologie $\mathcal{O}$ mit der Basis der Intervalle der Form $[a,b[$ mit $a,b \in \mathbb{R}$. Zeigen Sie, dass $\mathbb{R}$ in dieser Topologie parakompakt, jedoch nicht metrisierbar ist.

10.A6 Das Produkt $\prod_{i\in I} X_i$ von mindestens zweipunktigen metrischen Räumen ist genau dann metrisierbar, wenn die Indexmenge I höchstens abzählbar ist (s. 10.14).

10.A7 Welcher der folgenden Räume ist metrisierbar?

(a) $C(\mathbb{R})$, versehen mit der Topologie der punktweisen Konvergenz (vgl. 5.2 (b)),

(b) der Ordinalzahlraum Ω aus 5.3.

11 Uniforme Räume

In metrischen Räumen ist es möglich, Umgebungen an verschiedenen Punkten miteinander zu vergleichen und z.B. die in der Analysis wichtigen Begriffe der *gleichmäßigen* Konvergenz und Stetigkeit einzuführen, was mit topologischen Begriffen allein nicht möglich ist. Werden statt Metriken „uniforme Strukturen" und die von ihnen induzierten Topologien betrachtet, so lassen sich die gleichmäßigkeitsbegriffe übertragen und auch - im Gegensatz zu metrischen Räumen - für überabzählbare Produkte uniformer Räume definieren.

A Uniforme Räume

Für einen metrischen Raum (X, d) ist $U_\varepsilon = \{(x, y) \in X \times X \mid d(x, y) < \varepsilon\}$ eine offene Umgebung der *Diagonalen* $\Delta = \{(x, x) \mid x \in X\}$. Für einen festen Punkt $\xi \in X$ ist dann $\{x \in X \mid (\xi, x) \in U_\varepsilon\}$ die ε-Umgebung von ξ. Das System $\mathcal{B} = \{U_\varepsilon \mid \varepsilon > 0\}$ hat die folgenden Eigenschaften:

— Endliche Durchschnitte der Mengen aus $\mathcal{B}$ gehören wieder zu $\mathcal{B}$.

— Die Diagonale Δ ist in jeder Menge aus $\mathcal{B}$ enthalten; das entspricht der *Reflexivität* der Metrik.

— Ein an der Diagonale gespiegeltes Element von $\mathcal{B}$ gehört ebenfalls zu $\mathcal{B}$; das spiegelt die *Symmetrie* der Metrik wieder.

— Zu jedem U_ε gibt es ein V_δ mit $(x, y) \in U_\varepsilon$ für $(x, z), (z, y) \in V_\delta$; das folgt aus der *Dreiecksungleichung* und der Möglichkeit, „Umgebungen zu halbieren", wichtig z.B. beim Nachweis der gleichmäßigen Stetigkeit.

Diese Eigenschaften der Metrik bilden den Hintergrund der Definition einer uniformen Struktur. Zunächst führen wir einige Mengenoperationen ein, um das Rechnen mit Abständen zu ersetzen:

11.1 Definition. Für Teilmengen $A, B \subset X \times X$ sei

$$A^{-1} := \{(x, y) \in X \times X \mid (y, x) \in A\},$$
$$BA := \{(x, y) \in X \times X \mid \exists z \in X\colon (x, z) \in A,\ (z, y) \in B\},$$
$$A^2 := AA \text{ u.ä.}$$

Eine Menge heißt *symmetrisch*, wenn $A^{-1} = A$.

Es gilt offenbar: $(AB)^{-1} = B^{-1}A^{-1}$ und $(AB)C = A(BC)$; aus $A \subset B$ folgt $A^{-1} \subset B^{-1}$ und $AC \subset BC$ für beliebiges C. Ist A symmetrisch, so auch A^n für alle $n \in \mathbb{N}^*$. Enthält $A \subset X \times X$ die Diagonale Δ, so gilt $A \subset A^n$, $n \geq 1$.

11.2 Definition. Gegeben ist eine Menge X. Ein nicht-leeres System $\mathcal{U}$ von Teilmengen von $X \times X$ heisst *uniforme Struktur* oder *Nachbarschaftsfilter auf X*, wenn gilt:

(a) Ist $A \subset X \times X$, $A \supset U$ und $U \in \mathcal{U}$, so folgt $A \in \mathcal{U}$;

(b) $U_1, \ldots, U_k \in \mathcal{U} \implies \bigcap_{i=1}^{k} U_i \in \mathcal{U}$;

(c) $U \in \mathcal{U} \implies U \supset \Delta = \{(x,x) \mid x \in X\}$;

(d) $U \in \mathcal{U} \implies U^{-1} \in \mathcal{U}$;

(e) $U \in \mathcal{U} \implies \exists V \in \mathcal{U}: V^2 \subset U$.

Wie wir gleich zeigen werden, können (d) und (e) ersetzt werden durch

(d') $\forall\, U \in \mathcal{U}\ \exists V \in \mathcal{U}$ mit $V = V^{-1}$ und $V^2 \subset U$.

Die Mengen aus $\mathcal{U}$ heissen *Nachbarschaften* der uniformen Struktur. Versehen mit der uniformen Struktur $\mathcal{U}$ heißt X *uniformer Raum*; wir bezeichnen ihn mit $(X,\mathcal{U})$ oder nur mit X, falls klar ist, welche uniforme Struktur vorliegt. Ist $(x,y) \in U \in \mathcal{U}$, so heißen x und y *von der Ordnung U benachbart*. Die Eigenschaften (c), (d), (e) entsprechen der Reflexivität, Symmetrie und Dreiecksungleichung einer Metrik.

Beweis der Äquivalenz von (d) *und* (e) *mit* (d'). Es gelte (d) und (e): Zu $U \in \mathcal{U}$ sei $V \in \mathcal{U}$ gewählt mit $V^2 \subset U$. Wegen (d) und (b) ist $V \cap V^{-1} \in \mathcal{U}$, $V \cap V^{-1}$ symmetrisch und $(V \cap V^{-1})^2 \subset V^2 \subset U$.

Es gelte (d'): Zu $U \in \mathcal{U}$ sei $V = V^{-1} \in \mathcal{U}$ gewählt mit $V^2 \subset U$. Dann gilt

$$V^2 = (V^2)^{-1} \subset U^{-1} \implies U^{-1} \in \mathcal{U}. \qquad \square$$

Die *global* erklärten Nachbarschaftsfilter in uniformen Räumen haben ähnliche Eigenschaften wie die *lokal* erklärten Umgebungssysteme in topologischen Räumen, vgl. 2.8.

Ein Teilsystem $\mathcal{B}$ eines Nachbarschaftsfilters $\mathcal{U}$ heißt *Fundamentalsystem von Nachbarschaften*, wenn jede Nachbarschaft aus $\mathcal{U}$ eine Menge aus $\mathcal{B}$ enthält.

11.3 Satz. *Ist $\mathcal{B}$ ein Fundamentalsystem für den Nachbarschaftsfilter $\mathcal{U}$, so sind $\mathcal{B}' := \{A \cap A^{-1} \mid A \in \mathcal{B}\}$ und $\mathcal{B}_n := \{A^n \mid A \in \mathcal{B}\}$ für $n \neq 0$ ebenfalls Fundamentalsysteme.*

Beweis für $\mathcal{B}_n, n \in \mathbb{N}^*$. Zu $k \in \mathbb{N}^*$, $2^k > n$ und $U \in \mathcal{U}$ wählen wir $A_1, \ldots, A_k \in \mathcal{B}$, sodass $A_1^2 \subset U$, $A_{i+1}^2 \subset A_i$, $i = 1, \ldots, k-1$. Dann gilt $A_k^{2^k} \subset U$. Aus

$$A_k^m = A_k A_k^{m-1} \subset A_k^2 A_k^{m-1} = A_k^{m+1}, \quad m \in \mathbb{N}^*,$$

folgt $A_k^n \subset A_k^{2^k} \subset U$. $\qquad\qquad\qquad\qquad\qquad\qquad\qquad\qquad\qquad\square$

Der folgende Satz gibt charakterisierende Eigenschaften von Fundamentalsystemen an, ähnlich denen von Umgebungsbasen.

11.4 Satz. *Sei $\mathcal{B}$ ein System von Teilmengen von $X \times X$ mit den folgenden Eigenschaften:*

(b) $U_1, \ldots, U_k \in \mathcal{B} \implies \exists\, U \in \mathcal{B}: U \subset \bigcap_{i=1}^k U_i;$

(c) $\forall U \in \mathcal{B}$ *gilt* $\Delta \subset U;$

(d) $\forall U \in \mathcal{B}\ \exists U' \in \mathcal{B}: U' \subset U^{-1};$

(e) $\forall U \in \mathcal{B}\ \exists V \in \mathcal{B}: V^2 \subset U.$

Dann ist $\mathcal{V} := \{V \subset X \times X \mid \exists\, U \in \mathcal{B}: U \subset V\}$ *ein Nachbarschaftsfilter mit $\mathcal{B}$ als Fundamentalsystem.* $\qquad\qquad\qquad\square$

Wie bei einem metrischen Raum läßt sich für einen uniformen Raum $(X, \mathcal{U})$ eine Topologie durch ein Umgebungssystem definieren:

$(*)\qquad (\mathcal{U}(x))_{x \in X} := (\{V(x) \mid V \in \mathcal{U}\})_{x \in X}, \quad V(x) := \{y \in X \mid (x, y) \in V\}$

hat die charakteristischen Eigenschaften eines Umgebungssystems, vgl. 2.8, nämlich, wenn wir $V(x)$ mit „Umgebung" bezeichnen, folgt

— aus 11.2 (a): eine Menge, die eine Umgebung von x enthält, ist Umgebung von x;

— aus 11.2 (b): der Durchschnitt endlich vieler Umgebungen von x ist wieder eine Umgebung von x;

— aus 11.2 (c): jede Umgebung von x enthält x;

— aus 11.2 (d'): zu einer Umgebung $V(x)$ von x, gegeben durch $V \in \mathcal{U}$, nehmen wir ein symmetrisches $W \in \mathcal{U}$ mit $W^2 \subset V$ und erhalten $W(y) \subset V(x)$ für alle $y \in W(x)$; denn

$$y \in W(x),\ z \in W(y) \implies (x, y), (y, z) \in W \implies (x, z) \in W^2 \subset V$$
$$\implies z \in V(x).$$

Nach 2.9 wird durch diese vier Eigenschaften auf X eindeutig eine Topologie erklärt; es gilt also:

11.5 Satz. *Eine uniforme Struktur induziert auf dem zugrundeliegenden Raum gemäß $(*)$ eindeutig eine Topologie.* $\qquad\qquad\qquad\qquad\square$

Im Folgenden fassen wir jeden uniformen Raum auch als topologischen Raum auf, natürlich versehen mit der induzierten Topologie.

11.6 Beispiele.

(a) Ist (X, d) ein metrischer Raum und $U_\varepsilon := \{(x, y) \in X \times X \mid d(x, y) < \varepsilon\}$, so erfüllen $\mathcal{B} = \{U_\varepsilon \mid \varepsilon > 0\}$ und $\mathcal{B}^* = \{U_{1/n} \mid n \in \mathbb{N}^*\}$ die Bedingungen 11.4 (a)-(d). Sie definieren dieselbe uniforme Struktur auf X, die sogenannte *uniforme Struktur des metrischen Raumes* (X, d) bzw. *die von d induzierte uniforme Struktur*. Lässt sich eine uniforme Struktur $\mathcal{U}$ auf X von einer Metrik induzieren, so heißt $(X, \mathcal{U})$ *metrisierbar*.

(b) Sei p eine Primzahl und $\mathcal{Z} := \mathbb{Z}$. Für $n > 0$ sei

$$U_n := \{(x, y) \in \mathbb{Z} \times \mathbb{Z} \mid x - y \equiv 0 \mod p^n\},$$

d.h. p^n teilt $x - y$. Dann ist $\mathcal{B} := \{U_n \mid n \in \mathbb{N}^*\}$ Fundamentalsystem einer uniformen Struktur auf $\mathbb{Z}$, die *p-adisch* genannt wird. Sie wird durch die p-adische Metrik induziert, vgl. 1.2 (e).

Die formalen Summen $\pm \sum_{h=0}^{\infty} x_k p^k$, $x_k \in \mathbb{Z}$, $0 \le x_h < p$, bilden den Raum $\mathcal{K}_p$, der $\mathcal{Z}$ enthält; die Topologie wird durch die p-adische Metrik definiert, vgl. 1.A15. Die $\{\tilde{U}_n \mid n \in \mathbb{N}\}$ mit „$(x, y) \in \tilde{U}_n :\iff x - y \in V_n$"bilden ein Fundamentalsystem von Nachbarschaften auf $\mathcal{K}_p$.

(c) Triviale uniforme Strukturen auf X sind die *indiskrete uniforme Struktur*, in der $X \times X$ die einzige Nachbarschaft ist, und die *diskrete uniforme Struktur*, in der jede die Diagonale enthaltende Menge eine Nachbarschaft ist.

(d) Sei X ein Menge, Y ein uniformer Raum und $F(X, Y)$ die Menge der Abbildungen von X nach Y. Durchläuft V die Nachbarschaften von Y oder die eines Fundamentalsystemes, so ergeben die

$$W(X, V) := \big\{(f, g) \mid f, g \in F(X, Y), (f(x), g(x)) \in V \; \forall x \in X\big\}$$

ein Fundamentalsystem von Nachbarschaften auf $F(X, Y)$. Stammt die uniforme Struktur auf Y von einer Metrik her, so bilden die U_ε, $\varepsilon > 0$, nach (a) ein Fundamentalsystem des Nachbarschaftsfilters, und die uniforme Struktur auf $F(X, Y)$ rührt von der Metrik $d_*(f, g) := \sup\{d(f(x), g(x)) \mid x \in X\}$ her.

(e) Sei X eine Menge und $P = (A_1, \dots, A_n)$ eine endliche Partition, d.h. $X = \bigcup_{i=1}^n A_i$, $A_i \cap A_j = \emptyset$ für $i \ne j$. Dann sei

$$V_P = \{(x, y) \in X \times X \mid \exists i : x, y \in A_i\} \subset X \times X.$$

Variiert P über alle endliche Partitionen von X, so definieren die V_P die *uniforme Struktur der endlichen Partitionen auf* X. Falls X unendlich ist, ist sie von der diskreten uniformen Struktur auf X verschieden, induziert aber ebenfalls die diskrete Topologie. *Ein topologischer Raum kann also verschiedene uniforme Strukturen tragen.* (Vgl. 11.A8.)

(f) Sei G eine topologische Gruppe (s. 3.38 und 16 B) und $\mathcal{V}$ eine Basis des Umgebungssystems der Eins. Wir setzen $U_V := \{(x,y) \mid xy^{-1} \in V\}$. Dann erfüllt $\mathcal{B} := \{U_V \mid V \in \mathcal{V}\}$ die Bedingungen von 11.4 und bestimmt damit eine uniforme Struktur. Natürlich erfüllen auch die Mengen $W_V := \{(x,y) \mid x^{-1}y \in V\}$ die Bedingungen von 11.4; die beiden uniformen Strukturen sind jedoch im Allgemeinen verschieden (vgl. 11.A3 und 16.A3).

11.7 Satz. *Aus einem Fundamentalsystem von Nachbarschaften eines uniformen Raumes X entsteht wieder ein Fundamentalsystem von X, wenn jede Nachbarschaft durch ihr Inneres bzw. ihren Abschluss in $X \times X$ ersetzt wird.*

Beweis. Zu einer beliebigen Nachbarschaft V von X gibt es nach 11.3 eine symmetrische Nachbarschaft W mit $W^3 \subset V$. Ist $(x,y) \in W$, so gilt für die Umgebung $W(x) \times W(y)$ von (x,y):

$$W(x) \times W(y) = \{(z,z') \in X \times X \mid (x,z),(y,z') \in W\} \subset W^3 \subset V.$$

Also ist W^3 eine Umgebung von W; das Innere von V enthält deshalb W und ist somit eine Nachbarschaft.

Nun weisen wir $\overline{W} \subset V$ nach: Für $(x,y) \in \overline{W}$ wird W von der Umgebung $W(x) \times W(y)$ von (x,y) geschnitten; es gibt also ein

$$(z,z') \in W \cap \big(W(x) \times W(y)\big).$$

Dann liegen (x,z) und (y,z') in W; nun ist $(x,z') \in W^2$ und $(z',y) \in W^{-1} = W$ und somit $(x,y) \in W^3 \subset V$. Deshalb gilt $W \subset \overline{W} \subset W^3 \subset V$. $\qquad\square$

11.8 Definition. Ist A eine Teilmenge des uniformen Raumes X und V eine Nachbarschaft, so heißt die Umgebung $V(A) := \bigcup_{x \in A} V(x)$ *gleichmäßige Umgebung von A.*

Nicht jede Umgebung enthält eine gleichmäßige, z.B. ist die obere Halbebene eine offene Umgebung des Hyperbelastes $\{(x,y) \in \mathbb{R}^2 \mid xy = 1, x > 0\}$, die keine gleichmäßige Umgebung enthält.

11.9 Satz. *Sei X ein uniformer Raum und $A \subset X$. Die abgeschlossene Hülle $\bar{A}$ von A in der Topologie des uniformen Raumes ist gleich dem Durchschnitt der gleichmäßigen Umgebungen von A.*

Beweis. Es gilt $y \in V(x) \Longleftrightarrow x \in V^{-1}(y)$ und damit:

$$x \in \bar{A} \Longleftrightarrow \forall V \in \mathcal{U}: V(x) \cap A \neq \emptyset \Longleftrightarrow \forall V \in \mathcal{U} : x \in V^{-1}(A). \qquad\square$$

Satz 11.9 entspricht dem Satz, dass in einem metrischen Raum der Abschluss einer Menge der Durchschnitt der $1/n$-Umgebungen, also eine G_δ-Menge ist, vgl. 7.A1.

11.10 Definition und Satz. *Ein uniformer Raum heißt* Hausdorff'sch *oder* separiert, kompakt, lokalkompakt *o.ä., wenn der induzierte topologische Raum Hausdorff'sch, kompakt, lokalkompakt o.ä. ist.*

(a) *Ein uniformer Raum X ist ein T_3-Raum.*

(b) *Ein uniformer Raum X ist genau dann Hausdorff'sch, wenn der Durchschnitt aller Nachbarschaften die Diagonale Δ ist.*

(c) *Ein Hausdorff'scher uniformer Raum ist regulär.*

Beweis. (a) Die Nachbarschaften der Form V^2, $V \in \mathcal{U}$, bilden nach 11.3 ein Fundamentalsystem von Nachbarschaften von X. Zu $U \in \mathcal{U}$ nehmen wir eine Nachbarschaft V mit $V \subset V^2 \subset U$:

$$\overline{V(x)} \subset V(V(x)) = V^2(x) \subset U(x) \quad \forall x \in X.$$

Nach 6.6 gilt T_3.

(b) Ist X Hausdorff'sch, so gibt es zu $x, y \in X, x \neq y$, Nachbarschaften $V_1, V_2 \in \mathcal{U}$ mit $V_1(x) \cap V_2(y) = \emptyset$. Dann ist $V := V_1 \cap V_2 \in \mathcal{U}$ und $V(x) \cap V(y) = \emptyset$; insbesondere liegen (x, y) und (y, x) nicht in V. Daher ist $\Delta = \bigcap_{V \in \mathcal{U}} V$.

Ist $\Delta = \bigcap_{V \in U} V$, so gibt es zu $x, y \in X, x \neq y$, eine Nachbarschaft V mit $(x, y) \notin V$. Nach 11.2 (d') gibt es eine Nachbarschaft $W = W^{-1}$ mit $W^2 \subset V$. Es ist $W(x) \cap W(y) = \emptyset$; denn andernfalls gibt es ein z mit $(x, z) \in W$ und $(z, y) \in W^{-1} = W$, also den Widerspruch $(x, y) \in W^2 \subset V$. $\qquad \square$

11.11 Satz. *Sei X ein uniformer Raum, K eine kompakte und A eine abgeschlossene Teilmenge von X. Dann gilt:*

(a) *Jede Umgebung von K enthält eine gleichmäßige Umgebung.*

(b) *Ist $K \cap A = \emptyset$, so besitzen A und K disjunkte, gleichmäßige Umgebungen.*

Beweis. (a) Ist U eine Umgebung von K in X, so gibt es zu jedem Punkt $x \in K$ eine Nachbarschaft V_x, sodass $V_x(x) \subset U$. Sei $W_x \in \mathcal{U}$ so gewählt, dass $W_x^2 \subset V_x$. Dann ist $\big(\mathring{W}_x(x)\big)_{x \in K}$ eine offene Überdeckung von K. Es gibt also eine endliche Teilmenge $L \subset K$ mit $K \subset \bigcup_{x \in L} \mathring{W}_x(x)$. Sei $W := \bigcap_{x \in L} W_x \in \mathcal{U}$. Die gleichmäßige Umgebung $W(K)$ ist in U enthalten: Zu $y \in W(K)$ existiert nämlich ein $x \in K$ mit $(x, y) \in W$, ferner ein $z \in L$ mit $x \in W_z(z)$, also $(z, y) \in W \cdot W_z \subset W_z^2 \subset V_z$, d.h. $y \in V_z(z) \subset U$.

(b) Für die Umgebung $X \backslash A$ von K sei $W \in \mathcal{U}$ nach (a) so gewählt, dass $W(K) \subset X \backslash A$. Für ein symmetrisches V mit $V^2 \subset W$ gilt $V(K) \cap V(A) = \emptyset$. $\qquad \square$

B Gleichmäßig stetige Abbildungen

Der für metrische Räume bekannte Begriff der gleichmäßigen Stetigkeit, s. 1.15, lässt sich unmittelbar auf uniforme Räume übertragen.

11.12 Definition. Eine Abbildung $f\colon X \to Y$ des uniformen Raumes X in den uniformen Raum Y heißt *gleichmäßig stetig*, wenn es zu jeder Nachbarschaft W von Y eine Nachbarschaft V von X gibt, sodass $(f \times f)(V) \subset W$ gilt, d.h. für $(x, y) \in V$ ist $(f(x), f(y)) \in W$. Also ist f *genau dann gleichmäßig stetig, wenn das Urbild einer jeden Nachbarschaft von Y eine Nachbarschaft von X ist.*

Bemerkungen. Jede gleichmäßig stetige Abbildung $f\colon X \to Y$ ist stetig bezüglich der induzierten Topologien. Zum Nachweis der gleichmäßigen Stetigkeit kann man sich offenbar auf Fundamentalsysteme beschränken.

11.13 Beispiele.

(a) Die Abbildung $f\colon \mathbb{R} \to \mathbb{R}$, definiert durch $f(x) := \cos x$, ist gleichmäßig stetig. Weitere Beispiele von Abbildungen zwischen Räumen mit uniformen Strukturen, die durch Metriken induziert werden, befinden sich in 1.16.

(b) Sind X, Y, Z uniforme Räume und $f\colon X \to Y$ sowie $g\colon Y \to Z$ gleichmäßig stetig, so ist auch $g \circ f\colon X \to Z$ gleichmäßig stetig.

(c) Die Funktion $f\colon \mathbb{R} \to \mathbb{R}$, definiert durch $f(x) := \sum_{n=0}^{k} a_n x^n, a_n \in \mathbb{R}$, $a_k \neq 0, k > 1$, ist nicht gleichmäßig stetig. Hieraus folgt insbesondere, dass die gleichmäßig stetigen Abbildungen $g\colon (X, \mathcal{U}) \to \mathbb{R}$ im Allgemeinen keine Algebra bilden (vgl. 9.4).

Eine stetige Funktion $f\colon [a, b] \to \mathbb{R}, a \leq b$, ist bekanntlich gleichmäßig stetig. Analog hierzu gilt:

11.14 Satz. *Ist X ein kompakter uniformer Raum, Y ein uniformer Raum und $f\colon X \to Y$ stetig, so ist f gleichmäßig stetig.*

Beweis. Es seien $\mathcal{U}_X$ bzw. $\mathcal{U}_Y$ die Nachbarschaftsfilter auf X bzw. Y. Zu gegebenem $W \in \mathcal{U}_Y$ wählen wir ein symmetrisches $V \in \mathcal{U}_Y$ mit $V^2 \subset W$. Da f stetig ist, gibt es zu jedem $x \in X$ ein $V_x \in \mathcal{U}_X$ mit $f(V_x(x)) \subset V(f(x))$. Wir nehmen symmetrische Nachbarschaften $U_x \in \mathcal{U}_X$ mit $U_x^2 \subset V_x$. Für die offene Überdeckung $(U_x(x))_{x \in X}$ gilt dann:

$$f(U_x(x)) \subset f(U_x^2(x)) \subset f(V_x(x)) \subset V(f(x)).$$

Da X kompakt ist, gibt es zu der Überdeckung $(U_x(x))_{x \in X}$ eine endliche Teilüberdeckung $(U_x(x))_{x \in L}$, L endliche Teilmenge von X. Deswegen gehört $U := \bigcap_{z \in L} U_z$ zu $\mathcal{U}_X$. Wir zeigen nun $(f \times f)(U) \subset W$: Zu $(x, y) \in U$ gibt es ein $z \in L$ mit $(z,x) \in U_z$, also $(f(z),f(x)) \in V$. Dann gilt $(z,y) \in U \cdot U_z \subset U_z^2$, also $(f(z),f(y)) \in V$ und somit $(f(x),f(y)) \in V \cdot V^{-1} = V^2 \subset W$.   □

11.15 Definition. Zwei uniforme Räume X und Y heißen *isomorph*, wenn es eine bijektive Abbildung f von X auf Y gibt, sodass f und f^{-1} gleichmäßig stetig sind. Die uniformen Strukturen von X und Y heißen dann ebenfalls isomorph.

Zwei uniforme Räume X und Y sind offenbar genau dann isomorph, wenn es eine bijektive Abbildung f von X auf Y gibt, sodass $f \times f$ die Nachbarschaften von X auf die von Y abbildet. Dann ergibt $f \colon X \to Y$ einen Homöomorphismus für die induzierten Topologien. Umgekehrt braucht aber ein Homöomorphismus in den induzierten Topologien keineswegs ein Isomorphismus der uniformen Strukturen zu sein, wie folgendes Beispiel zeigt: Sei $f \colon \mathbb{R}^* \to \mathbb{R}^*$ definiert durch $f(x) := x^{-1}$, und es sei $\mathbb{R}^*$ versehen mit der von der euklidischen Metrik induzierten uniformen Struktur. Offenbar ist f ein Homöomorphismus; es gibt jedoch keine Nachbarschaft, deren Bild unter $f \times f$ in $U_\varepsilon = \{(x,y) \mid |x - y| < \varepsilon\}$ liegt.

C Konstruktion uniformer Räume

Analog wie bei topologischen Räumen lassen sich auch uniforme Räume aus anderen uniformen Räumen konstruieren. Wir beginnen diesmal mit den allgemeinen Konstruktionen und behandeln danach die wichtigsten speziellen Fälle — im Gegensatz zum Aufbau in Kapitel 3. Wie im topologischen Falle ist es geschickt, eine Ordnung zwischen uniformen Strukturen auf derselben Menge einzuführen.

11.16 Definition. Sind $\mathcal{U}_1$ und $\mathcal{U}_2$ uniforme Strukturen auf einer Menge X, so heißt $\mathcal{U}_1$ *feiner* als $\mathcal{U}_2$ bzw. $\mathcal{U}_2$ *gröber* als $\mathcal{U}_1$, wenn jede Nachbarschaft von $\mathcal{U}_2$ auch eine Nachbarschaft von $\mathcal{U}_1$ ist.

11.17 Satz.
(a) *Die uniforme Struktur $\mathcal{U}_1$ ist genau dann feiner als $\mathcal{U}_2$, wenn die identische Abbildung von X eine gleichmäßig stetige Abbildung von $(X,\mathcal{U}_1)$ nach $(X,\mathcal{U}_2)$ ist.*

(b) *Ist $\mathcal{U}_1$ feiner als $\mathcal{U}_2$, so ist die zu $\mathcal{U}_1$ gehörige Topologie auf X feiner als die zu $\mathcal{U}_2$ gehörige.*

(c) *Die uniformen Strukturen auf einer Menge X bilden einen vollständigen Verband bezüglich „$\subset$ ", d.h. zu jedem Teilsystem gibt es ein Supremum und ein Infimum. Die feinste bzw. gröbste uniforme Struktur auf einer Menge gehört zu der diskreten bzw. indiskreten Topologie.*

Beweis für (c). Für eine Familie $(\mathcal{U}_i)_{i \in I}$ von uniformen Strukturen auf X ergibt die durch das Fundamentalsystem

$$\mathcal{B} := \{ \bigcap_{k \in E} U_k \mid E \quad \text{endliche Teilmenge von } I, U_k \in \mathcal{U}_k \}$$

definierte uniforme Struktur das Supremum und die uniforme Struktur

$$\mathcal{U} = \{ V \subset X \times X \mid \exists (V_k)_{k \in \mathbb{N}} \colon V_0 \subset V, \; V_{k+1}^2 \subset V_k, \; V_k \in \mathcal{U}_i \quad \forall k \in \mathbb{N}, \forall i \in I \}$$

das Infimum. □

11.18 Satz. *Sei X eine Menge, $(Y_i)_{i \in I}$ eine Familie uniformer Räume mit Nachbarschaften $\mathcal{U}_i$, und es seien $f_i \colon X \to Y_i, i \in I$, Abbildungen.*

(a) Mittels endlicher Durchschnittsbildung entsteht aus $\{ (f_i \times f_i)^{-1}(V) \mid i \in I, V \in \mathcal{U}_i \}$ ein Fundamentalsystem $\mathcal{B}$ von Nachbarschaften einer uniformen Struktur $\mathcal{U}$ auf X; diese Struktur heißt initial *bezüglich $(f_i)_{i \in I}$.*

(b) $\mathcal{U}$ ist die gröbste uniforme Struktur auf X, für die alle Abbildungen f_i gleichmäßig stetig sind.

(c) Eine Abbildung h eines uniformen Raumes Z in X ist gleichmäßig stetig dann und nur dann, wenn alle Abbildungen $f_i \circ h, i \in I$, gleichmäßig stetig sind.

(d) Die uniforme Struktur $\mathcal{V}$ auf X, die initial bezüglich $(f_i)_{i \in I}$ ist, induziert die Initialtopologie, also die gröbste unter allen Topologien auf X, für die alle Abbildungen f_i stetig sind.

Beweis. (a) Da für $V_i, W_i \in \mathcal{U}_i$

$$(f_i \times f_i)^{-1}(V_i) \cap (f_i \times f_i)^{-1}(W_i) = (f_i \times f_i)^{-1}(V_i \cap W_i)$$

gilt, hat jeder solche Durchschnitt die Form

$$W := \bigcap_{i \in E \subset I} (f_i \times f_i)^{-1}(V_i), \; |E| < \infty, \; V_i \in \mathcal{U}_i.$$

Nach Definition erfüllt $\mathcal{B}$ 11.4 (b), (c). Aus $W^{-1} = \bigcap_{i \in F}(f_i \times f_i)^{-1}(V_i^{-1})$ folgt 11.4 (d). Um 11.4 (e) nachzuweisen, wählen wir $U_i \in \mathcal{U}_i$ so, dass $U_i^2 \subset V_i$. Dann gilt $\bigcap_{i \in E}(f_i \times f_i)^{-1}(U_i) \in \mathcal{B}$, und aus der Definition 11.1 folgt

$$\left(\bigcap_{i \in E}(f_i \times f_i)^{-1}(U_i) \right)^2 \subset \bigcap_{i \in E}(f_i \times f_i)^{-1}(U_i^2) \subset \bigcap_{i \in E}(f_i \times f_i)^{-1}(V_i).$$

(b) Offensichtlich sind alle f_i gleichmäßig stetig, und jede uniforme Struktur $\mathcal{U}$ auf X, für die alle f_i gleichmäßig stetig sind, enthält das Fundamentalsystem $\mathcal{B}$.

(c) Da die f_i gleichmäßig stetig sind, ist es auch $f_i \circ h$ für alle i, falls h gleichmäßig stetig ist. Umgekehrt seien nun alle $f_i \circ h$ gleichmäßig stetig. Sei $V := \bigcap_{e \in E}(f_e \times f_e)^{-1}(V_e)$ eine Nachbarschaft von X, wobei E eine endliche Teilmenge von I sei. Nach Annahme gibt es zu jedem $e \in E$ eine Nachbarschaft W_e von Z, sodass $(f_e \times f_e) \circ (h \times h)(W_e) \subset V_e$ gilt, d.h. $(h \times h)(W_e) \subset (f_e \times f_e)^{-1}(V_e)$. Für $W = \bigcap_{e \in E} W_e$ folgt $(h \times h)(W) \subset \bigcap_{e \in E}(f_e \times f_e)^{-1}(V_e) = V$.

(d) Sei U eine Umgebung von $x \in X$ bezüglich der Initialtopologie $\mathcal{O}$. Dann existiert ein $B \in \mathcal{O}$ der Gestalt $B = \bigcap_{e \in E} f_e^{-1}(O_e)$, wobei $E \subset I$ endlich und jedes O_e offen in Y_e ist, sodass $x \in B \subset U$, siehe 3.13. Dann ist aber O_e Umgebung des Punktes $f_e(x)$, also $O_e = V_e(f_e(x))$ für ein $V_e \in \mathcal{U}_e$. Ist umgekehrt $W_e(f_e(x))$, $W_e \in \mathcal{U}$, Umgebung von $f_e(x)$, so existiert ein offenes $V_e(f_e(x)), V_e \in \mathcal{U}_e$ mit $V_e(f_e(x)) \subset W_e(f_e(x))$. Dann gilt

$$x \in f_e^{-1}(V_e(f_e(x))) \subset f_e^{-1}(W_e(f_e(x))).$$

Da f_i stetig ist, ist $f_i^{-1}(V_e(f_e(x)))$ offen, und $f_e^{-1}(W_e(f_e(x)))$ erweist sich als Umgebung von x. Die Mengen der Form $\bigcap_{e \in E} f_e^{-1}(W_e(f_e(x)))$ bilden daher eine Umgebungsbasis von x bezüglich der Initialtopologie. Nach (a) ergibt sich eine Umgebungsbasis von x bezüglich der von der initialen uniformen Struktur induzierten Topologie durch die Mengen der Form $U := \left(\bigcap_{e \in E}(f_e \times f_e)^{-1}(W_e)\right)(x)$. Es gilt:

$$
\begin{aligned}
y \in U &\iff \forall e \in E: (x, y) \in (f_e \times f_e)^{-1}(W_e) \\
&\iff \forall e \in E: (f_e(x), f_e(y)) \in W_e \\
&\iff \forall e \in E: f_e(y) \in W_e(f_e(x)) \\
&\iff \forall e \in E: y \in f_e^{-1}(W_e(f_e(x))),
\end{aligned}
$$

d.h.

$$U = \bigcap_{e \in E} f_e^{-1}(W_e(f_e(x))). \qquad \square$$

Den Begriff der initialen uniformen Struktur kann man analog wie den Begriff der Initialtopologie benutzen, um uniforme Unterräume, Produkträume oder Suprema von uniformen Strukturen auf diesen Mengen zu definieren.

Sind X, Y Mengen, Z ein uniformer Raum und $f: X \to Y$ sowie $g: Y \to Z$ Abbildungen, so ergibt sich bezüglich $g \circ f$ auf X dieselbe initiale uniforme Struktur wie die bezüglich f, wenn Y mit der initialen uniformen Struktur bezüglich g versehen wird.

11.19 Definition. Eine Teilmenge A eines uniformen Raumes X, versehen mit der initialen uniformen Struktur bezüglich der Injektion, heißt *uniformer Unterraum* von X.

Die Nachbarschaften von A sind die Durchschnitte der Nachbarschaften von X mit $A \times A$. Gilt $B \subset A \subset X$, so ist der uniforme Unterraum B von A auch uniformer Unterraum von X.

11.20 Satz. *Ist A dicht in X, so bilden die Abschlüsse, gebildet in $X \times X$, der Nachbarschaften des uniformen Raumes A ein Fundamentalsystem von Nachbarschaften von X.*

Beweis. Ist A dicht in X, so ist $A \times A$ dicht in $X \times X$, vgl. 3.A10 (b). Ist die Nachbarschaft V von A der Durchschnitt der offenen Nachbarschaft W von X mit $A \times A$, so ist $W \subset \overline{V}$; denn ist $(x,y) \in W$ und U Umgebung von (x,y) in $X \times X$, so folgt

$$\emptyset \neq (W \cap U) \cap A \times A = U \cap (W \cap A \times A) \subset U \cap V,$$

weil $A \times A$ dicht in $X \times X$ ist. Deshalb ist $\overline{V}$ eine Nachbarschaft von X. Da die Abschlüsse der offenen Nachbarschaften von X ein Fundamentalsystem für die uniforme Struktur bilden, folgt die Behauptung aus $\overline{V} \subset \overline{W}$. $\square$

11.21 Definition und Satz.

(a) *Das* Produkt *einer Familie $(X_i)_{i \in I}$ von uniformen Räumen ist die* Menge $X := \prod_{i \in I} X_i$, *versehen mit der initialen uniformen Struktur bezüglich der Projektionsabbildungen. Die uniforme Struktur auf X heißt auch* Produkt der uniformen Strukturen *der X_i.*

(b) *Seien $f_i \colon X_i \to Y_i$ Abbildungen, $i \in I, X_i \neq \emptyset$. Die Abbildung*

$$f \colon \prod_{i \in I} X_i \to \prod_{i \in I} Y_i, \quad (x_i)_{i \in I} \mapsto (f_i(x_i))_{i \in I},$$

ist genau dann gleichmäßig stetig, wenn für alle $i \in I$ die f_i gleichmäßig stetig sind.

Der *Beweis* verläuft analog zu dem Beweis in 3.11. $\square$

D Uniformisierung

Nicht jeder topologische Raum besitzt eine uniforme Struktur; denn jeder uniforme Raum ist ein T_3-Raum, vgl. 11.10. Wir behandeln nun die Frage, wann ein topologischer Raum *uniformisierbar* ist, d.h. wann sich die Topologie von einer uniformen Struktur induzieren lässt. Hierbei ergibt sich von selbst eine Antwort auf die Frage, wann eine uniforme Struktur von einer Metrik induziert wird, s. 11.27.

Vorweg erinnern wir uns zweier Trennungseigenschaften, s. 6.1,3,9. Ein topologischer Raum X ist ein T_{3a}-Raum, wenn es zu jeder abgeschlossenen

Menge $A \subset X$ und jedem Punkt $x \in X \backslash A$ eine stetige Funktion $f \colon X \to [0,1]$ gibt mit $f(A) \subset \{0\}$ und $f(x) = 1$. Ist X auch ein T_1-Raum, d.h. ist jede einpunktige Menge $\{x\}$ abgeschlossen, so heißt X *vollständig regulär*, s. 6.9.

11.22 Satz. *Ein topologischer Raum ist genau dann uniformisierbar, wenn er ein -Raum ist. Ein Hausdorff-Raum ist also genau dann uniformisierbar, wenn er vollständig regulär ist.*

Beweis. „$\Longleftarrow$": Sei X ein T_{3a}-Raum. Es sei I die Menge aller stetigen Abbildungen $f \colon X \to [0,1]$ und $\mathcal{U}$ die gröbste uniforme Struktur, für die alle $f \in I$ gleichmäßig stetig sind. Sei $\mathcal{O}$ die Topologie von X, $\mathcal{O}'$ die von $\mathcal{U}$ induzierte und damit die Initialtopologie bezüglich I. Nach 6.7 (d) gilt $\mathcal{O} = \mathcal{O}'$.

Der Beweis der Umkehrung wird erst in 11.30 gegeben. Hierzu wird der neue Begriff der Pseudometrik eingeführt: Sei $[0, \infty] := R_+ \cup \{\infty\}$. Für $a \in \mathbb{R}_+$ definieren wir wie üblich

$$a < \infty, \quad a + \infty = \infty \quad \text{und} \quad \infty + \infty = \infty.$$

11.23 Definition. Eine *Pseudometrik* oder *Spanne* auf der Menge X ist eine Abbildung $d \colon X \times X \to [0, \infty]$ mit den folgenden Eigenschaften: Für alle $x, y, z \in X$ gilt

(a) $d(x, x) = 0$,

(b) $d(x, y) = d(y, x)$,

(c) $d(x, y) \leq d(x, z) + d(z, y)$.

Im Gegensatz zu einer Metrik kann für $x \neq y$ bei einer Pseudometrik $d(x, y) = 0$ sein.

11.24 Beispiele.

(a) Jede Metrik ist eine Pseudometrik.

(b) Sei M eine Menge von integrierbaren Funktionen $f \colon [0,1] \to \mathbb{R}$, sodass mit $f, g \in M$ das Integral $\int_0^1 f(t)g(t)dt$ erklärt ist (z.B. die quadratisch integrierbaren Funktionen). Durch $d(f, g) = \sqrt{\int_0^1 (f(t) - g(t))^2 dt}$ wird eine Pseudometrik erklärt, die keine Metrik ist.

(c) Für Abbildungen $f, g \colon X \to Y$ von einer Menge X in den metrischen Raum (Y, d) ergibt $D(f, g) := \inf\{d(f(x), g(x)) \mid x \in X\}$ eine Pseudometrik auf der Menge der Abbildungen von X nach Y, aber i.A. keine Metrik.

11.25 Definition. Sei X eine Menge mit einer Spanne d. Die uniforme Struktur auf X, die als Fundamentalsystem die Mengen $d^{-1}([0,a]), a \in \mathbb{R}, a > 0$, besitzt, heißt *von d definiert*. Ist auf X ein System von Pseudometriken

$(d_i)_{i \in I}$ gegeben, so sagt man, das Supremum der zu den d_i gehörigen uniformen Strukturen *wird durch das System* $(d_i)_{i \in I}$ *definiert.*

Bemerkung. Für die von einem System $(d_i)_{i \in I}$ definierte uniforme Struktur bilden die endlichen Schnitte der Form $\bigcap_{e \in E} d_e^{-1}([0, a])$, $a \in]0, 1]$, E endliche Teilmenge von I, ein Fundamentalsystem von Nachbarschaften. Verschiedene Pseudometriken können die gleiche uniforme Struktur definieren; ist nämlich d eine Pseudometrik auf X, so werden durch

$$d'(x, y) := \begin{cases} \frac{d(x,y)}{1+d(x,y)} & \text{für } d(x,y) < \infty \\ 1 & \text{für } d(x,y) = \infty \end{cases} \quad \text{und}$$

$$d''(x, y) := \min\{1, d(x,y)\}$$

auf X verschiedene Pseudometriken d', d'' mit $d'(x, y) \leq 1$, und $d''(x, y) \leq 1$ erklärt, die die gleiche uniforme Struktur definieren.

Die Metrisierbarkeit uniformer Räume folgt im Wesentlichen aus

11.26 Lemma. *Ist X ein uniformer Raum, dessen Nachbarschaftsfilter $\mathcal{U}$ ein abzählbares Fundamentalsystem besitzt, so lässt sich die uniforme Struktur von X durch eine Pseudometrik d definieren.*

Beweis. Wie im Beweis des Lemmas von Urysohn (s. 7.1) stetige Funktionen gefunden wurden, so lassen sich auch Pseudometriken konstruieren. Zu einem abzählbaren Fundamentalsystem $(V_n)_{n \in \mathbb{N}}$ von $\mathcal{U}$ wählen wir symmetrische Nachbarschaften U_i mit $U_1 \subset V_1$, $U_{n+1}^3 \subset U_n \cap V_n$ für $n \geq 1$, die ebenfalls ein Fundamentalsystem bilden, und wir definieren

$$g(x, y) := \begin{cases} 1 & \text{für } (x,y) \notin U_1, \\ \inf\{2^{-k} \mid (x,y) \in U_k\} & \text{sonst.} \end{cases}$$

Mit Hilfe von g definieren wir folgendermaßen eine Pseudometrik: Ist M die Menge aller endlichen Folgen von Punkten aus X mit Anfangsglied x und Endglied y, so setzen wir

$$d(x, y) := \inf \left\{ \sum_{i=0}^{n-1} g(z_i, z_{i+1}) \mid (z_i)_{i=0,\ldots,n} \in M, n \geq 1, z_0 = x, z_n = y \right\}.$$

Da die symmetrische Funktion g keine negativen Werte annimmt und auf der Diagonalen verschwindet, hat d ebenfalls diese Eigenschaften. Außerdem lässt sich für d die Dreiecksungleichung nachweisen, und deshalb ist d eine Pseudometrik. Für sie beweisen wir

(1) $$\frac{1}{2} g(x, y) \leq d(x, y) \leq g(x, y).$$

Die rechte Ungleichung folgt unmittelbar aus der Definition; die linke ist äquivalent zu der Bedingung

$$\frac{1}{2}g(x,y) \leq \sum_{i=0}^{n-1} g(z_i, z_{i+1}) := a \quad \text{für alle Folgen } (z_i)_{i=0,\ldots,n} \in M.$$

Diese Ungleichung wird durch Induktion nach n bewiesen. Sie ist richtig für $n = 1$. Ist $a \geq 1/2$, so ist wegen $g(x,y) \leq 1$ nichts zu zeigen.

Für $0 < a < 1/2$ sei m der größte Index, sodass $\sum_{i=0}^{m-1} g(z_i, z_{i+1}) \leq a/2$. Dann ist

$$\sum_{i=0}^{m} g(z_i, z_{i+1}) > \frac{a}{2}, \quad \text{also} \quad \sum_{i=m+1}^{n} g(z_i, z_{i+1}) \leq \frac{a}{2}.$$

Nach Induktionsvoraussetzung gilt

$$\frac{1}{2}g(x, z_m) \leq \sum_{i=0}^{m-1} g(z_i, z_{i+1}) \leq \frac{a}{2}, \quad \frac{1}{2}g(z_{m+1}, y) \leq \sum_{i=m+1}^{n} g(z_i, z_{i+1}) \leq \frac{a}{2},$$

und nach Definition von a ist $\frac{1}{2}g(z_m, z_{m+1}) \leq \frac{a}{2}$. Ist k die kleinste ganze Zahl mit $2^{-k} \leq a$, so sind

$$(x, z_m), (z_m, z_{m+1}), (z_{m+1}, y) \in U_k, \quad \text{also } (x,y) \in U_k^3 \subset U_{k-1}.$$

Deshalb ist $\frac{1}{2}g(x,y) \leq \frac{1}{2}2^{-(k-1)} \leq a$.

Ist $a = \sum_{i=0}^{n} g(z_i, z_{i+1}) = 0$, so gilt $(z_i, z_{i+1}) \in U_{k+n} \; \forall k \in \mathbb{N}^*, i \in \{0,\ldots,n\}$, also $(z_0, z_{n+1}) \in U_{\ell+n} \; \forall \ell \in \mathbb{N}^*$, und daraus folgt $\frac{1}{2}g(x,y) = 0$.

Damit ist (1) bewiesen. Nun zeigen wir, dass die Pseudometrik d die uniforme Struktur $\mathcal{U}$ definiert: Aus (1) folgt für $(x,y) \in U_k$

$$d(x,y) \leq g(x,y) \leq 2^{-k} \implies (x,y) \in d^{-1}([0, 2^{-k}]).$$

Ferner gilt:

$$(x,y) \in d^{-1}([0, 2^{-k}]) \implies 2^{-k} \geq d(x,y) \geq \frac{1}{2}g(x,y) \implies$$

$$g(x,y) < 2^{-k+1} \implies (x,y) \in U_{k-1}.$$

Insgesamt ergibt sich $U_k \subset d^{-1}([0, 2^{-k}]) \subset U_{k-1}$; also definiert die Pseudometrik d die uniforme Struktur $\mathcal{U}$. $\quad\square$

11.27 Korollar. *Ein uniformer Raum ist genau dann metrisierbar, wenn er Hausdorff'sch ist und ein abzählbares Fundamentalsystem hat.* $\quad\square$

Es kann sein, dass der von *einer uniformen Struktur definierte topologische Raum metrisierbar*, aber *die uniforme Struktur nicht metrisierbar* ist. Dazu das folgende

11.28 Beispiel. Sei X eine unendliche Menge, versehen mit der diskreten Topologie. Als topologischer Raum ist X metrisierbar. Auf X nehmen wir die uniforme Struktur der endlichen Partitionen (s. 11.6 (e)). Sie definiert die diskrete Topologie (s. 11.A8), ist aber nicht metrisierbar. Sonst müsste nach 11.27 ein abzählbares Fundamentalsystem $(P_n)_{n\in\mathbb{N}}$ existieren. Das heißt: Ist P eine endliche Partition zu X, so gibt es ein P_n, sodass jede Menge aus P Vereinigung von Mengen aus P_n ist. Aus einem festen P_n können aber nur endlich viele Partitionen gebildet werden, deren Elemente Vereinigung von Elementen von P_n sind. Somit müsste die Menge der endlichen Partitionen von X abzählbar sein. Widerspruch!

11.29 Lemma. *Jede uniforme Struktur lässt sich durch ein System von Pseudometriken definieren.*

Beweis. Zu jeder Nachbarschaft V der gegebenen uniformen Struktur $\mathcal{U}$ gibt es eine Folge symmetrischer Nachbarschaften U_n, sodass $U_1 \subset V$ und $U_{n+1}^3 \subset U_n$ für $n \geq 1$. Jede dieser Folgen ist Fundamentalsystem einer uniformen Struktur $\mathcal{U}_V$, die sich nach 11.26 durch eine Spanne d_V definieren lässt. Es gilt $\mathcal{U}_V \subset \mathcal{U} \; \forall V \in \mathcal{U}$ und $\bigcup_{V\in\mathcal{U}} \mathcal{U}_V = \mathcal{U}$, d.h. $\mathcal{U}$ ist die gröbste uniforme Struktur, die feiner als jedes $\mathcal{U}_V$ ist. Nach Definition 11.25 wird sie damit durch $(d_V)_{V\in\mathcal{U}}$ definiert. $\qquad\square$

11.30 *Beweis* von 11.22 „$\Longrightarrow$":. Dass ein uniformer Raum ein T_{3a}-Raum ist, folgt nun so: Die uniforme Struktur wird durch ein System von Pseudometriken definiert (s. 11.29). Nehmen wir die Infima über die endlichen Teilsysteme dieser Pseudometriken hinzu, so wird dieselbe uniforme Struktur hervorgerufen; denn für $d(x,y) := \min\{d_i(x,y) \mid i = 1,\ldots,n\}$ gilt $d^{-1}([0,a]) = \bigcap_{i=1}^n d_i^{-1}([0,a]) \in \mathcal{U}$.

Ist $A \subset X$ abgeschlossen, $x_0 \in X\backslash A$ und $V(x_0), V \in \mathcal{U}$, eine Umgebung von x_0, dann gibt es eine Pseudometrik d und ein $a > 0$, sodass $d^{-1}([0,a]) \subset V$. Für die stetige Funktion $f\colon X \to [0,1]$ mit $x \mapsto \sup\{0, 1 - \frac{1}{a}d(x,x_0)\}$ gilt $f(x_0) = 1$ und $f(A) \subset \{0\}$, d.h. X erfüllt T_{3a}. $\qquad\square$

11.31 Satz. *Für einen topologischen Raum X sind äquivalent:*

(a) *X ist uniformisierbar.*

(b) *Jede beschränkte Funktion $f\colon X \to \mathbb{R}$, die halbstetig nach unten ist, vgl. 2.25 (b), ist das Supremum stetiger Funktionen $X \to \mathbb{R}$.*

Beweis. (b) $\Longrightarrow$ (a): Sei $A \subset X$ abgeschlossen und $x_0 \in X\backslash A$. Dann ist die charakteristische Funktion χ von $U := X\backslash A$ halbstetig nach unten; denn ist $a < \chi(x')$ und $x' \in U$, so ist $a < \chi(x)$ für die Umgebung U von x'. Ist $x' \notin U$, so ist $a < \chi(x)$ für jedes $x \in X$. Auf χ lässt sich also die Voraussetzung anwenden, d.h. es existiert eine stetige Funktion

$$g\colon X \to \mathbb{R} \quad \text{mit } g(x) \leq \chi(x) \quad \forall x \in X \quad \text{und } g(x_0) = b, \; 0 < b \leq 1.$$

Die Funktion g_1 mit $g_1(x) := \min\{g(x), b\}$ hat die gleichen Eigenschaften wie g. Dann ist $h\colon X \to [0,1]$ mit $x \mapsto \sup\{\frac{1}{b}g_1(x), 0\}$ stetig, und es gilt

$h(x_0) = 1$ und $h(A) \subset \{0\}$. Demnach ist X ein T_{3a}-Raum und nach Satz 11.22 uniformisierbar.

(a) $\Longrightarrow$ (b): X sei uniformisierbar. Zunächst wird für alle $x \in X$ angenommen, dass $-1 \leq f(x) \leq 1$. Es muss gezeigt werden, dass für ein beliebiges $x_0 \in X$ und jedes $a < f(x_0)$ eine Funktion g existiert, die auf X stetig ist, sodass $g \leq f$ und $g(x_0) \geq a$. Für $a \leq -1$ nehmen wir die konstante Funktion -1. Ist $-1 < a < f(x_0)$, so gibt es eine Umgebung U von x_0 mit $a \leq f(x)$ $\forall x \in U$, weil f halbstetig nach unten ist. Da X uniformisierbar ist, ist X nach Satz 11.22 ein T_{3a}-Raum, d.h. es gibt eine stetige Funktion $h\colon X \to [0,1]$ mit $h(x_0) = 1$ und $h(X \backslash U) \subset \{0\}$. Dann erfüllt

$$g(x) := -1 + (a+1)h(x) = \begin{cases} a, & x = x_0 \\ \leq a, & x \in U \\ -1, & x \in X - U \end{cases}$$

die gestellten Bedingungen. Der Fall, dass die Funktion f durch $C > 1$ beschränkt ist, wird auf den gerade behandelten mittels des Homöomorphismus $t \mapsto C^{-1}t$ zurückgeführt. $\qquad\square$

Aufgaben

11.A1 Es seien d_1 und d_2 zwei Metriken auf X mit $md_1 < d_2 < Md_1$ für gewisse $0 < m < M$. Zeigen Sie, dass d_1 und d_2 die gleiche uniforme Struktur auf X induzieren.

11.A2 Von den Topologien der p-adischen Strukturen auf $\mathbb{Z}$, die zu verschiedenen Primzahlen gehören, ist keine feiner als eine andere, d.h. sie sind nicht vergleichbar.

11.A3 Sei G eine Hausdorff'sche, topologische Gruppe. Gibt es Folgen $(x_n)_{n\in\mathbb{N}}$ und $(y_n)_{n\in\mathbb{N}}$ mit $\lim x_n y_n = e$ und $\lim y_n x_n = z \neq e$, dann sind die beiden in 11.6 (f) definierten uniformen Strukturen verschieden. Zeigen Sie mit Hilfe dieses Satzes: Die beiden uniformen Strukturen der Gruppe $\left\{ \begin{pmatrix} x & y \\ 0 & 1 \end{pmatrix} \mid x, y \in \mathbb{R}, x \neq 0 \right\}$ mit der Matrizenmultiplikation als Verknüpfung sind verschieden.

11.A4 Sei $\mathbb{R}$ mit der von der natürlichen Metrik induzierten uniformen Struktur versehen. Zeigen Sie:

(a) Es ist $V := \{(x,y) \in \mathbb{R} \times \mathbb{R} \mid |x-y| \leq 1 \text{ oder } xy \geq 1\}$ eine abgeschlossene Nachbarschaft.

(b) Ist A die Menge der natürlichen Zahlen $n \geq 2$, dann ist $V(A)$ nicht abgeschlossen in $\mathbb{R}$.

11.A5 Im Folgenden werden fünf uniforme Strukturen $\mathcal{U}_i$ auf $\mathbb{R}$ erklärt. Zeigen Sie, dass alle $\mathcal{U}_i$ die natürliche Topologie induzieren, und geben Sie die gleichmäßig stetigen Funktionen von $(\mathbb{R}, \mathcal{U}_i)$ in $(\mathbb{R}, \mathcal{U}_1)$ $(i = 2, 3, 4, 5)$ an. Ordnen Sie ferner die Strukturen bezüglich der Relation „feiner".

(a) $\mathcal{U}_1$ wird durch $d(x, y) := |x - y|$ erklärt.

(b) $\mathcal{U}_2$ wird durch $d'(x, y) := |\arctan x - \arctan y|$ definiert.

(c) $\mathcal{U}_3$ wird erklärt durch die Pseudometriken

$$d_f(x, y) := |f(x) - f(y)| \quad \text{mit } f(x) := \frac{2x}{1 + x^2},$$

$$d_g(x, y) := |g(x) - g(y)| \quad \text{mit } g(x) := \frac{1 - x^2}{1 + x^2}.$$

(d) $\mathcal{U}_4$ wird gegeben durch die Pseudometriken d_f, wobei f alle stetigen Funktionen auf $\mathbb{R}$ durchläuft.

(e) $\mathcal{U}_5$ wird definiert durch die Pseudometriken d_f, wobei f alle stetigen, beschränkten Funktionen auf $\mathbb{R}$ durchläuft.

11.A6   Ein kompakter Hausdorff-Raum ist vollständig regulär und trägt genau eine uniforme Struktur.

11.A7   Für einen uniformisierbaren Raum $(X, \mathcal{O})$ definiert die Menge aller stetigen Pseudometriken auf X eine uniforme Struktur $\mathcal{U}_0$, und diese ist feiner als jede andere uniforme Struktur auf X, die die Topologie von X induziert. Dieses $\mathcal{U}_0$ besitzt die folgende Eigenschaft: Ist Y ein beliebiger uniformer Raum und $f \colon X \to Y$ eine stetige Abbildung, so ist f gleichmäßig stetig.

11.A8   Die Menge X trage die uniforme Struktur $\mathcal{U}$ der endlichen Partitionen (s. 11.6 (e)). Dann induziert $\mathcal{U}$ die diskrete Topologie auf X, ist aber von der diskreten uniformen Struktur (s. 11.6 (c)) verschieden, falls X unendlich ist.

12 Vervollständigung und Kompaktifizierung

In $\mathbb{R}$, versehen mit der natürlichen Topologie, besitzt jede Cauchy-Folge einen Limespunkt, ist also konvergent. Ein metrischer Raum mit dieser Eigenschaft heißt *vollständig*. Aus der Analysis ist bekannt, dass sich die reellen Zahlen als „Vervollständigung" von $\mathbb{Q}$ gewinnen lassen, indem zu $\mathbb{Q}$ die „Limespunkte" aller in $\mathbb{Q}$ nicht konvergenten Cauchy-Folgen hinzugenommen und mit einer geeigneten Topologie versehen werden. Eine ähnliche Konstruktion wollen wir nun allgemein für uniforme Räume durchführen.

A Vervollständigung uniformer Räume

Der Begriff der Cauchy-Folge in metrischen Räumen, s. 1.20, lässt sich auf uniforme Räume verallgemeinern. Anschaulich gesprochen hat eine Cauchy-Folge in einem metrischen Raum die Eigenschaft, dass von einem Index an alle späteren Folgenglieder nahe beieinander liegen, also eine „kleine" Menge bilden. Diesen Begriff wollen wir zunächst präzisieren.

12.1 Definition. Ist X ein uniformer Raum, $A \subset X$ eine Teilmenge und V eine Nachbarschaft, so heißt A *klein von der Ordnung V*, wenn je zwei Punkte aus A von der Ordnung V benachbart sind, also $A \times A \subset V$. Ist speziell (X, d) ein metrischer Raum, so heißt eine Teilmenge $A \subset X$ *klein von der Ordnung ε* falls $d(x, y) < \varepsilon$ für $x, y \in A$.

Zur Erinnerung, vgl. 11.4 (∗) und 11.8: Ist V eine Nachbarschaft, $x \in X$ und $M \subset X$, so ist

$$V(x) = \{y \mid (x, y) \in V\},$$
$$V(M) = \bigcup_{x \in M} V(x) = \{y \in X \mid \exists\, x \in M \colon (x, y) \in V\}.$$

12.2 Beispiele.

(a) Ist $(x_n)_{n \in \mathbb{N}}$ eine Cauchy-Folge in einem metrischen Raum (X, d), so gibt es zu jedem $\varepsilon > 0$ ein Endstück von $(x_n)_{n \in \mathbb{N}}$, das klein von der Ordnung ε ist; denn es gilt $d(x_p, x_q) < \varepsilon$ für alle p und q, die größer als ein $n_0(\varepsilon)$ sind.

(b) Ist V eine symmetrische Nachbarschaft und $(x,y) \in V$, so ist $V(x) \cup V(y)$ klein von der Ordnung V^3, da für $v, w \in V(x) \cup V(y)$ gilt:

$$(v,x) \in V, \quad (x,y) \in V, \quad (y,w) \in V.$$

(c) Sind $M, N \subset X$ klein von der Ordnung V und ist $M \cap N \neq \emptyset$, dann ist $M \cup N$ klein von der Ordnung V^2.

(d) Ist V eine symmetrische Nachbarschaft und M klein von der Ordnung V, dann ist $V(M)$ klein von der Ordnung V^3.

(e) Ist N klein von der Ordnung V und ist $M \cap N \neq \emptyset$, so ist $N \subset V(M)$.

12.3 Definition. Ein Filter $\mathcal{F}$ auf einem uniformen Raum X heißt *Cauchy-Filter*, wenn es zu jeder Nachbarschaft V von X ein $F \in \mathcal{F}$ gibt, das klein von der Ordnung V ist, also $F \times F \subset V$.

Es ist klar, dass der von einer Cauchy-Folge erzeugte Filter ein Cauchy-Filter ist.

12.4 Satz. *In einem uniformen Raum ist jeder konvergente Filter ein Cauchy-Filter.*

Beweis. Der Filter $\mathcal{F}$ konvergiere gegen x. Ist V eine Nachbarschaft von X, dann gibt es eine symmetrische Nachbarschaft U mit $U^2 \subset V$. Zu $U(x)$ gibt es eine Filtermenge F mit $F \subset U(x)$. Da $U(x)$ als klein von der Ordnung V ist, erweist sich auch F als klein von der Ordnung V. $\qquad\square$

12.5 Satz. *Jeder Cauchy-Filter konvergiert gegen seine Berührungspunkte.*

Beweis. Zum Konvergenznachweis genügt es, abgeschlossene Nachbarschaften zu betrachten, s. 11.11. Ist x ein Berührungspunkt des Cauchy-Filters $\mathcal{F}$ und V eine abgeschlossene Nachbarschaft von X, so gibt es eine abgeschlossene Filtermenge $F \in \mathcal{F}$ mit $F \times F \subset V$. Da x Berührungspunkt von $\mathcal{F}$ ist, gilt $x \in F$ und daher $F \subset V(x)$. Daraus folgt $\mathcal{F} \supset \mathcal{U}(x)$. $\qquad\square$

12.6 Satz. *Ist $f\colon X \to Y$ eine gleichmäßig stetige Abbildung und $\mathcal{F}$ ein Cauchy-Filter auf X, dann ist der Bildfilter $f(\mathcal{F})$ ein Cauchy-Filter auf Y.* $\qquad\square$

Die Menge aller Filter auf einer Menge enthält maximale Elemente, nämlich die Ultrafilter, wie wir in 5.12 (a) gesehen haben. Die Menge der Cauchy-Filter auf einem uniformen Raum hat auch „minimale" Elemente. Diese werden *minimale Cauchy-Filter* genannt.

12.7 Definition und Satz. *Ein Cauchy-Filter auf einem uniformen Raum $(X, \mathcal{U})$ heißt* minimal, *wenn es keinen echt gröberen Cauchy-Filter gibt. Zu* *jedem Cauchy-Filter $\mathcal{F}$ gibt es einen minimalen Cauchy-Filter $\mathcal{F}_0$, der gröber als $\mathcal{F}$ ist.*

Beweis. (a) Es ist $\mathcal{B} := \{V(M) \mid V \in \mathcal{U}, M \in \mathcal{F}\}$ eine Filterbasis. Wir zeigen, dass der von ihr definierte Filter $\mathcal{F}_0$ der gesuchte minimale Cauchy-Filter ist.

Der *erzeugte Filter $\mathcal{F}_0$ ist ein Cauchy-Filter:* Ist nämlich $V \in \mathcal{U}$ gegeben, so gibt es ein symmetrisches $W \in \mathcal{U}$ mit $W^3 \subset V$ und eine Filtermenge M von $\mathcal{F}$, die klein von der Ordnung W ist. Dann liegt $W(M)$ in $\mathcal{F}_0$ und ist klein von der Ordnung V, s. 12.2 (d).

Wegen $M \subset V(M)$ ist $\mathcal{F}_0$ gröber als $\mathcal{F}$. Es bleibt zu zeigen, dass *jeder Cauchy-Filter $\mathcal{G}$, der gröber als $\mathcal{F}$ ist, feiner als $\mathcal{F}_0$ ist.* Sei dazu $M \in \mathcal{F}$ und $V \in \mathcal{U}$; dann gibt es eine Filtermenge N in $\mathcal{G}$, die klein von der Ordnung V ist. Da $\mathcal{F}$ feiner als $\mathcal{G}$ ist, liegt N auch in $\mathcal{F}$ und hat mit M einen nicht-leeren Durchschnitt. Also gilt $N \subset V(M)$, s. 12.2 (e) und deshalb $V(M) \in \mathcal{G}$.   □

Aus dem Beweis von 12.7 geht hervor, dass jeder Umgebungsfilter $\mathcal{U}(x)$ ein minimaler Cauchy-Filter ist; denn $\mathcal{U}(x)$ wird von $\{V(M) \mid V \in \mathcal{U}, M \in \mathcal{F}\}$ erzeugt, wenn wir $\mathcal{F} := \{M \subset X \mid x \in M\}$ wählen.

Jeder konvergente Filter ist ein Cauchy-Filter, s. 12.4; die Umkehrung dieser Aussage ist nicht richtig: z.B. gibt es in $\mathbb{Q}$ Cauchy-Folgen, die nicht konvergieren, s. 12.A5.

12.8 Definition. Ein uniformer Raum X heißt *vollständig*, wenn jeder Cauchy-Filter auf X konvergiert.

12.9 Beispiele.
  (a) $\mathbb{Z}$ ist vollständig.
  (b) $\mathbb{Q}$ ist nicht vollständig, s. 12.A5.
  (c) $\ell^2 := \{(x_n)_{n \in \mathbb{N}} \mid x_n \in \mathbb{R}, \sum_{n \in \mathbb{N}} x_n^2 < \infty\}$ mit der Metrik

$$d((x_n), (y_n)) := \sqrt{\sum_{n \in \mathbb{N}} (x_n - y_n)^2}$$

ist vollständig, s. 12.A6.

  (d) Der Körper $\mathcal{K}_p$ oder p-adischen Zahlen, vgl. 12.6 (b), ist vollständig.

Wie bei den reellen Zahlen genügt es, zum Nachweis der Vollständigkeit Cauchy-Folgen auf einer dichten Menge zu untersuchen, s. 12.11. Zur Herleitung dient folgender

12.10 Hilfssatz. *Ist $\mathcal{F}$ ein minimaler Cauchy-Filter, so hat jedes $F \in \mathcal{F}$ ein nicht-leeres Inneres, das ebenfalls zu $\mathcal{F}$ gehört.*

Beweis. Zu $V \subset \mathcal{U}$ gibt es eine offene Nachbarschaft $W \in \mathcal{U}$ mit $W^3 \subset V$. Zu W gibt es ein $F \in \mathcal{F}$ mit $F \times F \subset W$. Dann ist $F_V := W(F_0)$ eine offene Menge, $F_V \in \mathcal{F}$ und $F_V \times F_V \subset V$. Deshalb ergibt $\{F_V \mid V \in \mathcal{U}\}$ eine Basis eines Filters $\mathcal{F}'$, der gröber als $\mathcal{F}$ ist und in dem jede Menge ein nicht-leeres Inneres besitzt. Ferner ist $\mathcal{F}'$ ebenfalls ein Cauchy-Filter. Wegen der Minimalität von $\mathcal{F}$ ist also $\mathcal{F}' = \mathcal{F}$.   □

12.11 Satz. *Ein uniformer Raum X ist vollständig, wenn für jeden Cauchy-Filter auf einer dichten Teilmenge A der auf X erweiterte Filter einen Limespunkt besitzt.*

Beweis. Es sei $i\colon A \hookrightarrow X$ die Einbettung. Sei $\mathcal{F}$ ein Cauchy-Filter auf X und $\mathcal{F}_0$ der zu $\mathcal{F}$ gehörige minimale Cauchy-Filter. Jede Filtermenge von $\mathcal{F}_0$ hat nach 12.10 ein nicht-leeres Inneres und trifft A, da A dicht in X ist. Deshalb induziert $\mathcal{F}_0$ einen Filter $\mathcal{F}_0 \cap A$ auf A, s. 5.25, für den $i(\mathcal{F}_0 \cap A)$ nach Annahme gegen ein $x \in X$ konvergiert. Nun ist $\mathcal{F}_0$ gröber als $i(\mathcal{F}_0 \cap A)$, also ist x Berührungspunkt von $\mathcal{F}_0$. Nach 12.5 konvergiert $\mathcal{F}_0$, also auch $\mathcal{F}$ gegen x.   □

12.12 Satz. *Gegeben seien uniforme Räume $(Y_i, \mathcal{U}_i)$, $i \in I$, Abbildungen $f_i\colon X \to Y_i$ einer Menge X nach Y_i, und X trage die in 11.17 definierte uniforme Initialstruktur bezüglich der f_i. Ein Filter $\mathcal{F}$ auf X ist genau dann ein Cauchy-Filter, wenn für jedes f_i der Bildfilter $f_i(\mathcal{F})$ ein Cauchy-Filter in Y_i ist.*

Beweis. Sei jedes $f_i(\mathcal{F})$ ein Cauchy-Filter. Ist $Y \in \mathcal{U}$ eine Nachbarschaft auf X, so gibt es eine Basisnachbarschaft $U' \in \mathcal{B}$ der initialen uniformen Struktur, vgl. 11.17 (a), mit $U' \subset U$. Es gilt $U' = \bigcap_{k=1}^n U_k$ mit $U_k = (f_j \times f_j)^{-1}(V_k)$, $V_k \in \mathcal{U}_j$ für ein $j \in I$. Da $f_j(\mathcal{F})$ ein Cauchy-Filter ist, gibt es eine Filtermenge der Form $f_j(F_k) \in f_j(\mathcal{F})$, die klein von der Ordnung V_k ist. Dann ist $F := \bigcap_{k=1}^n F_k$ aus $\mathcal{F}$ und klein von der Ordnung U' und damit auch klein von der Ordnung U. Die andere Richtung folgt aus 12.6 und 11.17 (b).   □

12.13 Korollar.

(a) *Jeder abgeschlossene Unterraum eines vollständigen Raumes ist vollständig.*

(b) *Jeder vollständige Unterraum eines separierten uniformen Raumes ist abgeschlossen.*

(c) *Jedes Produkt von vollständigen Räumen ist wieder vollständig.*   □

Eine stetige Funktion $f\colon A \to Y$, die auf einer dichten Teilmenge A eines Raumes X definiert ist und Werte in einem Hausdorff-Raum annimmt, kann höchstens auf eine Weise auf ganz X fortgesetzt werden, s. 6.19 (b). Über die Existenz einer Fortsetzung haben wir noch keine Aussage gemacht. Diese lässt sich aber nachweisen für gleichmäßig stetige Funktionen f, deren Bildbereich zusätzlich vollständig ist.

12.14 Satz. *Ist A eine dichte Teilmenge eines uniformen Raumes X, ist Y ein vollständiger, separierter uniformer Raum und ist $f\colon A \to Y$ gleichmäßig stetig, so lässt sich f auf eindeutige Weise gleichmäßig stetig auf X fortsetzen.*

Beweis. $i\colon A \hookrightarrow X$ bezeichne die kanonische Injektion. Zu $x \in X$ gibt es einen Filter $\mathcal{F}$ auf A, für den $i(\mathcal{F})$ gegen x konvergiert. Dann ist $f(i(\mathcal{F}))$ ein Cauchy-Filter auf Y, s. 12.6, und konvergiert gegen ein $y \in Y$, weil Y vollständig ist. Definieren wir $\bar{f}(x) := y$, so gilt, vgl. 12.A7:

(1) $\bar{f}(x)$ ist unabhängig von der Wahl des Filters $\mathcal{F}$.

(2) Für $a \in A$ gilt $\bar{f}(a) = f(a)$.

(3) Die Abbildung $\bar{f}\colon X \to Y$ ist gleichmäßig stetig. $\square$

Im Folgenden soll gezeigt werden, dass sich jeder separierte uniforme Raum X dicht in einen vollständigen Raum $\tilde{X}$ einbetten lässt. Das Verfahren zur Gewinnung von $\tilde{X}$ ist die Verallgemeinerung des üblichen Vervollständigungsprozesses aus der Analysis. Dort werden die reellen Zahlen als Klassen von Cauchy-Folgen rationaler Zahlen gewonnen. Zwei Folgen gehören dabei zur gleichen Klasse, wenn ihre Differenz eine Nullfolge bildet. Wir konstruieren $\tilde{X}$ zunächst für nicht notwendig separierte Räume X, müssen dabei allerdings auf die Einbettbarkeit verzichten; $\tilde{X}$ wird dabei durch eine universelle Eigenschaft $(\mathcal{V})$ charakterisiert.

12.15 Satz. *Zu einem uniformen Raum X gibt es einen vollständigen, separierten uniformen Raum $\tilde{X}$ und eine gleichmäßig stetige Abbildung $i\colon X \to \tilde{X}$ mit der folgenden universellen Eigenschaft:*

$(\mathcal{V})$ Zu jeder gleichmäßig stetigen Abbildung $f\colon X \to Y$ von X in einen vollständigen, separierten uniformen Raum Y gibt es eine eindeutig bestimmte gleichmäßig stetige Abbildung $\tilde{f}\colon \tilde{X} \to Y$, sodass das folgende Diagramm kommutativ ist:

Ist $(i', \tilde{X}')$ ein zweites Paar mit obigen Eigenschaften, dann gibt es einen eindeutig bestimmten Isomorphismus $h\colon \tilde{X} \to \tilde{X}'$ mit $i' = h \circ i$.

Beweis. (1) *Definition von $\tilde{X}$.* Es sei $\tilde{X}$ die Menge der minimalen Cauchy-Filter auf X. Wir versehen $\tilde{X}$ wie folgt mit einer uniformen Struktur. Ist V eine symmetrische Nachbarschaft von X, dann sei

$$\tilde{V} := \{(\mathcal{F}, \mathcal{G}) \in \tilde{X} \times \tilde{X} \mid \exists M \in \mathcal{F} \cap \mathcal{G} : M \times M \subset V\};$$

$\tilde{V}$ besteht also aus allen Paaren $(\mathcal{F}, \mathcal{G})$ von minimalen Cauchy-Filtern auf X, die eine Menge M gemeinsam haben, die klein von der Ordnung V ist. Wir zeigen, dass $\{\tilde{V} \mid V$ symmetrische Nachbarschaft von $X\}$ die Eigenschaften 11.4 (b)-(e) eines Fundamentalsystems eines Nachbarschaftsfilters hat.

Zu (b): Sind V_1 und V_2 symmetrische Nachbarschaften von X, so ist $W :=$ $V_1 \cap V_2$ ebenfalls symmetrische Nachbarschaft. Da jede Menge klein von der Ordnung W auch klein von der Ordnung V_1 und V_2 ist, gilt $\tilde{W} \subset \tilde{V}_1 \cap \tilde{V}_2$.

Zu (c): Für jede symmetrische Nachbarschaft V von X und jedes Element $\mathcal{F} \in \tilde{X}$ gilt $(\mathcal{F}, \mathcal{F}) \in \tilde{V}$; denn nach Definition des Cauchy-Filters enthält $\mathcal{F}$ eine Menge, die klein von der Ordnung V ist.

Zu (d): Die Mengen $\tilde{V}$ sind nach Definition symmetrisch.

Zu (e): Sei V eine symmetrische Nachbarschaft von X und W eine symmetrische Nachbarschaft mit $W^2 \subset V$. Für $\mathcal{F}, \mathcal{G}, \mathcal{H} \in \tilde{X}$ gelte $(\mathcal{F}, \mathcal{G}) \in \tilde{W}$, $(\mathcal{G}, \mathcal{H}) \in \tilde{W}$; dann gibt es zwei Mengen M und N, die klein von der Ordnung W sind, mit $M \in \mathcal{F} \cap \mathcal{G}$ und $N \in \mathcal{G} \cap \mathcal{H}$. Da M und N beide zu $\mathcal{G}$ gehören, liegt auch $M \cap N$ in $\mathcal{G}$. Nach 12.2 (c) ist $M \cup N$ klein von der Ordnung W^2. Da $M \cup N$ sowohl eine Obermenge von $M \in \mathcal{F}$ als auch von $N \in \mathcal{H}$ ist, erhalten wir $M \cup N \in \mathcal{F} \cap \mathcal{H}$, also $(\mathcal{F}, \mathcal{H}) \in \tilde{W}^2 \subset \tilde{V}$.

Wir zeigen, dass $\tilde{X}$ *ein separierter uniformer Raum ist*. Dazu seien $\mathcal{F}, \mathcal{G} \in \tilde{X}$, sodass $(\mathcal{F}, \mathcal{G}) \in \tilde{V}$ für alle symmetrischen Nachbarschaften V von X. Das Mengensystem $\{M \cup N \mid M \in \mathcal{F}, N \in \mathcal{G}\}$ ist Basis eines Filters $\mathcal{H}$, der gröber als $\mathcal{F}$ und $\mathcal{G}$ ist. Da es nach Voraussetzung zu jedem symmetrischen V ein $P \in \mathcal{F} \cap \mathcal{G}$ mit $P \times P \subset V$ gibt, ist $\mathcal{H}$ ein Cauchy-Filter. Aus der Minimalität von $\mathcal{F}$ und $\mathcal{G}$ folgt dann, dass $\mathcal{F} = \mathcal{H} = \mathcal{G}$ gelten muss; also ist $\bigcap \tilde{V}$ gleich der Diagonalen Δ von $\tilde{X} \times \tilde{X}$, d.h. $\tilde{X}$ ist separiert.

(2) *Definition von* $i: X \to \tilde{X}$. Der Umgebungsfilter $\mathcal{U}(x)$ von $x \in X$ ist ein minimaler Cauchy-Filter; wir können also $i(x) := \mathcal{U}(x)$ setzen. Es ist i gleichmäßig stetig: Zu einer Nachbarschaft $\tilde{V}$ von $\tilde{X}$ gibt es eine symmetrische Nachbarschaft W von X mit $W^3 \subset V$. Für $(x, y) \in W$ ist $W(x) \cup W(y)$ klein von der Ordnung $W^3 \subset V$ (s. 12.2 (b)). Daraus folgt $(i \times i)(W) \subset \tilde{V}$; denn für $(x, y) \in W$ liegt $W(x) \cup W(y)$, klein von der Ordnung V, sowohl in $i(x)$ als auch in $i(y)$. Ferner gilt:

(2') $(i \times i)^{-1}(\tilde{V}) \subset V$ *für jede symmetrische Nachbarschaft* V *von* X.

(3) $i(X)$ *ist dicht in* $\tilde{X}$. Sei $\mathcal{F} \in \tilde{X}$ und $\tilde{V}(\mathcal{F})$ eine Umgebung von $\mathcal{F}$ in $\tilde{X}$. Ist $U \in \mathcal{F}$ klein von der Ordnung V, dann gehört $\mathring{U}$ wegen 12.10 ebenfalls zu $\mathcal{F}$, ist also insbesondere nicht leer. Für $x \in \mathring{U}$ gilt $i(x) = \mathcal{U}(x) \in \tilde{V}(\mathcal{F})$, also gilt $\tilde{V}(\mathcal{F}) \cap i(X) \neq \emptyset$, und damit ist $i(X)$ dicht in $\tilde{X}$. Wir haben außerdem erhalten, dass das Bild eines minimalen Cauchy-Filters $\mathcal{F}$ unter i gegen den Punkt $\mathcal{F} \in \tilde{X}$ konvergiert; denn zu jedem $\tilde{V}(\mathcal{F})$ gibt es ein $\mathring{U} \in \mathcal{F}$ mit $i(\mathring{U}) \subset \tilde{V}(\mathcal{F})$.

(4) $\tilde{X}$ *ist vollständig.* Sei $\mathcal{G}$ ein Cauchy-Filter auf $i(X)$. Wegen der in (2) gezeigten Eigenschaft von i^{-1} ist $i^{-1}(\mathcal{G})$ Basis eines Cauchy-Filters $\mathcal{F}'$ auf X. Zu $\mathcal{F}'$ gibt es einen minimalen Cauchy-Filter $\mathcal{F}$, der gröber als $\mathcal{F}'$ ist. Dann ist $i(\mathcal{F})$ wieder ein Cauchy-Filter auf $i(X)$. Da $\mathcal{F}'$ feiner als $\mathcal{F}$ ist, erweist sich $i(i^{-1})(\mathcal{G}) = \mathcal{G}$ feiner als $i(\mathcal{F})$. Da der von $i(\mathcal{F})$ in $\tilde{X}$ erzeugte Filter in $\tilde{X}$ konvergiert, gilt das Gleiche auch für $\mathcal{G}$. Wegen 12.11 ist $\tilde{X}$ vollständig.

(5) *Nachweis der Eigenschaft* (𝒱). Sei f eine gleichmäßig stetige Abbildung von X in einen separierten, vollständigen Raum Y. Zu $x \in X$ ist $\mathcal{U}(x)$ ein Cauchy-Filter in X, und wegen der gleichmäßigen Stetigkeit von f ist $f(\mathcal{U}(x))$ ein Cauchy-Filter in Y. Da Y vollständig und separiert ist, konvergiert $f(\mathcal{U}(x))$ gegen einen eindeutig bestimmten Punkt aus Y, den wir mit $\tilde{f}_0(x)$ bezeichnen. Dadurch wird eine Abbildung $\tilde{f}_0\colon i(X) \to Y$ definiert. Es gilt $f = \tilde{f}_0 \circ i$. Wir zeigen, dass $\tilde{f}_0$ *gleichmäßig stetig ist.* Zum Nachweis sei U eine Nachbarschaft von Y und V eine symmetrische Nachbarschaft von X, sodass $(f(x), f(x')) \in U$ für $(x, x') \in V$ gilt. Nun gilt nach (2) $(i(x), i(x')) \in \tilde{V}$, d.h. $(x, x') \in V$, also $(\tilde{f}_0(i(x)), \tilde{f}_0(i(x'))) = (f(x), f(x')) \in U$. Deshalb ist $\tilde{f}_0$ gleichmäßig stetig. Durch die Forderung $f = \tilde{f}_0 \circ i$ ist f eindeutig bestimmt. Schließlich setzt sich $\tilde{f}_0$ eindeutig zu einer gleichmäßig stetigen Abbildung $\tilde{f}\colon \tilde{X} \to Y$ fort, s. 12.14, und es gilt $\tilde{f} \circ i = \tilde{f} \circ i = f$.

(6) *Eindeutigkeit von* $(i, \tilde{X})$. Ist $(i', \tilde{X}')$ ein zweites Paar mit den geforderten Eigenschaften, dann gibt es wegen (𝒱) gleichmäßig stetige Abbildungen $h\colon \tilde{X} \to \tilde{X}'$ und $h'\colon \tilde{X}' \to \tilde{X}$, sodass

kommutativ ist. Wenden wir (𝒱) auf $h' \circ h \circ i\colon X \to \tilde{X}$ an, so induziert $h' \circ h$ auf der dichten Teilmenge $i(X)$ von $\tilde{X}$ die Identität und ist deshalb die identische Abbildung von $\tilde{X}$ auf sich. Ebenso folgt $h \circ h' = \mathrm{id}_{\tilde{X}'}$. Also ist $h\colon \tilde{X} \to \tilde{X}'$ ein Isomorphismus. □

12.16 Korollar und Definition. *Ist der uniforme Raum X separiert, so ist die Abbildung $i\colon X \to \tilde{X}$ aus 12.15 ein Isomorphismus von X auf einen dichten Unterraum von $\tilde{X}$. Der Raum $\tilde{X}$ heißt* vollständige Hülle *von X, und X wird mit dem dichten Unterraum $i(X)$ von $\tilde{X}$ vermöge i identifiziert.*

Beweis. Die Gleichung $i(x) = i(x')$ bedeutet, dass die Umgebungsfilter von x und x' übereinstimmen. Daraus folgt $(x, x') \in V$ für alle Nachbarschaften V von X. Da X separiert ist, ergibt sich $x = x'$. Also ist i injektiv. Die gleichmäßige Stetigkeit von i bzw. $i^{-1}\colon i(X) \to X$ folgt aus 12.15 bzw. aus (2') des Beweises von 12.15. □

B Kompaktifizierung vollständig regulärer Räume

Ist X ein topologischer Raum und $f\colon X \to Z$ eine Einbettung von X auf einen dichten Unterraum eines kompakten Raumes Y, so heißt (f, Y) eine *Kompaktifizierung von X*. Analog zum Problem der Vervollständigung stellen wir uns das *Kompaktifizierungsproblem*, zu einem Raum X eine Kompaktifizierung $(\beta, \beta X)$, wobei $\beta\colon X \to \beta X$ eine Abbildung ist, mit folgender Eigenschaft zu konstruieren:

($\mathcal{K}$) Zu jedem kompakten Hausdorff-Raum Y und jeder stetigen Abbildung $f\colon X \to Y$ gibt es eine eindeutig bestimmte stetige Abbildung $f'\colon \beta X \to Y$, sodass

kommutativ ist.

12.17 Definition. Eine Kompaktifizierung $\beta X = (\beta, \beta X)$ von X mit der Eigenschaft ($\mathcal{K}$) heißt *Stone-Čech-Kompaktifizierung von X*.

Die in 8.18 definierte Einpunkt-Kompaktifizierung hat sicher nicht die Eigenschaft ($\mathcal{K}$), wie das folgende Gegenbeispiel zeigt: Ist $X :=]0,1]$ und $f\colon X \to [-1,1]$ die Abbildung $f(x) := \sin\frac{1}{x}$, so lässt sich f nicht auf die Einpunktkompaktifizierung $X' := [0,1]$ von $]0,1]$ fortsetzen.

Soll das Kompaktifizierungsproblem für einen Raum X lösbar sein, dann muss X vollständig regulär sein, da βX als kompakter Raum vollständig regulär ist und damit auch der Unterraum $\beta(X)$ von βX. Für einen vollständig regulären Raum ergibt sich aus der Eigenschaft, dass er in ein Produkt von abgeschlossenen Intervallen eingebettet werden kann, eine Lösung des Kompaktifizierungsproblem:

12.18 Satz. *Zu jedem vollständig regulären Raum X existiert eine Stone-Čech-Kompaktifizierung $(\beta, \beta X)$. Ist $(\beta', \beta' X)$ eine zweite Stone-Čech-Kompaktifizierung, dann gibt es einen eindeutig bestimmten Homöomorphismus $h\colon \beta X \to \beta' X$, sodass das folgende Diagramm kommutativ ist:*

Beweis. Sei $C^*(X)$ die Menge der stetigen, beschränkten, reellwertigen Funktionen. Für jedes $\varphi \in C^*(X)$ liegt der Bildbereich $\varphi(X)$ in einem minimalen, abgeschlossenen, endlichen Intervall $I_\varphi \subset \mathbb{R}$. Dann ergibt

$$e: X \to \prod_{\varphi \in C^*(X)} I_\varphi, \quad x \mapsto (\varphi(x))_{\varphi \in C^*(X)},$$

eine Einbettung, vgl. Beweis von 6.10. Der Abschluss

$$\beta X := \overline{e(X)} \subset \prod_{\varphi \in C^*(X)} I_\varphi$$

von $e(X)$ im Produktraum ist kompakt, $\beta: X \to \beta X$, $x \mapsto (\varphi(x))_{\varphi \in C^*(X)}$, ist eine Einbettung, und $\beta(X)$ liegt dicht in βX, d.h. $(\beta, \beta X)$ ist eine Kompaktifizierung von X.

Wir zeigen nun, dass $(\beta, \beta X)$ die Eigenschaft $(\mathcal{K})$ besitzt. Ist $f: X \to Y$ eine stetige Abbildung in einen kompakten Hausdorff-Raum Y und $e': Y \to \prod_{\psi \in C^*(Y)} I_\psi$ die zu Y gehörige Einbettung, so ergibt sich eine Abbildung

$$F: \prod_{\varphi \in C^*(X)} I_\varphi \to \prod_{\psi \in C^*(Y)} I_\psi, \quad p_\psi(F(t)) = t_{\psi \circ f} \text{ für } t = (t_\varphi)_{\varphi \in C^*(X)};$$

hier bezeichnet p_ψ die Projektion $\prod_{\chi \in C^*(Y)} I\chi \to I_\psi$. Das Diagramm

$$\prod_{\varphi \in C^*(X)} I_\varphi \xrightarrow{\quad F \quad} \prod_{\psi \in C^*(Y)} I_\psi$$

$$\cup \qquad\qquad\qquad \cup$$

$$e(X) \xrightarrow{\quad F|e(X) \quad} e'(Y)$$

$$e \uparrow \qquad\qquad\qquad \uparrow e'$$

$$X \xrightarrow{\qquad f \qquad} Y$$

ist kommutativ; denn für $x \in X$ ist

$$F(e(x)) = F\left((\varphi(x))_{\varphi \in C^*(X)}\right) = (\psi \circ f(x))_{\psi \in C^*(Y)} \in e'(Y),$$

da $f(x) \in Y$, also ist $F(e(X)) \subset e'(Y)$. Für $t = (t_\varphi)_{\varphi \in C^*}$ und $\psi \in C^*(Y)$ ist $p_\psi \circ F$ die Projektion $\prod_{\varphi \in C^*(X)} I_\varphi \to I_{\psi \circ f}$, also stetig, und deshalb ist F stetig, s. 3.10. Ferner ist $F(\beta X) \subset e'(Y)$, weil

$$F(\beta X) = F\left(\overline{e(X)}\right) \subset \overline{F(e(X))} \subset \overline{e'(Y)} = e'(Y).$$

Deshalb können wir $f' = e'^{-1} \circ (F|\beta X)$ definieren, und f' ist stetig. Das Diagramm

ist kommutativ; denn

$$f' \circ \beta(x) = e'^{-1}(F(e(x))) = e'^{-1} \circ e'(f(x)) = f(x), \quad x \in X.$$

Die Eindeutigkeit von f' folgt aus $\beta X = \overline{e(X)}$. Deshalb ist $(\beta, \beta X)$ eine Stone-Čech-Kompaktifizierung von X.

Die Eindeutigkeit von $(\beta, \beta X)$ (bis auf Homöomorphie) folgt wie im Beweis von 12.15, Teil (6). □

Die Bedingung $(\mathcal{K})$ für eine Stone-Čech-Kompaktifizierung $(\beta, \beta X)$ lässt sich, wie wir gleich zeigen werden, abschwächen zu folgender Bedingung:

$(\mathcal{K}')$ *Zu jeder beschränkten, reellwertigen, stetigen Funktion $f\colon X \to \mathbb{R}$ gibt es eine eindeutig bestimmte stetige Funktion $f'\colon \beta X \to \mathbb{R}$, sodass*

kommutativ ist.

12.19 Satz. $(\mathcal{K})$ *und* $(\mathcal{K}')$ *sind äquivalent.*

Beweis. Offenbar gilt $(\mathcal{K}) \implies (\mathcal{K}')$. Wir zeigen nun $(\mathcal{K}') \implies (\mathcal{K})$. Sei $f\colon X \to Y$ eine stetige Abbildung in einen kompakten Hausdorff-Raum Y. Mit den oben verwendeten Bezeichnungen liegt folgende Situation vor:

Für jedes $\psi \in C^*(Y)$ hat $\psi \circ f\colon X \to I_\psi \subset \mathbb{R}$ nach $(\mathcal{K}')$ eine stetige Fortsetzung $g_\psi\colon \beta X \to \mathbb{R}$. Da $\beta(X)$ dicht in βX ist, gilt

$$g_\psi(\beta X) \subset \overline{g_\psi(\beta(X))} \subset \bar{I}_\psi = I_\psi.$$

Wir definieren $G\colon \beta X \to \prod_{\psi \in C^*(Y)} I_\psi$ durch $G(z) := (g_\psi(z))_{\psi \in C^*(Y)}$.

Da $p_\psi \circ G = g_\psi\colon \beta X \to I_\psi$ stetig ist, ist G stetig. Weil Y kompakt, $G(X) \subset e'(Y)$ und $G(X)$ dicht in $G(\beta X)$ ist, wird βX in $e'(Y)$ abgebildet. In $f' := e'^{-1} \circ G$ haben wir eine stetige Abbildung gefunden, die

kommutativ macht. □

Um eine Vorstellung von der Natur der Stone-Čech-Kompaktifizierung zu geben, zeigen wir card $(\beta\mathbb{N}) = \mathfrak{c}^{\mathfrak{c}}$, wobei $\mathfrak{c} := \text{card}([0,1])$ ist, vgl. 0.42. Dazu benötigen wir eine Aussage über das Produkt von Räumen, die dichte, abzählbare Teilmengen besitzen.

12.20 Satz. *Sei I eine nicht-leere Indexmenge, und für jedes $i \in I$ sei X_i ein Hausdorff-Raum, der wenigstens zwei Punkte enthält. Dann besitzt das Produkt $X = \prod_{i \in I} X_i$ genau dann eine dichte, abzählbare Teilmenge, wenn card$(I) \leq \mathfrak{c}$ ist und jeder Faktor X_i eine dichte, abzählbare Teilmenge besitzt.*

Beweis. „$\Longrightarrow$": Da jedes X_i stetiges Bild von X unter der Projektionsabbildung ist, besitzt auch X_i eine abzählbare, dichte Teilmenge. Sei D eine abzählbare, dichte Teilmenge von X. Zu jedem $i \in I$ gibt es disjunkte, nicht-leere, offene Teilmengen V_i und W_i von X_i. Wir definieren eine Funktion f_i auf D durch

$$f_i(X) := \begin{cases} 0 & \text{für } x \in D \text{ und } x_i \in V_i, \\ 1 & \text{für } x \in D \text{ und } x_i \notin V_i. \end{cases}$$

Die Abbildung $i \mapsto f_i$ ist injektiv; denn zu $i \neq k$, $i, k \in I$, gibt es ein $y = (y_j)_{j \in J} \in D$ mit $y_i \in V_i$ und $y_k \in W_k$, also $f_i(y) = 0$ und $f_k(y) = 1$. Es folgt

$$\text{card}(I) \leq \text{card} \{f \mid f(D) \subset \{0,1\}\} \leq 2^{\text{card}(\mathbb{N})} = \mathfrak{c}.$$

„$\Longleftarrow$": Nun besitze jedes X_i eine abzählbare, dichte Teilmenge, und es sei card$(I) \leq \mathfrak{c}$. Ist I endlich, dann ist die Behauptung leicht einzusehen. Nehmen wir also o.B.d.A. an, dass I eine dichte Teilmenge von $\mathbb{R}$ ist. Für jedes $i \in I$ sei $D_i := \{x_i(n) \mid n \in \mathbb{N}\}$ eine abzählbare, dichte Teilmenge von X_i. Die Menge

$$T = \{t = (r_1, \ldots, r_{m-1}, k_1, \ldots, k_m) \mid \quad r_1, \ldots, r_{m-1} \in \mathbb{Q}, \; k_1, \ldots, k_m \in \mathbb{N},$$
$$r_1 < r_2 < \ldots < r_{m-1}, \quad m \geq 2\}$$

ist abzählbar. Für $t \in T$ definieren wir $x(t) := (x_i(t))_{i \in I}$ durch

$$x_i(t) := \begin{cases} x_i(k_1) & \text{für } i \leq r_1, \\ x_i(k_p) & \text{für } r_{p-1} < i \leq r_p, \\ x_i(k_m) & \text{für } r_{m-1} < i. \end{cases}$$

Dann ist $\{x(t) \mid t \in T\}$ eine abzählbare, dichte Teilmenge von X. Sei nämlich $\prod_{i \in I} O_i \neq \emptyset$ eine Basismenge der Topologie von X (s. 3.7) mit $O_i \neq X_i$ für $i = i(1), \ldots, i(m)$ mit $i(1) < i(2) < \ldots < i(m)$ und $O_i = X_i$ sonst. Wir wählen rationale Zahlen $r(1), \ldots, r(m-1)$, sodass

$$i(1) < r(1) < \ldots < i(m-1) < r(m-1) < i(m)$$

gilt. Da D_i dicht in X_i ist, gibt es für $p \in \{1, \ldots, m\}$ ein $k(p) \in \mathbb{N}$, sodass $x_{i(p)}(k_p) \in O_{i(p)}$. Also gilt $x(t) \in \prod_{i \in I} O_i$ für $t = (r_1, \ldots, r_{m-1}, k_1, \ldots, k_m)$. $\qquad\square$

12.21 Satz. $\mathrm{card}(\beta\mathbb{N}) = \mathfrak{c}^{\mathfrak{c}}$.

Beweis. Das Produkt $[0,1]^{[0,1]}$ besitzt nach Satz 12.20 eine abzählbare, dichte Teilmenge D, da $[0,1]$ eine solche besitzt. Sei $g\colon \mathbb{N} \to D$ eine surjektive Abbildung. Da g stetig ist, existiert eine stetige Fortsetzung $\bar{g}\colon \beta\mathbb{N} \to [0,1]^{[0,1]}$ mit

$$
\begin{array}{ccc}
\mathbb{N} & \xrightarrow{\ \beta\ } & \beta\mathbb{N} \\
& \searrow\!{\scriptstyle g} & \downarrow{\scriptstyle \bar{g}} \\
& & [0,1]^{[0,1]}.
\end{array}
$$

Da $\beta\mathbb{N}$ kompakt ist, ist $\bar{g}(\beta\mathbb{N})$ eine abgeschlossene Menge, die D enthält. Aus $\bar{D} = [0,1]^{[0,1]}$ und $D \subset \bar{g}(\beta\mathbb{N})$ folgt, dass $\bar{g}$ ebenfalls surjektiv ist, und deshalb gilt

$$\mathrm{card}(\beta\mathbb{N}) \geq \mathrm{card}([0,1]^{[0,1]}) = \mathfrak{c}^{\mathfrak{c}}.$$

Da die Menge aller stetigen Abbildungen von $\mathbb{N}$ in $[0,1]$ die Mächtigkeit

$$\mathrm{card}(C(\mathbb{N},[0,1])) = \mathrm{card}([0,1]^{\mathbb{N}}) = \mathrm{card}([0,1]) = \mathfrak{c}$$

hat und $\beta\mathbb{N}$ nach Beweis von 12.18 in $[0,1]^{C(\mathbb{N},[0,1])}$ eingebettet ist, folgt $\mathrm{card}(\beta\mathbb{N}) \leq \mathfrak{c}^{\mathfrak{c}}$. $\qquad\square$

$\beta\mathbb{N}$ ist ein Beispiel für eine Stone-Čech-Kompaktifizierung, die durch Hinzunahme „sehr vieler" Punkte aus $\mathbb{N}$ entsteht. Dass die Stone-Čech-Kompaktifizierung auch mit der Alexandroff-Kompaktifizierung, bei der nur ein Punkt hinzugenommen wird, übereinstimmen kann, zeigt folgendes

12.22 Beispiel. *Eine Stone-Čech-Kompaktifizierung von* Ω_0 *ist* Ω, s. 5.3. Da $\Omega = \Omega_0 \cup \{\omega_1\}$ die Alexandroff-Kompaktifizierung von Ω_0 ist, liegt Ω_0 dicht in Ω. Um einzusehen, dass Ω auch eine Stone-Čech-Kompaktifizierung von Ω_0 ist, benutzen wir das Kriterium 12.19 und zeigen, dass jede stetige Funktion $f\colon \Omega_0 \to \mathbb{R}$ eine eindeutig bestimmte Fortsetzung $f'\colon \Omega \to \mathbb{R}$ besitzt:

Dazu beweisen wir, dass jede stetige Funktion $f\colon \Omega_0 \to \mathbb{R}$ von einer Stelle $\rho \in \Omega_0$ an konstant ist. Zunächst zeigen wir, dass es eine Folge $(\alpha_n)_{n\in\mathbb{N}^*}$ in Ω_0 gibt mit der Eigenschaft

$$|f(\alpha) - f(\alpha_n)| < \frac{1}{n} \quad \text{für alle } \alpha > \alpha_n.$$

Falls keine solche Folge existiert, gibt es ein $n_0 \in \mathbb{N}^*$, zu dem eine aufsteigende Folge $(\gamma_k)_{k\in\mathbb{N}}$ in Ω_0 mit $|f(\gamma_k) - f(\gamma_{k-1})| \geq \frac{1}{n_0}$ für alle $k \in \mathbb{N}$ gehört. Die

Folge $(\gamma_k)_{k\in\mathbb{N}}$ konvergiert gegen ihre obere Grenze γ, $(f(\gamma_k))_{k\in\mathbb{N}}$ konvergiert jedoch nicht. Dies steht im Widerspruch zur Stetigkeit von f. Folglich gibt es die oben beschriebene Folge $(\alpha_n)_{n\in\mathbb{N}^*}$. Dann ist $\rho := \sup\{\alpha_n \mid n \in \mathbb{N}^*\}$ aus Ω_0, und f ist konstant auf $[\rho, \omega_1[$. Deshalb lässt sich f stetig fortsetzen durch

$$f'\colon \Omega \to \mathbb{R} \quad \text{mit } f'|\Omega_0 := f \quad \text{und } f'(\omega_1) := f(\rho).$$

Aufgaben

12.A1 Die Metriken $d_1(x,y) := |x-y|$ und $d_2(x,y) := |\frac{x}{1+|x|} - \frac{y}{1+|y|}|$ induzieren dieselbe Topologien auf $\mathbb{R}$, s. 2.2 (h). Zeigen Sie: Es gibt eine Cauchy-Folge in $(\mathbb{R}, d_2)$, die keine Cauchy-Folge in $(\mathbb{R}, d_1)$ ist.

12.A2 Jede Cauchy-Folge $(x_n)_{n\in\mathbb{N}}$ in $\mathbb{R}$ konvergiert gegen $\sup_{m\in\mathbb{N}}(\inf_{i\geq m} x_k)$.

12.A3 Zeigen Sie 12.6.

12.A4 Zeigen Sie 12.9.

12.A5 In $\mathbb{Q}$ sei die Folge $(x_n)_{n\in\mathbb{N}}$, definiert durch $x_n := \sum_{p=0}^n 2^{-p(p+1)/2}$. Dann ist $(x_n)_{n\in\mathbb{N}}$ eine Cauchy-Folge, die keinen Limespunkt in $\mathbb{Q}$ besitzt.

12.A6 Es ist d in 12.9 (c) eine Metrik auf ℓ^2, in der ℓ^2 vollständig ist. Die abgeschlossene Einheitskugel in ℓ^2 ist nicht kompakt.

12.A7 Vervollständigen Sie den Beweis von 12.14.

12.A8 *Wallman-Kompaktifizierung.* Sei X ein Hausdorff-Raum und γX die Menge der abgeschlossenen Ultrafilter auf X, s. 5.A7. Für eine abgeschlossene Menge $A \subset X$ sei $\mathrm{cl}(A) := \{\mathcal{F} \in \gamma X \mid A \in \mathcal{F}\}$. Sei $\mathcal{A} := \{\mathrm{cl}(A) \mid A \subset X, A$ abgeschlossen$\}$. Dann gilt:

(a) $\mathcal{A}$ ist eine Basis für die abgeschlossenen Mengen einer Topologie auf γX.

(b) Die Abbildung $\gamma\colon X \to \gamma X$, die jedem $x \in X$ den eindeutig bestimmten gegen x konvergierenden Ultrafilter in γX zuordnet, ist eine Einbettung von X in γX.

(c) Ist $A \subset X$ eine abgeschlossene Menge in X, dann ist $\mathrm{cl}(A)$ der Abschluss von $\gamma(A)$ in γX. Also liegt $\gamma(X)$ dicht in γX.

(d) γX ist kompakt.

(e) $(\gamma, \gamma X)$ besitzt die Eigenschaft $(\mathcal{K})$.

(f) γX ist genau dann Hausdorff'sch, wenn X normal ist. In diesem Fall ist γX eine Stone-Čech-Kompaktifizierung βX.

12.A9 Der Ordinalzahlraum Ω_0 besitzt eine eindeutig bestimmte uniforme Struktur $\mathcal{U}$, die die gewöhnliche Topologie auf Ω_0 induziert. Der uniforme Raum $(\Omega_0, \mathcal{U})$ ist nicht vollständig.

12.A10 Ist X ein vollständig regulärer Raum, Y ein kompakter Raum und ist $f\colon X \to Y$ ein Homöomorphismus von X auf $f(X)$, so bildet die Fortsetzung f' von f auf die Stone-Cech-Kompaktifizierung βX die Menge $\beta X \backslash X$ in $Y \backslash f(X)$ ab.

12.A11 Wir fassen $\mathbb{R}$ als additive Gruppe auf und nehmen die zugehörige uniforme Struktur $\mathcal{U}$, s. 11.6 (f). Sei $f\colon \mathbb{R} \to \mathbb{R}$ die Abbildung $x \mapsto x^3$. Zeigen Sie: Die initiale uniforme Struktur auf dem Urbildraum $\mathbb{R}$ bezüglich f ist echt feiner als $\mathcal{U}$; die Cauchy-Filter sind jedoch für beide uniformen Strukturen die gleichen.

12.A12 Ist $f\colon X \to Y$ stetig, dann gibt es ein stetiges $\beta f\colon \beta X \to \beta Y$, sodass folgendes Diagramm kommutativ ist:

13 Vollständige, Polnische und Baire'sche Räume

In diesem Kapitel besprechen wir topologische Räume mit besonderen Kompaktheits-, Vollständigkeits- oder Dichtigkeitsmerkmalen. Als Anwendungen werden einige Aussagen über „kritische" Punkte von Abbildungen geschildert.

A Vollständige Räume

Ein uniformer Raum ist genau dann vollständig, wenn jeder Cauchy-Filter $\mathcal{F}$ einen Berührungspunkt hat (s. 12.9 und 12.5). Die Charakterisierung der kompakten Räume durch Filter (s. 8.2 (c)) legt nahe, Beziehungen zwischen vollständigen und kompakten Räumen zu untersuchen. Dazu zunächst die folgende

13.1 Definition. Ein uniformer Raum X heißt *präkompakt*, wenn zu jeder Nachbarschaft V von X eine endliche Überdeckung von X existiert, deren Mengen alle klein von der Ordnung V sind. Eine Teilmenge $A \subset X$ heißt präkompakt, wenn der uniforme Unterraum A präkompakt ist. Präkompakte metrische Räume heißen auch *totalbeschränkt*.

13.2 Satz. *Ein separierter uniformer Raum X ist genau dann präkompakt, wenn seine vollständige Hülle $\tilde{X}$ ein kompakter Hausdorff-Raum ist.*

Beweis. „$\Longrightarrow$": Nach Definition ist $\tilde{X}$ ein Hausdorff-Raum, vgl. 12.15. Es bleibt zu zeigen, dass $\tilde{X}$ kompakt ist. Dazu zeigen wir, dass *jeder Ultrafilter $\mathcal{F}$ auf $\tilde{X}$ ein Cauchy-Filter ist*; aus der Vollständigkeit von $\tilde{X}$ folgt dann die Existenz eines Limespunktes. Sei $\tilde{i}\colon X \to \tilde{X}$ die Einbettung aus 12.16, U eine abgeschlossene Nachbarschaft von $\tilde{X}$ und $V := (i \times i)^{-1}(y)$. Ist (A_k), $1 \le k \le n$, eine endliche Überdeckung von X mit Mengen, die klein von der Ordnung V sind, so bilden die $B_k := i(A_k)$ eine Überdeckung von $i(X)$ durch kleine Mengen der Ordnung U. Dann ist $\tilde{X} = \bigcup_{k=1}^{n} \bar{B}_k$. Die $\bar{B}_k$ sind ebenfalls klein von der Ordnung U, da U abgeschlossen ist. Es muss mindestens ein $\bar{B}_k$ zu $\mathcal{F}$ gehören, da der Ultrafilter $\mathcal{F}$ eine der Mengen $\bar{B}_k$ und $\tilde{X} \backslash \bar{B}_k$ enthält, vgl. 5.A8. Somit enthält $\mathcal{F}$ Mengen beliebig kleiner Ordnung U. Da die abgeschlossenen Nachbarschaften ein Fundamentalsystem von $\tilde{X}$ bilden, s. 11.7, ist $\mathcal{F}$ ein Cauchy-Filter.

„
⟸ ": Sei U eine beliebige Nachbarschaft von $\tilde{X}$ und W eine symmetrische Nachbarschaft mit $W^2 \subset U$. Da $\tilde{X}$ kompakt ist, gibt es endlich viele $x_i \in \tilde{X}$, $1 \leq i \leq n$, sodass $(W(x_i))_{1 \leq i \leq n}$ eine Überdeckung von $\tilde{X}$ ist. Die $W(x_i)$ sind klein von der Ordnung U; ihre Urbilder bezüglich i bilden eine Überdeckung von X mit Mengen, die klein von der Ordnung $(i \times i)^{-1}(U)$ sind.   □

13.3 Korollar. *Ein separierter uniformer Raum ist genau dann kompakt, wenn er präkompakt und vollständig ist.*   □

Charakterisierende Eigenschaften präkompakter Räume durch Filter finden sich in 13.A1.

13.4 Beispiele.
  (a) In einem separierten uniformen Raum ist die Menge der Punkte einer Cauchy-Folge eine präkompakte Menge.
  (b) In einem separierten uniformen Raum ist jede Teilmenge mit kompaktem Abschluss präkompakt.
  (c) $[0, 1] \cap \mathbb{Q}$ ist präkompakt.

Ist X ein kompakter Hausdorff-Raum, so ist X vollständig regulär und nach 11.22 uniformisierbar. Als uniformer Raum ist X nach 13.3 vollständig. Es gilt sogar

13.5 Satz. *Ein kompakter Hausdorff-Raum X ist auf genau eine Weise uniformisierbar, und zwar besteht der Nachbarschaftsfilter von X aus allen Umgebungen der Diagonalen Δ von $X \times X$.*

Beweis. In jedem uniformen Raum X sind die Nachbarschaften von X Umgebungen von Δ in $X \times X$ (Beweis als Aufgabe 13.A2). Ist X ein kompakter Hausdorff-Raum, dann ist X vollständig regulär und nach 11.22 uniformisierbar. Sei $\mathcal{U}$ eine uniforme Struktur von X. Es bleibt zu zeigen, dass jede Umgebung von Δ zu $\mathcal{U}$ gehört. Angenommen, es gibt eine Umgebung V von Δ, die nicht zu $\mathcal{U}$ gehört. Dann bildet $\{U \cap (X \times X \backslash V) \mid U \in \mathcal{U}\}$ eine Basis für einen Filter $\mathcal{F}$ auf $X \times X$, der feiner als $\mathcal{U}$ ist. Da $X \times X$ kompakt ist, besitzt $\mathcal{F}$ und damit auch $\mathcal{U}$ einen Berührungspunkt $(x_1, x_2) \notin \Delta$. Nach 11.7 und 11.10 (b) gilt aber $\bigcap_{U \in \mathcal{U}} \bar{U} = \Delta$, d.h. $\mathcal{U}$ kann (x_1, x_2) nicht als Berührungspunkt haben.   □

B Vollständige metrische Räume

Ein separierter uniformer Raum $(X, \mathcal{U})$ besitzt nach 12.15 und 12.16 stets eine separierte Vervollständigung $(\tilde{X}, \tilde{\mathcal{U}})$, die vollständige Hülle von X. Für metrische Räume (X, d) stellt sich nun die Frage, ob die uniforme Struktur der vollständigen Hülle wieder durch eine Metrik gewonnen werden kann. Der folgende Satz beantwortet diese Frage positiv:

13.6 Satz. *Jeder metrische Raum (X, d) lässt sich dicht in einen vollständigen metrischen Raum $(\tilde{X}, \tilde{d})$ einbetten.*

Beweis. (X, d) lässt sich in seiner von der Metrik induzierten uniformen Struktur $\mathcal{U}$ nach Satz 12.15 vervollständigen. Sei $(\tilde{X}, \tilde{\mathcal{U}})$ die vollständige Hülle von X. Da X dicht in $\tilde{X}$ ist, liegt $X \times X$ dicht in $\tilde{X} \times \tilde{X}$. Nun läßt sich die Metrik $d\colon X \times X \to \mathbb{R}$ fortsetzen zu einer gleichmässig stetigen Funktion $\tilde{d}\colon \tilde{X} \times \tilde{X} \to \mathbb{R}$, vgl. 12.14. Dass $\tilde{d}$ die Eigenschaften einer Metrik auf $\tilde{X}$ erfüllt, stellen wir als Aufgabe 13.A3.

Es bleibt noch zu zeigen, dass $\tilde{d}$ die uniforme Struktur $\tilde{\mathcal{U}}$ von $\tilde{X}$ induziert. Die Familie der abgeschlossenen Mengen $\tilde{V}(\varepsilon) := \tilde{d}^{-1}([0, \varepsilon]), \varepsilon > 0$, bildet nach 11.6 (a) und 11.7 eine Basis der zu $\tilde{d}$ gehörigen uniformen Struktur. Es ist $W(\varepsilon) := \tilde{V}(\varepsilon) \cap (X \times X)$ eine Nachbarschaft von X und nach 11.20 ist $\overline{W(\varepsilon)}$ eine Nachbarschaft von $\tilde{X}$. Nun ist aber $\overline{W(\varepsilon)} \subset \tilde{V}(\varepsilon) = \tilde{V}(\varepsilon)$, folglich ist auch $\tilde{V}(\varepsilon)$ eine Nachbarschaft von $\tilde{X}$. Deshalb ist $\tilde{\mathcal{U}}$ feiner als die zu $\tilde{d}$ gehörige uniforme Struktur.

Ist umgekehrt $\tilde{V}$ eine abgeschlossene Nachbarschaft von $\tilde{X}$, dann enthält $\tilde{V} \cap (X \times X)$ eine Nachbarschaft der Form $d^{-1}([0, \varepsilon[) = \tilde{d}^{-1}([0, \varepsilon[) \cap (X \times X)$. Da $d^{-1}([0, \varepsilon[)$ dicht in $\tilde{d}^{-1}([0, \varepsilon[)$ ist, gilt

$$\tilde{d}^{-1}([0, \varepsilon[) \subset \overline{d^{-1}([0, \varepsilon[)} \subset \overline{\tilde{V}} = \tilde{V}.$$

Da die Abschlüsse der Nachbarschaften eines Fundamentalsystems ein Fundamentalsystem von Nachbarschaften bilden, s. 11.7, ist die zu $\tilde{d}$ gehörige uniforme Struktur feiner als $\tilde{\mathcal{U}}$. $\qquad\square$

Da ein metrischer Raum das 1. Abzählbarkeitsaxiom erfüllt, können wir die Cauchy-Filter durch Cauchy-Folgen ersetzen und erhalten die folgende Charakterisierung der vollständigen metrischen Räume:

13.7 Korollar. *Ein metrischer Raum X ist genau dann vollständig, wenn jede Cauchy-Folge in X konvergiert.* $\qquad\square$

13.8 Definition. Sei (X, d) ein metrischer Raum. Der *Durchmesser* einer Teilmenge $A \subset X$ wird definiert als $\delta(A) := \sup\{d(x, y) \mid x, y \in A\}$, falls $A \neq \emptyset$ ist, und $\delta(\emptyset) := 0$.

Der Durchmesser einer Menge braucht nicht endlich zu sein.

13.9 Beispiele.
(a) $\delta(B(x,r)) \leq 2 \cdot r$.
(b) $\delta(A) = 0 \Longleftrightarrow A = \emptyset$ oder A ist einpunktig.
(c) In einem metrischen Raum ist eine Menge $A \subset X$ genau dann klein von der Ordnung ε, wenn $\delta(A) \leq \varepsilon$ ist.

13.10 Satz. *In einem metrischen Raum (X,d) sind folgende Aussagen äquivalent:*

(a) *X ist vollständig.*

(b) *Der Durchschnitt einer Folge nicht-leerer, abgeschlossener Teilmengen $(A_n)_{n\in\mathbb{N}}$ in X mit $A_n \supset A_{n+1}$, $n \in \mathbb{N}$, und $\inf \delta(A_n) = 0$ besteht aus genau einem Punkt.*

Beweis. (a) $\Longrightarrow$ (b): Sei X vollständig und $(A_n)_{n\in\mathbb{N}}$ eine Folge mit den Eigenschaften aus (b). Aus jedem A_n wählen wir ein Element a_n. Dann ist $(a_n)_{n\in\mathbb{N}}$ eine Cauchy-Folge, die gegen ein $a \in \bigcap_{n\in\mathbb{N}} \bar{A}_n = \bigcap_{n\in\mathbb{N}} A_n$ konvergiert. Wegen $\inf \delta(A_n) = 0$ besteht $\bigcap_{n\in\mathbb{N}} A_n$ offenbar nur aus einem Punkt.

(b) $\Longrightarrow$ (a): Sei $(x_n)_{n\in\mathbb{N}}$ eine Cauchy-Folge in X. Die Voraussetzungen von (b) sind für $A_k := \{x_n \mid n \geq k\}$, $k \in \mathbb{N}$, erfüllt. Also gibt es ein $x \in \bigcap_{n\in\mathbb{N}} A_n$. Zu jedem $\varepsilon > 0$ gibt es ein n_0, sodass für alle $n \geq n_0$ stets $d(x_n, x) \leq \delta(A_{n_0}) < \varepsilon$ gilt; deshalb ist x ein Limespunkt von $(x_n)_{n\in\mathbb{N}}$. $\square$

Dass auf die Bedingung $\inf \delta(A_n) = 0$ nicht verzichtet werden kann, zeigt folgendes Beispiel: Ist $X := \mathbb{R}$ mit der euklidischen Metrik und $A_k := \{x \in \mathbb{R} \mid x \geq k\}$, $k \in \mathbb{N}$, so ist der Durchschnitt aller A_k leer.

Präkompakte metrische Räume werden charakterisiert in

13.11 Satz. *In einem metrischen Raum X sind folgende Aussagen äquivalent:*

(a) *X ist präkompakt.*
(b) *Zu jedem $\varepsilon > 0$ gibt es eine endliche offene Überdeckung $(U_i)_{1 \leq i \leq n(\varepsilon)}$ von X mit $\delta(U_i) \leq \varepsilon$.*
(c) *Jede Folge in X besitzt eine Cauchy-Teilfolge.*

Beweis. (a) $\Longrightarrow$ (b) nach 13.9 (c). (b) $\Longrightarrow$ (c) ergibt sich aus dem Intervallschachtelungsprinzip, vgl. 13.A16.

(c) $\Longrightarrow$ (a): Angenommen, X ist nicht präkompakt. Dann gibt es ein $\varepsilon > 0$, sodass keine endliche Überdeckung von X existiert, deren Mengen alle einen Durchmesser $\leq \varepsilon$ haben, s. 13.9 (c). Durch vollständige Induktion nach n können wir eine Folge $(x_n)_{n\in\mathbb{N}}$ finden, sodass $d(x_i, x_n) > \varepsilon$ ist für alle $i < n$. Die Folge $(x_n)_{n\in\mathbb{N}}$ besitzt keine Cauchy-Teilfolge. $\square$

13.12 Korollar.

(a) *Ein präkompakter metrischer Raum besitzt eine abzählbare dichte Teilmenge.*

(b) *Ein metrisierbarer topologischer Raum mit einer abzählbaren dichten Teilmenge besitzt eine Metrik, in der er präkompakt ist.*   □

C Polnische Räume

In Zussammeng mit der Maßtheorie haben polnische und russische Mathematiker Anfang des 20. Jahrhunderts die im folgenden behandelten Räume untersucht.

13.13 Definition. Ein topologischer Raum X heißt *vollständig metrisierbar*, wenn es eine Metrik auf X mit den folgenden Eigenschaften gibt:

(a) d induziert die Topologie von X;

(b) (X, d) ist vollständig.

Bemerkung. Die Vollständigkeit eines metrischen Raumes X ist eine Eigenschaft der Metrik auf X; die vollständige Metrisierbarkeit ist eine Eigenschaft der Topologie von X. Nach Aufgabe 12.A1 gibt es eine Metrik auf $\mathbb{R}$, für die die Folge $(n)_{n \in \mathbb{N}}$ eine Cauchy-Folge in $\mathbb{R}$ ist, jedoch nicht konvergiert; in dieser Metrik ist $\mathbb{R}$ nicht vollständig. Dagegen ist $\mathbb{R}$ vollständig metrisierbar; denn in der euklidischen Metrik ist $\mathbb{R}$ vollständig. Es gibt metrische Räume, die nicht vollständig metrisierbar sind, z.B. $\mathbb{Q}$ (s. 13.A5). Dagegen ist $\mathbb{R}\backslash\mathbb{Q}$ erstaunlicher Weise vollständig metrisierbar! (Siehe 13.19).

Eine große Bedeutung für die Maßtheorie hat die folgende Teilklasse der vollständig metrisierbaren Räume.

13.14 Definition. Ein topologischer Raum heißt *polnisch*, wenn er vollständig metrisierbar ist und eine abzählbare Basis besitzt, also dem 2. Abzählbarkeitsaxiom genügt.

13.15 Beispiele.

(a) $\mathbb{R}^n$ ist ein polnischer Raum, ebenso $[0, 1]^{\mathbb{N}}$, versehen mit der Metrik wie in 1.2 (i).

(b) Ein nicht-abzählbarer, diskreter Raum ist vollständig metrisierbar, aber nicht polnisch.

(c) $\mathbb{R}\backslash\mathbb{Q}$ ist ein polnischer Raum (s. 13.19).

13.16 Satz.

(a) *Jeder abgeschlossene Unterraum eines polnisches Raumes ist polnisch.*

(b) *Das Produkt einer abzählbaren Menge polnischer Räume ist polnisch.*

(c) *Jeder offene Unterraum eines polnischen Raumes ist polnisch.*

Beweis. Die Eigenschaft, das 2. Abzählbarkeitsaxiom zu erfüllen, vererbt sich auf Unterräume und abzählbare Produkte. (a) und (b) folgen deshalb aus 12.13 und 10.14.

(c): Sei X ein polnischer Raum, d eine Metrik auf X, in der X vollständig ist, $U \subset X$ offen und $U \neq X$. Die Menge

$$V := \{(t, x) \in \mathbb{R} \times X \mid t \cdot d(x, X \backslash U) = 1\}$$

ist abgeschlossener Unterraum von $\mathbb{R} \times X$, da $\mathbb{R} \times X \to \mathbb{R}, (t, x) \mapsto t \cdot d(x, X \backslash U)$ stetig ist; nach (a) und (b) ist V polnisch. Die Einschränkung der Projektion $p_2 \colon \mathbb{R} \times X \to X$ auf V ist ein Homöomorphismus von V auf U; damit ist auch U polnisch.   □

13.17 Satz. *Ein lokalkompakter, metrisierbarer Raum X, der abzählbar im Unendlichen ist, ist polnisch.*

Beweis. Die Einpunktkompaktifizierung X' von X ist metrisierbar und hat eine abzählbare Basis nach 10.15. In seiner eindeutig bestimmten uniformen Struktur ist X' vollständig, s. 13.5. Also ist X' polnisch, und somit auch der offene Unterraum X von X'.   □

Mit Hilfe des folgenden Satzes soll gezeigt werden, dass $\mathbb{R} \backslash \mathbb{Q}$ ein polnischer Raum ist.

13.18 Satz. *Für einen Hausdorff-Raum X ist der Durchschnitt einer Folge $(A_n)_{n \in \mathbb{N}}$ von polnischen Unterräumen von X wieder ein polnischer Unterraum.*

Beweis. Die Restriktion der Abbildung

$$f \colon X \to X^{\mathbb{N}}, \ x \mapsto (x_n)_{n \in \mathbb{N}} \quad \text{mit } x_n := x \ \forall n \in \mathbb{N},$$

auf $\bigcap_{n \in \mathbb{N}} A_n$ ist ein Homöomorphismus von $\bigcap_{n \in \mathbb{N}} A_n$ auf die Diagonale

$$\Delta = \{(x_n)_{n \in \mathbb{N}} \mid x_n = x \in A_n \ \forall n \in \mathbb{N}\} \subset \prod_{n \in \mathbb{N}} A_n.$$

Da Δ abgeschlossen ist, folgt aus 13.16 (a) und (b), dass $\bigcap_{n \in \mathbb{N}} A_n$ polnisch ist.   □

13.19 Korollar. *Der Unterraum der irrationalen Zahlen $\mathbb{R} \backslash \mathbb{Q}$ in $\mathbb{R}$ ist polnisch.*

Beweis. $(r_n)_{n\in\mathbb{N}}$ sei eine Folge rationaler Zahlen, die jede rationale Zahl enthält. Dann ist $\mathbb{R}\backslash\mathbb{Q} = \bigcap_{n\in\mathbb{N}}(\mathbb{R}\backslash\{r_n\})$ Durchschnitt einer Folge von offenen Mengen in $\mathbb{R}$. Nach 13.16 (c) und 13.18 ist $\mathbb{R}\backslash\mathbb{Q}$ polnisch.   □

13.20 Satz (Mazurkiewicz). *Ein Unterraum A eines polnischen Raumes X ist genau dann polnisch, wenn A eine G_δ-Menge in X ist.*

Beweis. „$\Longleftarrow$": Ergibt sich direkt aus 13.16 (c) und 13.18.

„$\Longrightarrow$": X bzw. A sei vollständig bezüglich der Metrik d bzw. d_A. Für $n \in \mathbb{N}$ sei

$$A_n := \{x \in \bar{A} \mid \exists\, U \text{ offen in } X,\ x \in U,\ \delta_A(U \cap A) < \frac{1}{n+1}\}.$$

Dann ist A_n offen in $\bar{A}$ und enthält A. Ist $x \in \bigcap_{n\in\mathbb{N}} A_n$, so ist $x \in \bar{A}$, und der von $(U \cap A)_{U\in\mathcal{U}(x)}$ erzeugte Filter auf A ist ein Cauchy-Filter, der offenbar gegen x konvergiert. Nach Voraussetzung konvergiert er gegen einen Punkt aus A, also $x \in A$. Hieraus folgt $A = \bigcap_{n\in\mathbb{N}} A_n$. Für $n \in \mathbb{N}$ sei U_n eine in X offene Menge mit $U_n \cap \bar{A} = A_n$. Da X metrisierbar und $\bar{A}$ in X abgeschlossen ist, gibt es eine Folge $(V_n)_{n\in\mathbb{N}}$ von in X offenen Mengen mit $\bar{A} = \bigcap_{n\in\mathbb{N}} V_n$, s. 7.A1 (a). Dann ist $A = \bigcap_{n\in\mathbb{N}}(U_n \cap V_n)$, also abzählbarer Durchschnitt der in X offenen Mengen $U_n \cap V_n$, d.h. A ist eine G_δ-Menge.   □

13.21 Korollar. *Ein topologischer Raum ist genau dann polnisch, wenn X homöomorph zu einer G_δ-Menge in $[0,1]^{\mathbb{N}}$ ist.*

Beweis. „$\Longleftarrow$" folgt aus 13.15 (a) und 13.20.

„$\Longrightarrow$": Jeder metrisierbare Raum, der das 2. Abzählbarkeitsaxiom erfüllt, ist nach dem 1. Metrisationssatz von Urysohn, Satz 10.15, homöomorph zu einem Unterraum von $[0,1]^{\mathbb{N}}$.   □

D Baire'sche Räume

Wir erinnern daran, dass eine Menge B *nirgends dicht* in einem topologischen Raum ist, wenn $\bar{B}$ keine inneren Punkte enthält: $\overset{\circ}{\bar{B}} = \emptyset$, s. 2.14. Diesen Begriff verallgemeinern wir im Folgenden zu dem der mageren Mengen und erhalten dann mit deren Hilfe eine Klasse von Räumen, die z.B. für Fragen der Analysis überraschende Antworten geben, vgl. Abschnitt E.

13.22 Definition. Eine Teilmenge A eines topologischen Raumes X heißt *mager* oder *von 1. Kategorie*, wenn sie Vereinigung eines abzählbaren Systems nirgends dichter Mengen ist. Eine nicht-magere Menge wird auch als *Menge von 2. Kategorie* bezeichnet.

13.23 Satz.

(a) *Jede Teilmenge einer mageren Menge ist mager.*

(b) *Die Vereinigung einer abzählbaren Familie magerer Mengen ist mager.*

$\square$

13.24 Beispiele.

(a) $\mathbb{Q}$ ist eine magere Menge in $\mathbb{R}$.

(b) $\mathbb{R}$ ist von zweiter Kategorie in $\mathbb{R}$, aber von 1. Kategorie in $\mathbb{C}$ (vgl. 13.A19).

(c) Ein magerer topologischer Raum braucht nicht notwendig abzählbar zu sein: So ist die überabzählbare Menge $(\mathbb{Q} \times \mathbb{Q}) \cup (\mathbb{R} \times \{0\})$ mit der von $\mathbb{R} \times \mathbb{R}$ induzierten Topologie mager; denn sie enthält keinen inneren Punkt. Ebenso ist das Cantor'sche Diskontinuum T (s. 2.17) eine nicht-abzählbare, magere Menge in $[0,1]$.

13.25 Satz. *Sei X ein topologischer Raum. Dann sind folgende Aussagen äquivalent:*

(a) *Die Vereinigung jeder abzählbaren Familie abgeschlossener Teilmengen von X ohne innere Punkte hat keinen inneren Punkt.*

(b) *Der Durchschnitt jeder abzählbaren Familie offener, dichter Teilmengen von X ist wieder dicht in X.*

(c) *Jede offene, nicht-leere Teilmenge von X ist nicht mager.*

(d) *Das Komplement jeder mageren Teilmenge in X ist dicht in X.* $\square$

Beweis. (a) $\Longrightarrow$ (b): Ist $O_1, O_2, \ldots$ ein abzählbares System offener, dichter Mengen von X, so ist $X \backslash O_1, X \backslash O_2, \ldots$ ein abzählbares System abgeschlossener, nirgends dichter Mengen. Nach (a) ist das Innere von $\bigcup_n (X \backslash O_n)$ leer, also ist

$$X = \overline{X \backslash \bigcup_n (X \backslash O_n)} = \overline{\bigcap_n O_n}.$$

(b) $\Longrightarrow$ (c): Die offene, nicht-leere Menge O sei die abzählbare Vereinigung nirgends dichter Mengen A_n. Dann ist für jedes n das Innere von $\bar{A}_n$ leer, also ist $X \backslash \bar{A}_n$ offen und dicht in X. Wegen (b) ist $\bigcap_n (X \backslash \bar{A}_n)$ dicht in X. Deshalb ist das Innere des Komplements $X \backslash \bigcap_n (X \backslash \bar{A}_n) = \bigcup_n \bar{A}_n$ leer, im Widerspruch zu $\emptyset \neq O \subset (\bigcup_n A_n)^\circ$.

(c) $\Longrightarrow$ (d): Wäre A mager und sein Komplement nicht dicht in X, so wäre $\mathring{A} \neq \emptyset$, und die magere Menge A enthielte eine nicht-leere, offene, also nach (c) eine nicht-magere Teilmenge, im Widerspruch zu 13.22 (a).

(d) $\Longrightarrow$ (a): Ist A die Vereinigung eines abzählbaren Systems abgeschlossener, nirgends dichter Mengen, so ist A mager und sein Komplement liegt nach (d) dicht in X. Deshalb besitzt A keinen inneren Punkt. $\square$

13.26 Definition. Ein topologischer Raum X heißt *Baire'scher Raum*, wenn er eine der äquivalenten Aussagen von 13.25 erfüllt.

Ein nicht-leerer Baire'scher Raum ist nicht mager, also von 2. Kategorie.
Ein Baire'scher Raum hat nach 13.25 (a) die folgende Eigenschaft:

13.27 Korollar. *Ist X ein nicht-leerer Baire'scher Raum und $(U_n)_{n\in\mathbb{N}}$ eine abgeschlossene, abzählbare Überdeckung von X, so ist für mindestens ein $n \in \mathbb{N}$ das Innere $\overset{\circ}{U_n}$ von U_n nicht leer.* □

13.28 Beispiele.

(a) $\mathbb{Q}$ ist kein Baire'scher Raum; denn $\{\{r\} \mid r \in \mathbb{Q}\}$ ist eine abgeschlossene abzählbare Überdeckung, aber kein $\{r\}$ hat ein nicht-leeres Inneres.

(b) $\mathbb{R}^n$ ist ein Baire'scher Raum, s. 13.30.

(c) Eine offene, nicht-leere Teilmenge eines Baire'schen Raumes ist in der induzierten Topologie wieder ein Baire'scher Raum (Beweis als Aufgabe 13.A13).

13.29 Satz. *In einem nicht-leeren Baire'schen Raum X ist das Komplement jeder mageren Menge ein Baire'scher Raum und insbesondere eine Menge von 2. Kategorie.*

Beweis. Sei A eine magere Menge in X. Dann ist $X\backslash A$ dicht in X, vgl. 13.25 (d). Ist B eine magere Menge in $X\backslash A$, dann ist B auch mager in X (13.A18), also ist $A \cup B$ mager in X wegen 13.23 (b). Das Komplement von $A \cup B$ bezüglich X, das mit dem Komplement von B in $X\backslash A$ übereinstimmt, ist daher wegen 13.25 (d) dicht in X, also erst recht dicht in $X\backslash A$. Nach 13.25 (d) ist $X\backslash A$ ein Baire'scher Raum. □

Zwei wichtige Klassen Baire'scher Räume liefert

13.30 Satz (Baire).

(a) *Ein vollständig metrisierbarer Raum ist ein Baire'scher Raum.*

(b) *Ein lokalkompakter Raum ist ein Baire'scher Raum.*

Beweis. (a) Sei X ein vollständig metrisierbarer Raum und d eine Metrik, in der X vollständig ist. Für X soll 13.25 (b) gezeigt werden. Sei dazu $(D_n)_{n\in\mathbb{N}}$ eine Folge offener, dichter Mengen in X. Ist $U \neq \emptyset$ eine beliebige offene Menge in X, dann ist $U \cap D_1 \neq \emptyset$, da D_1 dicht in X ist. Es gibt eine offene Kugel B_0 mit $\bar{B}_0 \subset U \cap D_1$ und $\delta(\bar{B}_0) \leq 1$. Induktiv lässt sich eine Folge $(B_n)_{n\in\mathbb{N}}$ von offenen Kugeln definieren mit den Eigenschaften $\bar{B}_n \subset B_{n-1} \cap D_n$ und $\delta(\bar{B}_n) \leq \frac{1}{n+1}$, $n \in \mathbb{N}$. Es gilt dann

$$\bigcap_{n\in\mathbb{N}} \bar{B}_n \subset U \cap \bigcap_{n\in\mathbb{N}} D_n.$$

Die Folge $(\bar{B}_n)_{n\in\mathbb{N}}$ erfüllt die Voraussetzungen von 13.10 (b); es gilt deshalb $\bigcap_{n\in\mathbb{N}} \bar{B}_n \neq \emptyset$, also auch $U \cap \bigcap_{n\in\mathbb{N}} D_n \neq \emptyset$.

Der Beweis von (b) wird ähnlich geführt.   □

Der vorige Satz läßt sich in folgender Form verschärfen:

13.31 Satz. *Jede G_δ-Menge in einem kompakten Hausdorff-Raum ist ein Baire'scher Raum.*

Beweis. Nach 13.30 (b) ist zunächst klar, dass ein kompakter Raum X ein Baire'scher Raum ist. Sei nun $A := \bigcap_{n \in \mathbb{N}} U_n$, U_n offen in X, eine G_δ-Menge in X. Wir können o.B.d.A. annehmen, dass A dicht in X ist, andernfalls ersetzen wir X durch $\bar{A}$.

Für A wird nun wieder die Eigenschaft 13.25 (b) gezeigt. Sei $(E_n)_{n \in \mathbb{N}}$ eine Folge offener, dichter Teilmengen in A; dann gibt es eine Folge offener, dichter Teilmengen $(D_n)_{n \in \mathbb{N}}$ in X mit $E_n = A \cap D_n$. Da $U_n \cap D_n$ für $n \in \mathbb{N}$ dicht in X liegt, ist nach 13.25 (b)

$$\bigcap_{n \in \mathbb{N}} (U_n \cap D_n) = \left(\bigcap_{n \in \mathbb{N}} U_n \right) \cap \left(\bigcap_{n \in \mathbb{N}} D_n \right) = \bigcap_{n \in \mathbb{N}} (A \cap D_n) = \bigcap_{n \in \mathbb{N}} E_n$$

dicht in X, also erst recht dicht in A.   □

Der letzte Satz ist eine Verallgemeinerung von 13.30, da ein lokalkompakter Raum offen in seiner Einpunktkompaktifizierung ist und ein vollständig metrisierbarer Raum eine G_δ-Menge in seiner Stone-Čech-Kompaktifizierung ist, s. 13.A14.

E Anwendungen des Baire'schen Satzes

Von den reizvollen Anwendungen des Baire'schen Satzes führen wir hier nur wenige an, die hoffentlich Neugier erwecken.

13.32 Satz. *Sei X ein Baire'scher Raum und $(f_i)_{i \in I}$ eine Familie stetiger, reellwertiger Funktionen auf X mit $f(x) := \sup_{i \in I} f_i(x) < \infty$ für alle x. Dann besitzt jede nicht-leere, offene Menge $U \subset X$ eine nicht-leere, offene Teilmenge $V \subset U$, auf der die f_i gleichmässig nach oben beschränkt sind, d.h. es gibt ein $M \in \mathbb{R}$ mit $\sup\{f_i(x) \mid x \in V, i \in I\} < M$.*

Beweis. Nach 13.28 (c) ist U selbst Baire'scher Raum. Es ist $A_n := \{x \in U \mid f(x) \leq n\}$, $n \in \mathbb{N}$, abgeschlossen in U. Nach Voraussetzung ist $U = \bigcup_{n \in \mathbb{N}} A_n$. Nach 13.27 besitzt mindestens ein A_n ein nicht-leeres Inneres, d.h. es gibt eine offene Menge $V \subset U$ mit $f_i(x) \leq n$ für alle $x \in V$ und alle $i \in I$.   □

Bemerkung. Es lässt sich nicht immer erreichen, dass $V = U$ ist! (Vgl. 13.A17.)

13.33 Satz. *Ist X ein topologischer Raum und $(f_n)_{n\in\mathbb{N}}$ eine Folge stetiger reellwertiger Funktionen, sodass $\lim_{n\to\infty} f_n(x) =: f(x)$ für alle $x \in X$ existiert, so ist die Menge der Unstetigkeitsstellen von f mager in X.*

Beweis. Sei

$$P_m(\varepsilon) := \{x \in X \mid |f(x) - f_m(x)| \le \varepsilon\}, \quad \varepsilon > 0,$$

$$G(\varepsilon) := \bigcup_{m=1}^{\infty} \mathring{P}_m(\varepsilon) \quad \text{und} \quad G := \bigcap_{n=1}^{\infty} G(1/n).$$

Behauptung: f ist im Punkt $x_0 \in X$ stetig $\iff x_0 \in G$.

„$\Longrightarrow$": Zu $\varepsilon > 0$ existiert ein m mit $|f_m(x_0) - f(x_0)| < \frac{\varepsilon}{3}$, da $\lim_{n\to\infty} f_n(x_0) = f(x_0)$. Wenn f in x_0 stetig ist, so gibt es eine Umgebung U von x_0 mit

$$|f(x_0) - f(x)| < \frac{\varepsilon}{3} \quad \text{und} \quad |f_m(x_0) - f_m(x)| < \frac{\varepsilon}{3}$$

für alle $x \in U$, also $|f_m(x) - f(x)| < \varepsilon$ für alle $x \in U$, d.h. $x_0 \in \mathring{P}_m(\varepsilon) \subset G(\varepsilon)$ für beliebiges ε, also $x_0 \in G$.

„$\Longleftarrow$": Ist $x_0 \in G$ und $\varepsilon > 0$, so ist $x_0 \in G\left(\frac{\varepsilon}{3}\right)$, und es existiert ein m mit $x_0 \in \mathring{P}_m\left(\frac{\varepsilon}{3}\right)$, d.h. es existiert eine offene Umgebung U von x_0 mit $|f(x) - f_m(x)| \le \frac{\varepsilon}{3}$ für alle $x \in U$. Da f_m stetig ist, gibt es eine Umgebung V von x_0, $V \subset U$, mit $|f_m(x) - f_m(x_0)| < \frac{\varepsilon}{3}$, und daraus folgt $|f(x) - f(x_0)| < \varepsilon$ für alle $x \in V$; also ist f stetig in x_0.

Nun kommen wir zum eigentlichen Beweis. Es ist

$$F_m(\varepsilon) := \{x \in X \mid |f_m(x) - f_{m+k}(x)| \le \varepsilon \quad \forall k \in \mathbb{N}\}$$

abgeschlossen, da alle f_n stetig sind; wegen $\lim_{n\to\infty} f_n(x) = f(x)$ gilt $\bigcup_{m=1}^{\infty} F_m(\varepsilon) = X$; außerdem gilt

$$F_m(\varepsilon) \subset P_m(\varepsilon) \implies \mathring{F}_m(\varepsilon) \subset \mathring{P}_m(\varepsilon) \implies \bigcup_{m=1}^{\infty} \mathring{F}_m(\varepsilon) \subset G(\varepsilon).$$

Für das abgeschlossene $F_m(\varepsilon)$ ist $F_m(\varepsilon) \backslash \mathring{F}_m(\varepsilon)$ nirgends dicht (vgl. 2.14 (d), also ist $\bigcup_{m=1}^{\infty}(F_m(\varepsilon) \backslash \mathring{F}_m(\varepsilon))$ mager. Wegen

$$X \backslash G(\varepsilon) \subset X \backslash \bigcup \mathring{F}_m(\varepsilon) \subset \bigcup (F_m(\varepsilon) \backslash \mathring{F}_m(\varepsilon))$$

ist auch $X \backslash G(\varepsilon)$ als Teilmenge einer mageren Menge mager, und somit ist die Menge der Unstetigkeitsstellen $X \backslash G = \bigcup_{n\in\mathbb{N}^*}(X \backslash G(\frac{1}{n}))$ als abzählbare Vereinigung magerer Mengen selbst mager. $\qquad\Box$

13.34 Satz. *Ist X ein topologischer Raum und $f \colon X \to \mathbb{R}$ eine Funktion, die in allen Punkten einer dichten Teilmenge D von X stetig ist, so ist die Menge*

der Unstetigkeitsstellen von f mager. Insbesondere gibt es keine Funktion auf
$\mathbb{R}$, *die nur in allen rationalen Zahlen stetig ist.*

Beweis. Zu $n \in \mathbb{N}^*$ und $y \in D$ gibt es eine offene Umgebung $U_n(y)$ von y in X, sodass $|f(x) - f(y)| < \frac{1}{n}$ für alle $x \in U_n(y)$. Es ist $U_n := \bigcup_{y \in D} U_n(y)$ eine offene Menge, die D enthält. Also ist $X \setminus U_n$ nirgends dicht und $\bigcup_{n=1}^{\infty}(X \setminus U_n)$ ist nach Definition 13.22 mager. Ist f unstetig in x_0, so gibt es ein $n \in \mathbb{N}^*$, sodass in jeder Umgebung von x_0 ein Punkt $x \in X$ liegt mit $|f(x_0) - f(x)| \geq \frac{1}{n}$. Deshalb gilt $x_0 \notin U_{2n}$, d.h. $\bigcup_{n=1}^{\infty}(X \setminus U_n)$ enthält alle Unstetigkeitsstellen. Wegen 13.23 (a) ist die Menge der Unstetigkeitsstellen mager.

Da die rationalen Zahlen in $\mathbb{R}$ eine magere, aber dichte Menge bilden, und $\mathbb{R}$ nach 13.30 ein Baire'scher Raum ist, kann keine Funktion nur in den rationalen Zahlen stetig sein. □

Der folgende Satz ist ein typisches Beispiel für einen Existenzsatz, dessen Beweis mit Hilfe des Baire'schen Satzes geführt wird: Sei X ein nicht-leerer Baire'scher Raum, also von 2. Kategorie, und B die Menge der Elemente von X mit einer Eigenschaft $\mathcal{E}$. Können wir zeigen, dass $X \setminus B$ eine Menge von erster Kategorie ist, dann ist $B \neq \emptyset$; denn andernfalls wäre X von erster Kategorie. Es gibt also mindestens ein Element mit der Eigenschaft $\mathcal{E}$.

13.35 Satz. *Es gibt eine stetige reellwertige Funktion f auf $[0,1]$, die in keinem Punkt eine Ableitung besitzt.*

Beweis. Sei $I := [0,1]$. Die Menge $C(I)$ der stetigen Funktionen $f\colon [0,1] \to \mathbb{R}$ werde mit der Topologie der gleichmässigen Konvergenz versehen. Die Supremumsnorm definiert auf $C(I)$ die Metrik

$$d(f,g) := \sup\{|f(x) - g(x)| \mid x \in I\}, \quad f,g \in C(I).$$

Da eine Cauchy-Folge stetiger Funktionen gegen eine stetige Funktion konvergiert, ist $(C(I), d)$ ein vollständiger metrischer Raum und deshalb nach 13.30 (a) ein Baire'scher Raum.

Nun zeigen wir, dass *die Menge $A \subset C(I)$ der stetigen Funktionen, die in irgendeinem Punkt eine Ableitung besitzen, mager in $C(I)$ ist.* Aus 13.29 folgt dann, dass die Menge $C(I) \setminus A$ der stetigen Funktionen, die in keinem Punkt eine Ableitung besitzen, von zweiter Kategorie, also insbesondere nicht-leer ist. Für $n \in \mathbb{N}$ sei

$$A_n := \left\{ f \in C(I) \mid \exists x \in [0, 1 - \tfrac{1}{n}] : \left| \frac{f(x+h) - f(x)}{h} \right| \leq n \; \forall h \in \,]0, \tfrac{1}{n}] \right\}.$$

Besitzt $f \in C(I)$ in irgendeinem Punkt eine Ableitung, dann ist $f \in A_n$ für ein hinreichend grosses $n \in \mathbb{N}^*$, d.h. $A \subset \bigcup_{n \in \mathbb{N}^*} A_n$.

(1) *Für $n \in \mathbb{N}^*$ besitzt A_n kein Inneres:* Sei $f \in A_n$ und $\varepsilon > 0$. Wir konstruieren eine stetige Funktion g mit $d(f,g) < \varepsilon$ und $g \notin A_n$, d.h.

$$\forall x \in [0, 1 - \frac{1}{n}] \ \exists h \in]0, \frac{1}{n}] \ : \ \left| \frac{g(x+h) - g(x)}{h} \right| > n.$$

Die Funktion g finden wir so: Nach dem Satz von Weierstraß 9.8 gibt es ein Polynom $p \in C(I)$ mit $d(f, p) < \frac{\varepsilon}{2}$. Sei M die maximale Steigung von p in I. Sei s eine Funktion, deren Graph aus Geradenstücken mit der Steigung $\pm(M + n + 1)$ besteht und für die $0 \leq s(x) < \frac{\varepsilon}{2}$ gilt.

Für $g(x) := p(x) + s(x)$, $x \in I$, gilt

$$d(f, g) \leq d(f, p) + d(p, g) < \frac{\varepsilon}{2} + \frac{\varepsilon}{2} = \varepsilon$$

und

$$\left| \frac{g(x+h) - g(x)}{h} \right| = \left| \frac{p(x+h) + s(x+h) - p(x) - s(x)}{h} \right|$$

$$\geq \left| \frac{s(x+h) - s(x)}{h} \right| - \left| \frac{p(x+h) - p(x)}{h} \right|.$$

Nun gibt es zu jedem $x \in [0, 1 - \frac{1}{n}]$ ein $h \in]0, \frac{1}{n}]$, sodass die rechte Seite nicht kleiner als $(M + n + 1) - M = n + 1$ ist. Also gilt $g \notin A_n$.

(2) *Für jedes $n \in \mathbb{N}^*$ ist A_n abgeschlossen:* Für ein festes $h \in]0, \frac{1}{n}]$ ist

$$e_h \colon C(I) \times [0, 1 - \frac{1}{n}] \to \mathbb{R} \quad \text{mit } (f, x) \mapsto \left| \frac{f(x+h) - f(x)}{h} \right|$$

stetig. Es folgt, dass

$$e_h^{-1}([0, n]) = \{(f, x) \in C(I) \times [0, 1 - \frac{1}{n}] \mid \frac{|f(x) + h - f(x)|}{|h|} \leq n\}$$

in $C(I) \times [0, 1 - \frac{1}{n}]$ abgeschlossen ist. Die erste Projektion ist abgeschlossen (vgl. 13.A8), also ist $B_h := \left\{ f \in C(I) \mid \exists x \in [0, 1 - \frac{1}{n}] \ : \ \left| \frac{f(x+h) - f(x)}{h} \right| \leq n \right\}$ abgeschlossen. Da $A_n = \bigcap_{h \in]0, \frac{1}{n}]} B_h$, ist auch A_n abgeschlossen.

(1) und (2) zusammen ergeben, dass A von erster Kategorie ist.   □

Aufgaben

13.A1 Ein separierter uniformer Raum X ist genau dann präkompakt, wenn jeder Filter auf X einen feineren Cauchy-Filter besitzt.

13.A2 Für einen kompakten Raum X ergeben die Umgebungen der Diagonalen Δ in $X \times X$ den Nachbarschaftsfilter einer separierten uniformen Struktur auf X.

13.A3 Ist (X, d) ein metrischer Raum, so lässt sich die Metrik $d\colon X \times X \to \mathbb{R}$ stetig fortsetzen zu einer Metrik $\tilde{d}$ auf der Vervollständigung $\tilde{X}$ von X.

13.A4 Sei $\mathcal{R}$ eine offene Überdeckung eines kompakten Raumes X. Zeigen Sie, dass es eine Nachbarschaft V der uniformen Struktur von X gibt, sodass $V(x)$ für jedes $x \in X$ in einer Menge von $\mathcal{R}$ enthalten ist. Beachten Sie, dass es zu jedem $x \in X$ eine Nachbarschaft W_x gibt, sodass $W_x^2(x)$ in einer Menge von $\mathcal{R}$ enthalten ist, und überdecken Sie X durch eine endliche Anzahl von Mengen $W_x(x)$.

Für kompakte, metrische Räume bedeutet das also: Zu jeder offenen Überdeckung $\mathcal{R}$ von X gibt es eine reelle Zahl $\varepsilon > 0$, sodass für jede Teilmenge $A \subset X$ mit $\delta(A) < \varepsilon$ gilt: $A \subset U$ für ein $U \in \mathcal{R}$. Dann heißt ε *Lebesgue-Zahl* von $\mathcal{R}$.

13.A5 Zeigen Sie mit Hilfe von 13.8 (a), dass $\mathbb{Q}$ keine G_δ-Menge in $\mathbb{R}$, also nicht polnisch ist.

13.A6 Ein metrisierbarer Raum ist genau dann kompakt, wenn (X, d) für jede die Topologie induzierende Metrik d vollständig ist.

13.A7 Sei X ein lokalkompakter Hausdorff-Raum, $\mathcal{K}(X)$ die Menge aller stetigen Funktionen $f\colon X \to \mathbb{R}$, die außerhalb einer kompakten Teilmenge von X verschwinden, also kompakten Träger haben. Für $f, g \in \mathcal{K}(X)$ sei $d(f, g) := \sup\{|f(x) - g(x)| \mid x \in X\}$. Zeigen Sie:

(a) d ist eine Metrik.

(b) $(\mathcal{K}(X), d)$ ist im Allgemeinen nicht vollständig.

(c) Als eine Vervollständigung kann die Menge aller stetigen Funktionen $f\colon X \to \mathbb{R}$ dienen, die im Unendlichen verschwinden, d.h.

$$\forall \varepsilon > 0 \quad \exists \text{ kompaktes } K \subset X : |f(x)| < \varepsilon \; \forall x \in X \setminus K.$$

13.A8 (Banach'scher Fixpunktsatz) Sei (X, d) ein metrischer Raum, $f\colon X \to X$ eine Abbildung mit

$$d(f(x), f(y)) \le c \cdot d(x, y) \quad \forall x, y \in X \quad \text{mit } 0 \le c < 1,$$

und $f^i := f^{i-1} \circ f$ mit $f^1 := f$. Zeigen Sie:

(a) $(f^n(x))_{n \in \mathbb{N}^*}$ ist für jedes $x \in X$ eine Cauchy-Folge.

(b) Ist (X, d) vollständig, so hat f genau einen Fixpunkt.

(c) Ist (X, d) nicht vollständig, so braucht f keinen Fixpunkt zu haben; geben Sie hierzu ein Beispiel an. Kann f mehr als einen Fixpunkt haben?

13.A9 X sei ein Baire'scher Raum und Y ein beliebiger topologischer Raum. Ist $f\colon X \to Y$ eine offene, stetige, surjektive Abbildung, dann ist auch Y ein Baire'scher Raum.

13.A10 Welche der folgenden Teilmengen von $\mathbb{R}$ sind von 2. Kategorie?

(a) $\mathbb{R} \setminus \mathbb{Q}$;

(b) $\{x \in \mathbb{R} \mid x = \frac{1}{n}, n \in \mathbb{N}^*\} \cup \{0\}$;

(c) $\{x \in \mathbb{R} \mid 0 < x \le 1\}$;

(d) $]0, 1[\, \cup \,]3, 4[$.

13.A11 Z sei ein topologischer Raum, und $X, Y \subset Z$ seien von 2. Kategorie. Welche der folgenden Mengen sind von 2. Kategorie?

(a) $X \cup U$, (b) $X \cap Y$, (c) $X \times Y$, (d) $X \backslash Y$.

13.A12 In einem Baire'schen Raum ist der Durchschnitt einer abzählbaren Familie von offenen dichten Teilmengen von 2. Kategorie.

13.A13 Beweisen Sie 13.28 (c).

13.A14 Ist (X, d) ein vollständig metrisierbarer Raum, so ist X eine G_δ-Menge in der Stone-Čech-Kompaktifizierung von X.

Anleitung: Der zweite Teil des Beweises des Satzes von Mazurkiewicz zeigt, dass X eine G_δ-Menge in jedem metrischen Raum Y ist, in den X eingebettet ist. O.B.d.A. sei d eine beschränkte Metrik auf X. Für $z \in X$ sei

$$f_z \colon X \to \mathbb{R}, \quad f_z(y) := d(z, y)(y \in X).$$

Zeigen Sie, dass f_z eine eindeutig bestimmte Fortsetzung $\bar{f}_z$ auf βX besitzt und dass $d(x, y) := \inf\{|\bar{f}_z(x) - \bar{f}_z(y)| \mid z \in X\}$ eine Funktion auf $\beta X \times \beta X$ ist, die symmetrisch ist und die Dreiecksungleichung erfüllt, vgl. Definition 1.1 (b,c) einer Metrik. Durch Identifizieren aller Punkte $x, y \in \beta X$ mit $d(x, y) = 0$ wird ein metrischer Raum Y gewonnen, in dem X eine G_δ-Menge ist.

13.A15 Durch

$$f(x) := \begin{cases} p & \text{für } x = p/q, \quad p, q \in \mathbb{Z}, \ \mathrm{ggT}(p, q) = 1 \\ 0 & \text{für } x \notin Q \text{ oder } x = 0 \end{cases}$$

wird eine Funktion $f \colon [0, 1] \to \mathbb{R}$ definiert. Sie ist nicht das Supremum einer Familie stetiger Funktionen, d.h., es gibt keine Familie stetiger Funktion f_α, $\alpha \in A$, sodass $f(x) = \sup\{f_\alpha(x) \mid \alpha \in A\}$.

13.A16 Beweisen Sie 13.11 (b) $\Longrightarrow$ (c).

13.A17 Konstruieren Sie eine Folge stetiger Funktionen $f_n \colon \mathbb{R} \to \mathbb{R}$ mit $f(x) := \sup\{f_n(x) \mid n \in \mathbb{N}\} < \infty$ für alle x, sodass f auf keiner Umgebung von 0 gleichmäßig nach oben beschränkt ist.

13.A18 Sei $f \colon \,]a, b[\to \mathbb{R}$, $a, b \in \mathbb{R}$, differenzierbar. Zeigen Sie: Die Ableitung $f' \colon \,]a, b[\to \mathbb{R}$ ist auf einer dichten Teilmenge von $]a, b[$ stetig.

Anleitung: Betrachten Sie

$$f_n(x) - \frac{f(x + 1/n) - f(x)}{1/n}, \quad n \in \mathbb{N}^*,$$

und verwenden Sie 13.33.

13.A19 Zeigen Sie direkt, ohne Anwendung von 13.30, dass $\mathbb{R}$ von 2. Kategorie ist.

Hinweis: Angenommen $\mathbb{R} = \bigcup_{n \in \mathbb{N}} N_n$, $N_n \subset \mathbb{R}$ ist nirgends dicht. Dann konstruieren Sie induktiv abgeschlossene Teilmengen $\emptyset \neq A_n \subset \mathbb{R}$ mit $A_n \cap N_n = \emptyset$ und $A_n \supset A_{n+1}$. Danach wenden Sie 13.10 an.

13.A20 Eine G_δ-Menge in einem Baire'schen Raum ist ein Baire'scher Raum.

14 Funktionenräume

Sind X und Y Mengen, so bezeichne $F(X,Y) = Y^X$ die Menge der Abbildungen von X nach Y. Wir untersuchen in diesem Kapitel verschiedene Topologien auf $F(X,Y)$.

Spezialfälle haben wir schon kennengelernt: Ist Y ein topologischer Raum, so kann $F(X,Y)$ mit der Produkttopologie auf Y^X versehen werden. Dann konvergiert eine Folge $(f_n)_{n\in\mathbb{N}}$ genau dann gegen $f \in F(X,Y)$, wenn sie punktweise gegen f konvergiert, vgl. 5.2 (b). In Kapitel 9 haben wir die aus der Analysis bekannten Begriffe der gleichmäßigen und der kompakten Konvergenz dazu herangezogen, auf der Menge der stetigen reellwertigen Funktionen $C(X)$, die Topologie der gleichmäßigen bzw. der kompakten Konvergenz zu definieren, falls X kompakt bzw. lokalkompakt und abzählbar im Unendlichen ist. Diese Definitionen verallgemeinern wir im Folgenden und erhalten u.a. wichtige Existenzsätze zu gewöhnlichen Differentialgleichungen und holomorphen Funktionen.

A Die uniforme Struktur der $\mathcal{S}$-Konvergenz

14.1 Definition. X sei eine Menge, Y ein uniformer Raum. Für eine Nachbarschaft V von Y sei

$$W(V) := \{(f,g) \in F(X,Y) \times F(X,Y) \mid (f(x),g(x)) \in V \ \forall x \in X\}.$$

Wenn V die Nachbarschaften von Y durchläuft, bilden die Mengen $W(V)$ ein Fundamentalsystem einer uniformen Struktur auf $F(X,Y)$, der sogenannten *uniformen Struktur der gleichmäßigen Konvergenz*; vgl. 14.4. Versehen mit dieser uniformen Struktur wird $F(X,Y)$ mit $F_u(X,Y)$ bezeichnet. Die zugehörige Topologie auf $F(X,Y)$ heißt *Topologie der gleichmäßigen Konvergenz* . Ein bezüglich dieser Topologie konvergenter Filter heißt *gleichmäßig konvergent*.

Ist X ein topologischer Raum, so bezeichnen wir die Menge der stetigen Funktionen von X nach Y, versehen mit der von $F_u(X,Y)$ induzierten Struktur, mit $C_u(X,Y)$.

14.2 Beispiele.

(a) Den Begriff „Topologie der gleichmäßigen Konvergenz" hatten wir für die stetigen Funktionen $C(X) = C(X, \mathbb{R})$ für einen kompakten Raum X und $Y = \mathbb{R}$ schon in 9.1 eingeführt.

(b) Ist die uniforme Struktur auf Y durch eine Metrik d definiert, so bilden die Mengen $U_n := \{(a,b) \in Y \times Y \mid d(a,b) < 1/n\}$, $n \in \mathbb{N}^*$, ein Fundamentalsystem für die Nachbarschaften auf Y, vgl. 11.6 (a). Dann ist $(W(U_n))_{n \in \mathbb{N}^*}$ ein abzählbares Fundamentalsystem von Nachbarschaften für die uniforme Struktur der gleichmäßigen Konvergenz. Diese uniforme Struktur wird auch durch die Pseudometrik $D(f,g) := \sup\{d(f(x), g(x)) \mid x \in X\}$ auf $F(X,Y)$ definiert (vgl. 11.24 (c) und 11.26); denn es ist $(f,g) \in W(U_n)$ genau dann, wenn $\sup\{d(f(x), g(x)) \mid x \in X\} < 1/n$.

(c) Ist X ein kompakter Hausdorff-Raum und Y ein metrischer Raum, so lässt sich die uniforme Struktur des Unterraumes $C_u(X,Y)$ von $F_u(X,Y)$ auch durch eine Metrik definieren. Insbesondere stimmt die auf $C(X,Y)$ definierte Topologie der kompakten Konvergenz, vgl. 9.11 , mit der Topologie auf $C_u(X, \mathbb{R})$ überein.

Wir wollen nun zeigen, daß $C(X,Y)$ in $F_u(X,Y)$ abgeschlossen ist.

14.3 Hilfssatz. *Ist X ein topologischer, Y ein uniformer Raum und $\mathcal{F}$ ein Filter auf X, so ist die Menge A der Abbildungen $f \in F(X,Y)$, für die $f(\mathcal{F})$ ein Cauchy-Filter ist, abgeschlossen in $F_u(X,Y)$.*

Beweis. Sei g ein Berührungspunkt von A, s. 5.13 (b). Ist U eine Nachbarschaft von Y und V eine symmetrische Nachbarschaft mit $V^3 \subset U$, die nach 11.3 existiert, so gibt es ein $f \in A$ mit $(f,g) \in W(V)$, d.h. $(f(x), g(x)) \in V \; \forall x \in X$. Da $f(\mathcal{F})$ ein Cauchy-Filter ist, gibt es ein $F \in \mathcal{F}$ mit $f(F) \times f(F) \subset V$. Für jedes Paar $x_1, x_2 \in F$ gilt daher

$$(g(x_1), f(x_1)) , (f(x_1), f(x_2)) , (f(x_2), g(x_2)) \in V \implies g(F) \times g(F) \subset V^3 \subset U.$$

Also ist $g(\mathcal{F})$ ein Cauchy-Filter und gehört damit zu A. □

14.4 Satz. *Ist X ein topologischer und Y ein uniformer Raum, so ist $C(X,Y)$ abgeschlossen in $F_u(X,Y)$.*

Beweis. Sei $x \in X$ und $\mathcal{U}(x)$ der Umgebungsfiter von x. Wir zeigen zunächst: *Eine Abbildung $f \in F(X,Y)$ ist genau dann stetig in x, wenn $f(\mathcal{U}(x))$ ein Cauchy-Filter ist.* Ist f stetig in x, so konvergiert $f(\mathcal{U}(x))$ nach 5.17 (b) gegen x und ist deshalb nach 12.4 ein Cauchy-Filter. Ist umgekehrt $f(\mathcal{U}(x))$ ein Cauchy-Filter, so konvergiert $f(\mathcal{U}(x))$ nach 12.5 gegen seine Berührungspunkte, also ist es auch gegen $f(x)$, und ist somit nach Definition 5.13 feiner als der Umgebungsfilter von $f(x)$. Das Bild eines jeden gegen x

konvergierenden Filters ist deshalb auch feiner als der Umgebungsfilter von $f(x)$; folglich ist f nach 5.17 (b) stetig in x.

Die Menge C_x der in x stetigen Abbildungen $X \to Y$ ist somit nach 14.3 abgeschlossen in $F_u(X,Y)$, also ist auch $C(X,Y) = \bigcap_{x \in X} C_x$ dort abgeschlossen. $\qquad\qquad\square$

Satz 14.4 läßt sich als Verallgemeinerung des folgenden Satzes über stetige Abbildungen zwischen metrischen Räumen auffassen: Konvergiert eine Folge von stetigen Abbildungen gleichmäßig gegen die Abbildung f, so ist auch f stetig, s. 1.23.

Die Konvergenz der Cauchy-Filter des uniformen Raumes Y überträgt sich auf $F_u(X,Y)$:

14.5 Satz. *Ist Y vollständig, so ist auch $F_u(X,Y)$ vollständig.*

Wir wollen diesen Satz und Beweis zunächst an Folgen von Funktionen von X in einen metrischen Raum (Y,d) klar machen. Sei dazu $(f_n\colon X \to Y)_{n\in\mathbb{N}}$ eine Cauchy-Folge, d.h. zu jedem $\varepsilon > 0$ gibt es ein $n(\varepsilon)$, sodass

$$k, \ell > n(\varepsilon) \quad \Longrightarrow \quad d(f_k(x), f_\ell(x)) < \varepsilon \; \forall x \in X.$$

Für ein beliebiges, aber festes $x \in X$ ist dann $(f_n(x))_{n\in\mathbb{N}}$ eine Cauchy-Folge, die wegen der Vollständigkeit von Y gegen einen Punkt aus Y konvergiert; ihn bezeichnen wir mit $f(x)$. Nun folgt $d(f(x), f_k(x)) \leq \varepsilon$ für alle $k > n(\varepsilon)$. Dann ist $f\colon X \to Y$, $x \mapsto f(x)$, eine Abbildung, also aus $F(X,Y)$. Zu gegebenem $\varepsilon > 0$ gilt aber

$$d(f(x), f_n(x)) < \varepsilon \quad \forall n > n\left(\frac{\varepsilon}{2}\right) \quad \text{und} \quad \forall x \in X;$$

also konvergiert $(f_n)_{n\in\mathbb{N}}$ gleichmäßig gegen f.

Beweis von 14.5. Sei $\mathcal{F}$ ein Cauchy-Filter auf $F_u(X,Y)$. Für $A \in \mathcal{F}$ und $x \in X$ sei $A(x) := \{f(x) \mid f \in A\}$. Für ein beliebiges, aber festes $x \in X$ ist $\mathcal{F}(x) := \{A(x) \mid f \in A\}$ ein Cauchy-Filter auf Y, der wegen der Vollständigkeit von Y einen Limespunkt, bezeichnet mit $f(x)$, besitzt. Dann ist $f\colon X \to Y$, $x \mapsto f(x)$, ein Element von $F(X,Y)$.

Wir zeigen, dass $\mathcal{F}$ in $F_u(X,Y)$ gegen f konvergiert: Sei V eine abgeschlossene Nachbarschaft von Y. Da $\mathcal{F}$ ein Cauchy-Filter ist, gibt es ein

$$A \in \mathcal{F} \quad \text{mit } (h(x), g(x)) \in V \quad \forall h, g \in A, \; \forall x \in X.$$

Da für jedes $x \in X$ der Filter $\mathcal{F}(x)$ gegen $f(x)$ konvergiert und V abgeschlossen ist, gilt:

$$(f(x), g(x)) \in V \quad \forall x \in X, \; \forall g \in A \quad \Longrightarrow \quad g \in W(V)(f) \quad \forall g \in A.$$

Lassen wir V die abgeschlossenen Nachbarschaften von Y durchlaufen, so bilden die $W(V)(f) = \{g \in F_u(X,Y) \mid (f(x), g(x)) \in V\}$ eine Umgebungsbasis von f in $F_u(S,Y)$. Also konvergiert $\mathcal{F}$ gegen f in $F_u(X,Y)$.   □

In dem uniformen Raum $F_u(X,Y)$ sind zwei Funktionen $f, g\colon X \to Y$ benachbart von der Ordnung V, wenn $(f(x), g(x)) \in V$ für alle $x \in X$ gilt. Sollen f und g nur für bestimmte ausgezeichnete Teilmengen von X benachbart sein, etwa endliche oder kompakte Teilmengen, so entstehen auf $F(X,Y)$ neue uniforme Strukturen:

14.6 Definition. Sei S ein System von Teilmengen einer Menge X, und sei Y ein uniformer Raum. Für jedes $S \in \mathcal{S}$ definiert $f \mapsto f|S$ eine Abbildung von $F(X,Y)$ nach $F_u(S,Y)$. Die gröbste uniforme Struktur auf $F(X,Y)$, für die alle Abbildungen $f \mapsto f|S$, $S \in \mathcal{S}$, gleichmäßig stetig sind, heißt *die uniforme Struktur der gleichmäßigen Konvergenz auf den Mengen von S* oder kürzer *die uniforme Struktur der S-Konvergenz*. $F(X,Y)$, versehen mit dieser uniformen Struktur, bezeichnen wir mit $F_\mathcal{S}(X,Y)$. Die von der uniformen Struktur der S-Konvergenz auf $F(X,Y)$ induzierte Topologie heißt *Topologie der S-Konvergenz*.

14.7 Eigenschaften von $F_\mathcal{S}(X,Y)$.

(a) $F_\mathcal{S}(X,Y)$ trägt die initiale uniforme Struktur bezüglich der uniformen Räume $F_u(S,Y)$ und der Abbildungen $f \mapsto f|S$ von $F_\mathcal{S}(X,Y)$ in $F_u(S,Y)$, $s \in \mathcal{S}$.

(b) Sei $\mathcal{B}$ ein Fundamentalsystem von Nachbarschaften von Y. Für $S \in \mathcal{S}$ und $V \in \mathcal{B}$ sei

$$W(S,V) := \{(f,g) \in F(X,Y) \times F(X,Y) \mid (f(x), g(x)) \in V \;\forall x \in S\}.$$

Die endlichen Durchschnitte der $W(S,V)$ bilden ein Fundamentalsystem der Nachbarschaften von $F_\mathcal{S}(X,Y)$, vgl. 11.18 (a).

(c) Die Topologie der S-Konvergenz ist die gröbste Topologie auf $F(X,Y)$, für die die Abbildungen $f \mapsto f|S$ von $F(X,Y)$ nach $F_u(S,Y)$, $S \in \mathcal{S}$, stetig sind (vgl. 11.18 (c)).

(d) Ein Filter $\mathcal{F}$ auf $F(X,Y)$ konvergiert gegen $g \in F(X,Y)$ bezüglich der S-Konvergenz genau dann, wenn für jedes $S \in \mathcal{S}$ der Bildfilter unter der Abbildung $f \mapsto f(x)$ in $F_u(X,Y)$ gegen $g|S$ konvergiert (vgl. 5.18).

(e) Ist H eine Teilmenge von $F(X,Y)$ und $x \in X$, so sei $H(x) := \{h(x) \mid h \in H\}$. Die Abbildung $F_\mathcal{S}(X,Y) \to Y$, definiert durch $f \mapsto f(x)$, ist gleichmäßig stetig; hieraus folgt $\bar{H}(x) \subset \overline{H(x)}$ für jedes $x \in \bigcup_{S \in \mathcal{S}} S$, wobei $\bar{H}$ der Abschluß von H in $F_\mathcal{S}(X,Y)$ ist.

14.8 Spezialfälle.

(a) Ist $A \subset X$ und $\mathcal{S} = \{A\}$, so heißt die uniforme Struktur (bzw. Topologie) der $\mathcal{S}$-Konvergenz *uniforme Struktur* (bzw. *Topologie*) *der gleichmäßigen Konvergenz in A*. Ist $A = X$, so stimmt die uniforme Struktur der $\{X\}$-Konvergenz mit der unter 14.1 definierten uniformen Struktur der gleichmäßigen Konvergenz überein.

(b) Ist $A \subset X$ und $\mathcal{S}$ die Menge der endlichen Teilmengen von A, so heißt die uniforme Struktur von $F_{\mathcal{S}}(X,Y)$ *uniforme Struktur der punktweisen Konvergenz in A*; sie wird auch manchmal *einfache Konvergenz in A* genannt. Ein Filter $\mathcal{F}$ auf $F_{\mathcal{S}}(X,Y)$ konvergiert gegen $g \in F(X,Y)$ bezüglich der Topologie der punktweisen Konvergenz in A genau dann, wenn $\mathcal{F}(a)$ für alle $a \in A$ gegen $g(a)$ konvergiert.

Ist $A = X$, so wird $F(X,Y)$, versehen mit der uniformen Struktur der punktweisen Konvergenz, mit $F_s(X,Y)$ bezeichnet; hier steht der Index s für „simple". Die Topologie der punktweisen Konvergenz ist jetzt die Produkttopologie von Y^X.

(c) Ist X ein topologischer Raum und $\mathcal{S}$ die Menge der kompakten Teilmengen von X, so heißt die uniforme Struktur von $F_{\mathcal{S}}$ *uniforme Struktur der kompakten Konvergenz*. Versehen mit dieser Struktur wird $F(X,Y)$ mit $F_c(X,Y)$ bezeichnet.

(d) Die uniforme Struktur der kompakten Konvergenz auf $F(X,Y)$ ist gröber als die Struktur der gleichmäßigen Konvergenz. Ist X kompakt, so stimmen beide uniformen Strukturen überein. Die uniforme Struktur der kompakten Konvergenz auf $F(X,Y)$ ist feiner als die Struktur der punktweisen Konvergenz. Ist X ein diskreter Raum, so stimmen beide uniformen Strukturen überein.

(e) Aus der Analysis ist das folgende Beispiel gut bekannt, welches die Unterschiede zwischen den verschiedenen Konvergenzbegriffen verdeutlicht: Sei $f_n\colon [01,] \to [0,1], t \mapsto t^n$, für $n \in \mathbb{N}$ und $F_g\colon [0,1] \to [0,1], t \mapsto \begin{cases} 0 & t < 1 \\ 1 & t = 1 \end{cases}$. Dann liegt einfache Konvergenz $f_n \to F$ vor, aber weder gleichmäßige noch kompakte Konvergenz.

14.9 Spezialfälle.

(a) *Ist Y ein separierter uniformer Raum und $\mathcal{S}$ eine Überdeckung der Menge X, so ist $F_{\mathcal{S}}(X,Y)$ separiert.*

(b) *Ist Y ein uniformer T_k-Raum, $k = 1,2,3$ oder $3a$, so ist auch $F_s(X,Y)$ ein T_k-Raum.*

Beweis. (a) Sind $f,g \in F(X,Y)$ und $f,g \in W(S,V)$, vgl. 14.7 (b), für jedes $S \in \mathcal{S}$ und jede Nachbarschaft V von Y, so stimmen f und g auf jeder Menge $S \in \mathcal{S}$ überein; denn Y ist separiert. Da $\mathcal{S}$ die Menge X überdeckt, gilt $f = g$.

(b) folgt wegen 14.8 (b) aus 6.14.   □

In den folgenden drei Sätzen werden Aussagen über die Vollständigkeit des Funktionenraumes $F_\mathcal{S}(X,Y)$ und die Beziehung zu $C(X,Y)$ gemacht.

14.10 Satz. *Ist X eine Menge und Y ein vollständiger uniformer Raum, so ist $F_\mathcal{S}(X,Y)$ vollständig.*

Beweis. Da $F_\mathcal{S}(X,Y)$ die initiale Struktur bezüglich der Abbildungen $f \mapsto f|S$ mit $S \in \mathcal{S}$ trägt, folgt die Behauptung aus 12.12.   □

14.11 Satz. *Ist X ein topologischer, Y ein uniformer Raum und besteht $\mathcal{S}$ aus Teilmengen von X, deren Innere ganz X überdecken, so ist $C(X,Y)$ in $F_\mathcal{S}(X,Y)$ abgeschlossen.*

Der Spezialfall $\mathcal{S} = \{X\}$ ist schon in Satz 14.4 behandelt worden.

Beweis. Sei $C'(S,Y)$, $S \in \mathcal{S}$, das Urbild von $C(X,Y)$ bezüglich der Restriktionsabbildung $F(X,Y) \to F_u(S,Y)$, $f \mapsto f|S$. Da $f \in F(X,Y)$ genau dann stetig ist, wenn $f|S$ für alle $S \in \mathcal{S}$ stetig ist, gilt $C(X,Y) = \bigcap_{S \in \mathcal{S}} C'(S,Y)$. Da $C(S,Y)$ nach 14.4 in $F_u(S,Y)$ abgeschlossen und die Restriktionsabbildung nach 14.6 gleichmäßig stetig ist, ist $C'(S,Y)$ abgeschlossen für jedes $S \in \mathcal{S}$, deshalb auch ihr Durchschnitt $C(X,Y)$.   □

Bezüglich der Topologie der punktweisen Konvergenz braucht $C(X,Y)$ in $F(X,Y)$ nicht abgeschlossen zu sein, s. 1.24.

Ist X ein topologischer Raum, besteht $\mathcal{S}$ aus Teilmengen von X und ist Y ein uniformer Raum, so bezeichnen wir mit $C_\mathcal{S}(X,Y)$ die Menge der stetigen Abbildungen von X nach Y, versehen mit der uniformen Struktur der $\mathcal{S}$-Konvergenz. Die Menge $C(X,Y)$, versehen mit der uniformen Struktur der einfachen bzw. der kompakten bzw. der gleichmäßigen Konvergenz, wird deshalb mit $C_s(X,Y)$ bzw. $C_c(X,Y)$ bzw. $C_u(X,Y)$ bezeichnet.

14.12 Satz. *Ist X lokalkompakt und abzählbar im Unendlichen und ist Y ein metrisierbarer uniformer Raum, so sind die uniformen Räume $C_c(X,Y)$ und $F_c(X,Y)$ metrisierbar.*

Beweis. Der Beweis folgt aus 8.19, 11.27 und 14.9 (a); vgl. 14.A12.   □

B Kompakt-offene Topologie

Für eine Menge X und einen uniformen Raum Y ist die Topologie der einfachen Konvergenz auf $F(X,Y)$ die Produkttopologie von Y^X, vgl. 5.2 (b). Die Topologie von $F_s(X,Y)$ ist also durch die Topologie von Y bestimmt. Ist

X ein topologischer Raum, so erhalten wir eine ähnliche Aussage für die Topologie der kompakten Konvergenz, wenn wir uns auf die Teilmenge $C(X,Y)$ von $F(X,Y)$ beschränken.

14.13 Satz. *Sei X ein topologischer und Y ein uniformer Raum. Für eine kompakte Teilmenge $K \subset X$ und eine offene Menge $U \subset Y$ sei*

$$(K,U) := \{f: X \to Y \mid f \text{ stetig } f(K) \subset U\}.$$

Das System $\{(K,U)\}|K \subset X$ kompakt, $U \subset Y$ offen$\}$ bildet eine Subbasis der Topologie von $C_c(X,Y)$.

Beweis. Wir zeigen zunächst: *Es gibt zu jedem $f \in (K,U)$ eine Nachbarschaft V von Y, sodass für die offene Menge*

$$W(K,V)(f) = \{g \in C(X,Y) \mid (f(x),g(x)) \in V \; \forall x \in K\} \subset C_c(X,Y)$$

gilt: $f \in W(K,V)(f) \subset (K,U)$. Ist $f \in (K,U)$, dann ist $f(K)$ kompakt und $f(K) \subset U$. Zu jedem $y \in f(K)$ gibt es eine Nachbarschaft T_y von Y mit $T_y(y) \subset U$. Sei V_y eine Nachbarschaft mit $V_y^2 \subset T_y$. Da $f(K)$ kompakt ist, wird $f(K)$ durch endlich viele offene Mengen der Form $V_y(y)$, $y \in f(K)$, überdeckt:

$$f(K) \subset \bigcup_{z \in L} V_z(z) \subset U, \; L \text{ endliche Teilmenge von } f(K).$$

Sei $V := \bigcap_{z \in L} V_z$. Ist $y \in f(K)$, so gibt es ein $z \in L$ mit $y \in V_z(z)$. Dann gilt:

$$V(y) \subset V(V_z(z)) \subset V_z^2(z) \subset T_z(z) \subset U \implies V(f(K)) = \bigcup_{y \in f(K)} V(y) \subset U.$$

Für $g \in W(K,V)(f)$ gilt $(f(x),g(x)) \in V$ für alle $x \in X$, also $g(x) \in V(f(K)) \subset U$ für alle $x \in K$, m.a.W. $g \in (K,U)$. Damit haben wir $f \in W(K,V)(f) \subset (K,U)$ erhalten. *Also ist jedes Element von*

$$\{(K,U) \mid K \subset U \text{ kompakt}, \; U \subset Y \text{ offen}\}$$

in der Topologie der kompakten Konvergenz offen.

Sei nun $W(K,V)(f)$ ein Element der Subbasis von $C_c(X,Y)$. Sei T eine abgeschlossene, symmetrische Nachbarschaft von Y mit $T^3 \subset V$. Wegen der Kompaktheit von $f(K)$ gilt

$$f(K) \subset T(f(x_1)) \cup \ldots \cup T(f(x_n)) \quad \text{für } x_1,\ldots,x_n \in f(K).$$

Es sei

$$K_i := K \cap f^{-1}(T(f(x_i))), \; U_i := (T^2(f(x_i)))^{\circ}.$$

Die K_i sind kompakt in X, da $T(f(x_i))$ abgeschlossenen und f stetig ist. Es gilt $f(K_i) \subset U_i$, also $f \in (K_i, U_i)$, $1 \leq i \leq n$, da

$$f(K_i) \subset T\left(f(x_i)\right) \subset \left(T^2\left(f(x_i)\right)\right)^\circ.$$

Wir zeigen $\bigcup_{i=1}^n (K_i, U_i) \subset W(K, V)(f)$. Ist $y \in (K_i, U_i)$ für $i = 1, \ldots, n$ und ist $x \in K$, so gibt es einen Index i mit $f(x) \in T(f(x_i))$. Wegen $g(x) \in U_i \subset T^2\left(f(x_i)\right)$ erhalten wir

$$(f(x), f(x_i)) \in T, \ (f(x_i), g(x)) \in T^2 \iff (f(x), g(x)) \in T^3 \subset V,$$

also $g \in W(K, V)(f)$. Da $f \in \bigcap_{i=1}^n (K_i, U_i) \subset W(K, V)(f)$, ist $W(K, V)(f)$ *offen in der von den Mengen der Form* (K, U) *erzeugten Topologie.* □

Satz 14.13 zeigt einen Weg, die Topologie der kompakten Konvergenz auf $C(X, Y)$ auf beliebige topologische Räume zu verallgemeinern; im folgenden sei (K, U) für beliebige topologische Räume Y wie in 14.13 definiert.

14.14 Definition. Für topologische Räume X und Y heißt die von

$$\{(K, U) \mid K \subset X \text{ kompakt}, \ U \subset Y \text{ offen}\}$$

erzeugte Topologie die *kompakt-offene Topologie* auf $C(X, Y)$; versehen mit dieser Topologie wird $C(X, Y)$ mit $C_c(X, Y)$ bezeichnet.

Für lokalkompaktes X lässt sich die kompakt-offene Topologie auf $C(X, Y)$ mit Hilfe der Abbildung $e\colon C(X, Y) \times X \to Y$, definiert durch $(f, x) \mapsto f(x)$, charakterisieren. Die gewünschte Aussage erhalten wir aus dem folgenden allgemeineren Satz. Dort bezeichnet $f(x, \cdot)$ die Abbildung $y \mapsto f(x, y)$.

14.15 Satz. *Es seien X, Y, Z topologische Räume und $f\colon X \times Y \to Z$. Ist f stetig, dann ist auch $\bar{f}\colon X \to C_c(Y, Z)$, $x \mapsto f(x, \cdot)$, stetig. Ist Y lokalkompakt und $\bar{f}$ stetig, so ist auch f stetig.*

Beweis. Sei $f\colon X \times Y \to Z$ stetig, $x \in X$ und (K, U) eine Subbasismenge von $C_c(Y, Z)$ mit $\bar{f}(x) \in (K, U)$. Da $\{x\} \times K \subset f^{-1}(U)$ und $f^{-1}(u)$ offen ist, gibt es eine Umgebung V von X mit $V \times K \subset f^{-1}(U)$. Deshalb ist $\bar{f}(V) \subset (K, U)$, d.h. $\bar{f}$ ist stetig in $x \in X$.

Sei nun Y lokalkompakt, $\bar{f}$ stetig, $x_0 \in X$, $y_0 \in Y$ und V eine offene Umgebung von $f(x_0, y_0)$ in Z. Um zu zeigen, dass f bei (x_0, y_0) stetig ist, suchen wir offene Umgebungen U von x_0 in X und W von y_0 in Y mit $f(U \times W) \subset V$. Wegen $f(x_0, \cdot) \in C_c(X, Y)$ ist $y \mapsto f(x_0, y)$ eine stetige Abbildung von Y in Z. Da Y lokalkompakt ist, gibt es eine kompakte Umgebung W von y_0 mit $f(\{x_0\} \times W) \subset V$. Aus der Stetigkeit von $\bar{f}$ folgt, dass $U := \{x \in X \mid \bar{f}(x) \in (W, V)\}$ offen in X ist, also $f(U \times W) \subset V$. □

14.16 Korollar. *Für lokalkompaktes X ist die kompakt-offene Topologie auf $C(X,Y)$ die gröbste Topologie, für die die Abbildung e: $C(X,Y) \times X \to Y$, $(f,x) \mapsto f(x)$, stetig ist.*

Beweis. Nach Satz 14.15 ist die Stetigkeit von e gleichbedeutend mit der Stetigkeit der identischen Abbildung id: $C(X,Y) \to C_c(X,Y)$. □

Dass für nicht lokalkompaktes X die Auswertungsabbildung e: $C(X,Y) \times Y \to Y$ nicht stetig zu sein braucht, zeigt Aufgabe 14.A6.

C Gleichgradige Stetigkeit und Satz von Arzéla-Ascoli

Im Satz von Arzéla-Ascoli wird ein Kriterium dafür angegeben, dass eine Teilmenge H von $C_c(X,Y)$ kompakt ist. Als Anwendungen werden die Sätze von Peano über gewöhnliche Differentialgleichungen und der Satz von Mortel über lokal-beschränkte Folgen holomorpher Funktionen gegeben.

14.17 Definition. X sei ein topologischer und Y ein uniformer Raum. Eine Teilmenge $H \subset F(X,Y)$ heißt *gleichgradig stetig* im Punkt $x \in X$, wenn es zu jeder Nachbarschaft V von Y eine Umgebung $U(x)$ von x gibt, sodass $f(U(x)) \subset V(f(x))$ für alle $f \in H$ gilt. Ist H in jedem $x \in X$ gleichgradig stetig, so heißt H gleichgradig stetig.

14.18 Beispiele.
(a) (M,d) und (M',d') seien metrische Räume, $x,y \in M$. Die Menge der Abbildungen f: $M \to M'$ mit $d'(f(x),f(y)) \leq k(d(x,y))^\alpha$, $k,\alpha \in \mathbb{R}_+^*$, ist gleichgradig stetig.

(b) Sei H die Menge der differenzierbaren Funktionen f: $[a,b] \to \mathbb{R}$, $a \neq b$, $a,b \in \mathbb{R}$, mit der Eigenschaft, dass $|f'(x)| \leq k$ für jedes $x \in [a,b]$ und alle $f \in H$. Dann ist H gleichgradig stetig.

14.19 Satz. *X sei ein topologischer und Y ein uniformer Raum. Genau dann ist $H \subset F(X,Y)$ gleichgradig stetig in $x_0 \in X$, wenn der in $F_s(x,y)$ gebildete Abschluss $\bar{H}$ von H gleichgradig stetig in x_0 ist.*

Beweis. Sei H gleichgradig stetig, und sei V eine abgeschlossene Nachbarschaft von Y. Nach Annahme gibt es eine Umgebung $U(x_0)$ von x_0 mit $(f(x_0),f(x)) \in V$ für alle $x \in U(x_0)$ und alle $f \in H$. Da V abgeschlossen ist, bildet die Menge der Funktionen $g \in F(X,Y)$ mit $(g(x_0),g(x)) \in V$ für alle $x \in U(x_0)$ wegen 14.7 (e) eine abgeschlossene Teilmenge von $F_s(X,Y)$, die offenbar H und somit $\bar{H}$ enthält. Da die abgeschlossenen Nachbarschaften ein Fundamentalsystem für die Nachbarschaften bilden, folgt die Behauptung. □

14.20 Satz. *Für einen topologischen Raum X, einen uniformen Taum Y und eine gleichgradig stetige Teilmenge $H \subset C(X,Y)$ stimmen auf H die uniformen Strukturen der kompakten und der punktweisen Konvergenz überein.*

Beweis. Wegen 14.8 (d) genügt es zu zeigen, dass die uniforme Struktur der einfachen Konvergenz auf H feiner ist als die der kompakten, d.h.: ist V eine Nachbarschaft von Y und K eine kompakte Teilmenge von X, so gibt es eine Nachbarschaft T von Y und eine endliche Teilmenge E von X mit $W(E,T) \subset W(K,V)$.

Dazu sei T eine symmetrische Nachbarschaft von Y mit $T^5 \subset V$. Da H gleichgradig stetig ist, gibt es für jedes $x \in X$ eine Umgebung $U(x)$ mit $(h(x), h(y)) \in T$ für jedes $h \in H$ und jedes $y \in U(x)$. Da K kompakt ist, gibt es eine endliche offene Überdeckung $U_1, \ldots, U_n$ von K derart, dass aus $x', x'' \in U_i$ folgt $(h(x'), h(x'')) \in T^2$ für alle $h \in H$. In jedem U_i wählen wir einen Punkt a_i und setzen $E := \{a_1, \ldots, a_n\}$. Für jedes $x \in K$ gibt es einen Index i derart, dass a_i und x zu derselben Menge U_i gehören. Aus $(h(x), h(a_i)) \in T^2$, $(h(a_i), g(a_i)) \in T$ und $(g(a_i), g(x)) \in T^2$ folgt nun $(h(x), g(x)) \in T^5 \subset V$ $\forall g, h \in W(E,T)$ und $\forall x \in K$, also $W(E,T) \subset W(K,V)$. $\qquad\square$

14.21 Korollar. *Unter denselben Voraussetzungen wie in 14.20 ist der Abschluss von H in $C_c(X,Y)$ gleich dem Abschluss von H in $F_s(X,Y)$.*

Beweis. Nach 14.19 ist der Abschluss $\bar{H}$ von H in $F_s(X,Y)$ gleichgradig stetig, also gilt $\bar{H} \subset C(X,Y)$. Auf $\bar{H}$ stimmen nach 14.20 die uniformen Strukturen der kompakten und der punktweisen Konvergenz überein; daraus folgt die Behauptung. $\qquad\square$

14.22 Satz (Arzéla-Ascoli). *X sei ein lokalkompakter Raum, Y ein separierter uniformer Raum und $H \subset C(X,Y)$ eine Teilmenge von stetigen Abbildungen von X in Y. Genau dann ist H relativ kompakt in $C_c(X,Y)$, wenn H gleichgradig stetig und $H(x)$ für jedes $x \in X$ relativ kompakt in Y ist.*

Beweis. Ist H relativ kompakt in $C_c(X,Y)$, dann folgt aus 14.7 (e) und 8.10, dass $H(x)$ für jedes $x \in X$ relativ kompakt in Y ist. Wir zeigen die gleichgradige Stetigkeit von H in $x_0 \in X$. Da X lokalkompakt ist, gibt es eine kompakte Umgebung K von x_0. Ist nun V' eine vorgegebene Nachbarschaft von Y, dann wählen wir eine Nachbarschaft V von Y mit $V^3 \subset V'$ und $V^{-1} = V$. Nach 13.4 (b) ist H präkompakt in $C_c(X,Y)$. Deshalb gibt es nach Definition 13.1 eine endliche Überdeckung von H mit Mengen, die klein von der Ordnung $W(K,V)$ sind, d.h. es gibt endlich viele $f_i \in H$, $1 \le i \le n$, mit der Eigenschaft

$$f \in H \quad \Longrightarrow \quad \exists i \in \{1, \ldots, n\} \quad \text{mit } (f(x), f_i(x)) \in V \quad \forall x \in K.$$

Da jedes f_i stetig ist, gibt es eine Umgebung U_i von x_0, sodass gilt:

$$(f_i(x), f_i(x_0)) \in V \quad \text{für } x \in U_i.$$

Ist $U := \bigcap_{i=1}^n U_i$, so gibt es zu jedem $x \in U$ und $f \in H$ ein i, $1 \le i \le n$, mit

$$(f(x), f_i(x)) \in V, \ (f_i(x), f_i(x_0)) \in V, \ (f_i(x_0), f(x_0)) \in V,$$

also $f(x) \in V^3(f(x_0)) \subset V'(f(x_0))$. Das aber bedeutet, dass H gleichgradig stetig in x_0 ist.

Ist H gleichgradig stetig, dann stimmen nach 14.20 auf H die Topologie der kompakten und einfachen Konvergenz überein, und H kann deshalb als Teilmenge von $\prod_{x \in X} Y_x$, $Y_x := Y$ aufgefasst werden. Wegen 14.7 (e) gilt

$$H \subset \bar{H} \subset \prod_{x \in X} \bar{H}(x) \subset \prod_{x \in X} \overline{H(x)}.$$

Nach Voraussetzung ist $\overline{H(x)}$ kompakte Teilmenge von Y, also ist H relativ kompakt. $\qquad\square$

14.23 Beispiel. Sei $X := [a, b] \subset \mathbb{R}$ ein beschränktes Intervall und $Y := \mathbb{R}$. Eine abgeschlossene Teilmenge H von stetigen, reellwertigen Funktionen auf $[a, b]$ ist genau dann kompakt in $C_c([a, b], \mathbb{R})$, wenn H gleichgradig stetig und $H(x)$ für jedes $x \in X$ beschränkt, also relativ kompakt, ist. Nach 14.12 ist $C_c([a, b], \mathbb{R})$ metrisierbar. Deshalb ist nach 8.28 die Kompaktheit von H gleichbedeutend damit, dass es zu jeder Folge von Funktionen aus H eine Teilfolge gibt, die gegen eine stetige Funktion aus H konvergiert.

Die Bedingung, dass $H(x)$ für jedes $x \in X$ beschränkt ist, lässt sich bei zusammenhängendem X abschwächen.

Der Satz von Arzéla-Ascoli hat in der Analysis und Funktionentheorie zahlreiche Anwendungen. Ein Beispiel liefert der folgende Existenzsatz für die Lösungen einer gewöhnlichen Differentialgleichung.

14.24 Satz (Peano). *Zu jeder stetigen und beschränkten Funktion $f\colon [0,1] \times \mathbb{R} \to \mathbb{R}$ gibt es mindestens eine Lösung $y \in C([0,1], \mathbb{R})$ der Differentialgleichung*

$$y'(t) = f(t, y(t)), \ t \in [0, 1],$$

mit einer beliebigen Anfangsbedingung $y(0) = y_0$.

Beweis. Durch Integration erhalten wir

$$y(t) = y_0 + \int_0^t f(s, y(s)) ds, \quad t \in [0, 1],$$

und jede stetige Lösung dieser Integralgleichung ist eine Lösung des Anfangs-wertproblems. Für jedes $\alpha > 0$ konstruieren wir eine Näherungslösung y_α durch

$$(*) \qquad y_\alpha(t) := \begin{cases} y_0 & \text{für } t \leq 0, \\ y_0 + \int_0^t f(s, y_\alpha(s - \alpha))ds & \text{für } 0 < t \leq 1; \end{cases}$$

y_α ist wohldefiniert: Für $0 \leq t \leq \alpha$ ist $y_\alpha(t - \alpha) = y_0$, und das Integral lässt sich berechnen. Ist $\alpha \leq t \leq 2\alpha$, so ist $y_\alpha(t - \alpha)$ bereits bekannt; danach wenden wir für $2\alpha \leq t \leq 3\alpha$ den gleichen Schluss an usw. Beschränkt auf $[0, 1]$ ist y_α stetig, und $H := \{y_\alpha \mid \alpha > 0\}$ ist eine gleichgradig stetige Teilmenge von $C([0, 1], \mathbb{R})$; denn aus $|f(x, y)| \leq K$ für alle $(x, y) \in [0, 1] \times \mathbb{R}$ folgt $|y_\alpha'(t)| \leq K$, $t \in [0, 1]$, und daraus folgt die Lipschitz-Bedingung

$$|y_\alpha(t_1) - y_\alpha(t_2)| \leq K \cdot |t_1 - t_2|, \ t_1, t_2 \in [0, 1].$$

Aus der Beschränktheit von f folgt, dass $H(t)$ relativ kompakt in $\mathbb{R}$ ist für alle $t \in [0, 1]$. Die gleichgradige Stetigkeit von H ergibt nun nach 14.22, dass H relativ kompakt in $C_c([0, 1], \mathbb{R})$ ist. Aus der Folge $y_{\frac{1}{n}}$ lässt sich daher eine konvergente Teilfolge $y_k := y_{\alpha(k)}$, $\alpha(k) \to 0$, auswählen, die in $C_c([0, 1], \mathbb{R})$ gegen ein y konvergiert.

Nun gilt

$$|y_k(t - \alpha_k) - y(t)| \leq |y_k(t - \alpha_k) - y_k(t)| + |y_k(t) - y(t)| \leq K \cdot \alpha_k + |y_k(t) - y(t)|,$$

also konvergiert auch $y_k(t - \alpha_k)$ in $C([0, 1], \mathbb{R})$ gegen y. Durch Grenzübergang unter dem Integralzeichen in $(*)$ sehen wir, dass y eine Lösung der Integralglei-chung ist. □

Als ein weiteres Beispiel wollen wir aus der Funktionentheorie anführen:

14.25 Satz (Montel). *Es sei* $(f_j)_{j \in \mathbb{N}}$ *eine lokal beschränkte Folge holomor-pher Funktionen auf einem offenen Gebiet* $U \subset \mathbb{C}$. *Dann besitzt* $(f_j)_{j \in \mathbb{N}}$ *eine lokal gleichmäßig konvergente Teilfolge.*

Der Zusatz „lokal" zu den Eigenschaften beschränkt, gleichmäßig konver-gent und gleichgradig stetig besagt, dass es zu jedem Punkt aus U eine Um-gebung gibt, in der die Folge die entsprechende Eigenschaft hat. Wir können 14.23 verallgemeinern, indem wir als X kompakte Mengen des $\mathbb{R}^n$ zulassen. Ferner können wir ausnutzen, dass jeder offene Bereich in $\mathbb{R}^n$ eine abzählbare Vereinigung von kompakten Mengen ist. Durch einen Diagonalschluss ergibt der Satz 14.22 von Arzéla-Ascoli:

Jede lokal beschränkte und lokal gleichgradig stetige Funktionenfolge $(f_j)_{j \in \mathbb{N}}$ *auf* U *besitzt eine auf* U *lokal gleichmäßig konvergente Teilfolge.*

Nun folgt der Satz 14.25 von Montel aus

14.26 Satz. *Eine auf einem Gebiet $U \subset \mathbb{C}$ lokal beschränkte Menge H holomorpher Funktionen ist lokal gleichgradig stetig.*

Beweis. Zu $a \in U$ sei $\overline{B(a,r)} \subset U$ die abgeschlossene Kreisscheibe mit Mittelpunkt a und Radius r, so daß $|f(x)| \leq K$ gilt für ein geeignetes $K \geq 0$, alle $x \in \overline{B(a,r)}$ und $f \in H$. Sei $D = B(a,r/2)$. Für $z_1, z_2 \in D$ und $f \in H$ gilt

$$|f(z_2) - f(z_1)| = \left| \int_{[z_1,z_2]} f'(z)dz \right| \leq |z_2 - z_1| \max_{z \in D} |f'(z)|.$$

Ferner folgt aus der Cauchy'schen Integralformel, s. Bücher der Funktionentheorie, z.B. [Behnke-Sommer, II §3],

$$|f'(z)| = \left| \frac{1}{2\pi i} \int_{\partial B(a,r)} \frac{f(\zeta)d\zeta}{(\zeta - z)^2} \right| \leq r \frac{K}{(r/2)^2} = \frac{4K}{r}.$$

Für $\varepsilon > 0$ und $\delta = r\varepsilon/4K$ gilt

$$z_1, z_2 \in D, \ |z_2 - z_1| < \delta \implies |f(z_2) - f(z_1)| < \varepsilon.$$

Da δ nicht von f abhängt, sondern nur von der für alle $f \in H$ gemeinsamen Schranke K, sind die Funktionen aus H in D gleichgradig stetig. □

Aufgaben

14.A1 $f \colon [0,1] \to \mathbb{R}$ sei stetig, $f(0) = f(1) = 0$ und $f \neq 0$. Sei $g_n := f(x^n)$ für $n \in \mathbb{N}$. Zeigen Sie:
 (a) $(g_n)_{n \in \mathbb{N}}$ konvergiert punktweise gegen g_0.
 (b) $(g_n)_{n \in \mathbb{N}}$ konvergiert nicht gleichmäßig gegen g_0.

14.A2 Geben Sie eine abzählbare dichte Teilmenge von $F_s([0,1],[0,1])$ an. Hinweis: Schätzen Sie die Mächtigkeiten ab.

14.A3 Welche der folgenden Unterräume von $F_s(\mathbb{R}, \mathbb{R}^*)$ sind vollständig?
 (a) $F_s(\mathbb{R}, \mathbb{R}^*)$,   (b) $C_s(\mathbb{R}, \mathbb{R}^*)$,   (c) $\{f \in F_s(\mathbb{R}, \mathbb{R}^*) \mid |f(x)| \geq 1 \ \forall x \in \mathbb{R}\}$.
Behandeln Sie dasselbe Problem für $F_u(\mathbb{R}, \mathbb{R}^*)$, also für die uniforme Struktur der gleichmäßigen Konvergenz.

14.A4 Welche der folgenden Unterräume von $Z := [0,1]^{[0,1]}$ sind kompakt bezüglich der uniformen Struktur der einfachen Konvergenz?
 (a) $\{f \in Z \mid f(0) = 0\}$,   (b) $\{f \in Z \mid f \text{ stetig und } f(0) = 0\}$,
 (c) $\{f \in Z \mid f \text{ differenzierbar und } |f'(x)| \leq 1 \ \forall x \in [0,1]\}$.

14.A5 Ist X ein topologischer Raum und Y ein regulärer Raum, so ist $C_c(X,Y)$ regulär.

14.A6 Zeigen Sie an dem Beispiel $X := \mathbb{Q}$ und $Y := [0,1]$, dass die Abbildung $e\colon C_c(X,Y) \times X \to Y$ mit $e(f,x) := f(x)$ für nicht lokalkompaktes X nicht stetig zu sein braucht.

Hinweis: Sei $f_0(x) = 0 \;\forall x \in \mathbb{Q}$ und $x_0 \in \mathbb{Q}$ beliebig. Zeigen Sie, dass (f_0, x_0) keine Umgebung besitzt, die in $W := \{t \in \mathbb{Q} \mid t < 1\}$ abgebildet wird.

14.A7

(a) Geben Sie eine Definition für gleichmäßig gleichgradig stetige Funktionsfolgen an.

(b) Sei $f\colon \mathbb{R} \to \mathbb{R}$ definiert durch

$$f(x) := \begin{cases} 0 & \text{für } x < 0, \\ x & \text{für } x \in [0,1], \\ 1 & \text{für } x > 1. \end{cases}$$

Zeigen Sie: Die Folge $(f_n)_{n \in \mathbb{N}}$ mit $f_n(x) := f(n \cdot x - n^2)$, $x \in \mathbb{R}$, ist gleichgradig stetig, aber nicht gleichmäßig gleichgradig stetig, obwohl jedes f_n gleichmäßig stetig ist.

14.A8 Ist X lokalkompakt, Y ein uniformer Raum und $(f_n)_{n \in \mathbb{N}}$ eine gleichgradig stetige Folge von Funktionen $f_n\colon X \to Y$, die für jedes feste $x \in X$ konvergiert, dann konvergiert $(f_n)_{n \in \mathbb{N}}$ gleichmäßig auf jeder kompakten Teilmenge von X gegen eine stetige Funktion $f\colon X \to Y$.

14.A9 Sei I das Intervall $[-1,1]$ in $\mathbb{R}$ und sei $f_n\colon \mathbb{R}_+ \to I$ für alle $n \in \mathbb{N}^*$ definiert durch $f_n(x) := \sin\sqrt{x + 4n^2\pi^2}$. Dann ist (f_n) eine gleichgradig stetige Folge von Funktionen, die relativ kompakt in $C_c(\mathbb{R}_+, I)$, aber nicht relativ kompakt in $C_u(\mathbb{R}_+, I)$ ist.

14.A10 (Satz von Dini). Sei X ein topologischer Raum. Ist $(f_n)_{n \in \mathbb{N}}$ eine monoton wachsende Folge von Funktionen aus $C(X, \mathbb{R})$, die punktweise gegen eine stetige Funktion f konvergiert, dann konvergiert $(f_n)_{n \in \mathbb{N}}$ gleichmäßig gegen f auf kompakten Teilmengen von X. Zeigen Sie außerdem, dass die Folge $(f_n)_{n \in \mathbb{N}}$ aus $C(\mathbb{R}_+, \mathbb{R})$, $f_n(x) := \frac{-x}{n+1+x}$, nicht gleichmäßig auf ganz $\mathbb{R}_+$ konvergiert.

14.A11 Ist X zusammenhängend, $H \subset C(X, \mathbb{R})$ gleichgradig stetig und $H(x_0)$ beschränkt für ein $x_0 \in X$, dann ist $H(x)$ beschränkt für jedes $x \in X$.

14.A12 X sei lokalkompakt und abzählbar im Unendlichen. Nach 8.19 (b) ist X Vereinigung einer Folge $(K_n)_{n \in \mathbb{N}}$ von kompakten Teilmengen $K_n \subset X$, sodass jede kompakte Teilmenge von X in einer endlichen Vereinigung der K_n liegt. Für $f, g \in C(X, \mathbb{R})$ sei

$$d_n(f,g) := \min\{2^{-n}, \sup\{|f(x) - g(x)| \mid x \in K_n\}\}.$$

Dann wird durch

$$d(f,g) := \sum_{n=0}^{\infty} d_n(f,g), \; f, g \in C(X, \mathbb{R}),$$

eine Metrik auf $C(X, \mathbb{R})$ definiert, die die kompakt-offene Topologie auf $C(X, \mathbb{R})$ induziert.

15 Ringe stetiger, reellwertiger Funktionen

Homöomorphe Räume X und Y haben natürlich isomorphe Ringe $C(X)$ bzw. $C(Y)$ stetiger, reellwertiger Funktionen. Diese rein algebraische Bedingung allein bewirkt für *kompakte* Hausdorff-Räume X und Y schon, dass sie homöomorph sind! Deshalb lässt sich die Stone-Čech-Kompaktifizierung eines Raumes X, vgl. 12.7, aus seinem Funktionenring $C(X)$ gewinnen.

A Z-Mengen und Z-Filter

Zunächst wiederholen wir einige Definitionen und Sätze aus der Algebra.

15.1 Mit R bezeichnen wir einen *kommutativen Ring mit Einselement*. Ein *Ideal I* ist ein Unterring mit der Eigenschaft

$$a \in I,\ r \in R \implies ra \in I.$$

Trivialerweise sind $\{0\}$ und R Ideale, die übrigen heißen *eigentliche Ideale*. Der Quotient R/I ist ein Ring. Ein eigentliches Ideal, dass in keinem echt größeren eigentlichen Ideal enthalten ist, heißt *maximales Ideal*.

Die Ideale im Ring $\mathbb{Z}$ sind $\{0\}$, $\mathbb{Z}$ sowie $m\mathbb{Z} := \{mn \mid n \in \mathbb{Z}\}$ für $m > 1$. Die maximalen Ideale von $\mathbb{Z}$ sind $\{p\mathbb{Z} \mid p \text{ prim}\}$. Das Ideal $m\mathbb{Z}$ ist offenbar in den durch die Primfaktoren von m bestimmten maximalen Idealen und nur diesen enthalten. Es ist $\mathbb{Z}_m = \mathbb{Z}/m\mathbb{Z}$ genau dann ein Körper, wenn m eine Primzahl, also $m\mathbb{Z}$ ein maximales Ideal ist.

Allgemeiner gilt:

I ist genau dann ein maximales Ideal von R, wenn R/I ein Körper ist, s. 15.A1.

Mit dem Zorn'schen Lemma lässt sich beweisen:

Jedes eigentliche Ideal ist in einem maximalen Ideal enthalten.

Die Nullstellenmengen der stetigen Funktionen stellen eine Verbindung zwischen den topologischen Eigenschaften des Raumes X und den algebraischen Eigenschaften von $C(X)$ her.

15.2 Definition. Sei X ein topologischer Raum.

(a) Die Abbildung $Z: f \mapsto Z(f) := \{x \in X \mid f(x) = 0\}$ ordnet jedem $f \in C(X)$ die *Nullstellenmenge* oder *Z-Menge* (Zero-Menge) $Z(f)$ von f zu. Die Menge aller Nullstellenmengen bezeichnen wir mit $Z(C(X))$. Die Umkehrabbildung Z^{-1} ordnet einer Nullstellenmenge $A \in Z(C(X))$ die Menge aller Funktionen aus $C(X)$ zu, deren Nullstellenmenge gleich A ist.

(b) Ein System $\mathcal{F}$ von Z-Mengen aus X heißt *Z-Filter* auf X, wenn es die folgenden Bedingungen erfüllt:

(1) $\emptyset \notin \mathcal{F}, \quad X \in \mathcal{F}$;

(2) $Z_1, Z_2 \in \mathcal{F} \Longrightarrow Z_1 \cup Z_2 \in \mathcal{F}$.

(3) $Z_1 \in \mathcal{F}, Z_2 \in Z(C(X)), Z_1 \subset Z_2 \Longrightarrow Z_2 \in \mathcal{F}$.

Im Gegensatz zur Filter-Definition ist Z_2 in (3) keine beliebige Teilmenge, sondern nur eine Z-Menge!

(c) Ein Z-Filter heißt *Z-Ultrafilter*, wenn er in keinem echt feineren Z-Filter enthalten ist; dabei heißt der Z-Filter $\mathcal{F}_1$ wieder feiner als $\mathcal{F}_2$, wenn $\mathcal{F}_1 \supset \mathcal{F}_2$. Jeder Z-Filter ist in einem Z-Ultrafilter enthalten.

(d) Ein Punkt $x \in X$ heißt *Berührungs-* bzw. *Limespunkt* des Z-Filters $\mathcal{F}$, wenn x Berührungs- bzw. Limespunkt des Filters (vgl. 5.13) ist, der $\mathcal{F}$ als Basis hat.

Der Begriff „Z-Filter" ist im Gegensatz zu „Filter" nicht mengentheoretischer Art, sondern ist abhängig von der topologischen Struktur des Raumes X. Die Abbildung $Z: C(X) \to Z(C(X))$ hat folgende Eigenschaften:

15.3 Satz.

(a) *Für ein eigentliches Ideal I in $C(X)$ ist $Z_I := \{Z(f) \mid f \in I\}$ ein Z-Filter auf X.*

(b) *Für einen Z-Filter $\mathcal{F}$ auf X ist $Z^{-1}(\mathcal{F}) = \{f \in C(X) \mid Z(f) \in \mathcal{F}\}$ ein eigentliches Ideal von $C(X)$.*

Beweis. (a) Wäre $\emptyset \in Z_I$, so gäbe es eine Funktion $f \in I$ mit $f^{-1}(\{0\}) = \emptyset$, und für $g \in C(X)$ mit $g(x) = 1/f(x)$ gälte $I \ni g \cdot f = 1$, d.h. $I = C(X)$ wäre kein eigentliches Ideal. Da I ein Ideal ist, enthält I die Nullfunktion, also $X \in Z_I$. Sind $f_1, f_2 \in I$, so gilt $f_1^2 + f_2^2 \in I$, also

$$Z(f_1) \cap Z(f_2) = Z(f_1^2 + f_2^2) \in Z_I, \quad \text{s.15.A2.}$$

Für $Z(f_1) \in Z_I$ und $Z(f_2) \in Z(C(X))$ mit $Z(f_1) \subset Z(f_2)$ gilt

$$Z(f_1) \subset Z(f_1) \cup Z(f_2) = Z(f_1 \cdot f_2) \in Z_I, \quad \text{s. 15.A2.}$$

(b) Wir definieren $I := Z^{-1}(\mathcal{F})$. Für $f, g \in I$ und $h \in C(X)$ gilt:

$$Z(f - g) \supset Z(f) \cap Z(g), \quad Z(hf) \supset Z(f)$$
$$\Longrightarrow \quad Z(f - g), Z(hf) \in \mathcal{F} \quad \Longrightarrow \quad f - g, hf \in I.$$

Deshalb ist I ein Ideal. Wegen $\emptyset \notin \mathcal{F}$ ist die einzige konstante Funktion in $\mathcal{F}$ die Nullfunktion, d.h. $I \neq C(X)$. $\square$

Da die Abbildung $Z: I \mapsto Z(I)$ die Ordnung erhält, d.h. $I_1 \subset I_2 \implies Z(I_1) \subset Z(I_2)$, ergibt sich:

15.4 Korollar.

(a) *Ist M ein maximales Ideal in $C(X)$, dann ist $Z(M)$ ein Z-Ultrafilter auf X.*

(b) *Ist $\mathcal{U}$ ein Z-Ultrafilter auf X, so ist $Z^{-1}(\mathcal{U})$ maximales Ideal in $C(X)$.*

(c) *Die Abbildung Z induziert eine Bijektion von der Menge der maximalen Ideale in $C(X)$ auf die Menge der Z-Ultrafilter auf X.* $\square$

In Analogie zur Definition des fixierten Filters, vgl. 5.10 (c), definieren wir

15.5 Definition. Ein eigentliches Ideal I in $C(X)$ heißt *fixiert* bzw. *frei*, wenn der Z-Filter $Z(I)$ fixiert bzw. frei ist,   d.h. wenn $\bigcap_{f \in I} Z(f)$ nicht-leer bzw. leer ist.

Genau dann ist I ein freies eigentliches Ideal, wenn zu jedem $x \in X$ eine Funktion in I existiert, die x nicht abbildet. Nun sollen die fixierten maximalen Ideale in $C(X)$ beschrieben werden. Dazu übertragen wir die Kennzeichnung der T_{3a}-Räume aus 6.7 auf vollständig reguläre Räume:

15.6 Korollar. *Für einen T_1-Raum X sind die folgenden Aussagen äquivalent:*

(a) *X ist vollständig regulär.*

(b) *Für jeden Punkt $x \in X$ bilden die Umgebungen von x, die Z-Mengen sind, eine Umgebungsbasis.*

(c) *$Z(C(X))$ ist eine Basis für die abgeschlossenen Mengen von X.* $\square$

Um zu zeigen, dass die topologische Struktur eines kompakten Hausdorff-Raumes X sich allein aus der algebraischen Struktur von $C(X)$ gewinnen lässt, benötigen wir folgenden Hilfssatz, dessen Kernaussage wesentlich in der Funktionalanalysis verwendet wird, siehe auch Korollar 18.15

15.7 Hilfssatz. *Für einen Punkt p eines vollständig regulären Raumes X sei*

$$I_p = \{ f \in C(X) \mid f(p) = 0 \}.$$

Dann gilt:

(a) *Für jedes $p \in X$ ist $C(X)/I_p \cong \mathbb{R}$.*

(b) *Die fixierten maximalen Ideale in $C(X)$ sind genau die Mengen I_p.*

(c) *Für verschiedene Punkte $p, q \in X$ ist $I_p \neq I_q$.*

Beweis. (a) Die Menge I_p ist der Kern des Epimorphismus $C(X) \to \mathbb{R}$, $f \mapsto f(p)$, also $\mathbb{R} = C(X)/I_p$.

(b) Nach 15.1 ist I_p ein maximales Ideal, und zwar ein fixiertes, da $p \in \bigcap_{f \in I_p} Z(f)$. Ist umgekehrt I ein fixiertes, maximales Ideal, so gibt es ein $p \in \bigcap_{f \in I} Z(f)$. Dann ist $I \subset I_p$ und wegen der Maximalität $I = I_p$.

(c) Wegen der vollständigen Regularität gibt es ein $g \in C(X)$ mit $g(p) = 0 \neq g(q)$, also $I_p \ni g \notin I_q$. $\square$

15.8 Satz. *Ist X ein kompakter Hausdorff-Raum, so ist die Abbildung $p \mapsto I_p$ eine Bijektion von X auf die Menge der maximalen Ideale in $C(X)$.*

Beweis. Nach Hilfssatz 15.7 genügt es zu zeigen, dass alle maximalen Ideale fixiert sind. Wir zeigen sogar, dass jedes eigentliche Ideal fixiert ist. Ist I ein eigentliches Ideal, so ist für jedes $f \in I$ die abgeschlossene Menge $Z(f)$ nicht leer, also sind nach 15.3 auch alle endlichen Durchschnitte von ihnen nicht leer. Da X kompakt ist, ist auch $\bigcap_{f \in I} Z(f) \neq \emptyset$, vgl. 8.2, d.h. I ist fixiert. $\square$

Da die Nullstellenmengen in X nach 15.6 ein Basis der abgeschlossenen Mengen bilden, lassen sich letztere durch die Relation

$$p \in Z(f) \quad \Longleftrightarrow \quad f \in I_p$$

bestimmen. Dabei ist „$f \in I_p$" eine rein algebraische Relation, und die Topologie von X wird aus der algebraischen Struktur von $C(X)$ gewonnen. So folgt:

15.9 Satz. *Zwei kompakte Hausdorff-Räume X und Y sind genau dann homöomorph, wenn die Ringe $C(X)$ und $C(Y)$ isomorph sind.* $\square$

Die kompakten Räume lassen sich mit Hilfe der Z-Mengen charakterisieren:

15.10 Satz. *Für vollständig reguläre Räume sind folgende Aussagen äquivalent:*

(a) *X ist kompakt.*

(b) *Jedes eigentliche Ideal in $C(X)$ ist fixiert, d.h. jeder Z-Filter ist fixiert.*

(c) *Jedes maximale Ideal in $C(X)$ ist fixiert, d.h. jeder Z-Ultrafilter ist fixiert.*

Beweis. (b) und (c) sind gleichwertig, weil jedes eigentliche Ideal in einem maximalen Ideal enthalten ist. Dass (b) aus (a) folgt, wurde im Beweis von 15.8 gezeigt.

(b) $\Longrightarrow$ (a): Sei $\mathcal{F}$ eine Familie abgeschlossener Mengen von X mit der Eigenschaft, dass der Durchschnitt je endlich vieler Mengen aus $\mathcal{F}$ nicht leer ist. Es genügt zu zeigen, dass $\bigcap_{F \in \mathcal{F}} F \neq \emptyset$ ist (vgl. 8.2 (b)). Da die Z-Mengen eine Basis der abgeschlossenen Mengen bilden (s. 15.6), gibt es ein System $\mathcal{B}$ von Z-Mengen mit $\bigcap_{B \in \mathcal{B}} B = \bigcap_{F \in \mathcal{F}} F$; ferner ist der Durchschnitt von endlich vielen Elementen aus $\mathcal{B}$ nicht leer. Es bestehe $\mathcal{Z}$ aus allen endlichen Durchschnitten von Elementen aus $\mathcal{B}$. Offenbar ist $\mathcal{Z}$ ein Z-Filter mit $\mathcal{F} \subset \mathcal{B} \subset \mathcal{Z}$. Nach Voraussetzung (b) ist

$$\bigcap_{Z \in \mathcal{Z}} Z \neq \emptyset \quad \Longrightarrow \quad \bigcap_{F \in \mathcal{F}} F = \bigcap_{b \in \mathcal{B}} B \supset \bigcap_{Z \in \mathcal{Z}} Z \neq \emptyset. \qquad \square$$

B Stone-Čech-Kompaktifizierung

Die obigen Sätze legen folgende Konstruktion einer Kompaktifizierung nahe:

15.11 Satz. *Sei X ein vollständig regulärer Raum, $\tilde{\beta}X$ die Menge der Z-Ultrafilter auf X, sowie $\tilde{Z} := \{\mathcal{U} \in \tilde{\beta}X \mid Z \in \mathcal{U}\}$ für $Z \in Z(C(X))$ und $\tilde{\mathcal{B}} := (\tilde{Z})_{Z \in Z(C(X))}$. Dann bildet $\tilde{\mathcal{B}}$ eine Basis für die abgeschlossenen Mengen einer Topologie auf $\tilde{\beta}X$.*

Im Folgenden trage $\tilde{\beta}X$ diese Topologie.

Beweis. Da Punkte in X abgeschlossen sind, gilt $\bigcap_{\tilde{Z} \in \tilde{\mathcal{B}}} \tilde{Z} = \emptyset$, vgl 15.6 (c). Ferner liegt mit $\tilde{Z}_1, \tilde{Z}_2$ auch $\tilde{Z}_1 \cup \tilde{Z}_2 = (Z_1 \cup Z_2)^\sim$ in $\tilde{\mathcal{B}}$, vgl. 15.8 (c). Daraus folgt, dass $\tilde{\mathcal{B}}$ Basis für die abgeschlossenen Mengen einer Topologie auf $\tilde{\beta}X$ ist, vgl. 2.4 (d). $\qquad \square$

Im Folgenden setzen wir voraus, dass X vollständig regulär ist; wir übernehmen die Bezeichnungen aus 15.11. Unser Ziel ist es zu zeigen:

— $\tilde{\beta}X$ ist ein kompakter Hausdorff-Raum, s. 15.16,
— es gibt eine Einbettung $\tilde{\beta} \colon X \hookrightarrow \tilde{\beta}X$, s. 15.15,
— $(\tilde{\beta}, \tilde{\beta}X)$ ist eine Stone-Čech-Kompaktifizierung, vgl. 12.17.

15.12 Hilfssatz. *$\mathcal{F}$ sei ein Z-Filter auf X mit der Eigenschaft*

$(*)$ $\qquad A, B \in Z(C(X)), \; A \cup B \in \mathcal{F}, \; A \notin \mathcal{F} \quad \Longrightarrow \quad B \in \mathcal{F}.$

Ist p Berührungspunkt von $\mathcal{F}$, so konvergiert $\mathcal{F}$ gegen p.

Beweis. Ist $V \in \mathcal{U}(p) \cap Z(C(Z))$ eine echte Teilmenge von X, so enthält V eine offene Menge W mit $p \in W$, und es gibt eine stetige Funktion $f \colon X \to [0,1]$, sodass $f(x) = 0$ für $x \in X \backslash W$ und $f(p) = 1$ ist. Dann ist $Z = f^{-1}(0)$ eine Z-Menge und $p \in X \backslash Z \subset V$. Wegen $V \cup Z = X$ ist nach $(*)$ entweder $V \in \mathcal{F}$ oder $Z \in \mathcal{F}$. Wegen $p \notin Z$ kann Z nicht zu $\mathcal{F}$ gehören, da p Berührpunkt von $\mathcal{F}$ und Z abgeschlossen ist; also gilt $V \in \mathcal{F}$. Wegen 15.6 (b) folgt nun $\mathcal{F} \to p$. $\square$

15.13 Satz. *Für* $p \in X$ *ist* $\mathcal{U}(p) := \{Z \in Z(C(X)) \mid p \in Z\}$ *der einzige* Z-*Ultrafilter, der gegen* $p \in X$ *konvergiert. Es gilt* $\{p\} = \bigcap_{Z \in \mathcal{U}(p)} Z$.

Beweis. Zu einer Z-Menge Z_0, die p nicht enthält, gibt es eine stetige Funktion $f\colon X \to [0, 1]$ mit $f(p) = 0$, $f(Z_0) \subset \{1\}$. Dann ist $f^{-1}(0) \in \mathcal{U}(p)$ und $f^{-1}(0) \cap Z_0 = \emptyset$. Weil jede nicht in $\mathcal{U}(p)$ liegende Z-Menge p nicht enthält, ist $\mathcal{U}(p)$ ein Z-Ultrafilter, hat also die Eigenschaft von 15.12 (∗) und konvergiert gegen p. Ist andererseits p Berührungspunkt eines Z-Filters $\mathcal{F}$, so ist $\mathcal{F} \subset \mathcal{U}(p)$; deshalb ist $\mathcal{U}(p)$ der einzige gegen p konvergierende Z-Ultrafilter. $\square$

Die Ergebnisse von 15.12 und 15.13 fassen wir zusammen:

15.14 Satz. *Hat auf dem vollständig regulären Raum* X *ein* Z-*Filter* $\mathcal{F}$ *die Eigenschaft* 15.12 (∗), *so sind folgende Aussagen äquivalent:*

(a) p *ist Berührungspunkt von* $\mathcal{F}$.

(b) $\mathcal{F}$ *konvergiert gegen* p.

(c) $\bigcap_{F \in \mathcal{F}} F = \{p\}$. $\square$

15.15 Hilfssatz. *Für* $x \in X$ *sei* $\mathcal{U}(x)$ *der* Z-*Ultrafilter der* Z-*Mengen von* X, *welche* x *enthalten. Dann gilt:*

(a) $\tilde{e}\colon X \to \tilde{\beta}X$, $x \mapsto \mathcal{U}(x)$, *ist eine Einbettung.*

(b) *Für* $Z \in Z(C(X))$ *gilt* $\tilde{Z} = \overline{\tilde{e}(Z)}$.

(c) $\tilde{e}(X)$ *liegt dicht in* $\tilde{\beta}X$.

Beweis. (a) Nach 15.13 ist $\tilde{e}$ eine injektive Abbildung. Für $Z \in Z(C(X))$ gilt

$$\tilde{e}(Z) = \{\tilde{e}(x) \mid x \in Z\} = \{\tilde{e}(x) \mid x \in X, \ Z \in \mathcal{U}(x)\} = \tilde{Z} \cap \tilde{e}(X).$$

Die Definition von $\tilde{Z}$ befindet sich in 15.11. Deshalb überführt $\tilde{e}$ die Basis $Z(C(X))$ der abgeschlossenen Mengen von X, vgl. 15.6 (c), in die Basis $(\tilde{Z} \cap \tilde{e}(X))_{Z \in Z(C(X))}$ der abgeschlossenen Mengen von $\tilde{e}(X)$, die aus der Basis $\tilde{\mathcal{B}}$ der abgeschlossenen Menge von $\tilde{\beta}X$ gewonnen wird, und liefert also einen Homöomorphismus von X auf $\tilde{e}(X)$.

(b) Aus den Definitionen von $\tilde{\beta}X$ und $\tilde{e}$ ergibt sich unmittelbar: $\tilde{e}(Z) \subset \tilde{Z}$. Da $\tilde{Z}$ nach Definition der Topologie auf $\tilde{\beta}X$ abgeschlossen ist, folgt $\overline{\tilde{e}(Z)} \subset \tilde{Z}$. Andererseits gilt für jedes Z_0 mit $\tilde{Z}_0 \supset \tilde{e}(Z)$:

$$\tilde{e}(Z_0) = \tilde{Z}_0 \cap \tilde{e}(X) \supset \tilde{e}(Z).$$

Daraus folgt $Z_0 \supset Z$ und somit $\tilde{Z}_0 \supset \tilde{Z}$ gemäß der Definition von $\sim$ in 15.11. Der Durchschnitt der Elemente $\tilde{Z}_0$ aus der Basis $\tilde{B}$ für die abgeschlossenen Mengen von $\tilde{\beta}X$, die $\tilde{e}(Z)$ enthalten, ist $\tilde{e}(Z)$; also gilt $\overline{\tilde{e}(Z)} \supset \tilde{Z}$.

(c) Nach (b) ist

$$\overline{\tilde{e}(X)} = \tilde{X} = \{\mathcal{U} \in \tilde{\beta}X \mid X \in \mathcal{U}\} = \tilde{\beta}X. \qquad \square$$

15.16 Satz. *$\tilde{\beta}X$ ist ein kompakter Hausdorff-Raum.*

Beweis. (a) *$\tilde{\beta}X$ ist ein Hausdorff-Raum.* Zu zwei verschiedenen Punkten $\mathcal{U}_1, \mathcal{U}_2 \in \tilde{\beta}X$, d.h. verschiedenen Z-Ultrafiltern auf X, wählen wir disjunkte Z-Mengen $A_1 \in \mathcal{U}_1$ und $A_2 \in \mathcal{U}_2$; solche Z-Mengen gibt es nach 6.6 und 6.7. Es seien f_1 und f_2 zwei Funktionen aus $C(X)$ mit $f_i^{-1}(0) = A_i$. Dann wird durch

$$g(x) := \frac{|f_1(x)|}{|f_1(x)| + |f_2(x)|}$$

eine stetige Funktion $g \colon X \to \mathbb{R}$ definiert mit $g(A_1) = \{0\}$ und $g(A_2) = \{1\}$. Die Mengen $Z_1 := \{x \in X \mid g(x) \geq \frac{1}{2}\}$ und $Z_2 := \{x \in X \mid g(x) \leq \frac{1}{2}\}$ sind Z-Mengen (vgl. 15.A5), und es gilt

$$A_1 \subset X \backslash Z_1 \subset Z_2 \subset X \backslash A_2.$$

Ferner ist $Z_1 \cup Z_2 = X$, also $\overline{\tilde{e}(Z_1) \cup \tilde{e}(Z_2)} = \tilde{\beta}X$. Wegen $A_i \in \mathcal{U}_i$ ist $Z_i \notin \mathcal{U}_i$. Somit gilt nach der Definition von $\sim$ und 15.15 (b) $\mathcal{U}_i \notin \overline{\tilde{e}(Z_i)}$. Also sind $\tilde{\beta}X \backslash \overline{\tilde{e}(Z_1)}$ und $\tilde{\beta}X \backslash \overline{\tilde{e}(Z_2)}$ disjunkte Umgebungen von $\mathcal{U}_1$ bzw. $\mathcal{U}_2$.

(b) *$\tilde{\beta}X$ ist kompakt.* Sei $\tilde{\mathcal{F}}$ ein System abgeschlossener Mengen $\tilde{F}$ in $\tilde{\beta}X$, sodass der Durchschnitt eines jeden endlichen Teilsystems nicht leer ist. Jedes $\tilde{F} \in \tilde{\mathcal{F}}$ ist Durchschnitt von Elementen der Basis $\tilde{B}$ von abgeschlossenen Mengen von $\tilde{\beta}X$, s. 15.11, und deshalb gibt es ein System $\mathcal{A} \subset Z(C(X))$, welches ebenfalls die endliche Durchschnittseigenschaft hat und die Gleichung $\bigcap_{A \in \mathcal{A}} \tilde{A} = \bigcap_{\tilde{F} \in \tilde{\mathcal{F}}} \tilde{F}$ erfüllt. Sei $\mathcal{Z}$ der von $\mathcal{A}$ erzeugte Z-Filter und $\mathcal{U}$ ein Z-Ultrafilter auf X mit $\mathcal{Z} \subset \mathcal{U}$. Dann gilt:

$$\mathcal{U} \in \bigcap_{Z \in \mathcal{Z}} \tilde{Z} = \bigcap_{A \in \mathcal{A}} \tilde{A} = \bigcap_{\tilde{F} \in \tilde{\mathcal{F}}} \tilde{F} \implies \bigcap_{\tilde{F} \in \tilde{\mathcal{F}}} \tilde{F} \neq \emptyset. \qquad \square$$

15.17 Satz. *$\tilde{\beta}X$ ist eine Stone-Čech-Kompaktifizierung von X.*

Beweis. In 15.15 (c) haben wir gezeigt, dass $\tilde{e}(X)$ dicht in $\tilde{\beta}X$ liegt. Wir müssen nur noch nachweisen, dass es zu jeder stetigen Abbildung $g \colon X \to K$ in einen beliebigen kompakten Hausdorff-Raum K eine und nur eine stetige Abbildung $\tilde{g} \colon \tilde{\beta}X \to K$ gibt, sodass das folgende Diagramm kommutativ wird:

Der Beweis geschieht in mehreren Schritten.

(1) *Zunächst erklären wir eine Abbildung* $\bar{g}$: $\bar{\beta}X \to \mathcal{P}(X(C(K)))$ *durch* $\bar{g}(\mathcal{U}) := \{Z \in Z(C(K)) \mid g^{-1}(Z) \in \mathcal{U}\}$ *für* $\mathcal{U} \in \bar{\beta}X$. Jedoch ist $\bar{g}(\mathcal{U})$ nicht Bildfilter von $\mathcal{U}$ bzgl. g (vgl. 5.16); der Bildfilter eines Z-Filters braucht kein Z-Filter zu sein. Es ist $\bar{g}(\mathcal{U})$ ein Z-Filter auf K.

(2) $\bar{g}(\mathcal{U})$ *besitzt die Eigenschaft* 15.12 (∗): Sei $A, B \in Z(C(K))$, $A \cup B \in \bar{g}(\tilde{\mathcal{U}})$ und $A, B \notin \bar{g}(\mathcal{U})$. Dann gilt

$$g^{-1}(A), g^{-1}(B) \in Z(C(X)), \quad g^{-1}(A \cup B) \in \mathcal{U}, \quad g^{-1}(A), g^{-1}(B) \notin \mathcal{U}.$$

Wäre $g^{-1}(A) \cap \tilde{Z} \neq \emptyset$ für alle $\tilde{Z} \in \mathcal{U}$, so gäbe es einen Z-Filter, der $\mathcal{U}$ und $g^{-1}(A)$ enthielte, im Widerspruch zur Annahme, dass $\mathcal{U}$ ein Z-Ultrafilter ist. Deshalb gibt es $\tilde{Z}_A, \tilde{Z}_B \in \mathcal{U}$ mit

$$g^{-1}(A) \cap \tilde{Z}_A = g^{-1}(B) \cap \tilde{Z}_B = \emptyset \quad \Longrightarrow \quad \tilde{Z}_A \cap \tilde{Z}_B \in \mathcal{U}, \quad \Longrightarrow$$

$$\mathcal{U} \ni \left(g^{-1}(A \cup B)\right) \cup \left(\tilde{Z}_A \cap \tilde{Z}_B\right) \subset \left((g^{-1}(A) \cap \tilde{Z}_A) \cup (g^{-1}(B) \cap \tilde{Z}_B)\right) = \emptyset,$$

im Widerspruch dazu, dass ein Z-Filter die leere Menge nicht enthält.

(3) *Das obige Diagramm* (∗) *ist kommutativ.* Da K kompakt ist, hat $\bar{g}(\mathcal{U})$ einen Berührungspunkt. Wegen Hilfssatz 15.12 konvergiert $\bar{g}(\tilde{\mathcal{U}})$; den eindeutig bestimmten Limes bezeichnen wir mit $\tilde{g}(\mathcal{U})$. Dann ist $\tilde{g}(\mathcal{U}) = \bigcap_{A \in \bar{g}(\mathcal{U})} A$. Für $x \in X$ und $\mathcal{U} = \tilde{e}(x)$ gilt $x \in \bigcap_{Z \in \mathcal{U}} Z$ und $g(x) \in \bigcap_{A \in \bar{g}(\mathcal{U})} A$, also $g = \tilde{g} \circ \tilde{e}$.

(4) $\tilde{g}$ *ist in jedem Punkt* $\mathcal{U} \in \bar{\beta}X$ *stetig:* Da ein kompakter Hausdorff-Raum vollständig regulär ist (s. 8.9 und 7.3), bilden die Umgebungen von $\tilde{g}(\mathcal{U})$, die gleichzeitig Z-Mengen in K sind, eine Basis des Umgebungsfilters, und es braucht nur für jede solche Z-Umgebung F von $\tilde{g}(\mathcal{U})$ eine Umgebung von $\mathcal{U}$ gefunden zu werden, die nach F abgebildet wird. Nun gibt es eine offene Menge W in K mit $\tilde{g}(\mathcal{U}) \in W \subset F$, und wegen der vollständigen Regularität von K gibt es eine stetige Funktion $f: K \to \mathbb{R}$ mit $f(K \backslash W) \subset \{0\}$ und $f(\tilde{g}(\mathcal{U})) = 1$. Für die Z-Menge $F' := f^{-1}(0)$ ist dann $K \backslash F'$ eine Umgebung von $\tilde{g}(\tilde{\mathcal{U}})$, und es ist $K \backslash F' \subset F$. Dann sind $Z := g^{-1}(F)$ und $Z' := g^{-1}(F')$ Nullstellenmengen in X, und wegen $F \cup F' = K$ ist $Z \cup Z' = X$ und $\overline{\tilde{e}(Z)} \cup \overline{\tilde{e}(Z')} = \overline{\tilde{e}(x)} = \bar{\beta}X$. Aus $\tilde{g}(\tilde{\mathcal{U}}) \notin F'$ folgt $\mathcal{U} \notin \overline{\tilde{e}(Z')}$, vgl. 15.A7. Die Topologie auf $\bar{\beta}X$ ist in 15.11 so definiert, dass $\bar{\beta}X \backslash \overline{\tilde{e}(Z')}$ eine Umgebung von $\mathcal{U}$ ist. Für alle $\mathcal{V} \in \bar{\beta}X \backslash \overline{\tilde{e}(Z')}$ gilt $\mathcal{V} \in \overline{\tilde{e}(Z)}$, also $\tilde{g}(\mathcal{V}) \subset F$. Damit ist die Stetigkeit von $\tilde{g}$ bei $\mathcal{U}$ gezeigt.

(5) Nun folgt als letztes, dass $\tilde{g}$ eindeutig bestimmt ist, da $\tilde{e}(X)$ in $\bar{\beta}X$ dicht liegt. $\square$

$(\tilde{e}, \tilde{\beta}X)$ ist also gemäss 12.17 eine Stone-Čech-Kompakitifizierung. Andere Konstruktionen der Stone-Čech-Kompaktifizierung von X mit Hilfe der maximalen Ideale in $C(X)$ finden sich unter 15.A8 und 15.A9. Der folgende Satz beschreibt die Einbettung von X in $\tilde{\beta}X$.

15.18 Satz. *Zu jedem Punkt $\tilde{\mathcal{U}} \in \tilde{\beta}X$ gibt es genau einen Z-Ultrafilter auf X, nämlich $\tilde{\mathcal{U}}$ selbst, dessen Bild unter $\tilde{e}$ gegen $\tilde{\mathcal{U}}$ konvergiert.*

Beweis. Nach 15.11 wird durch $\{\tilde{\beta}X \backslash \tilde{Z} \mid Z \in Z(C(X)), Z \notin \mathcal{U}\}$ eine Umgebungsbasis für $\mathcal{U}$ gegeben. Da $\mathcal{U}$ ein Z-Ultrafilter ist, gibt es nach 15.A7 (b) zu $Z \notin \mathcal{U}$ ein $Z' \in \mathcal{U}$, sodass $Z \cap Z' = \emptyset$. Dann ist $\tilde{e}(Z') \subset \tilde{\beta}X \backslash Z$, und es konvergiert somit der Filter mit der Filterbasis $(\tilde{e}(Z'))_{Z' \in \mathcal{U}}$ gegen $\mathcal{U}$. Da verschiedene Z-Ultrafilter disjunkte Z-Mengen Z_1 und Z_2 enthalten (vgl. 15.A7 (b)) und $\overline{\tilde{e}(Z_1)} \cap \overline{\tilde{e}(Z_2)} = \overline{\tilde{e}(Z_1) \cap \tilde{e}(Z_2)} = \emptyset$ ist, kann kein Punkt aus $\tilde{\beta}X$ Limespunkt von zwei Filtern sein, die von den Bildern verschiedener Z-Ultrafilter unter $\tilde{e}$ herrühren; denn die Menge der Berührungspunkte eines Filters ist nach 5.13 (b) der Durchschnitt der Abschlüsse der Menge des Filters. □

Aufgaben

15.A1 Weisen Sie die Eigenschaften von Idealen aus 15.1 nach.

15.A2 Für einen topologischen Raum X und die dafür erklärte Abbildung Z von 15.2 gilt:
  (a) $Z(f) = Z(|f|) = Z(f^n)$ für $n \in \mathbb{N}^*$;
  (b) $Z(fg) = Z(f) \cup Z(g)$;
  (c) $Z(f^2 + g^2) = Z(f) \cap Z(g)$.

15.A3 Ein Element a eines Ringes R heißt *Einheit von R*, wenn a ein multiplikatives Inverses besitzt. Zeigen Sie: f ist Einheit von $C(X) \iff Z(f) = \emptyset$.

15.A4 Jeder abzählbare Durchschnitt von Z-Mengen in einem topologischen Raum ist wieder eine Z-Menge.

15.A5 Ist $f \in C(X)$, so sind $\{x \in X \mid f(x) \geq 0\}$ und $\{x \in X \mid f(x) \leq 0\}$ Z-Mengen.

15.A6 (a) Sei M ein maximales Ideal in $C(X)$. Wenn $Z(f)$ für ein $f \in C(X)$ jedes Element von $Z(M)$ trifft, so ist $f \in M$.
  (b) Schneidet eine Z-Menge jedes Element eines Z-Ultrafilters $\mathcal{U}$ auf X, so ist $Z \in \mathcal{U}$.

15.A7 Sei X vollständig regulär, Y Hausdorff'sch und kompakt, $g \colon X \to Y$ stetig, $A \subset X$ ein dichter Unterraum und $i \colon A \hookrightarrow X$ die kanonische Injektion. Zeigen Sie:

(a) Ist $x \in \bar{Z} \in Z(A)$ (der Abschluss wird in X gebildet!), dann gibt es einen Z-Ultrafilter $\mathcal{F}$ auf A, für den $i(\mathcal{F})$ gegen x konvergiert.

(b) Sei $F \in Z(Y)$ und $Z := g^{-1}(F)$. Ist $x \in \bar{Z}$ und $\mathcal{F}$ ein Z-Ultrafilter auf A, für den $i(\mathcal{F})$ gegen x konvergiert, dann ist $\bigcap_{U \in \tilde{g}(\mathcal{F})} U \subset g^{-1}(F) = Z$. Dabei ist $\tilde{g}(\mathcal{F}) = \{z \in Z(C(K)) \mid g^{-1}(Z) \in \mathcal{F}\}$, vgl. Beweis von 15.17.

15.A8 Sei R ein kommutativer Ring mit Einselement. Die Menge der maximalen Ideale von R werde mit $\mathcal{M}$ bezeichnet. Zeigen Sie:

(a) $\mathcal{M}$ lässt sich zu einem topologischen Raum machen, indem als Subbasis der abgeschlossenen Mengen alle Mengen der Form

$$\mathcal{A}(a) := \{M \in \mathcal{M} \mid a \in M\} \quad \text{für } a \in R$$

genommen wird. Die so erhaltene Topologie heißt *Stone-Topologie* von $\mathcal{M}$, und $\mathcal{M}$ heißt der *Strukturraum* von R.

(b) Der Abschluss von $\mathcal{T} \subset \mathcal{M}$ ist $\bar{\mathcal{T}} = \{M \in \mathcal{M} \mid M \supset \bigcap_{T \in \mathcal{T}} T\}$.

Für $\mathcal{T} \subset \mathcal{M}$ wird $\bigcap_{T \in \mathcal{T}} T$ *Kern von* $\mathcal{T}$ genannt. Die Menge $\{M \in \mathcal{M} \mid M \supset I\}$ heißt auch die *Hülle von* I. Der *Abschluss von* $\mathcal{T}$ ist also die *Hülle des Kerns von* $\mathcal{T}$. Die Stone-Topologie wird aus diesem Grunde auch *Hülle-Kern Topologie* genannt.

(c) $\mathcal{M}$ ist ein T_1-Raum.

(d) $\mathcal{M}$ ist genau dann Hausdorff'sch, wenn für je zwei verschiedene maximale Ideale $M_1, M_2 \in \mathcal{M}$ Elemente $a_1, a_2 \in R$ existieren mit $a_1 \notin M_1, a_2 \notin M_2$ und $a_1 \cdot a_2 \in \bigcap_{M \in \mathcal{M}} M$. Der Strukturraum von $\mathbb{Z}$ ist nicht Hausdorff'sch.

(e) Jede Familie von abgeschlossenen Mengen aus $\mathcal{M}$ mit der endlichen Durchschnittseigenschaft, dass je endlich viele von ihnen einen nicht-leeren Durchschnitt haben, hat einen nicht-leeren Durchschnitt; also ist $\mathcal{M}$ kompakt.

15.A9 Sei X vollständig regulär und $\mathcal{M}$ der Strukturraum von $C(X)$. Zeigen Sie:

(a) $\mathcal{M}$ ist ein kompakter Hausdorff-Raum. Wegen 15.A8 ist nur die Hausdorff-Eigenschaft nachzuweisen.

(b) Die Menge $\mathcal{F}$ aller fixierten maximalen Ideale in $C(X)$ ist ein dichter Unterraum von $\mathcal{M}$, und dieser ist homöomorph zu X.

16 Topologische Gruppen

In diesem wie in den folgenden Abschnitten werden topologische Strukturen auf algebraischen Bereichen untersucht, und zwar interessiert uns besonders der Fall einer Topologie auf einer Gruppe. In diesem Abschnitt werden die grundlegenden topologischen Eigenschaften von topologischen Gruppen untersucht, dagegen werden in Abschnitt 19 und 20 invariante Maße, die sogenannten Haar'schen Maße, und die Dualität von Gruppen besprochen. Im Folgenden wird zwar die Theorie der uniformen Räume benutzt (als reizvolle Übung zu dieser Theorie), aber die verwandten Sätze sind für topologische Gruppen oftmals direkt leichter erreichbar.

A Grundbegriffe der Gruppentheorie

Der in Abschnitt A dargestellte Stoff findet sich in den Einführungen in die Algebra oder Gruppentheorie, z.B. in [Zieschang]. Wir besprechen allerdings auch recht viele Beispiele, die später auftreten werden.

16.1 Gruppenbegriff. Eine Menge G von Elementen zusammen mit einer Operation $*$ heißt *Gruppe*, wenn die folgenden Regeln (a) - (d) gelten:

(a) $*: G \times G \to G$, $(g,h) \mapsto g * h$, ist eine Abbildung.

(b) *Assoziatives Gesetz*: für beliebige $g, h, k \in G$ gilt:

$$(g * h) * k = g * (h * k).$$

(c) Es gibt ein *neutrales Element* $e \in G$ mit der Eigenschaft, dass für jedes $g \in G$ gilt:

$$g * e = e * g = g.$$

(d) Zu jedem Element $g \in G$ gibt es ein *inverses Element* g^{-1}, sodass

$$g * g^{-1} = g^{-1} * g = e.$$

Die Gruppe wird mit $(G, *)$ bezeichnet; wenn klar ist, welche Gruppenoperation vorliegt, wird auch einfach nur G geschrieben.

Durch einfache Schlüsse erhalten wir, dass sich das assozitive Gesetz in naheliegender Weise auf mehrere Faktoren verallgemeinern lässt, dass das neutrale Element eindeutig bestimmt ist, ebenso wie das Inverse zu einem vorgegebenen Element. Daraus ergibt sich auch unmittelbar, dass das Inverse des inversen Elementes das ursprüngliche ist: $(g^{-1})^{-1} = g$.

(e) Die (endliche oder unendliche(Gruppe heißt *kommutativ*   oder *abelsch*, wenn $g_1 * g_2 = g_2 * g_1$ für alle Paare von Elementen $g_1, g_2 \in G$ gilt.

(f) Die (endliche oder unendliche) Anzahl der Elemente von G heißt die *Ordnung* von G und wird mit $|G|$ bezeichnet.

16.2 Beispiele.

(a) $(\mathbb{Z}, +)$, $(\mathbb{Q}, +)$, $(\mathbb{R}, +)$, $(\mathbb{C}, +)$ sind abelsche Gruppen unendlicher Ordnung, ebenfalls $(\mathbb{R}_{>0}, \cdot)$, $(\mathbb{R}^*, \cdot)$ und $(\mathbb{C}^*, \cdot)$, wobei wieder $\mathbb{R}_{>0} = \{x \in \mathbb{R} \mid x > 0\}$, $\mathbb{R}^* = \mathbb{R} \setminus \{0\}$ usw. ist.

Ist $1 < n \in \mathbb{Z}$, so bilden die Kongruenzklassen modulo n bzgl. der Addition eine abelsche Gruppe $\mathbb{Z}_n$ der Ordnung n: Ist $\bar{k} = \{i \in \mathbb{Z} \mid i \equiv k \bmod n\}$, so gilt $\bar{k} + \bar{\ell} = \overline{k + \ell}$ und dadurch wird eine Gruppenoperation auf $\mathbb{Z}_n = \{\bar{k} \mid k \in \mathbb{Z}\}$ definiert. Diese Gruppe heißt die *zyklische Gruppe der Ordnung* n. Die zyklische Gruppe der Ordnung 2 wird oftmals mit der Menge $\{1, -1\}$ identifiziert und als Gruppenoperation wird die Multiplikation genommen. Analog wird für beliebiges positives n die zyklische Gruppe $\mathbb{Z}_n$ mit $\{e^{2\pi i \cdot k/n}\}$ und der Multiplikation identifiziert, und diese Gruppe lässt sich auch als die Gruppe der Drehungen um ein Vielfaches von $2\pi/n$ um den Nullpunkt der euklidichen Ebene auffassen.

(b) Die *triviale Gruppe* besteht nur aus einem Element, dem neutralen. Diese Gruppe wird meistens mit 0 oder 1 bezeichnet, jenachdem ob die Gruppenoperation als Addition oder als Multiplikation geschrieben wird.

(c) Die Permutationen der Zahlen $(1, \dots, n)$ bilden mit der Hintereinanderausführung eine Gruppe der Ordnung $n!$, die sogenannte *symmetrische Gruppe* S_n. Ebenfalls bilden die geraden Permutationen eine Gruppe der Ordnung $n!/2$, die *alternierende Gruppe* A_n. Es sind S_n und A_n für $n > 2$ bzw. > 3 nicht abelsch.

(d) Natürlich lässt sich das Beispiel aus (c) auch auf den Fall von bijektiven Abbildungen einer Menge auf sich übertragen. Interessanter für uns ist der Fall eines topologischen Raumes X und die Menge aller Homöomorphismen von X auf sich: Homeo$\,X = \{f \colon X \to X \mid f$ Homöomorphismus$\}$. Dann wird diese Menge mit der Hintereinanderausführung eine Gruppe: (Homeo$\,X, \circ$). Diese Gruppe ist nur in wenigen Ausnahmefällen kommutativ.

(e) Aus der linearen Algebra und des Geometrie sind zahlreiche Gruppen bekannt, die wir hier nur anführen: Die allgemeinen linearen Gruppen $GL(n, \mathbb{R})$, $GL(n, \mathbb{C})$ der regulären $n \times n$-Matrizen mit reellen bzw. komplexen

Koeffizienten, die speziellen linearen Gruppen $SL(n, \mathbb{R})$, $L(n, \mathbb{C})$ der Matrizen mit Determinante 1, die orthogonalen Gruppen $O(n)$ und die speziellen orthogonalen Gruppen $SO(n)$, die unitären Gruppen $U(n)$ und die speziellen unitären Gruppen $SU(n)$, die Bewegungsgruppen der euklidischen Räume, die Translationsgruppen, die Drehgruppen, die affinen Gruppen, die projektiven Gruppen. Diese Gruppen sind i.a. nicht kommutativ (ausgenommen die Translationsgruppen).

(f) Der *Einheitskreis* $S^1 = \{z \in \mathbb{C} \mid |z| = 1\} = \{e^{i\zeta} \mid 0 \leq \zeta \leq 2\pi\}$ wird mit der Multiplikation der komplexen Zahlen zu einer abelschen Gruppe. Das gleiche ist der Fall für den *n-dimensionalen Torus*

$$T^n = (S^1)^n = \{(z_1, \ldots, z_n) \mid z_j \in \mathbb{C}, |z_j| = 1\}$$

mit der komponentenweisen Multiplikation.

(g) Die *nicht-euklidische Ebene* lässt sich nach Poincaré durch die obere Halbebene $\mathbb{H} = \{z \in \mathbb{C} \mid \Im z > 0\}$ darstellen. Die Gruppe der orientierungserhaltenden Bewegungen dieser Ebene wird dann gegeben durch die linear gebrochenen Transformationen:

$$PSL(2, \mathbb{R}) = \left\{ f \colon \mathbb{H} \to \mathbb{H} \mid f(z) = \frac{az + b}{cz + d} \text{ mit } a, b, c, d \in \mathbb{R}, ad - bc = 1 \right\}.$$

Im folgenden werden wir meistens die Gruppenoperation nicht angeben, da sie sich von selbst versteht; in den meisten Fällen wird es sich um eine Addition oder ein Multiplikation halten. Im Falle einer Addition wird das neutrale Element mit 0 und das zu a inverse Element mit $-a$ bezeichnet, im Falle einer Multiplikation bezeichnet 1 das neutrale Element und a^{-1} das Inverse von a. Wenn nicht anders gesagt, schreiben wir die Gruppenoperation als Multiplikation.

16.3 Homomorphismen und Automorphismengruppen.

(a) Eine Abbildung $\varphi \colon G \to H$ zwischen zwei Gruppen $(G, *)$, $(H, \bullet)$ heißt *Homomorphismus*, wenn gilt:

$$\varphi(g_1 * g_2) = \varphi(g_1) \bullet \varphi(g_2) \quad \text{für jedes Paar} g_1, g_2 \in G.$$

Stimmen Bild- und Urbildgruppe überein, so spricht man von einem *Endomorphismus*. Offenbar wird das neutrale Element e_G von G auf das neutrale Element e_H von H, das inverse Element von $g \in G$ auf das inverse Element von $\varphi(g) \in H$ abgebildet. Ist φ injektiv, so heißt φ *Monomorphismus*, ist φ surjekiv, so *Epimorphismus*, und ist φ bijektiv, so *Isomorphismus*. Ein bijektiver Endomorphismus heißt *Automorphismus*. Zwei Gruppen G, H heißen *isomorph*, wenn es einen Isomorphismus $G \to H$ gibt; wir schreiben dann $G \cong H$.

(b) Der *Kern* von $\varphi\colon G \to H$ ist das Urbild des neutralen Elementes von H: Kern $\varphi = \varphi^{-1}(e_H) = \{g \in G \mid \varphi(g) = e_H\}$. Das *Bild* von φ ist Bild $\varphi = \varphi(G) = \{\varphi(g) \in H \mid g \in G\}$. Offenbar ist φ genau dann ein Epimorphismus, wenn $H = $ Bild φ. Es ist φ genau dann ein Monomorphismus, wenn der Kern nur aus dem neutralen Element besteht: Kern $\varphi = \{e_G\}$; besteht also das Urbild von e_H nur aus e_G, so ist φ injektiv. (Dieses bedarf eines einfachen Beweises.) Der Kern hat offenbar die folgende Eigenschaft:

(∗) Kern $\varphi = g^{-1} \ast (\text{Kern}\,\varphi) \ast g := \{g^{-1} \ast x \ast g \mid x \in \text{Kern}\,\varphi\}$ für jedes $g \in G$

(c) Ist $(G, \ast)$ eine Gruppe, so bezeichnen wir mit End G die Menge der Endomorphismen und mit Aut G die Menge der Automorphismen. Ist $g \in G$ fest, so wird durch $x \mapsto g^{-1} \ast x \ast g$ ein Automorphismus $\iota_g\colon G \to G$ definiert; er heißt *der zu g gehörige innere Automorphismus*. Die Anwendung des inneren Automorphismus ι_g ist die *Konjugation mit g*. Die Menge aller inneren Automorphismen bezeichnen wir mit Inn G. Offenbar gilt Inn $G \subset$ Aut $G \subset$ End G. Durch die Hintereinanderausführung von Abbildungen erhalten wir eine Operation $\circ$ auf End G:

$$\circ\colon \text{End}\,G \times \text{End}\,G \to \text{End}\,G, \quad (\varphi, \psi) \mapsto \varphi \circ \psi \quad \text{mit } (\varphi \circ \psi)(x) := \varphi(\psi(x)),$$

welche assoziativ ist und die Identität als neutrales Element besitzt; allerdings braucht es zu einem Element nicht unbedingt ein inverses Element zu geben. Schränken wir jedoch diese Operation auf Aut G bzw. Inn G ein, so entstehen ebenfalls Gruppen, die *Automorphismengruppe* bzw. die *Gruppe der inneren Automorphismen*. Durch $g \mapsto \iota_g$ werden Homomorphismen $\iota\colon G \to$ Inn G bzw. $\iota\colon G \to$ Aut G induziert; die Ungenauigkeit mit der Bildmenge sei gestattet, da Inn $G \subset$ Aut G.

16.4 Beispiele.

(a) Es ist $\times_n\colon \mathbb{Z} \to \mathbb{Z}$, $k \mapsto n \cdot k$ ein injektiver Endomorphismus mit Bild $\times_n = n\mathbb{Z} = \{n \cdot k \mid k \in \mathbb{Z}\}$. Ferner ist

$$\text{mod } n : \mathbb{Z} \to \mathbb{Z}_n, \ k \mapsto \bar{k} = \{\ell \in \mathbb{Z} \mid \ell \equiv k \text{ mod } n\}$$

ein Epimorphismus mit Kern$(\text{mod } n) = n\mathbb{Z}$.

(b) Die Permutationen werden in gerade und ungerade Permutationen eingeteilt, und es wird eine Funktion sgn$\colon S_n \to \{1, -1\}$ erklärt, die den geraden Permutationen den Wert 1, den ungeraden den Wert -1 zuordnet. Wenn wir wie in 16.2 (a) $\{1, -1\}$ mit $\mathbb{Z}_2$ identifizieren, können wir sgn als einen Epimorphismus von S_n nach $\mathbb{Z}_2$ deuten, dessen Kern die alternierende Gruppe A_n der geraden Permutationen ist.

(c) Die Exponentialfunktion $\exp\colon (\mathbb{R}, +) \to (\mathbb{R}_{>0}, \cdot)$, $x \mapsto e^{2\pi i x}$ ergibt einen Isomorphismus mit der Umkehrung $\log\colon (\mathbb{R}_{>0}, \cdot) \to (\mathbb{R}, +)$, $x \mapsto \log x$.

(d) Da die Determinante des Produktes zweier $n \times n$-Matrizen gleich dem Produkt der Determinanten ist, entstehen Homomorphismen

$\det\colon GL(n,\mathbb{R}) \to \mathbb{R}^*$, $\det\colon GL(n,\mathbb{C}) \to \mathbb{C}^*$, $\det\colon GL(n,\mathbb{Z}) \to \{1,-1\} \cong \mathbb{Z}_2$, $\det\colon O(n) \to \{1,-1\} \cong \mathbb{Z}_2$, $\det\colon U(n) \to S^1$,

die alle surjektiv sind und deren Kerne der Reihe nach $SL(n,\mathbb{R})$, $SL(n,\mathbb{C})$, $SL(n,\mathbb{Z})$, $SO(n)$ bzw. $SU(n)$ sind.

Günstige Schreibweisen für spezielle Teilmengen einer Gruppe G sind:

$$gK := \{gk \mid k \in K\}, \quad Kg := \{kg \mid k \in K\}, \quad gKh := \{gkh \mid k \in K\},$$
$$KL := \{kl \mid k \in K,\ l \in L\}, \quad K^{-1} := \{k^{-1} \mid k \in K\}.$$

Analoge Bezeichnungen sind bei additiv geschriebenen Gruppen gebräuchlich, nun aber mit „+"- bzw. „−"-Zeichen, wie z.B. $10\mathbb{Z}+3$, welches die Teilmenge $\{10 \cdot x + 3 \mid x \in \mathbb{Z}\}$ von $\mathbb{Z}$ ist.

16.5 Untergruppen, Normalteiler, Restklassen und Faktorgruppen.

(a) Ist $(G,*)$ eine Gruppe, so heißt eine Teilmenge $U \subset G$ *Untergruppe von* G, wenn für $u,v \in U$ auch $u * v^{-1} \in U$ ist oder – gleichwertig – $u * v, u^{-1} \in U$; wir schreiben dann $U < G$. Eine Untergruppe $N < G$ heißt *normal* oder *invariant* oder *Normalteiler*, wenn $g^{-1} * N * g = N$ für jedes $g \in G$ ist; wir schreiben jetzt $N \triangleleft G$. Offenbar ist in einer abelschen Gruppe jede Untergruppe normal. Ferner haben wir in 16.3 (b) gesehen, dass der Kern jedes Homomorphismusses normal ist. Deshalb haben wir:

$$A_n \triangleleft S_n, \quad SL(n,\mathbb{R}) \triangleleft GL(n,\mathbb{R}), \quad SO(n) \triangleleft O(n), \quad SU(n) \triangleleft U(n)$$

u.a.m. Ebenfalls gilt für beliebige Gruppen $\operatorname{Inn} G \triangleleft \operatorname{Aut} G$; denn für $\alpha \in \operatorname{Aut} G$, $g, x \in G$ gilt

$$\left(\alpha^{-1}\iota_g\alpha\right)(x) = \alpha^{-1}\left(g^{-1} \cdot \alpha(x) \cdot g\right) = \left(\alpha^{-1}(g^{-1})\right) \cdot x \cdot \left(\alpha^{-1}(g)\right) = \iota_{\alpha^{-1}(g)}$$
$$\Longrightarrow \alpha^{-1}\iota_g\alpha = \iota_{\alpha^{-1}(g)}.$$

Die Einbettung $i\colon O(n) \hookrightarrow O(n+1)$ ergänze jede Spalte durch eine 0 und füge eine $(n+1)$-Spalte zu, deren Koeffizienten alle verschwinden bis auf den letzten, welcher den Wert 1 bekommt:

$$i\colon O(n) \to O(n+1), \quad A \mapsto \begin{pmatrix} & & & 0 \\ & A & & \vdots \\ & & & 0 \\ 0 \cdots 0 & & & 1 \end{pmatrix}.$$

Dann ergibt $i(O(n))$ eine Untergruppe, ist aber k e i n Normalteiler in $O(n+1)$ für $n > 1$. Aus geometrischen oder algebraischen Eigenschaften ergibt sich

$$SO(n) \triangleleft O(n) < GL(n,\mathbb{R}), \quad SO(n) < SL(n,\mathbb{R}) \triangleleft GL(n,\mathbb{R}),$$
$$SO(n) < SU(n) \triangleleft U(n), \quad O(n) < U(n),$$

wobei bei den Fällen mit dem "<"-Zeichen die Untergruppe kein Normalteiler ist (jedenfalls für $n > 1$).

Jede Gruppe G enthält zwei Normateiler: 1 und G.

(b) Ist G eine Gruppe und $U < G$ eine Untergruppe, so *gehören* $g, h \in G$ *derselben Rechtsrestklasse bzw. Linksrestklasse von G nach U an*, wenn $gh^{-1} \in U$ bzw. $h^{-1}g \in U$. Beide Festsetzungen definieren Äquivalenzrelationen, und deren Äquivalenzklassen sind die Teilmengen Ug bzw. gU von G. Sie heissen *Rechtsrestklassen* bzw. *Linksrestklassen von G nach U* oder auch nur *Restklassen*, wenn der genaue Typ aus dem Begleittext hervorgeht oder der genaue Typ nicht wichtig ist. Da $Ug = gU$ gleichbedeutend mit $g^{-1}Ug = U$ ist, ergibt sich, dass die Rechts- mit den Linksrestklassenklassen genau dann zusammenfallen, wenn U ein Normalteiler von G ist. Die Anzahl der Rechtrestklassen ist immer genau so gross wie die Anzahl der Linksrestklassen. Diese Anzahl heißt der *Index von U in G* und wir mit $[G : U]$ bezeichnet. Eine direkte Konsequenz der Ausführungen in (b) ist, dass *jede Untergruppe vom Index 2 ein Normalteiler ist*, da es nur die Restklassen U und $G \setminus U$ gibt. Das System der Restklassen wird mit G/U bezeichnet.

(c) Ist N ein Normalteiler von G, so definieren wir $gN \cdot hN = ghN$ und das ist wohldefiniert, da für $g' = gn, h' = hm$ mit $n, m \in N$ gilt

$$g'h'N = gn \cdot hm \cdot N = gh \cdot h^{-1}nh \cdot m \cdot N = ghN,$$

weil wegen der Normalteilereigenschaft von N das Element $h^{-1}nh \in N$ und wegen der Untergruppeneigenschaft von N auch $h^{-1}nhmN = N$ ist. (Übrigens wäre für eine nicht-normale Untergruppe dieser Ansatz nicht wohldefiniert.) Nun folgt leicht, dass die obige Festsetzung das System der Restklassen zu einer Gruppe macht, der *Faktor-* oder *Quotientengruppe G/N*. Das neutrale Element der Faktorgruppe ist der Normalteiler selbst, der ja auch eine Restklasse bildet. Ferner ist $(gN)^{-1} = g^{-1}N$.

Beispiele für Faktorgruppen haben wir schon kennengelernt:

$$\mathbb{Z}_n = \mathbb{Z}/n\mathbb{Z}, \quad \mathbb{Z}_2 \cong S_n/A_n, \quad (\mathbb{R}^*, \cdot) \cong GL(n, \mathbb{R})/SL(n, \mathbb{R}),$$
$$\mathbb{Z}_2 \cong O(n)/SO(n), \quad S^1 \cong U(n)/SU(n).$$

Für jede Gruppe G gilt $G/G \cong 1$ und $G/1 \cong G$; in diesen Fällen ist es üblich statt des Isomorphiezeichens „$\cong$" das Gleichheitszeichen „$=$" zu verwenden.

16.6 Direkte Summen und Produkte von Gruppen. Sei $(G_j)_{j \in J}$ ein System von Gruppen. Dann sei

$$\prod_{j \in J} G_j = \{(x_j)_{j \in J} \mid x_j \in G_j \quad \forall j \in J\} \quad \text{und}$$

$$\bigoplus_{j \in J} G_j = \{(x_j)_{j \in J} \mid x_j \in G_j \; \forall j \in J, x_j \neq 1 \text{ nur für endlich viele } j\}.$$

In beiden Fällen wird die Gruppenoperation komponentenweise erklärt:

$$(x_j)_{j \in J} \cdot (y_j)_{j \in J} := (x_j \cdot y_j)_{j \in J},$$

und wir erhalten zwei Gruppen: das *direkte Produkt* und die *direkte Summe* der G_j. Diese beiden Begriffe fallen natürlich zusammen, wenn die Indexmenge endlich ist oder wenn nur endlich viele der Gruppen G_j nicht-trivial sind (was im wesentlichen dasselbe ist). Im Fall von n Faktoren schreiben wir meistens $\bigoplus_{j=1}^{n} G_j$ oder $G_1 \oplus \ldots \oplus G_n$ o.ä., stimmen die Faktoren alle überein, so G^n. Bekannte Beispiele sind $\mathbb{Z}^n$, $\mathbb{R}^n$, $\mathbb{Z}_2 \oplus \mathbb{Z}_3 \cong \mathbb{Z}_6$. Der Hilbert'sche Folgenraum, vgl. 1.A3, 3.14 (d), ist sowohl von der direkten Summe $\oplus_{j=1}^{\infty} \mathbb{R}$ wie auch von dem direkten Produkt $\prod_{i=1}^{\infty} \mathbb{R}$ verschieden; dabei können wir diese Räume als Vektorräume wie auch als abelsche Gruppen auffassen.

B Topologische Gruppen

Wir betrachten nun Räume, die gleichzeitig eine topologische und eine Gruppenstruktur besitzen; sie hatten wir schon in den Aufgaben 8.A22, 8.A23 und in 11.6 (f) erwähnt. Diese beiden Strukturen sind derart aneinander angepasst, dass die Gruppenoperationen stetig sind.

16.7 Definition. Ein Tripel $(G, \cdot, \mathcal{O})$ heißt *topologische Gruppe*, wenn

(a) $(G, \cdot)$ ist eine Gruppe;

(b) $(G, \mathcal{O})$ ist ein topologischer Raum;

(c) die Gruppenoperation und das Inversen-Bilden sind stetig, d.h. die beiden Abbildungen

$$G \times G \to G, \quad (g, h) \mapsto gh,$$
$$G \to G, \quad g \mapsto g^{-1}$$

sind stetig. (Dabei trägt $G \times G$ selbstverständlich die Produkttopologie.)

Es sei $\mathcal{U}_g$ das Umgebungssystem des Punktes $g \in G$ bzgl. der Topologie $\mathcal{O}$. Mit $\mathcal{U}$ bezeichnen wir das Umgebungssystem des neutralen Elementes.

Die beiden Bedingungen in (c) lassen sich durch die Forderung ersetzen, dass die Abbildung

$$G \times G \to G, \quad (g, h) \mapsto gh^{-1}$$

stetig ist. Überwiegend werden wir einfach G statt $(G, \cdot, \mathcal{O})$ schreiben; meistens wird e das neutrale Element bezeichnet. Der topologische Raum $(G, \mathcal{O})$ ist sehr *homogen*, wie der folgende Satz zeigt.

16.8 Satz. *Ist G eine topologische Gruppe und $g \in G$, so sind die Abbildungen*

$$
\begin{array}{lll}
\tau_g : & x \mapsto xg & \text{(Rechtstranslation um g),} \\
{}_g\tau : & x \mapsto gx & \text{(Linkstranslation um g),} \\
\varrho : & x \mapsto x^{-1} & \text{(Inversenbilden),} \\
\iota_g : & x \mapsto g^{-1}xg & \text{(Konjugieren mit g)}
\end{array}
$$

topologisch. Speziell ist ι_g ein topologischer Automorphismus von G, d.h. ein Automorphismus, der gleichzeitig ein Homöomorphismus ist.

Beweis. Alle ersten drei Abbildungen sind bijektiv und stetig als Einschränkungen von den in der Definition 16.7 benutzten Abbildungen. Da die Rechts- bzw. Linkstranslationen um inverse Faktoren zueinander invers sind und das Inversenbilden eine Involution ist, ergibt sich ebenfalls die Stetigkeit der Umkehrabbildungen. Wegen $\iota_g = {}_{g^{-1}}\tau \circ \tau_g$ folgt die Behauptung für die Konjugation. $\Box$

16.9 Beispiele.

(a) Selbstverständlich wird jede Gruppe G, versehen mit der diskreten Topologie, zu einer topologischen Gruppe und wird *diskrete Gruppe* genannt. Diese Topologie nehmen wir i.a. für $\mathbb{Z}$ oder für endliche Gruppen. Trivialerweise ist jede Gruppe G, versehen mit der indiskreten Topologie $\mathcal{O} = \{G, \emptyset\}$, eine topologische Gruppe.

(b) Gegeben sei wieder $\mathbb{Z}$, ferner sei $p > 1$ eine Primzahl. Sei $U_k = \{n \in \mathbb{Z} \mid p^k | n\}$ und $(U_k)_{k \in \mathbb{N}}$ eine Umgebungsbasis für 0 und $(m + U_k)_{k \in \mathbb{N}}$ eine für $m \in \mathbb{Z}$. Dieses definiert die *p-adische Topologie* auf $\mathbb{Z}$, und dadurch wird $\mathbb{Z}$ eine topologische Gruppe. Der entstandene topologische Raum ist nicht diskret, jedoch ist er total unzusammenhängend, vgl. 16.A1. Natürlich ist auch die vollständige Erweiterung $\mathcal{K}_p$, vgl. 1.A15, mit der Addition ein topologische Gruppe. Sind p, q verschiedene Primzahlen, so ergeben sich unterschiedliche Topologien; denn die Folge $p, p^2, p^3, \ldots$ konvergiert in der p-adischen Topologie gegen 0, aber nicht in der q-adischen.

(c) Die Gruppe S^1 erhält die Topologie, die durch die Einbettung in $\mathbb{R}^2$ definiert wird. Die Multiplikation ist stetig, ebenfalls das Inversenbilden. Wenn nicht anders gesagt, erhält die Gruppe S^1 diese Topologie. Analog erhält der n-dimensionale Torus $T^n = (S^1)^n$ die Produkttopologie, welche dieselbe ist wie die vom $(\mathbb{R}^2)^n$ auf der Teilmenge T^n induzierte.

(d) Analog können wir auf den Gruppen von $n \times n$-Matrizen $GL(n, \mathbb{R}), O(n)$ bzw. $GL(n, \mathbb{C}), U(n)$ die vom $\mathbb{R}^{n^2}$ bzw. $\mathbb{C}^{n^2}$ induzierten Topologie nehmen. Da die Multiplikation und das Inversenbilden stetig sind, ergeben sich topologische Gruppen. Analog können wir $PSL(2, \mathbb{R})$ als Quotientenraum des Unterraumes $\{(a, b, c, d) \in \mathbb{R}^4 \mid ad - bc = 1\}$ von $\mathbb{R}^4$ auffassen, bei dem (a, b, c, d) mit $-(a, b, c, d)$ identifiziert werden.

Diese Topologien lassen sich auch durch „einfache" Umgebungsbasen des neutralen Elementes definieren, nämlich durch

$$U_k = \left\{ x = (x_{ij}) \in GL(n,\mathbb{C}) \mid |x_{ij} - \delta_{ij}| < \frac{1}{k}, 1 \leq i,j \leq n \right\} \text{ für } k \in \mathbb{N}$$

$$\text{mit} \quad \delta_{ij} = \begin{cases} 1 & i = j \\ 0 & i \neq j \end{cases}$$

bzw. durch die Einschränkungen auf die entsprechenden Untergruppen von $GL(n,\mathbb{C})$. Diese Gruppen sind alle lokalkompakt und besitzen eine Topologie mit abzählbarer Basis, s. 16.A2.

(e) Es sei X ein topologischer Raum und $\mathcal{H}(X)$ die Menge der Homöomorphismen $h\colon X \xrightarrow{\approx} X$ von X auf sich. Durch die Hintereinanderausführung wird auf $\mathcal{H}(X)$ eine Gruppenstruktur definiert. Wir erhalten eine topologische Gruppe, wenn wir $\mathcal{H}(X)$ mit der kompakt-offenen oder der schwachen Topologie versehen. Diese werden induziert von den Topologien der kompakten bzw. der punktweisen Konvergenz auf dem Raum $F(X,X)$, vgl. 14.14 und 14.8 (b).

(f) Ist speziell X eine topologische Gruppe G, so können wir die Menge Aut^{top} der in beiden Richtungen stetigen Automorphismen von G mit der kompakt-offenen bzw. der schwachen Topologie versehen und erhalten jeweils eine topologische Gruppe.

16.10 Satz. *Sind G und H topologische Gruppen und $\mathcal{V}$ eine Umgebungsbasis des neutralen Elemnetes $e \in G$, so gilt:*

(a) Für $g \in G$ sind $g\mathcal{V} = \{gV \mid V \in \mathcal{V}\}$ und $\mathcal{V}g$ Umgebungsbasen für g. Deshalb ist ein Homomorphismus $\varphi\colon G \to H$ genau dann stetig, wenn er bei e stetig ist.

(b) Ist $O \subset G$ offen, $M \subset G$, $g \in G$, so sind auch gO, Og, O^{-1}, MO und OM offen in G.

(c) Ist $A \subset G$ abgeschlossen, $g \in G$ und M eine endliche Teilmenge von G, so sind auch gA, Ag, A^{-1}, MA und AM abgeschlossen in G.

(d) Sind $A, B \subset G$ kompakt, so sind auch AB und A^{-1} kompakt.

(e) Ist $A \subset G$, so ist $\bar{A} = \bigcap_{U \in \mathcal{U}} AU = \bigcap_{V \in \mathcal{V}} AV = \bigcap_{U \in \mathcal{U}} UA = \bigcap_{V \in \mathcal{V}} VA$.

Beweis. (a) Ist $U \in \mathcal{U}_g$, so ist $g^{-1}U \in \mathcal{U}_e$. Deswegen gibt es ein $V \in \mathcal{V}$, so dass $e \in V \subset g^{-1}U$. Weil $_g\tau$ ein Homöomorphismus ist, ist $gV \subset \mathcal{U}_g$.

Die Aussagen (b) und (c) ergeben sich unmittelbar aus 16.7. Die Eigenschaft (d) folgt daraus, dass $A \times B \subset G \times G$ als Produkt kompakter Räume wieder kompakt und dass das stetige Bild einer kompakten Menge kompakt ist.

Zu (e): Zu jeder Umgebung $U \in \mathcal{U}$ gibt es eine offene Menge $V \in \mathcal{V}$ mit $V \subset U$. Dann ist AV offen und $A \subset AV \subset AU$. Daraus folgt

$$\bar{A} \subset \bigcap_{U \in \mathcal{U}} AU,$$

da jede offene Menge Umgebung jedes seiner Punkte ist.

Sei umgekehrt $g \in \bigcap_{u \in \mathcal{U}} AU$ und $V \in \mathcal{U}_g$. Dann ist $g^{-1}V \in \mathcal{U}$, also auch $V^{-1}g \in \mathcal{U}$. Diese Umgebung wird bei der Durchschnittsbildung berücksichtigt, also $g \in AV^{-1}g$. Deshalb gibt es ein $a \in A$ und ein $v \in V$ mit $g = av^{-1}g$, also $a = v \in A \cap V$. Also trifft jede Umgebung von g das A, d.h. $g \in \bar{A}$.

Da $\mathcal{V}$ eine Umgebungsbasis von e ist, gilt $\bigcap_{U \in \mathcal{U}} AU = \bigcap_{V \in \mathcal{V}} AV$ und $\bigcap_{U \in \mathcal{U}} UA = \bigcap_{V \in \mathcal{V}} VA$.   □

Die Aussage (e) ist auch eine Konsequenz des folgenden Satzes 16.11 und von Satz 11.9.

16.11 Satz. *Es sei G eine topologische Gruppe und $\mathcal{U}$ das Umgebungssystem des neutralen Elementes. Für $U \in \mathcal{U}$ setzen wir*

$$V_U := \{(g,h) \mid gh^{-1} \in U\} \subset G \times G \quad \text{und} \quad \mathcal{B} := \{V_U \mid U \in \mathcal{U}\}.$$

Dann erfüllt $\mathcal{B}$ die Bedingungen 11.4 an ein Fundamentalsystem einer uniformen Struktur. Die Topologie auf G wird also von einer uniformen Struktur auf G definiert. Die gleichmäßigen Umgebungen *von $g \in G$ haben die Form Ug mit $u \in \mathcal{U}$.*

Beweis. Wir verifizieren die Bedingungen 11.4 (b-e) und benutzen natürlich, dass $\mathcal{U}$ die Bedingungen 2.8 (a-d) erfüllt. So ergeben sich 11.4 (b,c) direkt aus 2.8 (b,c). Da nach 16.7 das Inversenbilden einen Homöomorphimus ergibt, ist mit U auch U^{-1} in $\mathcal{U}$ und daraus folgt 11.4 (d).

Weil $G \times G \to G$, $(g,h) \mapsto gh$ stetig und $e \cdot e = e$ ist, gibt es zu jedem $U \in \mathcal{U}$ Umgebungen U_1, U_2 von e mit $U_1 U_2 \subset U$. Dann ist auch $W = U_1 \cap U_2 \in \mathcal{U}$ und $W^2 \subset U_1 U_2 \subset U$. Hieraus folgt

$$\begin{aligned}
V_W^2 &= \{(g,k) \in G \times G \mid \exists h \in G : (g,h),(h,k) \in V_W\} \\
&= \{(g,k) \in G \times G \mid \exists h \in G : gh^{-1}, hk^{-1} \in W\} \subset V_{W^2} \subset V_U
\end{aligned}$$

und daraus die Bedingung 11.4 (e); beachten Sie, dass das Quadrieren in V_W^2 eine Prozedur in uniformen Räumen ist, dagegen das Quadrieren in V_{W^2} in der Gruppe G stattfindet.

Aus 11.4 folgt, dass $\{V \subset G \times G \mid \exists U \in \mathcal{U} : V_U \subset V\}$ ein Nachbarschaftsfilter ist, und die uniforme Struktur ergibt die Topologie auf G.   □

Aus 11.10 bzw. 11.22 erhalten wir, vgl. auch 16.A4:

16.12 Korollar. *Jede topologische Gruppe hat die Eigenschaften T_3 und T_{3a}.*   □

Offenbar ist die obige Definition recht „einseitig", nämlich bei der Umgebung steht der betrachtete Punkt rechts. Deshalb spricht man auch von der *rechten uniformen Struktur* auf G und bildet analog die *linke uniforme Struktur*. Diese beiden uniformen Strukturen brauchen i.a. nicht übereinzustimmen, das ist aber der Fall bei kommutativen (trivialerweise) und bei kompakten Gruppen. Hierzu siehe 11.A3 und 16.A3.

Wir verwenden hier uniforme Strukturen und die dafür gewonnenen Ergebnisse, jedoch lassen sich die Sätze auch direkt beweisen, und diese Beweise sind eigentlich die Vorbilder für diejenigen der Theorie der uniformen Strukturen; wir werden sie oftmals als Aufgaben stellen.

16.13 Satz. *G sei eine topologische Gruppe.*

(a) *Zu jeder Umgebung $U \in \mathcal{U}$ gibt es eine Umgebung $V \in \mathcal{U}$ mit $V \subset U$ und $V = V^{-1}$; eine Menge, die der letzten Gleichung genügt, heißt symmetrisch. Die symmetrischen Umgebungen bilden also eine Umgebungsbasis.*

(b) *Zu jedem $U \in \mathcal{U}$ und jedem $n \in \mathbb{N}$ gibt es ein $V \in \mathcal{U}$ mit $V^n \subset U$; dabei ist $V^n = V \cdot \ldots \cdot V$ mit n Faktoren.*

(c) *Zu $U \in \mathcal{U}$ gibt es ein $V \in \mathcal{U}$ mit $\bar{V} \subset U$; die abgeschlossenen Umgebungen des neutralen Elementes bilden eine Umgebungsbasis.*

(d) *Die abgeschlossenen und symmetrischen Umgebungen von e bilden eine Umgebungsbasis für e.*

Beweis. (a) Mit $U \in \mathcal{U}$ ist nach 16.7 auch $U^{-1} \in \mathcal{U}$, also auch $V = U \cap U^{-1} \in \mathcal{U}$. Es ist $V \subset U$ und $V = V^{-1}$.

(b) wurde für $n = 2$ im Nachweis der Eigenschaft 11.4 (e) im Beweis von Satz 16.11 gezeigt; die allgemeine Behauptung folgt durch Induktion. Da G ein uniformer Raum ist, ist G ein T_3-Raum, vgl. 11.10 (a), und nach 6.6 gilt (c).

(d) ergibt sich durch Kombination von (a) und (c).   □

16.14 Korollar. *Ist A eine kompakte Teilmenge einer topologischen Gruppe G und ist $B \subset G$ abgeschlossen, so sind AB und BA abgeschlossen.*

Beweis. Wir zeigen, dass das Komplement von BA offen ist. Sei $g \notin BA$. Da für jedes $a \in A$ die Menge Ba nach 16.8 abgeschlossen ist, gibt es wegen 16.13 (a) eine offenes symmetrisches $U_a \in \mathcal{U}$ mit $gU_a \cap Ba = \emptyset$ und wegen 16.13 (b) ein offenes symmetrisches $V_a \in \mathcal{U}$ mit $V_a^2 \subset U_a$. Dann ist $g \notin BaV_a^{-1} = BaV_a$.

Die Mengen aV_a, $a \in A$, überdecken A. Da A kompakt ist, genügen endlich viele dieser Mengen, etwa $a_j V_{a_j}$ für $j = 1, \ldots, n$. Dann ist $W := \bigcap_{j=1}^n V_{a_j}$ ebenfalls offen und symmetrisch, und es gilt

$$AW \subset \bigcup_{j=1}^n a_j V_{a_j}^2 \subset \bigcup_{j=1}^n a_j U_{a_j},$$

und daraus folgt $g \notin BAW$, also $gW \cap BA = \emptyset$. $\square$

Da G ein uniformer Raum ist, erhalten wir aus 11.11 (a)

16.15 Korollar. *Ist K eine kompakte Teilmenge einer topologische Gruppe G, so enthält jede Umgebung U von K eine gleichmäßige, d.h. es gibt ein $V \in \mathcal{U}$ mit $K \subset KV \subset U$.* $\square$

16.16 Satz.

(a) *In einer topologischen Gruppe G gibt es eine Umgebungsbasis $\mathcal{B}$ des neutralen Elementes e, sodass für jedes $U \in \mathcal{B}$ gilt:*

(0) *$e \in U$;*

(1) *U ist abgeschlossen;*

(2) *U ist symmetrisch;*

(3) *es gibt ein $V \in \mathcal{B}$ mit $V^2 \subset U$;*

(4) *zu jedem $g \in G$ gibt es ein $W \in \mathcal{B}$ mit $g^{-1}Wg \subset U$.*

(b) *Umgekehrt gibt es zu jeder Gruppe $(G, \cdot)$ mit einem System $\mathcal{B} \neq \emptyset$ nichtleerer Teilmengen von G, das für jedes $U \in \mathcal{B}$ die Bedingungen (0), (2), (3), (4) und außerdem*

(5) *zu $U_1, U_2 \in \mathcal{B}$ gibt es ein $U \in \mathcal{B}$ mit $U \subset U_1 \cap U_2$*

erfüllt, genau eine Topologie $\mathcal{O}$ auf G, sodass $(G, \cdot, \mathcal{O})$ eine topologische Gruppe ist, für die $\mathcal{B}$ eine Umgebungsbasis bzgl. $\mathcal{O}$ von e ist.

Beweis. (a) folgt aus 16.13, dabei ergibt sich die Bedingung (4) aus der Stetigkeit von ι_g.

(b) Für $U \in \mathcal{B}$ bilden wir wieder $V_U := \{(g, h) \in G \times G \mid gh^{-1} \in U\}$ und $\mathcal{V} := \{V_U \mid U \in \mathcal{B}\}$, wenden auf $\mathcal{V}$ Satz 11.4 an und erhalten einen uniformen Raum mit Topologie $\mathcal{O}$; beim Punkte $g \in G$ bekommen wir dann eine Umgebungsbasis $\{gU \mid U \in \mathcal{B}\}$. Speziell erhalten wir das Umgebungssystem $\mathcal{U} := \{U \subset G \mid \exists V \in \mathcal{B} : V \subset U\}$ des neutralen Elementes.

Es bleibt zu zeigen, dass die Gruppenoperationen auf $G \times G$ stetig sind bzw. dass

$$\mu: G \times G \to G, \quad (g, h) \mapsto gh^{-1}$$

in jedem Punkt $(g, h) \in G \times G$ stetig ist. Für $U \in \mathcal{U}$ gibt es nach den Voraussetzungen (2), (3) und (4) ein symmetrisches $W \in \mathcal{B}$ mit $W^2 \subset h^{-1}Uh$. Also ist

$$(gW)(hW)^{-1} = gWW^{-1}h^{-1} = gW^2h^{-1} \subset gh^{-1}Uhh^{-1} = gh^{-1}U,$$

und deswegen ist μ in (g, h) stetig. $\square$

16.17 Satz. *Ist eine topologische Gruppe G ein T_0-Raum, so ist sie auch vollständig regulär, also auch ein T_1-, T_2- (Hausdorff-), T_3- und regulärer*

Raum. Diese Eigenschaften sind also für topologische Gruppen äquivalent. Sie sind genau dann erfüllt, wenn $\bigcap_{U \in \mathcal{U}} = \{e\}$ ist.

Beweis. Da topologische Gruppen T_{3a}-Räume sind, genügt es wegen 6.9 für die erste Behauptung zu zeigen, dass eine T_0-Gruppe auch ein T_1-Raum ist: Sind $g, h \in G$, $g \neq h$, so gibt es eine Umgebung eines der Punkte, welche den anderen nicht enthält; o.B.d.A. gibt es ein $U \in \mathcal{U}$, so dass $h \notin gU$. Nach 16.8 ist auch U^{-1} eine Umgebung von e; deswegen ist hU^{-1} eine Umgebung von h, welche g nicht enthält.

Die zweite Aussage ergibt sich aus Satz 6.3.   □

Eine T_0-Gruppe braucht allerdings nicht normal zu sein. (Die Beweise von) Lemma 11.26 und Korollar 11.27 lassen sich für topologische Gruppen ein wenig verfeinern und ergeben Aussagen über linksinvariante Pseudometriken bzw. Metriken; dabei hat eine Pseudometrik die Eigenschaften einer Metrik mit alleiniger Ausnahme der Bedingung 1.2 (c 2), d.h. $d(x, y) = 0$ impliziert nicht notwendigerweise $x = y$; vgl. 11.23.

16.18 Definition. Eine Pseudometrik $d: G \times G \to \mathbb{R}$ auf einer Gruppe G heißt *links-* bzw. *rechtsinvariant,*   falls für alle $g, x, y \in G$ gilt

$$d(gx, gy) = d(x, y) \quad \text{bzw.} \quad d(xg, yg) = d(x, y).$$

Ist d linksinvariant, so gilt für die ε-Umgebungen bzgl. d: $gU_\varepsilon(e) = U_\varepsilon(g)$ für jedes $g \in G$ und $\varepsilon > 0$.

16.19 Satz. *$(G, \cdot, \mathcal{O})$ sei eine topologische Gruppe.*

(a) *Zu einer Folge $(U_n)_{n \in \mathbb{N}}$ von symmetrischen Umgebungen von e mit*

$$U_{k+1} \subset U_k \quad \text{für } k \in \mathbb{N}$$

gibt es eine linksinvariante Pseudometrik d auf G mit

$$d(g, h) = 0 \quad \Longleftrightarrow \quad g^{-1}h \in \bigcap_{n=0}^{\infty} U_n.$$

(b) *Ist G ein T_0-Raum, so ist $(G, \mathcal{O})$ genau dann metrisierbar, wenn $\mathcal{O}$ eine abzählbare Umgebungsbasis von e hat. Die Metrik kann in diesem Fall linksinvariant gewählt werden.*

Beweis. (a) Wir übernehmen die Konstruktion im Beweis von Lemma 11.26. Sei

$$g(x, y) := \begin{cases} 1 & \text{für } x^{-1}y \notin U_0, \\ \inf\{2^{-(k+1)} \mid x^{-1}y \in U_k\} & \text{sonst.} \end{cases}$$

Ist M die Menge aller endlichen Folgen von Punkten aus G mit Anfangsglied x und Endglied y, so setzen wir

$$d(x,y) := \inf \left\{ \sum_{i=0}^{n-1} g(z_i, z_{i+1}) \mid (z_i)_{i=0,\ldots,n} \in M,\ n \geq 1,\ z_0 = x,\ z_n = y \right\}$$

und erhalten eine Pseudometrik. Wegen $g(ax, ay) = g(x,y)$ für $a, x, y \in G$ ist $d(ax, ay) = d(x,y)$, die Pseudometrik also linksinvariant. Nach 11.26 (1) gilt

$$\frac{1}{2} g(x,y) \leq d(x,y) \leq g(x,y),$$

und deshalb ist $d(x,y) = 0$ dann und nur dann, wenn $g(x,y) = 0$ ist, d.h. wenn $x^{-1}y \in \bigcap_{n=0}^{\infty} U_n$.

(b) folgt nun aus Satz 16.17 und Korollar 11.27.   □

C Untergruppen und Quotientengruppen

Wir beginnen mit einer naheliegenden Definition.

16.20 Definition. Ist $(G, \cdot, \mathcal{O})$ eine topologische Gruppe und $H < G$, so wird H, versehen mit der Unterraumtopologie, eine topologische Gruppe; wir sprechen dann von *topologischer Untergruppe*. Dabei ist $\mathcal{O}_H = \{O \cap H \mid O \in \mathcal{O}\}$ das System der offenen Mengen von H.

Auch wenn G eine Gruppe mit „schönen" topologischen Eigenschaften ist, braucht das für eine Untergruppe nicht zu sein. So ist z.B. S^1 eine zusammenhängende kompakte Gruppe, dagegen ist die Untergruppe $\{e^{2\pi i r} \mid r \in \mathbb{Q}\}$ total unzusammenhängend, weder kompakt noch lokal-kompakt noch diskret. Da S^1 abelsch ist, ist diese Untergruppe ein Normalteiler

Hilfe für das Rechnen mit Abschlüssen gibt

16.21 Satz. *In einer topologischen Gruppe G gilt für $A, B \subset G$*

$$\bar{A}\bar{B} \subset \overline{AB}, \quad (\bar{A})^{-1} = \overline{(A^{-1})} \quad und \quad x\bar{A}y = \overline{xAy} \quad \forall x, y \in G.$$

Beweis. Es genügt, die ersten Aussagen zu zeigen, da das Inversenbilden und die Translationen Homöomorphismen sind. Sind $x \in \bar{A}, y \in \bar{B}$ und $U \in \mathcal{U}$, so gibt es wegen der Stetigkeit der Multiplikation ein $V \in \mathcal{U}$ mit $(xV)(yV) \subset xyU$. Weil $x \in \bar{A}$ ist, schneidet die Umgebung xV von x das A; es gibt also ein $a \in A \cap xV$ und, analog, $b \in B \cap yV$. Dann ist

$$ab \in AB \cap (xV)(yV) \subset AB \cap xyU \quad \Longrightarrow \quad xy \in \overline{AB},$$

da U beliebig in $\mathcal{U}$ ist.   □

16.22 Korollar.

(a) *Für eine Untergruppe H einer topologischen Gruppe G ist auch der Abschluss $\bar{H}$ eine Untergruppe von G. Ist H Normalteiler in G, so auch $\bar{H}$.*

(b) *$N := \bar{e}$ ist der kleinste abgeschlossenen Normalteiler in G; d.h. jeder Normalteiler von G enthält N. Ist $g \in G$, so ist $Ng = \bar{g} = gN$.*

Beweis. (a) Wegen $H^2 \subset H$ ist $\bar{H}^2 \subset \overline{H^2} \subset \bar{H}$. Wegen $H^{-1} = H$ ist $\bar{H}^{-1} = \overline{H}^{-1} = \bar{H}$. Deshalb ist $\bar{H}$ Untergruppe. Ist $H \triangleleft G$, so gilt $H = a^{-1}Ha$ für jedes $a \in G$ und deshalb nach 16.21 $\bar{H} = \overline{a^{-1}Ha} = a^{-1}\bar{H}a$. Nun folgt auch (b). □

16.23 Satz.

(a) *Jede offene Untergruppe H einer topologischen Gruppe G ist abgeschlossen.*

(b) *Ist $U \in \mathcal{U}$ symmetrisch, so ist $F := \bigcup_{n=1}^{\infty} U^n$ eine offene, also auch abgeschlossene Untergruppe von G.*

Beweis. (a) Da mit H auch gH für jedes $g \in G$ offen ist, ist auch $\bigcup_{g \notin H} gH$, also das Komplement von H, offen.

(b) Sind $g, h \in F$, also $g \in U^n$, $h \in U^m$ für geeignete $n, m \in \mathbb{N}$, so liegt gh^{-1} in $U^{n+m} \subset F$; somit ist F eine Untergruppe. Wegen $U \in \mathcal{U}$ ist $F \in \mathcal{U}$ und deswegen $gF \in \mathcal{U}_g$ für jedes $g \in G$. Für $g \in F$ ist $gF = F$, also ist $F \in \mathcal{U}_g$ für alle $g \in F$, d.h. F ist offen. □

Wir untersuchen nun die Zusammenhangskomponenten einer topologischen Gruppe, und dabei spielt diejenige des neutralen Elementes eine hervorragende Rolle. Wir greifen in der folgenden Aussage (d) schon auf 16.25 vor.

16.24 Satz. *G sei eine topologische Gruppe und $C \subset G$ die Zusammenhangskomponente von e.*

(a) *C ist ein abgeschlossener Normalteiler.*

(b) *Für $g \in G$ ist $gC = Cg$ die Zusammenhangskomponente von g.*

(c) *$C \triangleleft \bigcup_{n=1}^{\infty} U^n$ für jedes $U \in \mathcal{U}$.*

(d) *G/C ist total unzusammenhängend.*

(e) *Eine zusammenhängende topologische Gruppe G wird von einer beliebigen Umgebung U des neutralen Elementes erzeugt: $G = C = \bigcup_{n=1}^{\infty} U^n$.*

Beweis. Da das Inversenbilden stetig ist und $e \in C$, gilt $C^{-1} \subset C$. Sind $g, h \in C$, so ist auch $g^{-1} \in C$ und ferner $gh \in gC$. Da die Translationen Homöomorphismen sind, ist auch gC zusammenhängend; da $e \in gC$, ist $gC = C$. Also folgt $gh \in C$, und deshalb ist C eine Untergruppe von G und zwar wegen 4.11 eine abgeschlossene. Da das Konjugieren mit $g \in G$ einen

Homöomorphismus von G ergibt und $e \in g^{-1}Cg$ ist, folgt $g^{-1}Cg = C$ für alle $g \in G$, d.h. $C \lhd G$. Damit ist (a) gezeigt; (b) ergibt sich daraus unmittelbar, da die Translationen Homöomorphismen sind.

(c) Wir nehmen ein symmetrisches $V \in \mathcal{U}$ mit $V \subset U$. Dann ist nach 16.23 (b) $\bigcup_{n=1}^{\infty} V^n$ offen und abgeschlossen sowie $e \in \bigcup_{n=1}^{\infty} V^n$ und deshalb gilt $C \lhd \bigcup_{n=1}^{\infty} V^n < \bigcup_{n=1}^{\infty} U^n < G$. Für zusammenhängendes G steht überall Gleichheit.

(d) Wir greifen hier etwas vor und verwenden schon 16.25. Sei $\pi: G \to G/C =: G^*$ die Projektion. In G^* sei P^* die Zusammenhangskomponente von $e^* = \pi(e)$, und es sei $P = \pi^{-1}(P^*)$. Wir zeigen nun:

Die Abbildung $\pi_{|P}: P \to P^*$ ist offen. Ist nämlich $U \subset P$ offen in P, so gibt es eine offenes $V \subset G$ mit $U = P \cap V$ und $\pi(U) = P^* \cap \pi(V)$. Nach 16.25 (b) ist $\pi(V)$ offen in G^*, also $\pi(U)$ offen in P^*.

Aus $P^* \neq \{e^*\}$ folgt $C \underset{\neq}{\subseteq} P$. Da C eine Zusammenhangskomponente von G ist, ist P nicht zusammenhängend; es gibt also offene Teilmengen A, B von P mit

$$A \neq \emptyset \neq B, \quad A \cap B = \emptyset, \quad A \cup B = P.$$

Da C und damit auch gC für jedes $g \in G$ zusammenhängend ist, folgt aus $gC \cap A \neq \emptyset$, dass $gC \subset A$ und $gC \cap B = \emptyset$ ist. Deshalb sind $\pi(A), \pi(B)$ nichtleere, in P^* offene Teilmengen von P^* mit

$$\pi(A) \cap \pi(B) = \emptyset \quad \text{und} \quad \pi(A) \cup \pi(B) = P^*,$$

im Widerspruch zur Annahme, dass P^* die Zusammenhangskomponente von e^* in G^* ist. Also ist $P^* = \{e^*\}$, d.h. G^* ist total unzusammenhängend. $\quad\square$

Mit Untergruppen hängt die Menge der (Links-)Restklassen eng zusammen; dorthin übertragen wir nun auch eine Topologie, nämlich die Quotiententopologie. Das ist natürlich von besonderem Interesse für Normalteiler.

16.25 Satz. *$(G, \mathcal{O})$ sei eine topologische Gruppe und $H < G$ eine Untergruppe.*

(a) *Die Menge der Linksnebenklassen $G/H = \{gH \mid g \in G\}$ wird mit der Quotiententopologie versehen, d.h. mit der feinsten Topologie, sodass die Projektionsabbildung $\pi: G \to G/H$, $g \mapsto gH$, stetig ist. Diese Topologie hat die offenen Mengen $\mathcal{O}' = \{A \subset G/H \mid \pi^{-1}(A) \in \mathcal{O}\}$. Der entstandene Raum $(G/H, \mathcal{O}')$ heißt (topologischer) Quotientenraum.*

(b) *Die Projektionsabbildung ist offen.*

(c) *Ist $\mathcal{V}$ eine Umgebungsbasis von $e \in G$, so ist $\mathcal{V}' := \{\pi(V) \mid V \in \mathcal{V}\}$ eine Umgebungsbasis von H in $(G/H, \mathcal{O}')$.*

Beweis. Die Aussagen in (a) sind von allgemeiner Art über die Quotiententopologie, vgl. 3.17. Sei nun $O \in \mathcal{O}$. Dann ist

$$\pi^{-1}(\pi(O)) = \{g \in G \mid \pi(g) \in \pi(O)\} = \bigcup_{g \in O} gH = OH.$$

Da $OH \in \mathcal{O}$ ist $\pi(O) \in \mathcal{O}'$, und deshalb ist $\pi \colon G \to G/H$ offen.

Ist W eine Umgebung von H in $(G/H, \mathcal{O}')$, so ist $\pi^{-1}(W)$ eine Umgebung von e in G, da π stetig ist. Es gibt also ein $V \in \mathcal{V}$ mit $V \subset \pi^{-1}(W)$. Weil π eine offene Abbildung ist, ist $\pi(V) \subset W$ eine Umgebung von H in G/H. Also ist $\{\pi(V) \mid V \in \mathcal{V}\}$ eine Umgebungsbasis von H. $\qquad\square$

16.26 Satz. *Für eine topologische Gruppe G und Untergruppe H gilt:*

(a) *G/H ist genau dann diskret, wenn H offen in G ist.*

(b) *G/H ist dann und nur dann ein T_1-Raum, wenn H abgeschlossen ist.*

Beweis. (a) Für diskretes G/H ist $\{H\} = \pi(e)$ offen in G/H, also ist $\pi^{-1}(H) = H$ offen in G. Umgekehrt ist mit H auch jedes gH offen in G und wegen $\pi^{-1}(\pi(g)) = gH$ ist $\{\pi(g)\}$ offen in G/H.

(b) G/H ist nach 6.3 (b) genau dann ein T_1-Raum, wenn jeder Punkt in G/H abgeschlossen ist, und das ist genau dann der Fall, wenn das π-Urbild in G eines jeden Punktes von G/H in G abgeschlossen ist. Dieses sind aber gerade die Linksrestklassen gH, und da Translationen Homöomorphismen sind, sind sie genau dann alle abgeschlossen, wenn H in G abgeschlossen ist. $\qquad\square$

Der Raum der Restklassen einer topologischen Gruppe nach einer Untergruppe hat eine starke Homogenität, auf die wir jetzt kurz eingehen wollen.

16.27 Definition. Ein topologischer Raum X heißt *homogen*, wenn es zu je zwei Punkten $x, y \in X$ einen Homöomorphimus $f \colon X \to X$ gibt mit $f(x) = y$.

16.28 Satz. *Für eine topologische Gruppe G und Untergruppe H gilt:*
(a) *Für jedes $g \in G$ ist*

$$_g\tau \colon G/H \to G/H, \quad xH \mapsto g^{-1}xH,$$

ein Homöomorphismus; also ist G/H ein homogener Raum.

(b) *Die Abbildung $\tau \colon G \to \operatorname{Homeo} G$, $g \mapsto {}_g\tau$, ist ein Homomorphismus.*

(c) *G operiert stetig auf G/H, d.h. die Abbildung*

$$\alpha \colon G \times G/H \to G/H, \quad (g, xH) \mapsto {}_g\tau(xH) = g^{-1}xH$$

ist stetig.

Beweis. (a) Wegen ${}_{g^{-1}}\tau \circ {}_g\tau = \operatorname{id}_{G/H}$ ist ${}_g\tau$ bijektiv. Wir zeigen nun, dass ${}_g\tau$ offen ist, und deshalb liegt ein Homöomorphismus vor. Sei O' offen in

G/H. Ist $O = \pi^{-1}(O')$, so ist $\pi^{-1}({}_g\tau(O')) = {}_g\tau(O)$ und letztere Menge ist offen in G. Nach 16.25 (b) ist

$$\pi({}_g\tau(O)) = \{(gx)H \mid x \in O\} = \{g(xH) \mid xH \in O'\} = {}_g\tau(O')$$

offen in G/H. Da die Translationen von G je zwei Elemente von G ineinander überführen, gibt es zu je zwei Linksrestklassen xH, yH ein $g \in G$ mit ${}_g\tau(xH) = yH$; also ist G/H homogen.

(b) folgt aus

$$_{(gh)^{-1}}\tau(xH) = (gh)^{-1}xH = h^{-1}(g^{-1}xH) = {}_{h^{-1}}\tau(_{g^{-1}}\tau(xH))$$
$$\implies \quad _{(gh)^{-1}}\tau = {}_{h^{-1}}\tau \circ {}_{g^{-1}}\tau.$$

(c) Sei $\Pi = (\mathrm{id}_G, \pi): G \times G \to G \times G/H$, $(x, y) \mapsto (x, yH)$ und sei $\mu: G \times G \to G$, $(g, h) \mapsto gh$ die Multiplikation. Dann ist $\alpha \circ \Pi = \pi \circ \mu$. Ferner ist Π eine offene Abbildung. Ist nun $O' \subset G/H$ offen, so ist

$$\alpha^{-1}(O') = (\Pi \circ \mu^{-1} \circ \pi^{-1})(O')$$

offen, da π und μ stetig sind und Π offen ist.   □

16.29 Satz. *Ist H ein Normalteiler der topologischen Gruppe G, so wird G/H zu einer topologischen Gruppe und heißt* (topologische) *Quotientengruppe* (Faktorgruppe). *Die Projektion $\pi: G \to G/H$ ist ein stetiger offener Epimorphismus.*

Beweis. Sei wieder $\pi: G \to G/H$ die Quotientenabbildung, sei $g, h \in G$. Ist W' eine Umgebung von $\pi(g)\pi(h)^{-1}$, so ist $W := \pi^{-1}(W') \in \mathcal{U}_{gh^{-1}}$. Wegen der Stetigkeit von $\mu: G \times G \to G$, $(x, y) \mapsto xy^{-1}$ gibt es Umgebungen $U \in \mathcal{U}_g$ und $V \in \mathcal{U}_h$ mit $UV^{-1} \subset W$, also $\mu(U \times V) \subset W'$.   □

16.30 Satz. *Sei G eine topologische Gruppe und H ein Normalteiler von G. Die Quotientengruppe G/H ist dann und nur dann vollständig regulär, wenn H abgeschlossen ist.*

Beweis. Nach 16.17 ist die Gruppe G/H genau dann vollständig regulär, wenn sie die Eigenschaft T_1 hat, was aber nach 16.26 (b) dazu äquivalent ist, dass H in G abgeschlossen ist.   □

16.31 Satz. *Ist $\alpha: G_1 \to G_2$ ein stetiger und offener Epimorphimus zwischen topologischen Gruppen G_1, G_2, so ist $\alpha': G_1/\operatorname{Kern}\alpha \to G_2$, $g_1 \operatorname{Kern}\alpha \mapsto \alpha(g_1)$ ein topologischer Isomorphismus.*

Beweis. Dass ein Isomorphismus vorliegt, ist klar. Es sei $\pi: G_1 \to G_1/\operatorname{Kern}\alpha$ die Quotientenabbildung. Sei nun $O_2 \subset G_2$ offen. Weil α stetig ist, ist $\alpha^{-1}(O_2)$ offen in G_1 und deshalb $\pi(\alpha^{-1}(O_2)) = \alpha'(O_2)$ offen in $G_1/\operatorname{Kern}\alpha$.

Deswegen ist α' stetig. Diese Abbildung ist aber auch offen; denn für ein offenes $O' \subset G_1 / \mathrm{Kern}\,\alpha$ ist $\pi^{-1}(O')$ offen in G_1 und wegen der Offenheit von α ist $\alpha(\pi^{-1}(O')) = \alpha'(O')$ offen in G_2. $\qquad\square$

Die Bedingung, dass α eine offene Abbildung ist, kann nicht weggelassen werden: Für eine topologische Gruppe $(G, \mathcal{O})$ ist nämlich $\mathrm{id} \colon (G, \mathcal{O}) \to (G, \{\emptyset, G\})$ ein stetiger Isomorphismus, aber keine topologische Abbildung, wenn nicht auch $\mathcal{O}$ die indiskrete Topologie ergibt.

16.32 Satz. *Ist G eine topologische Gruppe und H eine Untergruppe, so ist G/H kompakt bzw. lokalkompakt, wenn G kompakt bzw. lokalkompakt ist.*

Hier bedeutet „lokalkompakt" im Gegensatz zu 8.14 nur, dass jeder Punkt eine kompakte Umgebung besitzt, d.h. die Hausdorff-Eigenschaft wird nicht vorausgesetzt.

Beweis. Die Aussage über kompaktes G ist Teil des allgemeinen Satzes über das stetige Bild kompakter Mengen, vgl. Satz 8.10.

Nun sei G lokalkompakt. Da G/H ein homogener Raum ist, genügt es zu zeigen, dass $\pi(e) = H$ eine kompakte Umgebung besitzt, d.h. wir suchen eine offene Umgebung U' von $\pi(e)$ mit kompakten $\overline{U'}$. Dazu nehmen wir in G eine offene Umgebung U von e, für die $\overline{U} \subset G$ kompakt ist. Wegen 16.25 (b) ist $\pi(U)$ eine offene Umgebung von $\pi(e)$. Ausserdem ist $C := \pi(\overline{U})$ kompakt. Zu zeigen aber ist, dass $\overline{\pi(U)}$ kompakt ist, und dieses erhalten wir durch den Nachweis, dass $\overline{\pi(\overline{U})} = \overline{C}$ kompakt ist; denn dann ist $\overline{\pi(U)}$ als abgeschlossene Teilmenge einer kompakten Menge auch kompakt. Sei nun $\{O_j \mid j \in J\}$ eine offene Überdeckung von $\overline{C} \supset C$. Da in topologischen Gruppen die abgeschlossenen Umgebungen eine Umgebungsbasis bilden, gibt es zu jedem $x \in C \subset G$ eine offene Umgebung W_x mit $\overline{W}_x \subset \bigcup_{j \in J} O_j$. Da C kompakt ist, gibt es $x_1, \ldots, x_n \in C$ mit

$$C \subset \bigcup_{i=1}^{n} W_{x_i} \quad\Longrightarrow\quad \overline{C} \subset \bigcup_{i=1}^{n} \overline{W}_{x_i} \subset \bigcup_{j \in J} O_j.$$

Also überdeckt jede offene Überdeckung von $\pi(\overline{U})$ auch $\overline{\pi(\overline{U})}$. Da jede offene Überdeckung von $\pi(\overline{U})$ eine endliche Teilüberdeckung besitzt, gilt dasselbe auch für $\overline{\pi(\overline{U})}$. $\qquad\square$

Aufgaben

16.A1 Zeigen Sie, dass $\mathbb{Z}$ mit der p-adischen Topologie sowie $\mathcal{K}_p$, vgl. 16.9 (b), total unzusammenhängend, aber nicht diskret sind.

16.A2 Verifizieren Sie, dass alle topologischen Gruppen in 16.9 (a-d) lokalkompakt sind und eine Topologie mit abzählbarer Basis haben.

16.A3 Sei G eine topologische Gruppe und es seien

$$\mathcal{B}_r = \{V_U \mid U \in \mathcal{U}\} \quad \text{mit} \quad V_U = \left\{(g,h) \mid gh^{-1} \in U\right\} \subset G \times G \quad \text{und}$$

$$\mathcal{B}_l = \{W_U \mid U \in \mathcal{U}\} \quad \text{mit} \quad W_U = \left\{(g,h) \mid g^{-1}h \in U\right\} \subset G \times G$$

die Fundamentalsysteme der rechten bzw. linken uniformen Struktur auf G. Zeigen Sie:

(a) Ist G Hausdorff'sch und gibt es Folgen $(g_n)_{n\in\mathbb{N}}$ und $(h_n)_{n\in\mathbb{N}}$ mit

$$\lim_{n\to\infty} g_n h_n = e \quad \text{und} \quad \lim_{n\to\infty} h_n g_n = k \neq e,$$

so sind die rechte und linke uniforme Struktur auf G verschieden, d.h. $\mathcal{B}_r \neq \mathcal{B}_l$.

(b) $G = \mathbb{R}^* \times \mathbb{R}$ mit der Multiplikation

$$g \cdot h = (g_1 h_1, h_2(g_2 + h_1)) \quad \text{für } g = (g_1, g_2),\ h = (h_1, h_2)$$

ist eine topologische Gruppe, für die die rechte und die linke uniforme Struktur verschieden sind.

(c) Die rechte und die linke uniforme Struktur einer topologischen Gruppe G stimmen überein, wenn es zu jeder Umgebung U von e eine Umgebung V von e gibt, sodass $g^{-1}Vg \subset U$ für alle $g \in G$ gilt.

(d) Für eine kompakte Gruppe G stimmen die rechte und die linke uniforme Struktur überein.

(e) Für eine topologische Gruppe G sind die Linkstranslationen gleichmäßig stetig bezüglich der linken uniformen Struktur, aber nicht notwendigerweise bezüglich der rechten.

16.A4 Geben Sie einen direkten Beweis von 16.12, d.h. ohne Verwendung von Resultaten über uniforme Strukturen.

16.A5 Geben Sie einen direkten Beweis von 16.13 (c).

16.A6 Geben Sie einen direkten Beweis von 16.15.

16.A7 Eine topologische Gruppe ist lokalkompakt, wenn das neutrale Element eine kompakte Umgebung besitzt und die Gruppe Hausdorffsch ist.

16.A8 Ein Homomorphismus $\varphi\colon G \to H$ zwischen topologischen Gruppen ist stetig, wenn er beim neutralen Element von G stetig ist.

16.A9 $\mathbb{R}$ und $\mathbb{C}$ tragen die natürlichen Topologien und haben als Gruppenoperationen die Additionen. Es seien $\mathbb{Z}$ und $\mathbb{Y} = \{m + in \mid m, n \in \mathbb{Z}\}$ die Untergruppen der ganzen Zahlen. Geben Sie einen Isomorphismus

$$\varphi \colon \mathbb{R}/\mathbb{Z} \oplus \mathbb{R}/\mathbb{Z} \to \mathbb{C}/\mathbb{Y}$$

an, der auch ein Homöomorphismus ist. (Mit Beweisen.)

16.A10 Geben Sie eine topologische Charakterisierung der topologischen Räume $(X, \mathcal{O})$, aus denen sich eine topologische Gruppe gewinnen läßt, d.h. auf X läßt sich eine Gruppenoperation "·" erklären, so dass $(X, \cdot, \mathcal{O})$ eine topologische Gruppe ist.

Für die folgenden Aufgaben führen wir einen abstrakten neuen Begriff ein und greifen dabei auf die rein topologische Konstruktion von 3B zurück.

Sei $I \neq \emptyset$ eine durch eine Ordnungsrelation $\geq$ gerichtete Menge. Für jedes $i \in I$ gebe es eine topologische Gruppe G_i. Ferner gebe es zu zwei $i, j \in I$ mit $i \leq j$ einen stetigen Homomorphismus $\tau_{ji} \colon G_j \to G_i$, sodass gilt:

(1) $\tau_{ii} = \mathrm{id}_{G_i} \ \forall i \in I$,

(2) $\tau_{ki} = \tau_{ji} \circ \tau_{kj}$ für alle $i, j, k \in I$ mit $i \leq j \leq k$, d.h. das folgende Diagramm ist kommutativ:

Dann heißt $(G_i, \tau_{ij}, i, j \in I)$ ein *projektives System topologischer Gruppen*. Ferner heißt die Gruppe

$$H = \varprojlim G_i = \left\{ (x_i)_{i \in I} \in \prod_{i \in I} G_i \mid x_i = \tau_{ji}(x_j) \ \forall i, j \in I \text{ with } i \leq j \right\},$$

versehen mit der Unterraumtopologie, *projektiver Limes* des projektiven Systems $(G_i, \tau_{ij}, i, j \in I)$.

16.A11 Zeigen Sie, dass unter den obigen Voraussetzungen gilt:

(a) H ist eine topologische Gruppe, und zwar eine Untergruppe von $\prod_{i \in I} G_i$. Der zugrundeliegende topologische Raum ist der projektive Limes der topologischen Räume G_i, vgl. 3.20. Die (Projektions-)Abbildungen $\tau_j \colon H \to G_j$, $(x_i)_{i \in I} \mapsto x_j$, $j \in I$, sind stetige Homomorphismen.

(b) Es sei G eine topologische Gruppe, ferner gebe es zu jedem $i \in I$ einen stetigen Homomorphismus $\varphi_i \colon G \to G_i$, sodass

$$(*) \qquad\qquad \varphi_i = \tau_{ji} \circ \varphi_j \quad \forall i \leq j, \ i, j \in I.$$

Dann gibt es einen eindeutig bestimmten Homomorphismus $\varphi \colon G \to H$ mit $\varphi_i = \tau_i \circ \varphi$, $i \in I$, d.h. die folgenden Diagramme sind kommutativ:

(c) Die univeselle Eigenschaft von (b) kennzeichnet $H = \varprojlim G_i$: Ist H^* eine topologische Gruppe, sodass es jeder topologischen Gruppe G mit stetigen Homomorphismen $\varphi_i: G \to G_i$ mit der Eigenschaft $(*)$ (mit Homomorphismen φ_i^* statt φ_i) einen eindeutig bestimmten Homomorphismus $\varphi^*: H \to H^*$ gibt, so existiert ein eindeutig bestimmter, in beiden Richtungen stetiger Isomorphismus $\rho: G \to G^*$ mit $\varphi_i = \varphi_i^* \circ \rho$, $i \in I$.

(d) Sind alle G_i Hausdorff'sch, so ist auch $\varprojlim G_i$ Hausdorff'sch. Es ist $\varprojlim G_i$ zusammenhängend dann und nur dann, wenn alle G_i, $i \in I$, zusammenhängend sind. Es ist $\varinjlim G_i$ kompakt dann und nur dann, wenn alle G_i, $i \in I$, kompakt sind.

16.A12

(a) Die Gruppe $\mathcal{K}_p$, $p > 1$ eine Primzahl, ist der projektive Limes der Gruppen $\mathbb{Z}_{p^i}$ mit den Homomorphismen $\pi_{ji}: \mathbb{Z}_{p^j} \to \mathbb{Z}_{p^i}$, $a \bmod p^j \mapsto a \bmod p^i$ mit $a \in \mathbb{Z}$.

(b) $\mathcal{K}_p$ ist Hausdorff'sch und kompakt, also auch lokalkompakt.

16.A13 Sei $p > 1$ eine Primzahl. Für $i \in \mathbb{N}$ sei die topologische Gruppe $T_i \cong S^1$. Für $i < j$ sei $\tau_{ji}: T_j \to T_i$, $z \mapsto z^{p^{j-i}}$. Ferner sei $\mathcal{S}_p = \varprojlim T_i$. Zeigen Sie, dass $\mathcal{S}_p$ Hausdorff'sch und kompakt, also auch lokalkompakt ist.

16.A14 Analog zum projektiven Limes lässt sich der direkte Limes erklären: Sei I ein gerichtetes System und $(G_i)_{i \in I}$ ein System von Gruppen; ferner gebe es für $i, j \in I$, $i \leq j$ Homomorphismen $\sigma_{ij}: G_i \to G_j$, die die beiden Bedingungen

$$(1)\quad \sigma_{ii} = \mathrm{id}_{G_i}, \qquad (2)\quad \sigma_{ik} = \sigma_{jk} \circ \sigma_{ij} \quad \text{for } i, j, k \in I, \ i \leq j \leq k,$$

erfüllen. Zeigen Sie:

(a) Es gibt eine Gruppe $K = \varinjlim G_i$ und Homomorphismen $\sigma_i: G_i \to K$, $i \in I$, sodass $\sigma_i = \sigma_j \circ \sigma_{ij}$ für $i, j \in I$, $i \leq j$ gilt. Ferner erfüllt das System die folgende universelle Eigenschaft: Zu jeder Gruppe U und jedem System von Homomorphismen $\alpha_i: G_i \to U$ mit $\alpha_i = \alpha_j \circ \sigma_{ij}$ für alle $i, j \in I$, $i \leq j$ gibt es einen eindeutig bestimmten Homomorphismus $\alpha: K \to U$, sodass $\alpha_i = \alpha \circ \sigma_i$ für alle $i \in I$ gilt. Durch diese Eigenschaft ist K bis auf Isomorphie eindeutig bestimmt. Die Gruppe $K = \varinjlim G_i$ heißt *direkter* oder *injektiver Limes* des Systemes (G_i, σ_{ij}).

(b) Machen Sie eine analoge Konstruktion für topologische Räume und deuten Sie die erhaltene Topologie als Finaltopologie, vgl. 3.15 f.

(c) Handelt es sich in (a) um topologische Gruppen G_i und sind die Homomorphismen σ_i stetig, so wird $\varinjlim G_i$ zu einer topologischen Gruppe.

16.A15 Für ein Primzahl $p > 1$ sei $C_p = \{m/p^k \mid m \in \mathbb{Z}, k \geq 0\}$ die Gruppe p-adischer Zahlen, versehen mit der diskreten Topologie. Ferner betrachten wir die Sequenz

$$\mathbb{Z} \xrightarrow{\times p} \mathbb{Z} \xrightarrow{\times p} \mathbb{Z} \xrightarrow{\times p} \ldots .$$

Zeigen Sie, dass der direkte Limes dieser Folge isomorph und homöomorph zu C_p ist.

17 Zur Integrationstheorie

In diesem Abschnitt wollen wir möglichst knapp in die Integrationstheorie einführen; dabei handelt es sich eigentlich nur um eine Konstruktion des Lebesgue'schen Integrales ausgehend von einem Funktionenraum, anstatt von einem Maßraum.

A Integral

Ist im folgenden eine Menge L reellwertiger Funktionen gegeben, so wird mit L^+ das Teilsystem der Funktionen bezeichnet, die keine Werte kleiner 0 annehmen.

17.1 Integral. Es sei L ein Vektorraum von beschränkten reellen Funktionen auf einer Menge X. Ferner sei L auch abgeschlossen unter den Operationen $\vee$ und $\wedge$ des Maximums- und Minimumsbilden; dabei ist $(f \vee g)(x) = \max\{f(x), g(x)\}$ und $(f \wedge g)(x) = \min\{f(x), g(x)\}$. Dann lassen sich auch Absolutbeträge in L bilden, da $|f| = f \vee 0 - f \wedge 0$; mit Zahlen werden die konstanten Funktionen bezeichnet.

Ferner sei auf L ein *nicht-negatives lineares Funktional I* gegeben, welches unter monotonen Grenzwerten stetig ist. Im Einzelnen lauten die Bedingungen an I: für $f, g, f_n \in L$, $c \in \mathbb{R}$ gilt

$$
\begin{aligned}
&(1) & I(f + g) &= I(f) + I(g), \\
&(2) & I(cf) &= cI(f), \\
&(3) & f \geq 0 &\implies I(f) \geq 0, \\
&(3') & f \geq g &\implies I(f) \geq I(g), \\
&(4) & f_n \searrow 0 &\implies I(f_n) \searrow 0.
\end{aligned}
$$

Dabei bedeutet $f_n \searrow 0$, dass die Folge f_n an jeder Stelle $x \in X$ monoton gegen 0 fällt.

Ein solches Funktional nennen wir im folgenden *ein Integral*. (Es heißt auch *Daniell Integral* oder *Radon'sches Maß*.) Später werden wir die gebräuchlicheren Schreibweisen $\int_X f d\mu(x)$ oder $\int f d\mu$ oder $\int f dx$ statt $I(f)$ benutzen.

Damit gewisse Grenzprozesse möglich werden, wird das Integral auf eine größere Klasse von Funktionen ausgedehnt, dem Ansatz aus der Analysis folgend. Den Prototyp bilden etwa die auf dem Einheitsintervall $[0,1]$ stetigen reellwertigen Funktionen $C(X)$ und das Riemannsche Integral als Funktional I. Als Erweiterung erhalten wir das Lebegue'sche Integral auf den Lebesgue-integrierbaren Funktionen.

17.2 Erweiterung des Integrales. Jede monoton wachsende Folge von reellwertigen Funktionen hat einen Limes, wenn auch $+\infty$ als Wert zugelassen wird. Sei U das System aller Grenzfunktionen von monoton wachsenden Folgen von Funktionen aus L. Natürlich liegt L in U, und U ist wieder abgeschlossen gegenüber Addition, Multiplikation mit nicht-negativen Zahlen und den Operationen des Maximum- und Minimum-Bildens; zusätzlich aber gehört mit einer monoton wachsende Folge von Funktionen aus U auch ihr Limes zu U.

I läßt sich auf U erweitern: Gilt $f_n \nearrow f$ mit $f_n \in L$, so sei $I(f) :=$ $\lim I(f_n)$; dabei muß auch der Wert $+\infty$ zugelassen werden. Aus dem folgenden Lemma ergibt sich, dass $I(f)$ nicht von der ausgewählten Folge f_n abhängt. Ferner erfüllt das erweiterte I ebenfalls die Bedingungen 17.1 (1), (2), (3'), wobei das letztere aus 17.3 folgt.

17.3 Lemma. *Sind (f_n) und (g_m) monoton wachsende Folgen von Funktionen aus L mit $\lim f_n \leq \lim g_m$, so ist $\lim I(f_n) \leq \lim I(g_m)$.*

Beweis. Für $h \in L$ mit $\lim g_m \geq h$ ist $\lim I(g_m) \geq I(h)$ wegen $g_m \geq g_m \wedge h$ und $g_m \wedge h \nearrow h$. Wegen 17.1 (3') und (4) gilt $\lim I(g_m) \geq \lim I(g_m \wedge h) = I(h)$. Setzen wir nun $h = f_n$ und gehen zum Limes mit $n \to \infty$, so erhalten wir $\lim g_m \geq \lim f_n$. □

17.4 Lemma. *Aus $f_n \in U$ und $f_n \nearrow f$ folgt $f \in U$ und $I(f_n) \nearrow I(f)$.*

Beweis. Wir nehmen $g_n^{(m)} \in L$ mit $g_n^{(m)} \nearrow f_n$ für $m \to \infty$ und setzen $h_n = g_1^{(n)} \vee \ldots \vee g_n^{(n)}$. Dann ist $h_n \in L$ und $(h_n)_{n \in \mathbb{N}^*}$ eine monoton wachsende Folge. Offenbar gilt $g_i^{(n)} \leq h_n \leq f_n$ für $i \leq n$. Durch $n \to \infty$ gefolgt von $i \to \infty$ ergibt sich $f \leq \lim_{n \to \infty} h_n \leq f$. Also $h_n \nearrow f$ und $f \in U$. Indem wir dieselbe Schritte mit $I(g_i^{(n)}) \leq I(h_n) \leq I(f_n)$ für $n \to \infty$ durchführen, erhalten wir $\lim I(f_i) \leq I(f) \leq \lim I(f_n)$, also $I(f_n) \nearrow I(f)$. □

Nun sei $-U := \{-f \mid f \in U\}$. Für $f \in -U$ definieren wir $I(f) :=$ $-I(-f)$. Ist auch $f \in U$, so stimmt wegen $f + (-f) = 0$ diese Festsetzung mit der alten überein, da I sich auf U additiv verhält. Es hat $-U$ die analogen Eigenschaften wie U, allerdings ist $-U$ abgeschlossen unter monoton fallenden Limiten und bei Multiplikation mit nicht-positiven Zahlen. Ferner hat I auf $-U$ die Eigenschaften 17.1 (1), (2), (3'). Wir merken uns noch

(*) $\quad g \in -U,\ h \in U,\ g \le h \quad \Longrightarrow \quad h - g \in U,\ I(h) - I(g) = I(h - g) \ge 0,$

was aus $-g \in U$, also $0 \le h + (-g) \in U$ und $I(h + (-g)) = I(h) + I(-g)$ folgt.

17.5 Definition. Eine Funktion $f : X \to \mathbb{R}$ heißt $(I\text{-})summierbar$, wenn es zu jedem $\varepsilon > 0$ ein $g \in -U$ und $h \in U$ gibt, sodass $g \le f \le h$, $I(g), I(h) \in \mathbb{R}$ und $I(h) - I(g) < \varepsilon$ ist. Variieren g, h für ein beliebiges, aber festes $\varepsilon > 0$ über alle solche Funktionspaare, so folgt $\limsup I(g) = \liminf I(h)$, und es wird $I(f)$ gleich diesem gemeinsamen Wert gesetzt. Das System aller summierbaren Funktionen wird mit L^1 oder $L^1(I)$ bezeichnet; es ist die gewünschte Erweiterung von L. (Beachten Sie die Verfeinerung von 17.8 (c).)

Ist $f \in U$ mit $I(f) < \infty$, so ist $f \in L^1$ und die neue Definition von $I(f)$ stimmt mit der alten überein; denn dann gibt es $f_n \in L$ mit $f_n \nearrow f$ und wir können $h = f$ und $g = f_n$ für hinreichend großes n nehmen.

17.6 Satz. L^1 *und* I *haben die Eigenschaften von* L *und* I *aus* 17.1.

Beweis. Sind $f_1, f_2 \in L^1$ und $\varepsilon > 0$ gegeben, so wählen wir $g_1, g_2 \in -U$ und $h_1, h_2 \in U$, sodass

$$g_i \le f_i \le h_i \quad \text{und} \quad I(h_i) - I(g_i) < \frac{\varepsilon}{2} \quad \text{für } i = 1, 2.$$

Ist $*$ eine der Operationen $+, \vee, \wedge$, so gilt

$$g_1 * g_2 \le f_1 * f_2 \le h_1 * h_2, \quad h_1 * h_2 - g_1 * g_2 \le (h_1 - g_1) + (h_2 - g_2)$$
$$\Longrightarrow \quad I(h_1 * h_2) - I(g_1 * g_2) < \varepsilon.$$

Daraus folgt

$$f_1 + f_2,\ f_1 \vee f_2, f_1 \wedge f_2 \in L^1 \quad \text{und} \quad |I(f_1 + f_2) - (I(f_1) + I(f_2))| < 2\varepsilon.$$

Da ε beliebig ist, ergibt sich 17.1 (1). 17.1 (2) ist klar, da $cf \in L^1$ und $I(cf) = cI(f)$ für $f \in L^1$ und $c \in \mathbb{R}$ (Achtung bei $c < 0$!). Für $f \ge 0$ ist $h \ge 0$ und $I(f) = \liminf I(h) \ge 0$; d.h. (3) gilt. Die Eigenschaft (4) ergibt sich aus dem folgenden allgemeineren Satz. $\qquad \square$

Das Lemma 17.4 läßt sich auf L^1 übertragen:

17.7 Satz. *Ist* $f_n \in L^1$, $n \in \mathbb{N}$, *und* $f_n \nearrow f$ *und* $\lim I(f_n) < \infty$, *so ist* $f \in L^1$ *und* $I(f_n) \nearrow I(f)$.

Beweis. Indem wir notfalls f_0 von allen Funktionen subtrahieren, dürfen wir annehmen, dass $f_0 = 0$ ist. Sei $\varepsilon > 0$ beliebig. Die Funktionen $f_n - f_{n-1}$ liegen nach 17.6 in L^1, und es gibt deshalb Funktionen $h_n \in U$ mit

$$f_n - f_{n-1} \le h_n \quad \text{und} \quad I(h_n) < I(f_n - f_{n-1}) + \frac{\varepsilon}{2^n}.$$

Nach 17.4 ist $h := \sum_{i=1}^{\infty} h_i \in U$ und $I(h) = \sum_{i=1}^{\infty} I(h_i)$. Ferner ist $f \leq h$ und $I(h) \leq \lim I(f_n) + \varepsilon$. Zu $f_n \in L^1$ gibt es $g \in -U$, sodass $g \leq f_n$ und $I(g)$ beliebig nahe bei $I(f_n)$ ist. Deshalb können wir ein hinreichend großes $m \in \mathbb{N}$ und ein $g \in -U$ finden, sodass

$$g \leq f_m \leq f \leq h \quad \text{und} \quad I(h) - I(g) \leq 2\varepsilon$$

ist. Daraus folgt $f \in L^1$ und $I(f) = \lim I(f_m)$.   □

17.8 Definition.

(a) Eine Familie von reellwertigen Funktionen auf einer Menge X heißt *monoton*, wenn sie unter der Bildung von monoton wachsenden und monoton fallenden Limesbildungen abgeschlossen ist. Die kleinste monotone Familie, die L enthält, werde mit $\mathcal{B}$ bezeichnet. Ihre Elemente heißen *Baire'sche Funktionen*. Mit $\mathcal{B}^+$ wird das System der Funktionen aus $\mathcal{B}$ bezeichnet, die keine negativen Werte annehmen.

(b) Sei $h \leq k$ reellwertige Funktionen auf X. Jede monotone Familie von Funktionen, die für jedes $g \in L$ die „durch h, k abgeschnittene" Funktion $(g \vee h) \wedge k$ enthält, enthält auch für jedes $f \in \mathcal{B}$ die Funktiom $(f \vee h) \wedge k$. Speziell ist $\mathcal{B}^+$ die kleinste monotone Familie, die L^+ enthält (Beweis!).

(c) Um gewisse Maß-0-Argumente in Beweisen zu vermeiden, beschränken wir uns im folgenden auf $L^1 \cap \mathcal{B}$, schreiben aber dennoch L^1, d.h. im folgenden hat jede Funktion aus L^1 die Eigenschaften von 17.5 und ist zudem eine Baire'sche Funktion.

Die Funktionen aus L^1 lassen sich nun kennzeichnen durch

17.9 Satz. $f \in L^1 \iff f \in \mathcal{B}$ *und* $\exists\, g \in L^1$ *mit* $|f| \leq g$.

Beweis. Es genügt zu zeigen, dass die Bedingung hinreichend ist, und dazu dürfen wir annehmen, dass $f \geq 0$. Die Menge der Funktionen $h \in \mathcal{B}^+$ mit $h \wedge g \in L^1$ ist wegen 17.7 monoton und enthält L^+, also ist sie gleich $\mathcal{B}^+$ und deshalb gilt $f = f \wedge g \in L^1$.   □

17.10 Erweiterung von I auf $\mathcal{B}$. Das Integral I läßt sich jetzt auf $\mathcal{B}^+$ erweitern, indem $I(f) = \infty$ für nicht-summierbares $f \in \mathcal{B}^+$ gesetzt wird. Eine Funktion $f \in \mathcal{B}$ heißt nun *integrierbar*, wenn der positive Teil $f^+ = f \vee 0$ o d e r der negative $f^- = -(f \wedge 0)$ summierbar ist. Dann wird $I(f) = I(f^+) - I(f^-)$ gesetzt, was wohldefiniert ist, auch wenn die Werte ∞ und $-\infty$ herauskommen können. Dann ist f summierbar genau dann, wenn f integrierbar und $|I(f)| < \infty$ ist. Konsequenzen von 17.6-8 sind:

(a) *Sind $f, g \in \mathcal{B}$ integrierbar, dann auch $f + g$ und es gilt $I(f + g) = I(f) + I(g)$, es sei denn die Integrale $I(f)$ und $I(g)$ sind invers unendlich.*

(b) *Sind $f_n \in \mathcal{B}$ integrierbar, $f_n \nearrow f$ und $I(f_n) \neq -\infty$, so ist f integrierbar und $I(f_n) \nearrow I(f)$.*

(c) L^1 *bildet einen normierten Vektorraum, vgl. 18.1, mit der Norm* $\|f\| := \sqrt{I(f^2)}$, *und der Teilraum L liegt dicht in L^1.*

B Messbare Mengen

Mit einer Integration I (auf X) hängt eine Maßtheorie für Teilmengen von X eng zusammen.

17.11 Definition. Für eine Teilmenge $A \subset X$ sei $\chi_A \colon X \to \mathbb{R}$ die *charakteristische Funktion*, die auf A den Wert 1 annimmt und sonst verschwindet. Die Teilmenge A heißt *messbar*, wenn $\chi_A \in \mathcal{B}$ ist, und dann heisst $\mu(A) := I(\chi_A)$ das *Maß von A*. Aus 17.6 folgt, dass mit A und B auch $A \cup B$, $A \cap B$ und $A \setminus B$ messbar sind. Ist A_n eine Folge disjunkter messbarer Teilmengen von X, so ist auch $\bigcup_{n=1}^{\infty} A_n$ messbar und $\mu(\bigcup_{n=1}^{\infty} A_n) = \sum_{n=1}^{\infty} \mu(A_n)$. Man sagt dann, dass μ *σ-additiv* ist und dass die messbaren Mengen eine *σ-Algebra* von Mengen bilden. Das Integral I heißt *beschränkt*, wenn X messbar ist und ein endliches Maß hat; dann ist I ein beschränktes lineares Funktional bezüglich der uniformen Norm.

17.12 Satz. *Im folgenden machen wir die Annahme*

$$f \in L \implies f \wedge 1 \in L.$$

Dann gilt auch $f \vee (-1) \in L$ und diese Eigenschaften bleiben für alle Erweiterungen erhalten, insbesondere: $f \in \mathcal{B} \implies f \wedge 1 \in \mathcal{B}$.

(a) *Ist $f \in \mathcal{B}$ und $a > 0$, so ist $A = \{x \in X \mid f(x) > a\}$ eine messbare Menge und zwar von endlichem Maß, wenn $f \in L^1$.*

(b) *Ist $f \geq 0$ und ist $A = \{x \in X \mid f(x) > a\}$ messbar für jedes $a > 0$, so gilt $f \in \mathcal{B}$.*

(c) *Ist $f \in \mathcal{B}^+$ und $a > 0$, so ist auch $f^a \in \mathcal{B}^+$.*

(d) *Sind $f, g \in \mathcal{B}^+$, so auch $fg \in \mathcal{B}^+$.*

(e) *Für $f \in \mathcal{B}^+$ ist $I(f) = \int f d\mu$, wobei das Integral in der üblichen Weise aus dem Maß μ gewonnen wird.*

Beweis. (a) Es ist $f_n = (n(f - f \wedge 0)) \wedge 1 \in \mathcal{B}$ und $f_n \nearrow \chi_A$. Deshalb gilt $\chi_A \in \mathcal{B}$ und A ist messbar. Die Endlichkeitsaussage folgt aus $0 \leq \chi_A \leq \frac{1}{a}(f \vee 0)$.

(b) Zu gegebenem $r > 1$ sei $A_m^{(r)} = \{x \in X \mid r^m < f(x) \leq r^{m+1}\}$ für $-\infty < m < \infty$ mit charakteristischer Funktion $\chi_m^{(r)}$. Ferner sei $f_r = \sum_{m=-\infty}^{\infty} r^m \chi_m^{(r)}$. Nach Annahme ist $\chi_m^{(r)} \in \mathcal{B}^+$ und also $f_r \in \mathcal{B}^+$. Lassen wir r über eine monoton fallende Folge gegen 1 laufen, so erhalten wir $f_r \nearrow f$, also $f \in \mathcal{B}$.

(c) ergibt sich wegen (a) und (b) daraus, dass $f^a > b$ gleichbedeutend mit $f > b^{1/a}$ ist. (d) folgt aus (b) und $fg = \frac{1}{4}\left[(f+g)^2 - (f-g)^2\right]$.

(e) Das übliche Integral einer Funktion zu vorgegebenem σ-additiven Maß wird gebildet, indem zunächst das Integral $\int f d\mu$ für Treppenfunktionen und Summen derselben erklärt und durch monotone Approximation auf andere Funktionen erweitert wird. Die Rolle dieser Treppenfunktionen spielen die Funktionen f_r aus dem Beweis von (b). Wir haben nämlich $f_r \leq f \leq r \cdot f_r$ und

$$I(f_r) = \sum_{m=-\infty}^{\infty} r^m I(\chi_m^{(r)}) = \sum_{m=-\infty}^{\infty} r^m \mu(A_m^{(r)}) = \int f_r \, d\mu.$$

Wegen $I(f_r) \leq I(f) \leq r \cdot I(f_r)$ und $\int f_r d\mu \leq \int f d\mu \leq r \int f_r d\mu$ sind beide Zahlen $I(f)$ und $\int f d\mu$ endlich, wenn eine es ist, und es folgt

$$\left| I(f) - \int f \, d\mu \right| \leq (r-1) \cdot I(f_r) \leq (r-1) \cdot I(f).$$

Da r irgendeine Zahl größer 1 ist, folgt (e). □

17.13 Nullmengen und -funktionen.

(a) Eine Funktion $f \in \mathcal{B}$ mit $I(|f|) = 0$ heisst *Nullfunktion*, und eine Menge $A \subset X$ heisst *Nullmenge*, wenn ihre charakteristische Funktion χ_A eine Nullfunktion ist, wenn also A messbar ist und das Maß 0 hat. Offenbar sind alle messbaren Teilmengen einer Nullmenge wieder Nullmengen, ebenfalls ist eine abzählbare Vereinigung von Nullmengen wieder eine Nullmenge. Auch ist jede Funktion $f \in \mathcal{B}$, die von einer Nullfunktion majorisiert wird, eine Nullfunktion, ebenso ist die abzählbare Summe von Nullfunktionen eine Nullfunktion. Zwei Funktionen f und g heissen *äquivalent*, wenn $f - g$ eine Nullfunktion ist.

(b) *Eine Funktion $f \in \mathcal{B}$ ist genau dann eine Nullfunktion, wenn $A = \{x \in X \mid f(x) \neq 0\}$ ein Nullmenge ist.*

Beweis. Ist $\mu(A) = 0$, so ist auch $n\chi_A$ eine Nullfunktion und $n\chi_A$ wächst monoton gegen die Funktion, die an jeder Stelle aus A den Wert ∞ annimmt und sonst verschwindet; diese ist deshalb ebenfalls eine Nullfunktion. Wegen $0 \leq |f| \leq \lim_{n \to \infty} n\chi_A$ ist f eine Nullfunktion. Ist umgekehrt f eine Nullfunktion, so $|nf| \wedge 1$ ebenfalls und deshalb auch χ_A wegen $(n|f|) \wedge 1 \nearrow \chi_A$. □

Wie kompliziert Nullfunktionen sein können, zeigt das folgende aus der Analysis wohlbekannte Beispiel: Auf $\mathbb{R}$ nehmen wir das Lebesgue'sche Integral. Da $\mathbb{Q}$ eine abzählbare Menge ist, ist $\mathbb{Q}$ messbar. Da jeder Punkt das Maß 0 hat, ist $\mathbb{Q}$ eine Nullmenge, liegt aber dicht in $\mathbb{R}$. Siehe auch 17.A4.

Aus der Konstruktion der Funktionen in $\mathcal{B}$ in 17.3 und 17.5 sowie aus 17.13 (a) ist für eine integrierbare Funktion die Menge $\{x \in X \mid f(x = \pm\infty\}$

eine Nullmenge, s. 17.A2. In 17.10 ist unbefriedigend, wie mit den Funktions-
werten $\pm\infty$ umgegangen wurde. So kann die Summe zweier integrierbarer
Funktionen nicht integrierbar sein, wenn ihre Integrale die beiden möglichen
Werte $-\infty$ und $+\infty$ annehmen.

C Reelle L^p-Räume

In diesem Abschnitt wird von wichtige Funktionenräumen gezeigt, dass sie
vollständig sind. Dabei greifen wir auf Begriffe vor, die erst in 18.1 eingeführt
werden; sie sind aber aus der Analysis wohlbekannt und wurden teilweise
schon in 1.2 erwähnt.

17.14 Definition und Satz. *Für $p \geq 1$ bestehe L^p aus den Funktionen von
$f \in \mathcal{B}$, für die $|f|^p$ summierbar ist. Dann definiert $\|f\|_p = \left(\int |f|^p d\mu\right)^{1/p}$ eine
Norm auf L^p, und es wird L^p zu einem Banachraum, d.h. ein vollständiger
nomierter Vektorraum, siehe 18.1. Ferner nehmen wir die Supremumsnorm
$\|f\|_\infty = \sup\{|f(x)| \mid x \in X\}$, die für beschränkte Funktionen erklärt ist.*

Für $f, g \in L^1$ ist es angenehm, die Skalarproduktschreibweise $\langle f, g\rangle = I(fg)$ zu übernehmen; das ist vor allem für $f, g \in L^2$ üblich.

Hier müssen wir im Auge behalten, dass Nullfunktionen, s. 17.13, die
Norm 0 haben, und dass deshalb eigentlich der Faktorraum L^p nach den
Nullfunktionen der Banachraum ist. Meistens wird aber ungenau schon von
L^p als Banachraum gesprochen, und wir werden es ebenso tun. Der Beweis
von 17.14 geschieht erst nach 17.17.

17.15 Satz (Hölder'sche Ungleichung). *Sind $f \in L^p$, $g \in L^q$ für
$1 \leq p, q \leq \infty$ mit $\frac{1}{p} + \frac{1}{q} = 1$, so gilt $|\langle f, g\rangle| \leq \|f\|_p \cdot \|g\|_q$.*

Beweis. Es ist $x^{\frac{1}{p}} \leq \frac{x}{p} + \frac{1}{q}$ für $x \geq 1$ und $p \geq 1$, und hieraus ergibt sich für
$x = \frac{a}{b}$

$$(*) \qquad\qquad a^{\frac{1}{p}} b^{\frac{1}{q}} \leq \frac{a}{p} + \frac{b}{q}.$$

Nun sei $p, q > 1$. Ist nun $\|f\|_p \neq 0 \neq \|g\|_q$, so können wir $a = |f|^p/\|f\|_p{}^p$ und
$b = |g|^q/\|g\|_q{}^q$ in $(*)$ einsetzen. Aus 17.12 (b-d) folgt, dass dann die Funktion
auf der linken Seite vom $(*)$ summierbar ist. Durch Integration ergibt sich

$$\int \frac{|f|}{\|f\|_p} \frac{|g|}{\|g\|_q} \, d\mu \leq \frac{1}{p} \int \frac{|f|^p}{\|f\|_p{}^p} \, d\mu + \frac{1}{q} \int \frac{|g|^q}{\|g\|_q{}^q} \, d\mu \quad \Longrightarrow$$

$$\frac{I(|fg|)}{\|f\|_p \|g\|_q} \leq \frac{1}{p} + \frac{1}{q} = 1.$$

Die Hölder'sche Ungleichung folgt nun aus $|I(h)| \leq I(|h|)$ für $h \in L^1$.

Der Beweis für $p = 1, q = \infty$ sei Aufgabe 17.A5. $\square$

17.16 Satz (Minkowski'sche Ungleichung).   *Für $f, g \in L^p$, $p \geq 1$, ist $f + g \in L^p$ und $\|f + g\|_p \leq \|f\|_p + \|g\|_p$.*

Beweis. Der Fall $p = 1$ ergibt sich direkt aus $|f + g| \leq |f| + |g|$. Nun sei $p > 1$. Aus

$$|f + g|^p \leq (2 \max(|f|, |g|))^p \leq 2^p (|f|^p + |g|^p)$$

folgt $f + g \in L^p$ und

$$\|f + g\|_p^{\,p} \leq \int (|f + g|^{p-1}|f|)d\mu + \int (|f + g|^{p-1}|g|)d\mu$$

$$\leq \|f + g\|_p^{\,p-1}\|f\|_p + \|f + g\|_p^{\,p-1}\|g\|_p,$$

wobei sich die erste Ungleichung aus der Dreiecksungleichung und die zweite sich aus der Hölder'schen Ungleichung 17.15 ergibt. Die Minkowski'sche Ungleichung folgt nun durch Division durch $\|f + g\|_p^{\,p-1}$. $\square$

17.17 Korollar.   *Für $f, g \in \mathcal{B}^+$ gilt $\langle f, g \rangle \leq \|f\|_p \|g\|_q$ und $\|f + g\|_p \leq \|f\|_p + \|g\|_p$.* $\square$

Beweis von 17.14. Aus 17.17 und aus $\|\lambda f\|_p = |\lambda| \cdot \|f\|_p$ ergibt sich, dass L^p (in Wirklichkeit L^p modulo Nullfunktionen) ein normierter Vektorraum ist, vgl. 1.2 und 18.1. Es bleibt nur noch, die Vollständigkeitaussage nachzuweisen.

Vorweg eine Bemerkung: Ist $f_k \in L^p$, $f_k \geq 0$ und $\sum_{k=1}^\infty \|f_k\|_p < \infty$, so gilt $f = \sum_{k=1}^\infty f_k \in L^p$ und $\|f\|_p \leq \sum_{k=1}^\infty \|f_k\|_p$. Denn für $g_n = \sum_{k=1}^n f_k \in L^p$ ergibt die Minkowski'sche Ungleichung: $\|g_n\|_p \leq \sum_{k=1}^n \|f_k\|_p$ und wegen $g_n \nearrow f$ folgt daraus $f \in L^p$ und $\|f\|_p = \lim \|g_n\|_p \leq \sum_{k=1}^\infty \|f_k\|_p$, siehe 17.7.

Nun sei (f_n) eine Cauchy-Folge in L^p. Wir suchen eine konvergente Teilfolge; dann ist deren Limesfunktion auch Grenzfunktion der ursprünglichen Folge. Indem wir notfalls zu einer Teilfolge übergehen, können wir annehmen, dass $\|f_{n+1} - f_n\|_p < 2^{-n}$. Wir setzen

$$g_n = f_n - \sum_{k=n}^\infty |f_{k+1} - f_k| \quad \text{und} \quad h_n = f_n + \sum_{k=n}^\infty |f_{k+1} - f_k|.$$

Wegen der vorangestellten Bemerkung gilt $g_n, h_n \in L^p$ und $\|h_n - g_n\|_p < 2^{-n+2}$. Die Folgen (g_n) und (h_n) sind monoton wachsend bzw. fallend. Deshalb existiert $f = \lim g_n$ und liegt wegen $g_n \leq f \leq h_n$ nach 17.4 in L^p, und es gilt $\|f - f_n\|_p \leq \|h_n - g_n\|_p < 2^{-n+2}$. Wie schon oben bemerkt, konvergiert auch die ursprüngliche Folge in L^p gegen f. $\square$

D Der duale Raum zu L^p

Für summierbare Funktionen gibt es eine Dualitätstheorie, in der L^p und L^q mit $1 \le p, p \le \infty$, $\frac{1}{p} + \frac{1}{q} = 1$, ein Paar dualer Räume bilden. Vorweg werden zwei fundamentale Sätze über beschränkte Funktionen behandelt.

17.18 Hilfssatz. *Sei $1 \le p, q \le \infty$ mit $\frac{1}{p} + \frac{1}{q} = 1$ und $f \in L^p$.*

(a) *Gilt $\langle f, g \rangle = 0$ für alle $g \in L^q$, so ist $\|f\| = 0$.*

(b) *Gilt $|\langle f, g \rangle| \le c \cdot \|g\|_q$ für alle $g \in L^q$ und ein $c > 0$, so ist $\|f\|_p \le c$.*

Beweis. Sei

$$g_* = |f|^{p/q} \quad \text{und} \quad g(x) = \begin{cases} g_*(x) & \text{für } f(x) \ge 0, \\ -g_*(x) & \text{für } f(x) < 0. \end{cases}$$

Dann gilt

$$\int |g|^q \, dx = \int g_*^q \, dx = \int |f|^p \, dx < \infty \quad \Longrightarrow \quad g \in L^q.$$

Also ist

$$0 = \langle f, g \rangle = \int fg \, dx = \int |f| \cdot |g| \, dx = \int |f|^{1 + \frac{p}{q}} \, dx,$$

und daraus folgt $\mu(\operatorname{Tr} f) = \mu(\operatorname{Tr} |f|^{1 + \frac{p}{q}}) = 0$, d.h. f ist eine Nullfunktion.

Beweis von (b) als Aufgabe 17.A6.   □

17.19 Riesz'scher Darstellungssatz. *Sei L wie in 17.1 ein Vektorraum beschränkter reeller Funktionen auf einem Raum X mit der gleichmäßigen Norm $\|f\|_\infty$. Dann läßt sich jedes beschränkte lineare Funktional auf L als Differenz zweier beschränkter Integrale, d.h. nicht-negativer linearer Funktionale, schreiben.*

Beweis. Sei $F : L \to \mathbb{R}$ das gegebene beschränkte lineare Funktional. Für $0 \le f \in L$ sei

$$F^+(f) = \sup\{F(g) \mid g \in L, \ 0 \le g \le f\}.$$

Dann ist $0 \le F^+(f) \le \|F\| \cdot \|f\|_\infty$ und $F^+(cf) = cF^+(f)$ für $c > 0$. (Halten wir für die folgende Bemerkung noch fest, dass auch $0 \le F(f) - F^+(f) \le F(f)$ gilt.)

Nun sei $f_1, f_2 \in L$, $f_j \ge 0$. Aus $0 \le g_j \le f_j$, $j = 1, 2$ folgt $0 \le g_1 + g_2 \le f_1 + f_2$, also

$$\begin{aligned} F^+(f_1 + f_2) &\ge \sup\{F(g_1 + g_2) \mid g_1, g_2 \in L, \ 0 \le g_1 \le f_1, 0 \le g_2 \le f_2\} \\ &= \sup\{g_1 \mid g_1 \in L, \ 0 \le g_1 \le f_1\} \\ &\quad + \sup\{g_2 \mid g_2 \in L, \ 0 \le g_2 \le f_2\} = F^+(f_1) + F^+(f_2). \end{aligned}$$

Ist dagegen $g \in L$ und $0 \leq g \leq f_1 + f_2$, so ist

$$0 \leq \min\{f_1, g\} \leq f_1 \quad \text{und} \quad 0 \leq g - \min\{g - f_1, f_2\} \leq f_2,$$

sodass

$$\begin{aligned}
F^+(f_1 + f_2) &= \sup\{F(g) \mid g \in L,\, 0 \leq g \leq f_1 + f_2\} \\
&\leq \sup\{F(f_1 \wedge g \mid g \in L,\, 0 \leq g \leq f_1 + f_2\} \\
&\quad + \sup\{g - f_1 \wedge g \mid g \in L,\, 0 \leq g \leq f_1 + f_2\} \\
&\leq F^+(f_1) + F^+(f_2).
\end{aligned}$$

Deshalb verhält sich F^+ additiv auf den nicht-negativen Funktionen aus L. Nun läßt sich F^+ auf die linearen Funktionale auf L durch

$$F^+(f_1 - f_2) = F^+(f_1) - F^+(f_2) \quad \text{mit} \quad f_1, f_2 \geq 0$$

erweitern. Wegen $|F^+(f)| \leq F^+(|f|) \leq \|F\| \cdot \|f\|_\infty$ ist F^+ beschränkt.

Nun definieren wir $F^-(f) := F^+(f) - F(f)$. Wegen $F^+(f) \geq F(f)$ für $f \geq 0$ ist F^- ebenfalls ein beschränktes nicht-negatives Funktional. Wegen $F = F^+ - F^-$ ergibt sich die Behauptung. $\qquad\square$

17.20 Bemerkung. Ist F das in 17.19 gegebene beschränkte lineare Funktional, so gibt es beschränkte Integrale F^+ und F^- mit

$$F = F^+ - F^-, \quad \|F^+\| \leq \|F\|, \quad \|F^-\| \leq \|F\|.$$

Dieses ist für F^+ im obigen Beweis explizit vermerkt; wegen der am Anfang des obigen Beweises gemachten Feststellung folgt es auch für F^-.

17.21 Satz von Radon-Nikodym. *Ein Integral J auf L heißt absolut stetig bezüglich eines Integrales I auf L, wenn jede I-Nullmenge auch eine J-Nullmenge ist. Ist I beschränkt, so existiert in diesem Fall eine eindeutig bestimmte I-summierbare Funktion f_0, sodass für jedes $f \in L^1(J)$ die Funktion $f f_0$ I-summierbar und $J(f) = I(f f_0)$ ist.*

Diese Aussage läßt sich direkt auf beschränkte lineare Funktionale J verallgemeinern, vgl. 17.37.

Beweis. Wir betrachten das beschränkte Integral $K = I + J$ und den reellen Hilbertraum $L^2(K)$. Wegen $1 \in L$ ist $1 \in L^2(K)$ und deshalb folgt aus $f \in L^2(K)$ und der Hölder'schen Ungleichung 17.15, dass $f = f \cdot 1 \in L^1(K)$ und

$$|J(f)| \leq J(|f|) \leq K(|f|) \leq \|f\|_2 \cdot \|1\|_2$$

ist. Nach 18.11 gibt es ein eindeutig bestimmtes $g \in L^2(K)$ mit

$$J(f) = \langle f, g \rangle = K(f g).$$

Da $K(f) \geq 0$ für alle nicht-negativen f ist, ist g nicht-negativ, ausgenommen eventuell auf einer K-Nullmenge. Die Entwicklung

$$(1) \qquad J(f) = K(fg) = I(fg) + J(fg) = I(fg) + I(fg^2) + J(fg^2)$$

$$= \ldots = I(f \cdot \sum_{i=1}^{n} g^i) + J(fg^n)$$

zeigt zunächst, dass $A = \{x \in X \mid g(x) \geq 1\}$ eine I-, und somit auch eine J-Nullmenge ist, indem wir als f die charakteristische Funktion von A nehmen. Für $f \geq 0$ gilt deshalb fast überall $fg^n \searrow 0$. Wegen $f \in L^1(J)$ gilt $J(fg^n) \searrow 0$ nach Satz 17.7.

Ferner zeigt (1) für $f_0 = \sum_{i=1}^{\infty} g^i$, dass $ff_0 \in L^1(I)$ und – wieder nach Satz 17.7 – $J(f) = I(ff_0)$ ist. Nehmen wir $f = 1$, so erhalten wir $f_0 \in L^1(I)$. Weil g in $L^2(K)$ eindeutig bestimmt ist, ist f_0 in $L^2(I)$ eindeutig bestimmt. Da die Integrale $J(f)$ und $I(ff_0)$ auf $L^2(K)$ und damit auf L übereinstimmen, tuen sie es auch auf $L^1(J)$. $\qquad\qquad\square$

Die Verallgemeinerung auf beschränkte lineare Funktionale ergibt sich aus 17.20.

17.22 Satz. *Ist I ein beschränktes Integral und F ein beschränktes lineares Funktional auf $L^p(I)$ für ein p mit $1 \leq p < \infty$, so gibt es eine eindeutig bestimmte Funktion $f_0 \in L^q$ mit $\frac{1}{p} + \frac{1}{q} = 1$, sodass*

$$\|f_0\|_q = \|F\| \quad und \quad F(g) = \langle g, f_0 \rangle = I(gf_0) \quad \forall g \in L^p.$$

Also ist L^q der Dualraum von L^p , d.h. $(L^p)^* = L^q$ in der Bezeichnung von 18.10.

Hier sei noch angemerkt, dass $\|F\| = \sup\{\frac{\|F(g)\|_p}{\|g\|_p} \mid g \in L^p, g \neq 0\}$.

Beweis. Wegen Satz 17.19 und der Bemerkung 17.20 gibt es beschränkte Integrale F^+ und F^- mit $F = F^+ - F^-$, die durch $\|F\|$ beschränkt sind. Ist f eine I-Nullfunktion, so ist $\|f\|_p = 0$ und somit $F^+(f) = F^-(f) = 0$. Deshalb sind die "Variationen" F^+ und F^- von F absolut stetig bezüglich I und gibt es wegen des Satzes von Radon-Nikodym 17.21 eine I-summierbare Funktion f_0, sodass

$$F(g) = I(gf_0) \quad \forall \, g \text{ summierbar bezüglich } F^+ \text{ and } F^-;$$

darunter befinden sich insbesondere alle $g \in L^p$.

Mit $\operatorname{sgn} f_0$ bezeichnen wir die Funktion

$$\operatorname{sgn} f_0(x) = \begin{cases} 1 & \text{für } f_0(x) > 0, \\ 0 & \text{für } f_0(x) = 0, \\ -1 & \text{für } f_0(x) < 0. \end{cases}$$

Gilt $0 \leq g \leq |f_0|$ und ist $p > 1$, so folgt

$$I(g^q) \leq I(g^{q-1}(\operatorname{sgn} f_0)f_0) \leq \|F\| \cdot \|g^{q-1}\|_p = \|F\| \cdot [I(g^q)]^{\frac{1}{p}},$$

also $\|g\|_q \leq \|F\|$. Da es Funktionen g_n der obigen Form gibt mit $g_n \nearrow |f_0|$, ist $f_0 \in L^q$ nach 17.7 und $\|f_0\|_q \leq \|F\|$.

Für $p = 1$ nehmen wir an, dass $\|f_0\|_\infty \geq \|F\| + \varepsilon$ mit $\varepsilon > 0$. Ist g die charakteristische Funktion von $A := \{x \mid |f_0(x)| \geq \|F\| + \varepsilon/2\}$, so gilt

$$\left(\|F\| + \frac{\varepsilon}{2}\right) \cdot \mu(A) \leq I(|gf_0|) = F(g(\operatorname{sgn} f_0)f_0) \leq \|F\| \cdot \|g\|_1 = \|F\| \cdot \mu(A).$$

Wegen dieses Widerspruchs gilt $\|f_0\|_\infty \leq \|F\|$.

Umgekehrt haben wir für $p > 1$ wegen der Hölder'schen Ungleichung 17.15

$$|F(g)| \leq I(|gf_0|) \leq \|g\|_p \|f_0\|_q \quad \forall\, g \in L^p$$

also $\|F\| \leq \|f_0\|_q$. Dieses zusammen mit den beiden vorangehenden Ungleichungen ergibt $\|F\| = \|f_0\|_q$.

Ist f_0 keine Nullfunktion, so kann auch F nicht das Nullfunktional sein; daraus folgt die Eindeutigkeit von f_0 (als Element von L^q).   □

17.23 Ergänzung. Die Bedingung, dass das Integral I in 17.22 beschränkt ist, kann für $p > 1$ weggelassen werden, muss aber für $p = 1$ durch eine „Partitionsbedingung" ersetzt werden.

Wird nämlich der Definitionsbereich von F eingeschränkt auf den Unterraum von L^p, der aus den außerhalb einer gegebenen summierbaren Menge Y verschwindenden Funktionen besteht, wird die Norm von F höchstens verkleinert, und Satz 17.22 ergibt eine Funktion f_Y, definiert auf Y. Ist Y', $f_{Y'}$ ein zweites Paar dieser Art, so zeigt die Eindeutigkeitsaussage in 17.22, dass f_Y und $f_{Y'}$ auf $Y \cap Y'$ dasselbe Element in L^q ergeben.

Sei nun $p > 1$. Wir definieren $b = \sup\{\|f_Y\|_q \mid \forall\, Y \subset X, Y$ summierbar$\}$. Sei ferner (Y_n) eine wachsende Folge von summierbaren Mengen, sodass $\|f_{Y_n}\| \nearrow b$. Dann ist f_{Y_n} eine Cauchy-Folge in L^q und ihr Grenzwert f_0 verschwindet (bis auf eine Nullmenge) ausserhalb von $Y_0 = \bigcup_{n=1}^\infty Y_n$ und erfüllt $\|f_0\|_q = b$. Wegen der letzteren Maximalitätseigenschsft von f_0 kann jede Funktion f', deren Träger ausserhalb von Y_0 liegt, nur eine Nullfunktion sein. Ist nun $g \in L^p$ und wird der Träger von g in eine abzählbare Menge paarweis disjunkter summierbarer Mengen A_m zerlegt, so ist die Einschränkung $f_m = f_0|A_m$ die Funktion, die laut 17.22 dem A_m zugeordnet wird, und es gilt

$$F(g) = \sum_{m=0}^\infty F(g_m) = \sum_{m=0}^\infty I(g_m f_m) = I(gf_0).$$

Wie zuvor ergibt sich $\|F\| \leq \|f_0\|_q$, und daraus sowie aus $\|f_0\|_q = b \leq \|F\|$ folgt die Gleichheit.

Für $p = 1$ kann die eben verwandte Maximierungsstrategie nicht verwandt werden, da sich eine einzige auf ganz X erklärte Funktion $f_0 \in L^\infty$ im allgemeinen nicht aus Funktionen f_n, die summierbaren Mengen Y_n entsprechen, zusammensetzen läßt. Gibt es aber eine Familie $\{Y_\alpha\}$ disjunkter integrierbarer Mengen, sodass jede integrierbare Menge die höchstens *abzählbare* Vereinigung von Mengen aus $\{Y_\alpha\}$ ist, so ist die Funktion f_0, die für jedes α gleich f_α auf Y_α ist, messbar und erfüllt $F(g) = I(gf_0)$ für alle $g \in L^1$, wie leicht wie oben zu erschließen ist.

E Integration auf lokalkompakten Räumen

Nun behandeln wir einen Zugang zum Integralbegriff, der der Topologie nahesteht: jedoch auch hier muß die Erweiterungstheorie, wie vorne beschrieben, durchgeführt werden.

17.24 Bezeichnungen. X sei ein lokalkompakter Hausdorff'scher Raum, $L(X)$ der Vektorraum der stetigen reellwertigen Funktionen mit kompaktem Träger:

$$L(X) = \{f \in C(X) \mid \mathrm{Tr}\, f \text{ kompakt}\}, \text{ wobei } \mathrm{Tr}\, f = \overline{\{x \in X \mid f(x) \neq 0\}}$$

der *Träger* von f ist. Dann ist auf $L(X)$ die Norm $\|f\|_\infty = \sup\{|f(x)| \mid x \in X\}$ der gleichmäßigen Konvergenz definiert, und $L(X)$ wird zu einem normierten Vektorraum, zur Definition s. 18.1. Für $K \subset X$ sei $L(X, K) = \{f \in L(X) \mid \mathrm{Tr}\, f \subset K\}$ der Vektorraum der stetigen Funktionen auf X mit Träger in K. Wieder bestehe $L^+(X, K)$ aus den Funktionen aus $L(X, K)$, die keine negativen Werte annehmen.

Unter einem *Integral I auf X* verstehen wir ein Integral auf $L(X)$ mit zugehörigem Maß μ, vgl. 17.11. Wir verwenden jetzt für Integrale gebräuchlichere Schreibweisen wie $\int_X f\, d\mu = \int_X f(x)\, d\mu(x)$ oder auch nur $\int f\, d\mu$ oder $\int f\, dx$ statt $I(f)$.

17.25 Hilfssatz. *Sei X ein lokalkompakter Raum, I ein Integral auf X mit Maß μ, $f : X \to \mathbb{R}$ stetig und $a \in X$. Dann gibt es zu jedem $\varepsilon > 0$ eine Umgebung V von a, sodass*

$$\left| \int_X fg\, d\mu - f(a) \right| \leq \varepsilon \quad \forall\, g \in L^+(X, V) \quad \text{mit} \int_X g\, d\mu = 1.$$

Beweis. Zu $\varepsilon > 0$ gibt es eine Umgebung V von a, sodass $|f(y) - f(a)| \leq \varepsilon$ für jedes $y \in V$. Dann gilt auch $|f(y) - f(a)| \cdot g(y) \leq \varepsilon g(y)$ und

$$\left| \int_X f(y)g(y)\, d\mu(y) - f(a) \right| = \left| \int_X (f(y) - f(a))\, g(y)\, d\mu(y) \right|$$

$$\leq \varepsilon \int_X g(y)\, d\mu(y) = \varepsilon. \qquad \Box$$

17.26 Hilfssatz. *Ist $I\colon L(X) \to \mathbb{R}$ ein Integral auf dem lokalkompakten Raum X und $K \subset X$ kompakt, so ist I stetig bzgl. der Topologie der gleichmäßigen Konvergenz auf $L(X, K)$.*

Beweis. Nach dem Urysohn'schen Lemma 7.1 gibt es eine Funktion $F \in L^+(X)$ mit $F(x) = 1$ für jedes $x \in K$; vgl. 8.A21. Für $f \in L(X, K)$ folgt aus 17.1 (3):

$$-\|f\|_\infty \cdot F \leq f \leq \|f\|_\infty \cdot F \quad \Longrightarrow \quad -\|f\|_\infty \cdot I(F) \leq I(f) \leq \|f\|_\infty \cdot I(F).$$

Also,

$$\|f\|_\infty \to 0, \ \operatorname{Tr} f \subset K \Longrightarrow |I(f)| \to 0,$$

und daraus ergibt sich die gewünschte Stetigkeit, vgl. 17.A1. $\qquad \Box$

17.27 Hilfssatz. *X, Y seien lokalkompakte Räume, I ein Integral auf X mit Maß μ und $f \in L(X \times Y)$. Dann gilt:*

(a) *Für jedes $y \in Y$ liegt die Funktion $g_y\colon X \to \mathbb{R}$, $g_y(x) := f(x, y)$ in $L(X)$.*

(b) *Die Funktion $h\colon Y \to \mathbb{R}$, $h(y) := \int_X f(x, y)\, d\mu(x)$, liegt in $L(Y)$.*

Beweis. Offenbar ist g_y für jedes $y \in Y$ stetig. Ferner liegt $\operatorname{Tr} g_y$ im Bild des kompakten Trägers der Funktion f unter der Projektion $(x, y) \mapsto x$, ist also auch kompakt.

Es ist $h(y) = 0$, wenn y nicht im Bild von $\operatorname{Tr} f$ unter der Projektion $(x, y) \mapsto y$ liegt. Nehmen wir auf $L(X)$ die Norm der gleichmäßigen Konvergenz, so ist die Abbildung $Y \to L(X)$, $y \mapsto g_y$, stetig. Da auch $I\colon L(X) \to \mathbb{R}$, $f \mapsto I(f)$ stetig ist, ist es auch

$$Y \to \mathbb{R}, \ y \mapsto \int_X g_y(x)d\mu(x) = \int_X f(x, y)d\mu(x). \qquad \Box$$

17.28 Hilfssatz. *Sei X ein kompakter, Y ein topologischer Raum und $f\colon X \times Y \to \mathbb{R}$ eine Abbildung, sodass $g_y\colon X \to \mathbb{R}$, $g_y(x) = f(x, y)$, für jedes y stetig ist. Dann ist $F\colon Y \to L(X)$, $y \mapsto g_y$, genau dann stetig, wenn $f\colon X \times Y \to \mathbb{R}$ stetig ist.*

Beweis. „$\Longrightarrow$": Es sei F stetig, $\varepsilon > 0$ und $(\xi, \eta) \in X \times Y$. Dann gibt es eine Umgebung V von η, sodass

$$\|F(y) - F(\eta)\|_\infty < \frac{\varepsilon}{2} \quad \forall y \in V \iff |f(x,y) - f(x,\eta)| < \frac{\varepsilon}{2} \quad \forall x \in X, y \in V.$$

Da $x \mapsto f(x,\eta)$ stetig ist, gibt es eine Umgebung U von ξ mit

$$|f(x,\eta) - f(\xi,\eta)| < \frac{\varepsilon}{2} \quad \text{für } x \in U,$$

und nun folgt für $(x,y) \in U \times V$, dass

$$|f(x,y) - f(\xi,\eta)| < \varepsilon.$$

„$\Longleftarrow$": Sei f stetig, $\varepsilon > 0$ und $\eta \in Y$ gegeben. Zu jedem $t \in X$ gibt es eine Umgebung U_t von t und V_t von η, sodass

$$|f(x,y) - f(t,\eta)| < \frac{\varepsilon}{2} \quad \forall x \in U_t, \ y \in V_t.$$

Da X kompakt ist, gibt es $t(1), \ldots, t(n) \in X$, sodass $X = U_{t(1)} \cup \ldots \cup U_{t(n)}$; setze $V := V_{t(1)} \cap \ldots \cap V_{t(n)}$. Für $x \in X$, $y \in V$ gibt es ein i mit $x \in U_{t(i)}$ und, da $y \in V_{t(i)}$, gilt

$$|f(x,y) - f(t(i),\eta)| < \frac{\varepsilon}{2} \quad \text{und} \quad |f(x,\eta) - f(t(i),\eta)| < \frac{\varepsilon}{2} \implies$$

$$|f(x,y) - f(x,\eta)| < \varepsilon \implies \|F(y) - F(\eta)\|_\infty < \varepsilon. \qquad \square$$

17.29 Satz von Fubini. *Es seien X und Y lokalkompakte Räume und I, J Maße auf X bzw. Y mit zugehörigen Maßen μ, ν. Ist $f \in L(X \times Y)$, so gilt*

$$\int_Y \left\{ \int_X f(x,y) \, d\mu(x) \right\} d\nu(y) = \int_X \left\{ \int_Y f(x,y) \, d\nu(y) \right\} d\mu(x),$$

und jedes dieser Mehrfachintegrale ergibt ein Integral auf $X \times Y$. Zu ihm gehört das Produktmaß $\kappa(A \times B) = \mu(A)\nu(B)$, wenn $A \subset X$ und $B \subset Y$ meßbar sind. Die obige Formel gilt ebenfalls für $f \in L^1(X \times Y)$.

Beweis. Wegen Hilfssatz 17.28 existieren die beiden Integral, und es lassen sich die Regeln 17.1 (1-4) für beide nachprüfen. Somit erhalten wir ein Integral auf $X \times Y$. Ist speziell $f(x,y) = g(x) \cdot h(y)$, so gilt

$$\int_Y \left\{ \int_X f(x,y) \, d\mu(x) \right\} d\nu(y) = \int_Y \left\{ \int_X g(x)h(y) \, d\mu(x) \right\} d\nu(y) =$$

$$\int_Y \left\{ h(y) \int_X g(x) \, d\mu(x) \right\} d\nu(y) = \int_X g(x) \, d\mu(x) \cdot \int_Y h(y) \, d\nu(y).$$

Durch den analogen Schluss ergibt sich die Gleichheit der Integrale. Dasselbe Resultat erhalten wir für Funktionen der Form $f(x,y) = \sum g_i(x) h_i(y)$. Beide obigen doppelten Integrale ergeben positive lineare Funktionale auf $L(X \times Y)$

und sind stetig. Betrachten wir nun irgendeine Funktion $f \in L(X \times Y)$, so gibt es kompakte Mengen

$$X_0 \times Y_0 \subset X_1 \times Y_1 \subset X \times Y \quad \text{mit} \quad \operatorname{Tr} f \subset X_0 \times Y_0 \subset (X_1 \times Y_1)^\circ.$$

Dann gibt es nach dem Urysohn'schen Lemma 7.1 stetige Funktionen

$$h_X : X \to [0,1], \quad h_X(x) = \begin{cases} 1 & \text{für } x \in X_0, \\ 0 & \text{für } x \notin X_1, \end{cases}$$

$$h_Y : Y \to [0,1], \quad h_Y(y) = \begin{cases} 1 & \text{für } y \in Y_0, \\ 0 & \text{für } y \notin Y_1. \end{cases}$$

Wenden wir nun den Satz 9.7 von Stone-Weierstraß auf den Raum $X_1 \times Y_1$ und die Einschränkung von f darauf an und multiplizieren die approximierenden Funktionen mit (h_X, h_Y), so erhalten wir die Gleichheit der Integrale für f. □

17.30 Bemerkung. Gemäß 17.5 läßt sich das Integral μ von $L(X)$ auf $L^1(X)$ erweitern und hat dort dieselben Eigenschaften wie auf $L(X)$, s. 17.6.

F Komplexwertige reguläre Maße

In diesem Abschnitt besprechen wir eine Verallgemeinerung der bisher entwickelten Theorie der Integration auf lokalkompakten Räumen auf auch negative Maße, ohne die Beweise durchzuführen. Meistens sind wesentliche Teile der Beweise schon vorher geführt worden; diese Verallgemeinerung trägt der Dualitätstheorie besser Rechnung als die vorangehende Theorie. Im folgenden ist X ein lokalkompakter Hausdorff'scher Raum.

17.31 Definition und Eigenschaften verallgemeinerter Maße.

(a) Mit $Q(X)$ bezeichnen wir das kleinste System von Teilmengen von X, welches alle abgeschlossenen Mengen von X enthält und unter der Bildung von abzählbaren Vereinigungen sowie der Komplementbildung abgeschlossen ist. Natürlich ist $Q(X)$ dann auch unter der Bildung abzählbarer Vereinigungen abgeschlossen. Die Elemente von $Q(X)$ heißen *Borelmengen von X*.

(b) Ein (verallgemeinertes) *Maß* auf X ist eine Funktion μ mit Werten in $\bar{\mathbb{C}} = \mathbb{C} \cup \{\infty\}$, die auf allen Borelmengen von X erklärt ist, auf denjenigen mit kompaktem Abschluss endliche Werte annimmt und σ-additiv ist, d.h. es gilt

$$\mu\left(\bigcup_{k=1}^{\infty} E_k\right) = \sum_{k=1}^{\infty} \mu(E_k) \quad \text{if } E_k \in Q(X), \ E_k \cap E_\ell = \emptyset \ \forall k \neq \ell.$$

(c) Zu jedem Maß μ auf X gehört seine *totale Variation* $|\mu|$, definiert durch

$$|\mu|(E) = \sup \sum |\mu(E_k)|;$$

dabei wird das Supremum über alle endlichen Systeme von paarweis disjunkten Teilmengen E_k, deren Vereinigung gleich E ist, gebildet. Dann ist $|\mu|$ ebenfalls ein Maß auf X. Gilt

$$|\mu|(E) = \sup\{|\mu|(K) \mid K \subset E \text{ kompakt}\} = \inf\{|\mu|(V) \mid E \subset V, \ V \text{ offen}\}$$

für jede Borelmenge E von X, so heißt μ *regulär*.

(d) Nun setzen wir

$$\|\mu\| = |\mu|(X)$$

und definieren $M(X)$ als die Menge aller komplexwertigen regulären Maße μ auf X mit endlichem $\|\mu\|$.

Erklären wir in $M(X)$ Addition und skalare Multiplikation in der naheliegenden Weise durch

$$(\mu_1 + \mu_2)(E) = \mu_1(E) + \mu_2(E), \ (c\mu_1)(E) = c \cdot \mu_1(E) \ \forall \mu_1, \mu_2 \in M(X), \ c \in \mathbb{C},$$

so wird $M(X)$ ein normierter linearer Raum.

Wir betrachten auch *nicht-negative reguläre Maße auf X*; bei ihnen ist der Wert $+\infty$ zugelassen. Für ein solches Maß μ benutzen wir die naheliegende Schreibweise $\mu \geq 0$ und natürlich nur für diese.

(e) Für ein Maß μ auf X und $A \in Q(X)$ wird die *Einschränkung* μ_A definiert durch

$$\mu_A(E) = \mu(A \cap E), \quad E \in Q(X).$$

Gilt $\mu_A = \mu$, so ist μ *konzentriert auf A*. Sind zwei Maße μ_1 und μ_2 konzentriert auf disjunkte Mengen, so heißt das Paar (μ_1, μ_2) *zueinander singulär*; dann gilt

$$\|\mu_1 + \mu_2\| = \|\mu_1\| + \|\mu_2\|.$$

(f) Jedes $\mu \in M(X)$ ist konzentriert auf eine σ-kompakte Teilmenge von X und unter allen abgeschlossenen Mengen von X gibt es eine kleinste, auf die μ konzentriert ist, den sogenannten *Träger*.

Nach diesen Vorbereitungen läßt sich der folgende Satz unschwer beweisen; die wesentlichen Schritte finden sich im Beweis von Satz 17.19.

17.32 Jordan'scher Zerlegungssatz. *Jedes Maß $\mu \in M(X)$ besitzt eine eindeutig bestimmte Zerlegung der Form*

$$\mu = \mu_1 - \mu_2 + i\mu_3 - i\mu_4 \quad \text{mit } \mu_k \in M(X), \ \mu_k \geq 0 \text{ für } 1 \leq k \leq 4,$$

in der die Paare (μ_1, μ_2) und (μ_3, μ_4) zueinander singulär sind. $\qquad\square$

Zu $\mu \in M(X)$ läßt sich ebenfalls eine Integrationstheorie wie in den Abschnitten 17 A,D entwickeln, indem die Integrale der obigen Zerlegung kombiniert werden.

17.33 Definition.

(a) Ein Maß $\mu \in M(X)$ heißt *diskret*, wenn es auf eine höchstens abzählbaren Menge konzentriert ist; es wird μ *stetig* genannt, wenn μ auf jeder abzählbaren Menge E verschwindet: $\mu(E) = 0$. *Jedes $\mu \in M(X)$ besitzt eine eindeutig bestimmte Zerlegung $\mu = \mu_d + \mu_s$ in ein diskretes und ein stetiges Maß μ_d bzw. μ_s.*

(b) Sei $\mu \in M(X)$ und m ein nicht-negatives Maß. Gilt $\mu(E) = 0$ für jede Borelmenge E mit $m(E) = 0$, so heißt μ *absolut stetig bezüglich m.*

17.34 Lebesgue'scher Zerlegungssatz. *Ist $\mu \in M(X)$ und m ein nicht-negatives Maß, so hat μ eine eindeutig bestimmte Zerlegung $\mu = \mu_a + \mu_s$, in der μ_a absolut stetig bezüglich m ist, μ_s singulär ist und (μ_s, m) ein zueinander singuläres Paar bilden.*   □

Ist $\mu \in M(X)$, so ist die Abbildung $f \mapsto \int_X f \, d\mu$ ein beschränktes lineares Funktional auf dem Banachraum der im Unendlichen verschwindenden stetigen Funktionen, d.h. zu jedem $\varepsilon > 0$ gibt es eine kompakte Menge $K \subset X$, sodass $|f(x)| < \varepsilon \; \forall x \in X \setminus K$; vgl. Aufgabe 8.A23. Hiervon ist der Riesz'sche Darstellungssatz 17.19 die Umkehrung; wir formulieren ihn nun mit den eben eingeführten Begriffen.

17.35 Riesz'scher Darstellungsatz. *Ist X ein lokalkompakter Raum und T ein beschränktes lineares Funktional auf der Banachalgebra $C_0(X)$ der im Unendlichen verschwindenden Funktionen, so gibt es ein eindeutig bestimmtes $\mu \in M(X)$, sodass*

(1) $$T(f) = \int_X f \, d\mu \quad \forall f \in C_0(X).$$

Für die Normen gilt

(2) $$\sup_f |Tf| = \|\mu\| \quad \text{für } f \in C_0(X) \text{ mit } \|f\|_\infty\| \leq 1,$$

und deshalb ergibt (1) einen isometrischen Isomorphismus zwischen $M(X)$ und dem dualen Raum von $C_0(X)$. Insbesondere ist $M(X)$ ein Banachraum.   □

Eine gut benutzbare Fassung des Riesz'schen Darstellungssatzes ist die folgende.

17.36 Satz. *X sei lokalkompakt. Sei T ein lineares Funktional auf der Banachalgebra $C_c(X)$ der stetigen Funktionen mit kompaktem Träger, sodass*

$T(f) \geq 0$ *ist falls* $f \geq 0$. *Dann gibt es ein eindeutig bestimmtes reguläres nicht-negatives Maß* m *auf* X, *sodass*

$$T(f) = \int_X f \, dm \quad \forall f \in C_c(X).$$

$\square$

Nun lässt sich der Satz 17.21 von Radon-Nikodym auf die allgemeineren Integrale übertragen.

17.37 Satz von Fubini. *Ist ein Integral* I *auf* X *absolut stetig bezüglich eines nicht-negativen Maßes* m, *so gibt es eine eindeutig bestimmte* m-*summierbare Funktion* f_0, *sodass für jedes* $f \in L^1(X)$ *gilt:*

$$I(f) = \int_X f f_0 \, dm(x).$$

$\square$

Aufgaben

17.A1 Ist X ein lokalkompakter Raum, $K \subset X$ und $L(X, K)$ wie in 17.24 der Vektorraum der stetigen Funktionen auf X mit Träger in K, so ist ein lineare Abbildung $I \colon L(X, K) \to \mathbb{R}$ stetig bzgl. der Topologie der gleichmäßigen Konvergenz auf $L(X, K)$, wenn

$$\|f\|_\infty \to 0, \ \mathrm{Tr}\, f \subset K \implies |I(f)| \to 0.$$

17.A2 Ist $f \in \mathcal{B}$, so ist $\{x \in X \mid f(x) = \pm\infty\}$ eine Nullmenge.

17.A3 Überlegen Sie sich, dass das Lebesgue'sche Integral auf $\mathbb{R}$ die Eigenschaften eines Integrales wie 17.1-10 bzw. 17.24-26 hat, das Riemannsche Integral jedoch nicht.

17.A4 Ist $f \in \mathcal{B}$, $f(x) \leq 0 \ \forall x \in X$, und gilt $\int_X f \, d\mu = 0$, so ist f eine Nullfunktion.

17.A5 Führen Sie den Beweis von Satz 17.15 für den Fall $p = 1$, $q = \infty$.

17.A6 Beweis von 17.18(b).

17.A7 Zeigen Sie, daß $\mu(f) = \int_{\mathbb{C}} f(z) z \, dz$ ein Maß auf $\mathbb{C}$ ist, und zerlegen Sie es in nicht-negative Maße.

18 Banachräume und Banachalgebren

Die messbaren Funktionen auf einem Maßraum bilden einen Vektorraum, auf dem eine Norm erklärt ist. Wir besprechen jetzt allgemeiner vollständige normierte Vektorräume, sogenannte Banachräume, und zwar betrachten wir sie als solche über den komplexen Zahlen; sofern wir $\mathbb{R}$ als Skalarbereich nehmen, wird das gesondert vermerkt werden.

A Banachräume

Wir wiederholen eines der ersten Beispiele für metrische Räume, vgl. 1.2 (c):

18.1 Definition. Ein *normierter linearer Raum E* ist ein Vektorraum über den reellen oder komplexen Zahlen, versehen mit einer *Norm*, $\|\cdot\|\colon E \to \mathbb{R}_+$, sodass für Elemente $x, y \in E$ und Skalare c gilt:

(1)	$\|x\| \geq 0$	und
(2)	$\|x\| = 0 \iff x = 0,$	
(3)	$\|x + y\| \leq \|x\| + \|y\|$	(Dreiecksungleichung),
(4)	$\|cx\| = |c| \cdot \|x\|$	(Homogenität).

Wir sprechen auch von einem *normierten Vektorraum*. Ein normierter linearer Raum besitzt die Metrik $d(x,y) = \|x - y\|$. Der Raum heißt *Banachraum*, wenn er in dieser Metrik vollständig ist. Die Topologie auf E wird durch die Umgebungsbasis der *offenen Bälle* $(\{x \mid \|x\| \leq r\})_{0 < r \in \mathbb{R}}$ der 0 definiert; natürlich genügen die Umgebungen mit den Radien $r = 1/n$ oder $r = 2^{-n}$, $n = 1, 2, \ldots$. (Da E eine Gruppe bzgl. der Addition ist, genügt eine solche Angabe nach 16.11 oder 16.16.) Aus der Dreiecksungleichung folgt sofort

$$| \|x\| - \|y\| | \leq \|x - y\|,$$

sodass $\|x\|$ eine gleichmäßig stetige Funktion in x ist.

18.2 Beispiele.

(a) Der $\mathbb{C}^n$ bzw. der $\mathbb{R}^n$ ist ein Banachraum über $\mathbb{C}$ bzw. $\mathbb{R}$. Ebenfalls wird für eine nicht-leere Menge X der Vektorraum der beschränkten Funktionen $F(X, \mathbb{C})$ mit der Supremumsnorm $\|f\|_\infty = \sup\{|f(x)| \mid x \in X\}$ zu einem Banachraum, vgl. 14.10. Ist X ein nicht-leerer topologischer Raum, so wird auch der Vektorraum der beschränkten stetigen (reell- bzw.) komplexwertigen Funktionen auf X mit der $\|\cdot\|_\infty$ zu einem Banachraum, vgl. 18.A1. Insbesondere ist das der Fall für den Ring $C(X, \mathbb{C})$ der stetigen Funktionen, wenn X kompakt ist. Diese Norm heißt die *gleichmäßige Norm*.

(b) Ist X eine Menge mit einem Maß μ. Für jedes p mit $\leq p \leq \infty$ wird durch

$$\|f\|_p := \left(\int_X |f|^p d\mu \right)^{\frac{1}{p}}$$

eine Norm $\|\cdot\|_p$ auf dem Vektorraum $L^p(X)$ erklärt, und die Erweiterung auf die Baire'schen Funktionen in 17.10 ergibt gerade, daß $L^p(X)$ vollständig, also ein Banachraum ist. Vgl. 17.14.

(c) Sei auf einem reellen Vektorraum H ein Skalarprodukt $H \times H \to \mathbb{R}$, $(x, y) \mapsto \langle x, y \rangle$, d.h. eine symmetrische Bilinearform mit $\langle x, x \rangle > 0$ für $x \neq 0$ gegeben. Dann wird durch $\|x\| = \sqrt{\langle x, x \rangle}$ auf H eine Norm erklärt, und H lässt sich als normierter Vektorraum auffassen. Ist nun H vollständig, so heißt H *Hilbertraum*. Ein Hilbertraum ist also stets auch ein Banachraum. Ein bekanntes Beispiel ist der Hilbert'sche Folgenraum , vgl. 1.A3,

$$\ell^2 = \left\{ (x_j)_{j \in \mathbb{N}} \mid x_j \in \mathbb{R}, \ \sum_{j=0}^{\infty} x_j^2 < \infty \right\}$$

mit dem Skalarprodukt $\langle (x_j), (y_j) \rangle = \sum_{j=0}^{\infty} x_j y_j$.

Ein anderes wichtiges Beispiel ergeben die quadratisch integrierbaren Funktionen auf einem Raum X mit einem Maß μ. In $L^2(X)$ wird das Skalarprodukt durch $\langle f, g \rangle = \int_X f(x)\overline{g(x)}\, d\mu(x)$ definiert (hier haben wir schon auf die komplexe Variante vorgegriffen). Aus der Hölder'schen Ungleichung 17.15 folgt, dass dieses Skalarprodukt erklärt ist. Allerdings sind die Elemente dieses Raumes eigentlich Klassen von Funktionen, die sich um Nullfunktionen unterscheiden; dieselbe Ungenauigkeit tritt auch bei Banachräumen auf , vgl. 17.14.

Hilberträume lassen sich auch über den komplexen Zahlen erklären. Nun ist das Skalarprodukt nicht mehr symmetrisch, sondern es gilt

$$\langle y, x \rangle = \overline{\langle x, y \rangle} \quad \text{und} \quad \langle cx, y \rangle = c \cdot \langle x, y \rangle = \langle x, \overline{c}y \rangle \quad \text{für } c \in \mathbb{C}, \ x, y \in H.$$

18.3 Satz. *Ist F ein abgeschlossener linearer Unterraum eines normierten linearen Raumes E, so wird der Quotientenraum E/F zu einem normierten linearen Raum, wenn die Norm einer Restklasse $x + F$ gleich dem Abstand* *derselben vom Nullpunkt ist:* $\|x + F\| := \inf_{u \in F} \|x + u\|$. *Ist E ein Banach-raum, so auch E/F.*

Beweis. $\|x + F\| = 0$ gilt genau dann, wenn es eine Folge $u_n \in F$ mit $\|x + u_n\| \to 0$, also $u_n \to -x$ gibt. Da F abgeschlossen ist, folgt $-x \in F$, also $x + F = F$. Deshalb sind die Bedingungen 18.1 (1,2) erfüllt, aber auch die Dreiecksungleichung und Homogenität.

Nun sei $\xi_n + F$ eine Cauchy-Folge in E/F. Indem wir notfalls zu einer Teilfolge übergehen, dürfen wir annehmen, dass $\|(\xi_{n+1}+F)-(\xi_n+F)\| < 2^{-n}$ ist. Wir zeigen nun, dass es eine Folge $x_n \in E$, $n = 1, 2, \ldots$, gibt mit

$$\|x_n - x_{n+1}\| < 2^{-n} \quad \text{und} \quad x_n \in \xi_n + F.$$

Wir beginnen mit $x_1 = \xi_1$ und nehmen an, dass geeignete $x_1, \ldots, x_n \in E$ sowie $u_1, \ldots, u_n, u_1', \ldots, u_n' \in F$ schon gefunden sind, sodass

$$\|(\xi_k + u_k) - (\xi_{k-1} + u_{k-1})\| < 2^{-k}, \ 2 \le k \le n,$$

und $x_n = \xi_k + u_{k-1}'$, $1 \le k \le n$, ist. Wegen $\|(\xi_{n=1} + F) - (\xi_n + F)\| < 2^{-n}$ gibt es ein $u_{n+1} \in F$, sodass

$$2^{-n} > \|(\xi_{n+1} + u_{n+1}) - (\xi_n + u_n)\| = \|(\xi_{n+1} + u_{n+1} - u_n + u_n') - (\xi_n + u_n')\|$$

ist. Wir setzen $u_{n+1}' = u_{n+1} - u_n + u_n'$ und $x_{n+1} = \xi_{n+1} + u_{n+1}'$. Ist nun E vollständig, so hat die Cauchy-Folge (x_n) einen Limespunkt x_*, und für ihn gilt

$$\|(x_n + F) - (x_* + F)\| \le \|x_n - x_*\|,$$

also hat $(\xi_n + F)$ den Limes $x_* + F$. Dass die ursprüngliche Folge gegen $x_* + F$ strebt, liegt an der allgemeinen Eigenschaft metrischer Räume, dass eine Cauchy-Folge konvergiert, wenn sie eine konvergierende Teilfolge besitzt. Deshalb ist E/F vollständig, wenn E es ist. $\qquad\square$

B Beschränkte lineare Transformationen

In diesem Abschnitt werden die elementaren Eigenschaften stetiger linearer Abbildungen zwischen Banachräumen behandelt.

18.4 Hilfssatz. *Ist $\varphi \colon E \to F$ eine lineare Abbildung zwischen zwei normierten linearen Räumen, so sind die folgenden Bedingungen äquivalent:*

(a) φ *ist stetig.*

(b) φ *ist bei einem Punkt stetig.*

(c) φ *ist beschränkt:* $\exists\ c > 0$ *mit* $\|\varphi(x)\| \le c \cdot \|x\|\ \ \forall x \in E$.

Liegt eine dieser Bedingungen vor, so sprechen wir von einer beschränkten linearen Transformation.

Beweis. „(a) $\Longrightarrow$ (b)" ist klar. „(b) $\Longrightarrow$ (c)": Ist φ bei x_0 stetig, dann gibt es ein $b > 0$, sodass aus $\|x - x_0\| < b$ folgt

$$\|\varphi(x - x_0)\| = \|\varphi(x) - \varphi(x_0)\| \leq 1.$$

Deshalb gilt $\|\varphi(y)\| \leq 1$, wenn $\|y\| \leq b$. Daraus folgt für $0 \neq x \in E$:

$$\|\varphi(x)\| = \frac{\|x\|}{b} \cdot \|\varphi(\frac{b}{\|x\|}x)\| \leq \frac{\|x\|}{b}.$$

Das ergibt (c) mit $c = b^{-1}$.

„(c) $\Longrightarrow$ (a)": Für gegebenes ε, beliebiges $x_1 \in E$ und $\|x - x_1\| < c^{-1}\varepsilon$ gilt nun

$$\|\varphi(x) - \varphi(x_1)\| = \|\varphi(x - x_1)\| \leq c \cdot \|x - x_1\| < \varepsilon,$$

also die Stetigkeit von φ bei x_1. $\square$

Aus dem Hilfssatz ergeben sich unmittelbar die folgenden Aussagen.

18.5 Definition und Satz.

(a) *Für eine beschränkte lineare Transformation $\varphi\colon E \to F$ zwischen normierten linearen Räumen wird durch* $\|\varphi\|$

$$\|\varphi\| = \sup_{0 \neq x} \frac{\|\varphi(x)\|}{\|x\|}$$

ihre Norm erklärt. Das definiert auf dem Raum der $\mathcal{B}(E, F)$ der beschränkten linearen Transformationen von E nach F eine Norm. Dadurch wird $\mathcal{B}(E, F)$ zu einem normierten linearen Raum, und die Abbildung $\mathcal{B}(E, F) \times E \to F$, $(\varphi, x) \mapsto \varphi(x)$, wird gleichmäßig stetig. Ist F vollständig, also ein Banachraum, so ist auch $\mathcal{B}(E, F)$ ein Banachraum.

(b) *Der Raum $\mathcal{B}(E) = \mathcal{B}(E, E)$ ist eine Algebra mit der Hintereinanderausführung als Produkt. Für $\varphi, \psi \in \mathcal{B}(E)$ gilt $\|\varphi\psi\| \leq \|\varphi\| \cdot \|\psi\|$. Eine Algebra über den komplexen Zahlen, die ein normierter linearer Raum ist und für deren Produkt die obige Normungleichung gilt, heißt* normierte Algebra; *eine vollständige normierte Algebra wird* Banachalgebra *genannt. Somit ist $\mathcal{B}(E)$ eine Banachalgebra, wenn E ein Banachraum ist.* $\square$

Für einen topologischen Raum bilden die stetigen beschränkten komplexwertigen Funktionen mit der Norm der gleichmäßigen Konvergenz eine Banachalgebra, s. 18.2 (a).

18.6 Satz. *Sei $\varphi\colon E \to F$ eine beschränkte lineare Transformation zwischen normierten linearen Räumen und $N = \{x \in E \mid \varphi(x) = 0\}$ der Kern von φ.*

Dann wird auf dem Quotientenraum E/N eine beschränkte lineare Transformation $\Phi\colon E/N \to F$ mit $\|\Phi\| = \|\varphi\|$ induziert.

Beweis. Die Norm auf dem Quotientenraum wurde in 18.3 definiert und daraus ergibt sich wegen $\varphi(x + u) = \varphi(x)$, falls $u \in N$:

$$
\begin{aligned}
\|\Phi\| &= \sup_{x \notin N} \frac{\|\Phi(x + N)\|}{\|x + N\|} = \sup_{x \notin N} \frac{\|\varphi(x)\|}{\inf_{u \in N} \|x + u\|} \\
&= \sup_{x \notin N} \sup_{u \in N} \frac{\|\varphi(x)\|}{\|x + u\|} = \sup_{x \notin N} \sup_{u \in N} \frac{\|\varphi(x + u)\|}{\|x + u\|} \\
&= \sup_{x \neq 0} \frac{\|\varphi(x)\|}{\|x\|} = \|\varphi\|.
\end{aligned}
$$
$\qquad\square$

18.7 Satz. *Ist $\varphi\colon E \to F$ eine bijektive beschränkte lineare Transformation zwischen zwei Banachräumen, so ist auch die Umkehrabbildung φ^{-1} beschränkt.*

Vor dem Beweis zeigen wir einen Hilfssatz für allgemeinere Abbildungen; wir setzen die Bijektivität nicht voraus. Für $r \in \mathbb{R}$ sei im folgenden $B_E(r) = \{x \in E \mid \|x\| < r\}$ der *offene Ball vom Radius r um 0* in E; für $x \in E$ bezeichnet $B_E(x, r)$ den offenen Ball um x vom Radius r, also $B_E(x, r) = x + B_E(r)$.

18.8 Hilfssatz. *Es sei $\varphi\colon E \to F$ eine beschränkte lineare Transformation zwischen zwei Banachräumen.*

(a) *Liegt $\varphi(B_E(1))$ dicht in $B_F(r)$, so gilt $B_F(r) \subset \varphi\left(B_E(1)\right)$.*

(b) *Liegt $\varphi(B_E(1))$ in keinem Ball von F dicht, so liegt kein Ball von F in $\varphi(E)$.*

Beweis. (a) Nach Annahme liegt $\varphi(B_E(1)) \cap B_F(r)$ dicht in $B_F(r)$. Zu einem beliebigen Punkt $y \in B_F(r)$ und gegebenem $0 < \delta < 1$ können wir sukzessiv eine Folge $y_n \in F$ mit folgenden Eigenschaften konstruieren:

$$
y_0 = 0, \quad y_{n+1} - y_n \in \delta^n \left(\varphi\left(B_E(1)\right) \cap B_F(r)\right), \quad \|y_n - y\| < \delta^n r \quad \forall n \geq 0.
$$

Wegen der zweiten Bedingung gibt es eine Folge $x_n \in E$ mit $\varphi(x_{n+1}) = y_{n+1} - y_n$ und $\|x_{n+1}\| < \delta^n$. Da E ein Banachraum ist, existiert

$$
x = \sum_{n=1}^{\infty} x_n \quad \text{mit} \quad \|x\| < \frac{1}{1 - \delta} \quad \text{und} \quad \varphi(x) = \sum_{n=1}^{\infty} (y_n - y_{n-1}) = y.
$$

(Hier haben wir benutzt, dass E vollständig ist!) Also überdeckt das Bild des Balles $B_E\left(1/(1 - \delta)\right)$ den Ball $B_F(r)$, und es folgt (für $0 < \delta < 1$)

$$B_F\left(r(1-\delta)\right) \subset \varphi\left(B_E(1)\right) \implies B_F(r) = \bigcup_{0<\delta<1} B_F\left(r(1-\delta)\right) \subset \varphi\left(B_E(1)\right).$$

(b) Wie $\varphi\left(B_E(1)\right)$ liegt auch $\varphi\left(B_E(n)\right) = n\varphi\left(B_E(1)\right)$ in keinem Ball von F dicht. Ist nun $B_F \subset F$ irgendein Ball aus F, so gibt es einen abgeschlossenen Ball $\bar{B}_F(y_1, r_1) \subset B_F$ disjunkt zu $\varphi\left(B_E(1)\right)$. Durch Induktion finden wir eine Folge abgeschlossener Bälle $\bar{B}(y_n, r_n) \subset \bar{B}(x_{n-1}, r_{n-1})$ mit $\varphi\left(B_E(n)\right) \cap \bar{B}(y_n, r_n) = \emptyset$. Wir dürfen $r_n \searrow 0$ annehmen, und dann ist (y_n) eine Cauchy-Folge und besitzt einen Grenzwert y. (Hier wurde die Vollständigkeit von F benutzt!) Außerdem gilt natürlich $y \in \bar{B}(y_n, r_n)$, also $y \in \bar{B}_F(y_1, r_1) \subset B_F$ und $y \notin \varphi\left(B_E(n)\right)$. Deswegen ist

$$y \notin \bigcup_{n=1}^{\infty} \varphi\left(B_E(n)\right) = \varphi(E), \quad \text{aber} \quad y \in B_F \implies B_F \not\subset \varphi(E). \qquad \Box$$

Beweis von 18.7. Da φ bijektiv ist, liegt $\varphi\left(B_E(1)\right)$ wegen 18.8 (b) dicht in einem Ball von F. Durch eine Translation finden wir einen Ball B'_E vom Radius 1, sodass $\varphi(B'_E)$ dicht in $B_F(r)$ für ein geeignetes $r > 0$ liegt. Nach 18.8 (a) ist $B_F(r) \subset \varphi(B'_E)$, also $\varphi^{-1}\left(B_F(r)\right) \subset B'_E$. Wegen der Homogenität folgt nun $\|\varphi^{-1}\| \leq 2/r$. $\qquad \Box$

18.9 Satz über den abgeschlossenen Graphen. *Ist* $\varphi \colon E \to F$ *eine lineare Abbildung zwischen zwei Banachräumen und ist der Graph von* φ *abgeschlossen (in* $E \times F$*), so ist* φ *beschränkt.*

Beweis. Das cartesische Produkt $E \times F$ ist ein Banachraum mit der Norm $\|(x, y)\| = \|x\| + \|y\|$, und deshalb ist der abgeschlossene Unterraum $\Gamma = \{(x, \varphi(x)) \mid x \in E\}$, also der Graph, ebenfalls ein Banachraum. Die lineare Transformation $\Gamma \to E$, $(x, \varphi(x)) \mapsto x$ vermindert die Norm und ist bijektiv. Nach 18.7 ist die Umkehrabbildung $x \mapsto (x, \varphi(x))$ beschränkt. Daraus folgt, dass auch φ beschränkt ist. $\qquad \Box$

C Lineare Funktionale und der konjugierte Raum

Wir fassen nun auch $\mathbb{C}$ als normierten linearen Raum mit dem Betrag als Norm auf.

18.10 Definition. Eine stetige lineare Abbildung von einem normierten linearen Raum E nach $\mathbb{C}$ heißt *lineares Funktional*. Der Raum aller linearen Funktionale auf E wird gemäß 18.5 (a) zu einem Banachraum, da $\mathbb{C}$ vollständig ist; er heißt der *Dualraum zu E* und wird mit E^* bezeichnet.

Zur Gewöhnung und als Anreiz schieben wir eine Kennzeichnung der Dualität bei Hilberträumen ein, die sehr nahe den aus der linearen Algebra bekannten Dualitätsschlüssen steht.

18.11 Satz. *Ist H ein Hilbertraum, H^* der Dualraum von H, so gibt es zu jedem $\varphi \in H^*$ ein eindeutig bestimmtes $f \in H$, sodass $\varphi(h) = \langle h, f \rangle$ für jedes $h \in H$ ist.*

Beweis. Verschwindet φ, so ist $f = 0$ das gesuchte Element aus H. Sonst betrachten wir den Kern $M = \varphi^{-1}(0)$. Hier handelt es sich um einen abgeschlossenen linearen Unterrraum von H, dessen orthogonales Komplement $M^\perp$ eindimensional ist und durch φ isomorph auf $\mathbb{C}$ abgebildet wird. Sei $0 \neq g \in M^\perp$ und $c \in \mathbb{C}$, sodass für $f = cg$ gilt: $\varphi(f) = \langle f, f \rangle$; das ist für $\bar{c} = \varphi(g)/\langle g, g \rangle$ erfüllt. Da H/M eindimensional ist, hat jedes Element $h \in H$ eine eindeutig bestimmte Darstellung $h = m + \lambda f$ mit $m \in M$ und $\lambda \in \mathbb{C}$. Nun folgt

$$\varphi(h) = \varphi(m + \lambda f) = \lambda \varphi(f) = \lambda \langle f, f \rangle = \langle m + \lambda f, f \rangle = \langle h, f \rangle. \qquad \Box$$

Ist $\varphi \in E^*$ nicht die Nullabbildung und ist N der Kern von φ, so ist $E/N \cong \mathbb{C}$, also ein 1-dimensionaler linearer Raum. Von großer Bedeutung für die Konstruktion von linearen Funktionalen (u.a.) ist der bekannte Erweiterungssatz von Hahn-Banach. Dort bezeichne $[v]$ die lineare Hülle des Elementes v.

18.12 Satz von Hahn-Banach. *Ist U ein linearer Unterrraum des normierten linearen Raumes E, φ ein beschränktes lineares Funktional auf U und $v \in E \setminus U$, so kann φ auf den Unterraum $U + [v]$ erweitert werden, sodass die Erweiterung dieselbe Norm wie φ hat.*

Beweis. Wir behandeln zunächst den Fall, dass E ein reeller normierter Vektorraum ist. Wir können auch annehmen, dass die Norm von φ auf U gleich 1 ist. Für $c, a \in \mathbb{R}$ wird durch $\varphi_c(x + av) = \varphi(x) + ac$ ein lineares Funktional auf $U + [v]$ mit $\varphi_c(v) = c$ definiert. Die Normbedingung in dem Satz lautet nun

$$|\varphi_c(x) + ac| \leq \|x + av\| \quad \forall x \in U, \ 0 \neq a \in \mathbb{R}.$$

Nach Division durch a entspricht sie der Ungleichung

$$(*) \qquad -\varphi(x_1) - \|x_1 + v\| \leq c \leq -\varphi(x_2) + \|x_2 + v\| \qquad \forall x_1, x_2 \in U.$$

Wegen

$$|\varphi(x_2) - \varphi(x_1)| = |\varphi(x_2 - x_1)| \leq \|x_2 - x_1\| \leq \|x_2 + v\| + \|x_1 + v\|$$

ist die kleinste obere Schranke für die linke Seite in (∗) höchstens so gross wie die größte untere Schranke der rechten Seite von (∗), und als c können wir jede Zahl zwischen diesen Schranken nehmen, um (∗) zu erfüllen.

Um die komplexe Variante des Satzes zu beweisen, machen wir aus dem komplexen normierten Vektorraum einen reellen, indem wir die skalare Multiplikation auf reelle Zahlen beschränken und das Funktional in Real- und Imaginärteil zerlegen: $\varphi = \alpha + i\beta$. Dann gilt

$$\alpha(ix) + i\beta(ix) = \varphi(ix) = i\varphi(x) = -\beta(x) + i\alpha(x) \implies$$
$$\beta(x) = -\alpha(ix), \quad \text{also} \quad \varphi(x) = \alpha(x) - i\alpha(x).$$

Ist $\|\varphi\| \leq r$ auf U, so ist natürlich $\|\alpha\| \leq r$ auf U, und deshalb läßt sich α auf $U + [v]$ erweitern. Dort setzen wir nun $\varphi(x) := \alpha(x) - i\alpha(ix)$, was nach Obigem das auf U gegebene φ fortsetzt. Klar ist, dass das erweiterte φ eine reell-lineare Abbildung ist. Die komplexe Linearität folgt aus

$$\varphi(ix) = \alpha(ix) - i\alpha(iix) = i\left[\alpha(x) - i\alpha(ix)\right] = i\varphi(x).$$

Um zu sehen, dass die Norm nicht geändert wird, wählen wir zu gegebenem $0 \neq x \in U + [v]$ ein e^{it}, sodass $e^{it}\varphi(x) \in \mathbb{R}$ ist, und erhalten

$$|\varphi(x)| = |\varphi(e^{it}x)| = |\alpha(e^{it}x)| \leq r \cdot \|e^{it}x\| = r \cdot \|x\| \implies \|\varphi\| \leq r. \quad \square$$

Wir wiederholen nun eine Reihe von Konstruktionen und Ergebnisse, wie sie aus der linearen Algebra bekannt sind. Dabei brauchen wir nur die Aussagen über die Norm nachzuprüfen.

18.13 Folgerungen. Sei U ein linearer Unterraum des normierten Vektorraumes E.

(a) Jedes beschränkte Funktional auf U läßt sich zu einem linearen Funktional auf E fortsetzen, ohne dass die Norm geändert wird.

(b) Sei U ein abgeschlossener Unterraum von E und $v \notin U$. Ist $d = d(v, U)$ der Abstand von v und U, so gibt es ein $\varphi \in E^*$ mit

$$\|\varphi\| \leq 1, \quad \varphi(U) = 0 \quad \text{und} \quad \varphi(v) = d.$$

(c) Die Menge $U^\perp = \{\varphi \in E^* \mid \varphi(x) = 0 \; \forall u \in U\}$ heißt *Annihilator* von U. Es gilt:

$$x \in U \iff \varphi(x) = 0 \quad \forall \varphi \in U^\perp;$$

m.a.W. gilt $(U^\perp)^\perp = U$ für die Bilinearform $E \times E^* \to \mathbb{C}$, $(x, \varphi) \mapsto \varphi(x)$.

(d) Sei $\Phi \colon E \to F$ eine beschränkte lineare Abbildung zwischen zwei normierten Vektorräumen. Für jedes $\psi \in F^*$ wird durch $\varphi(x) := \psi(\Phi(x))$ ein Element von E^* definiert. Das ergibt eine lineare Abbildung $\Phi^* \colon F^* \to E^*$, die zu Φ *adjungierte Transformation*. Sie ist beschränkt, und es gilt $\|\Phi^*\| = \|\Phi\|$.

(e) Für $x \in E$ sei $x^{**} \in (E^*)^* =: E^{**}$ definiert durch $x^{**}(\varphi) = \varphi(x)$, $\varphi \in E^*$. Dann ergibt $x \mapsto x^{**}$ einen normerhaltenden Endomorphismus $E \to E^{**}$, und dieser ist natürlich, d.h. ist $\Phi: E \to F$ eine beschränkte lineare Abbildung zwischen zwei normierten Vektorräumen, so gilt $(\Phi(x))^{**} = \Phi^{**}(x^{**})$ für $y \in F$. M.a.W. ist das folgende Diagramm kommutativ:

$$
\begin{array}{ccc}
E & \longrightarrow & E^{**} \\
\Phi \downarrow & & \downarrow \Phi^{**} \\
F & \longrightarrow & F^{**}
\end{array}
$$

Deshalb können wir E als Unterraum von E^{**} auffassen, und dann wird Φ^{**} eine Fortsetzung von Φ. I.a. ist E ein echter Unterraum von E^{**}; wenn $E = E^{**}$ gilt, so heißt E *reflexiv*. Z.B. sind Hilberträume reflexiv, vgl. 18.11.

Beweis. Mittels des Zorn'schen Lemmas läßt sich (a) aus 18.12 erschließen. Für (b) definieren wir φ auf $[v] + U$ durch $\varphi(av - u) = ad$. Dann ist φ linear und

$$
\|\varphi\| = \sup_{u \in U, a \in \mathbb{R}} \frac{|ad|}{\|av - u\|} = \sup_{u \in U} \frac{d}{\|v - u\|} = \frac{d}{\inf_{u \in U} \|v - u\|} = \frac{d}{d} = 1.
$$

Dank (a) läßt sich schließlich φ auf ganz E erweitern.

Zu (d) und (e): Für $x \in E$ und $\psi \in F^*$ gilt

$$
\Phi^{**}(x^{**})(\psi) = x^{**}\Phi^*(\psi) = (\Phi^*(\psi))(x) = \psi(\Phi(x)) = (\Phi(x))^{**}(\psi) \implies
$$
$$
\Phi^{**}(x^{**}) = (\Phi(x))^{**},
$$

also ist $E \to E^{**}$ natürlich, und Φ^{**} setzt Φ fort. Aus

$$
|\varphi(x)| = |\psi(\Phi(x))| \leq \|\psi\| \cdot \|\Phi\| \cdot \|x\|
$$

folgt

$$
\|\Phi^*(\psi)\| = \|\varphi\| \leq \|\psi\| \cdot \|\Phi\| \implies \|\Phi^*\| \leq \|\Phi\|;
$$

analog folgt $\|\Phi^{**}\| \leq \|\Phi^*\|$. Da Φ^{**} eine Fortsetzung von Φ ist, ergibt sich

$$
\|\Phi\| \leq \|\Phi^{**}\| \leq \|\Phi^*\| \leq \|\Phi\| \implies \|\Phi^*\| = \|\Phi\|.
$$

Von (d) und (e) brauchen wir nur noch nachzuweisen, dass $x \mapsto x^{**}$ normerhaltende ist. Sind $x \in E$ und $\varphi \in E^*$, so folgt aus

$$
|x^{**}(\varphi)| = |\varphi(x)| \leq \|\varphi\| \cdot \|x\|,
$$

dass x^{**} beschränkt und $\|x^{**}\| \leq \|x\|$ ist. Nach (b) gibt es ein $\varphi \in E^*$ mit $\varphi(x) = \|x\|$ und $\|\varphi\| = 1$; daraus folgt:

$$
\|x^{**}\| = \sup_{0 \neq \varphi \in E^*} \frac{|\varphi(x)|}{\|\varphi\|} \geq \|x\| \implies \|x^{**}\| = \|x\|. \qquad \square
$$

D Maximale Ideale in Ringen und Algebren

Wie schon an anderer Stelle definiert, vgl. 15.1, ist eine Teilmenge I eines Ringes R über einem Körper ein (Links-)Ideal, wenn sie abgeschlossen ist gegenüber den Ringoperationen und wenn für jedes $a \in R$ und $x \in I$ auch $ax \in I$ gilt. Wir haben in Kapitel 15 gesehen, dass z.B. die maximalen Ideale im Ring der stetigen Funktionen auf einem topologischen Raume diesen bzw. Erweiterungen von ihm kennzeichnen. Wir wollen nun auch vorgegebene algebraische Eigenschaften auf den Raum der maximalen Ideale übertragen und beginnen mit einigen algebraischen Aussagen.

18.14 Satz.

(a) *In einem Ring R mit Einselement liegt jedes eigentliche (Rechts-)Ideal in einem maximalen (Rechts-)Ideal.*

(b) *Ein (Rechts-)Ideal I des Ringes R heißt* regulär, *wenn R/I ein (Links-)Einselement besitzt, d.h. wenn es ein Element $u \in R$ gibt, sodass $ux - x \in I$ für jedes $x \in R$ gilt. Jedes eigentliche reguläre (Rechts-)Ideal liegt in einem regulären maximalen (Rechts-)Ideal.*

Beweis. (a) Die Familie $\mathcal{F}$ aller echten (Rechts-)Ideale in R, welche I enthalten, ist durch die Inklusion teilweise geordnet. Die Vereinigung aller Ideale eines linear geordneten Teilsystemes ist wieder ein Ideal und zwar ein echtes, da sie das Einselement nicht enthält. Deshalb hat jedes linear geordnete Teilsystem von $\mathcal{F}$ eine obere Schranke, d.h. $\mathcal{F}$ ist induktiv geordnet und enthält deshalb nach dem Zorn'schen Lemma 0.36 maximale Elemente.

(b) Hat R eine (Links)-Einselement u modulo I, so gilt $u \notin I$. Jetzt nehmen wir als $\mathcal{F}$ die Familie aller echten (Rechts)Ideal, die I enthalten. Ein solches Ideal J enthält u nicht, sonst würde aus $ux - x \in I$ folgen, dass $x \in J$ für jedes $x \in R$ ist, was im Widerspruch zur Echtheit von J steht. Deshalb ist die Vereinigung aller dieser Ideale ein Ideal, welches u nicht enthält, somit eigentlich. Es ist offenbar auch regulär. $\square$

18.15 Satz. *Ist A eine Algebra ohne Einselement, so läßt sich A als maximales Ideal in eine Algebra A_e mit Einselement e einbetten, sodass sich eine bijektive Abbildung $I_e \to I = I_e \cap A$ zwischen der Familie derer (Rechts-)-Ideale von A_e, die nicht in A enthalten sind, und dem System aller regulären (Rechts-)Ideale von A ergibt.*

Beweis. Wir setzen $A_e := \{\langle x, c \rangle \mid x \in A,\ c \in \mathbb{R}\}$, fassen $\langle x, c \rangle$ als $x + ce$ und rechnen damit in der naheliegenden Weise, z.B.:

$$\langle x, c \rangle \cdot \langle y, d \rangle = \langle xy + cy + dx, cd \rangle.$$

Es ergibt sich eine Algebra mit dem Einselement $e = \langle 0, 1 \rangle$. Durch $x \mapsto \langle x, 0 \rangle$ wird eine Einbettung $A \hookrightarrow A_e$ mit $A_e/A \cong \mathbb{C}$ erklärt.

Nun sei I_e irgendein (Rechts-)Ideal in A_e, welches nicht in A liegt; sei ferner $I = I_e \cap A$. In I_e liegt ein Element v der Form $\langle t, -1 \rangle$. Für

$$u := v + e = \langle t, -1 \rangle + \langle 0, 1 \rangle = \langle t, 0 \rangle \in A$$

und beliebiges $\xi = x + ce \in A_e$ gilt

$$u\xi - \xi = (u - e)\xi = v\xi \in I_e;$$

deshalb ist u ein (Links-)Einselement für I_e in A_e, aber auch für I in A. Also ist I regulär in A. Da $u\xi - \xi \in I_e$ und $u\xi \in A$ für alle $\xi \in A_e$ ist, gilt:

$$\xi \in I_e \quad \Longleftrightarrow \quad u\xi \in I.$$

Umgekehrt sei I ein reguläres (Rechts-)Ideal in A. Für $y \in I$ und $\langle x, c \rangle \in A_e$ ist $y\langle x, c \rangle = yx + cy \in I$; d.h. I ist auch ein Ideal in A_e. Ist $u = \langle x, 0 \rangle$ ein Linkseinselement für I in A, so setzen wir $I_e := \{\xi \in A_e \mid u\xi \in I\}$. Da I ein (Rechts-)Ideal in A ist, handelt es sich in I_e um ein (Rechts-)Ideal in A_e. Es enthält $\langle x, -1 \rangle$, liegt also nicht in A; denn

$$u\langle x, -1 \rangle = u(u - e) = u^2 - u \in I \quad \Longrightarrow \quad u - e = \langle x, -1 \rangle \in I_e.$$

Für jedes $\xi \in A$ gilt $u\xi - \xi \in I$ und deshalb

$$\xi \in I \quad \Longleftrightarrow \quad u\xi \in I.$$

Also ist $I = I_e \cap A$. □

18.16 Korollar. *Ist X ein lokalkompakter, aber nicht kompakter Hausdorff-Raum und $C_0(X)$ die Algebra der stetigen komplexwertigen Funktionen, die im Unendlichen verschwinden, so entsprechen die regulären maximalen Ideale von $C_0(X)$ den Punkten von X, und zwar gehört zu einem maximalen Ideal die gemeinsame Nullstelle der Funktionen aus dem Ideal.*

Beweis. Sei $\overline{X} = X \cup \{\infty\}$ die Einpunktkompaktifizierung von X, vgl. 8.18. Dann ist $C(\overline{X}) = C_0(X) \oplus \mathbb{C}$. Die Funktionen aus $C_0(X)$ entsprechen den stetigen Funktionen von $C(\overline{X})$, die im Unendlichen verschwinden, und diese ergeben ein maximales Ideal in $C(\overline{X})$. Die anderen maximalen Ideale (in $C(\overline{X})$ oder $C_0(X)$) bestehen aus den stetigen Funktionen, die an einer Stelle $x \in X$ verschwinden. Vgl. 15.7,8. □

18.17 Satz. *Ein reguläres Ideal M in einem kommutativen Ring R ist genau dann maximal, wenn R/M ein Körper ist.*

Beweis. Da M regulär ist, besitzt R/M ein Einselement E. Es sei $p \colon R \to R/M$ die Quotientenabbildung. Besitzt R/M ein eigentliches Ideal J, so ist $p^{-1}(J)$ ein eigentliches Ideal in R, welches M als echte Teilmenge enthält.

Deshalb ist M maximal in R dann und nur dann, wenn R/M kein eigentliches Ideal enthält.

Für $0 \neq X \in R/M$ ist $\{XY \mid Y \in R/M\} = R/M$, und es gibt somit ein $Y \in R/M$ mit $XY = E$. Deshalb hat jedes nicht-triviale Element von R/M ein Inverses, also ist R/M ein Körper.

Die andere Richtung ergibt sich daraus, dass ein Körper keine eigentlichen Ideale enthält.   □

E Spektrum, Inverse und Adverse

Betrachten wir eine stetige Abbildung nach $\mathbb{C}$, so können wir einerseits danach fragen, ob die Funktion $f - \lambda$, $\lambda \in \mathbb{C}$ einem maximalen Ideal angehört (nämlich dem der an einer Stelle verschwindenden Funktionen), oder andererseits ausschließen, dass die Funktion $\frac{1}{f-\lambda}$ existiert. Wir zeigen nun, dass diese beiden Fragen äquivalent sind.

18.18 Satz. *In einem Ring R mit Einselement e hat ein Element y genau dann ein Rechtsinverses, wenn y in keinem maximalen Rechtsideal liegt. Liegt y im Zentrum von R, so existiert y^{-1} dann und nur dann, wenn y in keinem maximalen (zweiseitigen) Ideal liegt.*

Beweis. Hat y ein Rechtsinverses z und liegt y in dem Rechtsideal I, so ist $e = yz \in I$, also $I = R$, und deshalb liegt y in keinem eigentlichen Rechtsideal. Hat dagegen y kein Rechtsinverses, so ist die Menge $\{yz \mid z \in R\}$ ein echtes Rechtsideal, welches y enthält. Nach 18.14 (a) kann es zu einem maximalen Rechtsideal erweitert werden.

Die zweite Aussage folgt analog daraus, dass für ein Zentrumselement y das Ideal $\{yz \mid z \in R\}$ zweiseitig ist.   □

18.19 Definition. Es sei A ein Banachalgebra.

(a) Ist $x \in A$ und hat A ein Einselement e, so besteht das *Spektrum von* x aus den $\lambda \in \mathbb{C}$, für die $x - \lambda e$ kein Inverses besitzt.

(b) Besitzt A kein Einselement, so ist das Spektrum von x gleich dem von x in der Erweiterung A_e, siehe 18.15. In diesem Fall gehört die 0 zum Spektrum von x; denn hätte x ein Rechtsinverses $y + \nu e \in A_e$, so gälte

$$e = x(y + \nu e) = xy + \nu x \in A.$$

(c) Aber auch die anderen Werte des Spektrums lassen sich schon in A bestimmen. Für $x \in A$ setzen wir $x = \lambda y$, kürzen durch λ und schreiben $(y - e)^{-1}$, falls es existiert, in der Form $u - e$. Dann gilt

$$(y - e)(u - e) = e \quad \Longleftrightarrow \quad y + u - yu = 0.$$

Hier ist $u = yu - y \in A$. Auf A_e führen wir die Norm $\|x + \xi\| = \|x\| + |\xi|$ ein und erhalten eine Banachalgebra mit Einselement, welche A als Unteralgebra enthält.

Gilt in irgendeinem Ring $x + y - xy = 0$ so heißt y ein *Rechtsadverses von x* und x ein *Linksadverses von y*. Hat x sowohl Rechts- wie auch Linksadverses, so stimmen sie überein – wie wir gleich zeigen – und dieses Element heißt *Adverses* von x.

Um zu sehen, dass in (b) Rechts- und Linksadverses v bzw. u eines Elementes x übereinstimmen, sofern beide existieren, benutzen wir, dass die Abbildung $e - x \mapsto x$ die Multiplikation in eine neue Operation

$$x \circ y := x + y - xy \quad \text{und} \quad e \mapsto 0$$

überführt. Es folgt unmittelbar, dass $x \circ y$ sich assoziativ verhält und dass $0 \circ x = x \circ 0 = x$ ist. Nun folgt die Behauptung aus

$$u = u \circ 0 = u \circ (x \circ v) = (u \circ x) \circ v = 0 \circ v = v.$$

Aus der Definition 18.19 erhalten wir

18.20 Satz. *Ist A eine Algebra ohne Einselement, so liegt 0 im Spektrum eines jeden Elementes. Ferner liegt λ genau dann im Spektrum von $x \in A$, wenn x/λ kein Adverses in A hat.*   □

Indem wir Adverse statt Inverse betrachten, können wir Satz 18.18 und seinen Beweis auch auf Ringe ohne Einselement übertragen.

18.21 Satz. *Ein Element x irgendeines Ringes R hat genau dann ein Rechtsadverses, wenn es kein reguläres maximales Rechtsideal mit x als ein Linkseinselement gibt.*

Beweis. Hat x kein Rechtsadverses, so ist $I = \{xy - y \mid y \in A\}$ ein Rechtsideal, welches x nicht enthält. Wegen $x(y + I) = y + I$ ergibt x ein Linkseinselement mod I. Nach 18.15 lässt sich I zu einem regulären maximalen Ideal I' erweitern, sodass dann x ebenfalls eine Linkseins mod I' ist.

Hat x ein Rechtsadverses x' und ist x eine Linkseins bezüglich eines Rechtsideales I, so gilt

$$x = xx' - x' \in I \quad \Longrightarrow \quad y = xy - (xy - y) \in I \quad \forall y \in R \quad \Longrightarrow \quad I = R. \ \Box$$

Liegt x im Zentrum von R, so ergibt Satz 18.21 den zu erwartenden Zusammenhang zwischen Adversen und regulären zweiseitigen Idealen. Speziell bekommen wir

18.22 Korollar. *Liegt x im Zentrum einer Algebra A und ist $0 \neq \lambda \in \mathbb{C}$, so liegt λ dann und nur dann im Spektrum von x, wenn x/λ ein Einselement bezüglich eines regulären maximalen Ideales ist.*   □

18.23 Satz. *Ist p ein Polynom ohne konstanten Term, so besteht das Spektrum von $p(x)$ aus den Zahlen $p(\lambda)$, wobei λ das Spektrum von x durchläuft.*

Beweis als Aufgabe 18.A2.   □

F Gelfand'sche Theorie kommutativer Banachalgebren

Im folgenden sei A eine kommutative Banachalgebra über $\mathbb{C}$ und A^* der Dualraum zu A, vgl. 18.10. Der Kern der Gelfand'schen Theorie der kommutativen Banachalgebren findet sich in den folgenden Aussagen.

18.24 Eigenschaften kommutativer Banachalgebren. Ein *komplexer Homomorphismus* ist ein $\mathbb{C}$-lineares Funktional h, welches auch mit der Multiplikation verträglich ist: $h(xy) = h(x)h(y)$. Sei $\Delta = \Delta_A$ die Menge der von 0 verschiedenen Homomorphismen $A \to \mathbb{C}$.

(a) *Ist I ein reguläres maximales Ideal in A, so ist A/I isometrisch isomorph zu $\mathbb{C}$, und deshalb gehört der kanonische Homomorphismus $A \to A/I$ zu Δ.* Dieses ergibt sich aus 18.17; die folgende Aussage ist klar.

(b) *Umgekehrt ist für jedes $h \in \Delta$ der Kern ein reguläres maximales Ideal in A.*

(c) *Enthält A ein Einselement, so besitzt $x \in A$ genau dann ein inverses Element, wenn $h(x) \neq 0$ für alle $h \in \Delta$.* Dieses lässt sich mit Hilfe eines laut 18.15 zugefügten Einselementes auf den allgemeinen Fall übertragen, vgl. 18.19-21: *Für $x \in A$ besitzt $xy = x + y$ genau dann eine Lösung $y \in A$, wenn $h(x) \neq 1$ für alle $h \in \Delta$ ist.*

(d) *Jedes $h \in \Delta$ ist ein beschränktes lineares Funktional auf A von einer Norm 1. Deshalb kann man Δ als einen Unterraum des Einheitsballes D^* des Dualraumes A^* auffassen.* Aus $h(xy) = h(x)h(y)$ und $\|xy\| \leq \|x\| \cdot \|y\|$ folgt nämlich für $xy \neq 0$, dass

$$\frac{|h(xy))|}{\|xy\|} \leq \frac{|h(x)|}{\|x\|} \cdot \frac{|h(y)|}{\|y\|} \quad \Longrightarrow$$

$$\|h\| \geq \sup_{0 \neq y \in A} \frac{|h(xy)|}{\|xy\|} = \frac{|h(x)|}{\|x\|} \sup_{0 \neq y \in A} \frac{|h(y)|}{\|y\|} = \frac{|h(x)|}{\|x\|} \cdot \|h\| \quad \Longrightarrow$$

$$\frac{|h(x)|}{\|x\|} \leq 1 \quad \Longrightarrow \quad \|h\| \leq 1.$$

Besitzt A ein Einselement e, so gilt für $0 \neq h \in \Delta$

$$h(x) = h(xe) = h(x)h(e) \implies h(e) = 1 \implies \|h\| = 1.$$

Daraus folgt die Aussage auch für den Fall, dass A kein Einselement besitzt, indem h auf die Erweiterung A_e von Satz 18.5 erweitert wird und zwar laut 18.13 (a) zu einem linearen Funktional mit derselben Norm.

(e) Jedes Element $x \in A$ definiert durch $\hat{x}(h) = h(x)$ für $h \in \Delta$ eine Funktion $\hat{x}$ auf Δ, oftmals *Gelfand'sche Transformierte von x* genannt. Die schwache Topologie, die auf Δ durch das System $\hat{A} = \{\hat{x} \mid x \in A\}$ definiert wird, heißt *Gelfand'sche Topologie*. Hier handelt es sich um die gröbste Topologie, sodass alle $\hat{x}$ mit $x \in A$ stetig sind. Fassen wir Δ als Unterraum des Dualraumes A^* auf, so stimmt die Gelfand'sche Topologie mit der von der schwachen Topologie von A^* auf Δ induzierten Topologie überein. Es liegt Δ in dem Einheitsball D^* von A^*, der kompakt in der schwachen Topologie ist, ferner ist – wie leicht zu sehen ist – $\Delta \cup \{0\}$ eine abgeschlossene Teilmenge von D^*. Also *ist der Raum Δ der maximalen Ideale ein lokalkompakter Hausdorff'scher Raum, und es verschwindet jedes $\hat{x}$ im Unendlichen,* d.h. $\hat{A} \subset C_0(\Delta)$, vgl. 18.16.

(f) Wegen

$$\widehat{xy}(h) = h(xy) = h(x)h(y) = \hat{x}(h)\hat{y}(h) \quad \forall x, y \in A, \, h \in \Delta$$

und den analogen Formeln für die Addition und skalare Multiplikation ist *die Abbildung $x \mapsto \hat{x}$ ein Homomorphismus von A auf eine Unteralgebra $\hat{A}$ von $C_0(\Delta)$*. Aus $\|h\| \leq 1$, also $|h(x)| \leq \|x\|$, ergibt sich die wichtige Ungleichung

$$\|\hat{x}\|_\infty \leq \|x\|.$$

(g) *Besitzt A ein Einselement e, so ist Δ kompakt*; denn es ist $\hat{e}(h) = h(e) = 1$, und die konstante Funktion 1 gehört zu $C_0(\Delta)$ genau dann, wenn Δ kompakt ist.

18.25 Definition. Eine Banachalgebra heißt *halbeinfach*, wenn die Gelfand'sche Transformation ein Isomorphismus ist, d.h. wenn $\hat{x} \neq 0$ für $x \neq 0$ ist, wenn es also zu $x \neq 0$ ein $h \in \Delta$ mit $h(x) \neq 0$ gibt.

18.26 Satz. *Sind A und B kommutative Banachalgebren, wobei B halbeinfach ist, und ist $\Psi: A \to B$ ein Homomorphismus, so ist Ψ stetig. Für $\Psi \neq 0$ ist $\|\Psi\| \geq 1$.*

Beweis. Es gelte $x_n \to x_*$ in A und $\Psi x_n \to y_*$ in B für irgendeine Folge $(x_n)_{n \in \mathbb{N}}$ in A. Für $h \in \Delta_B$ ist die Abbildung $x \mapsto h(\Psi x)$ ein Homomorphismus $\alpha: A \to \mathbb{C}$, also $\alpha \in \Delta_A$. Nach 18.24 (d) sind h und α stetig, sodass also

$$h(\Psi x_*) = \alpha(x_*) = \lim \alpha(x_n) = \lim h(\Psi x_n) = h(y_*)$$

gilt. Da B halbeinfach ist, folgt $y_* = \Psi x_*$, und es ergibt sich die Stetigkeit von Ψ aus dem Satz 18.9 über den abgeschlossenen Graphen.

Wegen der Halbeinfachheit von B ergibt sich aus $\Psi \neq 0$, dass $h(\Psi x) \neq 0$ für passende $x \in A$, $h \in \Delta_B$ mit $\|h\| = \|x\| = 1$ ist; also gilt $\alpha \neq 0$. Aus 18.24 (d) folgt

$$\|\Psi\| = \|h\| \cdot \|\Psi\| \geq \|h\Psi\| = \|\alpha\| = 1. \qquad \square$$

18.27 Satz. *Das Spektrum eines Elementes $x \in A$ ist das Bild der Funktion $\hat{x}$, wobei die 0 dazugetan wird, falls A keine Einheit besitzt. Deshalb ist das Spektrum immer eine kompakte Teilmenge der komplexen Ebene. Die Zahl $\|\hat{x}\|_\infty$ heißt* Spektralnorm *oder* Spektralradius *von x. Dafür gilt die* Spektralradiusformel (Beurling, Gelfand)

$$(1) \qquad \lim_{n \to \infty} \|x^n\|^{1/n} = \|\hat{x}\|_\infty \quad \text{für} \quad x \in A.$$

Beweis. Es seien $\alpha = \limsup(\|x^n\|^{1/n})$ und $\beta = \liminf(\|x^n\|^{1/n})$, also $\beta \leq \alpha$. Da $|h(x)|^n = |h(x^n)| \leq \|x^n\|$ für jedes $h \in \Delta$ gilt, ist $\|\hat{x}\|_\infty \leq \beta$. Liegt λ nicht im Spektrum von x, so existiert nach 18.20 und 18.24 (c) ein $y(\lambda) \in A$, sodass $-\lambda y(\lambda) + xy(\lambda) = x$ ist. Für $|\lambda| = C > \|x\|$ ist $y(\lambda) = -\sum_{n=1}^{\infty}(x/\lambda)^n$ als Funktion von λ analytisch ausserhalb des Spektralradius von x. Deshalb gilt

$$(2) \qquad x^n = -\frac{1}{2\pi i}\int_{|\lambda| = C} \lambda^{n-1} y(\lambda)\, d\lambda \quad \text{für} \quad n = 1, 2, \dots.$$

Falls $\|\hat{x}\|_\infty < r < R$, so kann der Integrationspfad in (2) auf den Kreis $|\lambda| = r$ zusammengezogen werden, ohne das Integral zu ändern. Da $\|x^n/R^n\| \leq \|x/R\|^n \to 0$, ist $\alpha \leq R$, und daraus folgt $\alpha \leq \|\hat{x}\|_\infty$, also $\beta \leq \alpha \leq \|x\|_\infty \leq \beta$. Das ergibt die Behauptung (1). $\qquad \square$

Eine ähnliche Anwendung der Cauchy'schen Formel ergibt, dass analytische Funktionen auf Banachalgebren operieren:

18.28 Satz. *Sei A eine kommutative halbeinfache Banachalgebra, $x \in A$ und F eine analytische Funktion, definiert auf einer offenen Menge, die das Spektrum von x enthält; wenn A kein Einselement enthält, setzen wir $F(0) = 0$ voraus. Dann gibt es ein eindeutig bestimmtes $y \in A$, sodass $\hat{y}(h) = F(\hat{x}(h))$ für jedes $h \in \Delta$ gilt.* $\qquad \square$

Aufgaben

18.A1 Ist X ein nicht-leerer topologischer Raum, so wird der Vektorraum der stetigen beschränkten (reell- bzw.) komplexwertigen Funktionen auf X mit der gleichmäßigen Norm $\| \cdot \|$ zu einem Banachraum.

18.A2 Beweis von 18.23.

18.A3 Ist H ein Hilbertraum, L eine Teilmenge, sodass

$$\inf_{g \in L} \langle f, g \rangle = 0 \quad \forall\, f \in H,$$

ist. Dann liegt L dicht in H.

18.A4 Es seien H, H' Hilberträume, A und A' dichte Teilräume von H bzw. H'. Jede isometrische Isomorphie $\varphi\colon A \to A'$ lässt sich zu einer isometrischen Isomorphie $\Phi\colon H \to H'$ erweitern, d.h.

$$\exists\, \Phi\colon H \to H' \quad \text{mit} \quad \Phi(f, g) = \varphi(f, g)\ \forall f, g \in A.$$

18.A5 Sei E ein normierter linearer Raum über $\mathbb{C}$ und $f\colon E \times E \to \mathbb{C}$ eine Abbildung, die linear in der ersten Variablen ist und für die $f(x, y) = \overline{f(y, x)}$ sowie $f(x, x) \geq 0$ erfüllt ist. Dann gilt – ähnlich der Schwarz'sche Ungleichung –

$$|f(x, y)|^2 \leq f(x, x) \cdot f(y, y).$$

18.A6 Wir übernehmen die Bezeichnung aus Aufgabe 8.A23; wieder sei X ein topologischer Raum. Zeigen Sie, dass die beschränkten stetigen komplexwertigen Funktionen $C_b(X)$ und die im Unendlichen verschwindenden Funktionen $C_0(X)$ Banachalgebren ergeben. Wie verhält es sich mit den Funktionen mit kompaktem Träger, d.h. mit $C_c(X)$?

19 Invariante Integration auf lokalkompakten Gruppen

Auf einer lokalkompakten Gruppe G soll eine (links-)invariante Integration eingeführt werden. Ein gewisses Maß für die unterschiedliche Größe zweier Teilmengen $A, B \subset G$ ergäbe die minimale Zahl von durch (Links-) Translationen aus A gewonnenen Mengen, die für eine Überdeckung von B nötig sind:

$$(B : A) := \inf\{n \mid B \subset g_1 A \cup \ldots \cup g_n A, \; g_1, \ldots, g_n \in G\}.$$

Feiner wird es, wenn die Menge A „kleiner" gewählt wird; jedoch lassen sich die Ergebnisse zu verschiedenen A nicht vergleichen. Dazu wird es vernünftig sein, zusätzlich eine „Einheitsmaß"-Menge $E \subset G$ zu nehmen und $(B : A)/(E : A)$ bei Verkleinerungen von A zu betrachten. Das sollte das Verhältnis der Größen von B und E messen.

Diesem Ansatz gehen wir im folgenden nach. Allerdings betrachten wir statt Teilmengen von G stetige reellwertige Funktionen auf G und konstruieren ein linksinvariantes positives Funktional, ein sogenanntes *Haar'sches Integral*. Darauf lässt sich dann die allgemeine Erweiterungstheorie aus Kapitel 17 anwenden.

A Konstruktion des Haar'schen Integrales

Es sei G eine lokalkompakte Hausdorff'sche Gruppe, $L(G)$ der *Vektorraum der stetigen reellwertigen Funktionen auf G mit kompaktem Träger* und $L^+(G)$ die Teilmenge der nicht-negativen Funktionen aus L.

19.1 Definition. Auf der lokalkompakten Hausdorff'schen Gruppe G ist eine *linksinvariante Integration I* erklärt, falls auf $L(G)$ ein linksinvariantes positives lineares Funktional I definiert ist. Das zugehörige linksinvariante Maß sei μ. In Detail heißt das, wenn wir statt $I(f)$ das vertrautere $\int_G f d\mu = \int_G f(x)\, d\mu(x)$ schreiben: für $f, g \in L(G)$, $c \in \mathbb{R}$ gilt

$$(1) \qquad \int_G (f(x) + g(x))\, d\mu(x) = \int_G f(x)\, d\mu + \int_G g(x)\, d\mu(x),$$

(2) $$\int_G cf(x)\ d\mu(x) = c\int_G f(x)\ d\mu(x),$$

(3) $$\int_G f(x)\ d\mu(x) \geq 0 \qquad \text{für } f \in L^+(G),$$

(4) $$\int_G f(x)\ d\mu(x) > 0 \qquad \text{falls } f \in L^+(G) \text{ und } f \neq 0$$

(5) $$\int_G f(gx)\ d\mu(x) = \int_G f(x)\ d\mu(x) \quad \forall g \in G.$$

Offenbar ergibt sich aus (3)

(6) $f, g \in L(G)$, $f(x) \leq g(x)\ \forall x \in G \implies \int_G f(x)\ d\mu(x) \leq \int_G g(x)\ d\mu(x)$;

weil mit $f \in L^+(G)$ auch $|f| \in L^+(G)$ ist, gilt

(7) $\pm f(x) \leq |f(x)|\ \forall x \in G \implies \left| \int_G f(x)\ d\mu(x) \right| \leq \int_G |f(x)|\ d\mu(x).$

19.2 Satz.

(a) *Auf jeder lokalkompakten Haussdorff'schen Gruppe G gibt es eine linksinvariante Integration, also auch ein linksinvariantes Maß.*

(b) *Je zwei linksinvariante Integrationen auf G unterscheiden sich um eine multiplikative positive Konstante; m.a.W. sind μ, ν zwei linksinvariante Maße auf G, so gibt es ein $c > 0$ mit*

$$\int_G f\ d\nu = c \cdot \int_G f\ d\mu \quad \forall f \in L(G) \quad und \quad \nu(A) = c \cdot \mu(A)$$

$\forall A \subset G$ *messbar. Dieses (im wesentlichen) eindeutig bestimmte Integral heißt (linksinvariantes) Haar'sches Integral und das zugehörige Maß (linksinvariantes) Haar'sches Maß.*

Der Beweis dieses Hauptsatzes geschieht in mehreren Schritten und wird erst in 19.14 bzw. 19.16 beendet sein. Im Folgenden benutzen wir für die „verschobenen" Funktionen nicht mehr die Translationen τ_g und $_g\tau$ von 16.8, sondern setzen

(*) $f_s(x) = f(s^{-1}x)$ und $f^s(x) = f(xs)$ für $f: G \to \mathbb{R}$, $s, x \in G$.

19.3 Hilfssatz.

(a) *Für $f \in L(G)$, $s \in G$ ist $f_s \in L(G)$. Offenbar ist $f_s \in L^+(G)$, wenn $f \in L^+(G)$.*

(b) *Sind $f, g \in L^+(G)$, $g \neq 0$, so sei*

$$(f : g) = \inf \left\{ \sum_{j=1}^{k} c_j \mid f \leq \sum_{j=1}^{k} c_j g_{s_j}, 0 \leq c_j \in \mathbb{R}, \ s_j \in G \right\}.$$

Offenbar ist $(f : g) \geq 0$. *(Das Infimum wird über alle mögliche Systeme* $(c_1, \dots, c_k)$, $(s_1, \dots, s_k)$ *beliebiger Länge k gebildet.)*

(c) *Für* $f, f_1, f_2, g, h \in L^+(G)$ *gilt:*

(1) $(f : g) > 0,$ *wenn* $f \neq 0,$

(2) $(f_s : g) = (f : g),$

(3) $((f_1 + f_2) : g) \leq (f_1 : g) + (f_2 : g),$

(4) $(cf : g) = c(f : g)$ *für* $0 \leq c \in \mathbb{R},$

(5) $(f_1 : g) \leq (f_2 : g)$ *falls* $f_1 \leq f_2,$

(6) $(f : h) \leq (f : g) \cdot (g : h).$

Beweis. Zum Beweis von (1) nehmen wir

$$a = \sup_{x \in G} f(x) > 0, \quad b = \sup_{x \in G} g(x) > 0$$

und erhalten

$$f \leq \sum c_j g_{s_j} \implies f(x) \leq b \sum c_j \implies a \leq b \sum c_j \implies$$

$$\sum c_j \geq \frac{a}{b} \implies (f : g) \geq \frac{a}{b} > 0.$$

Die Aussagen (2-5) folgen unmittelbar aus der Definition; in (6) erhalten wir, wenn wir je einen Term zur Definition der beiden Infima auf der rechten Seite nehmen, zusammen einen Term für die linke Seite.   □

Im folgenden sei $\Phi \in L^+(G)$, $\Phi \neq 0$, ein festes Element.

19.4 Hilfssatz. *Für* $F \in L^+(G)$, $F \neq 0$ *sei*

$$I_F(f) = \frac{(f : F)}{(\Phi : F)}$$

für $f \in L^+(G)$. *Dann gilt:*

(1) $I_F(f) > 0$ *falls* $f \neq 0,$

(2) $I_F(f_s) = I_F(f)$ *für* $s \in G,$

(3) $I_F(f_1 + f_2) \leq I_F(f_1) + I_F(f_2),$

(4) $I_F(cf) = c \cdot I_F(f)$ *für* $c \in \mathbb{R}^+,$

(5) $I_F(f_1) \leq I_F(f_2)$ *für* $f_1 \leq f_2,$

(6) $\dfrac{1}{(\Phi : f)} \leq I_F(f) \leq (f : \Phi)$ *für* $f \neq 0.$

Beweis. Die Aussagen (1-5) ergeben sich unmittelbar aus 19.3 (1-5). Aus 19.3 (6) folgt

$$(f : F) \leq (f : \Phi)(\Phi : F), \quad (\Phi : F) \leq (\Phi : f)(f : F) \quad \Longrightarrow$$

$$\frac{1}{(\Phi : f)} \leq \frac{(f : F)}{(\Phi : F)} \leq (f, \Phi). \qquad \qquad \Box$$

Als nächstes wollen wir zeigen, dass der Fehler zur Additivität in 19.4 (3) klein wird, wenn die Funktion F nur auf einem kleinen Bereich von 0 verschieden ist.

19.5 Hilfssatz. *Zu gegebenen $f_1, f_2 \in L^+(G)$ und $\varepsilon > 0$ gibt es eine Umgebung V von e, sodass*

$$I_F(f_1) + I_F(f_2) \leq I_F(f_1 + f_2) + \varepsilon \quad \text{falls } \operatorname{Tr} F = \overline{\{x \in G \mid F(x) \neq 0\}} \subset V.$$

Beweis. Wir wählen eine kompakte Menge $K \subset G$, mit $f_1(x) = f_2(x) = 0$ für $x \notin K$ und nehmen ein $f' \in L^+(G)$ mit $f'(x) = 1$ für $x \in K$. Sei $\delta > 0$ und

(1) $$f := f_1 + f_2 + \delta f',$$

$$h_j(x) := \begin{cases} \frac{f_j(x)}{f(x)} & \text{falls } f(x) \neq 0, \\ 0 & \text{sonst,} \end{cases}$$

(2) $$f \cdot h_j = f_j, \quad j = 1, 2; \quad h_1 + h_2 \leq 1,$$

dabei sind die f_j, h_j stetig. Da die Träger von h_1 und h_2 kompakt sind, sind die Funktionen nach 11.14 gleichmäßig stetig, und es gibt zu jedem $\varepsilon' > 0$ eine Umgebung V von e, sodass

$$|h_j(x) - h_j(y)| < \varepsilon', \quad \text{für } x^{-1}y \in V, \ j = 1, 2.$$

Da $\operatorname{Tr} f$ kompakt ist, gibt es $c_1, \ldots, c_k \in \mathbb{R}_+$ und $s_1, \ldots, s_k \in G$, sodass $f \leq \sum_{i=1}^k c_i F_{s_i^{-1}}$. Also:

$$f(x) \leq \sum_{i=1}^k c_i \, F(s_i x),$$

$$f(x) \, h_j(x) \leq \sum_{i=1}^k c_i \, F(s_i x) \, h_j(x) \leq \sum_{i=1}^k c_i \, F(s_i x) \, (h_j(s_i) + \varepsilon').$$

Wegen $\operatorname{Tr} F \subset V$ impliziert $F(s_i x) \neq 0$, dass $s_i x \in V$. Deshalb gilt

$$f_j = f h_j \leq \sum_{i=1}^{k} \left(c_i \left(h_j(s_i) + \varepsilon' \right) F_{s_i^{-1}} \right) \quad \Longrightarrow$$

$$(f_j : F) \leq \sum_{i=1}^{k} c_i \left(h_j(s_i) + \varepsilon' \right) \qquad \text{(wegen (2) } h_j \leq 1 \quad \Longrightarrow\text{)}$$

$$(f_1 : F) + (f_2 : F) \leq \sum_{i=1}^{k} c_i (1 + 2\varepsilon') \qquad \text{(für das Infimum} \quad \Longrightarrow\text{)}$$

$$(f_1 : F) + (f_2 : F) \leq (1 + 2\varepsilon')(f : F) \qquad \text{(Division durch } (\Phi : F) \Longrightarrow\text{)}$$

$$I_F(f_1) + I_F(f_2) \leq (1 + 2\varepsilon') I_F(f) \qquad ((1) \quad \Longrightarrow)$$

$$\leq (1 + 2\varepsilon') \left[I_F(f_1 + f_2) + \delta I_F(f') \right] \qquad (19.4 \ (6) \quad \Longrightarrow)$$

$$I_F(f_1) + I_F(f_2) \leq I_F(f_1 + f_2) + 2\varepsilon' \left((f_1 + f_2) : \Phi \right) + \delta(1 + 2\varepsilon')(f' : \Phi)$$

$$\leq I_F(f_1 + f_2) + \varepsilon,$$

wenn ε' und δ so klein gewählt werden, dass

$$2\varepsilon' \left((f_1 + f_2) : \Phi \right) + \delta(1 + 2\varepsilon')(f' : \Phi) \leq \varepsilon. \qquad \square$$

Beweis von Satz 19.2 (a), d.h. Beweis über die Existenz einer linksinvarianten Integration. Sei

$$D := \{ f \in L^+(G) \mid f \neq 0 \} \quad \text{und} \quad J(f) := \left[\frac{1}{(f : \Phi)}, (f : \Phi) \right] \subset \mathbb{R}.$$

Dann ist $J := \prod_{f \in D} J(f)$ kompakt. Wegen 19.4 (6) definiert jedes $F \in D$ einen Punkt $a_F := (I_F(f))_{f \in D} \in J$. Für eine Umgebung V von e sei

$$A_V := \{ a_F \mid F \in D, \ \text{Tr} \, F \subset V \}.$$

Dafür gilt

$$A_V \neq \emptyset; \quad V \subset V_1 \cap V_2 \quad \Longrightarrow \quad A_V \subset A_{V_1} \cap A_{V_2},$$

und deshalb ist $\{ A_V \mid V \in \mathcal{U} \}$ eine Filterbasis in dem kompakten Raum J; hier bezeichnet $\mathcal{U}$ wieder das System der Umgebungen von e. Nach 8.2 besitzt dieser Filter einen Berührpunkt $a = (I(f))_{f \in D} \in J$. Dann ist $a \in \overline{A_V}$ für jedes $V \in \mathcal{U}$, d.h. zu gegebenen $V \in \mathcal{U}$, $\varepsilon > 0$ und $f_1, \ldots, f_n \in D$ gibt es eine Funktion $F \in D$ mit $\text{Tr} \, F \subset V$, sodass

$$(*) \qquad |I(f_i) - I_F(f_i)| < \varepsilon \quad \text{für } i = 1, \ldots, n.$$

Für beliebiges $f \in L^+(G)$ folgt aus Hilfssatz 19.4:

$$I(f_s) = I(f) \quad \forall s \in G, \quad I(cf) = c \cdot I(f) \quad \forall c \in \mathbb{R}_+,$$

$$I(f) \geq \frac{1}{(\Phi : f)} > 0 \qquad \text{falls } f \neq 0,$$

$$I(g_1 + g_2) \leq I(g_1) + I(g_2) \quad \forall g_1, g_2 \in L^+(G) \qquad \text{und nach 19.5}$$

$$I(g_1 + g_2) \geq I(g_1) + I(g_2) \qquad \Longrightarrow$$

$$I(g_1 + g_2) = I(g_1) + I(g_2).$$

Wir definieren nun $I(0) = 0$ und setzen dann I auf $L(G)$ linear fort. $\Box$

19.7 Bemerkung. Aus Hilfssatz 19.4 (6) und $(*)$ ergibt sich $I(\Phi) = 1$.

19.8 Beispiele.

(a) Ist G eine diskrete Gruppe, so nimmt eine Funktion aus $L(G)$ nur an endlich vielen Stellen einen von 0 verschiedenen Wert an, und deshalb ist $I(f) = \sum_{x \in G} f(x)$ ein Haar'sches Integral auf G.

(b) Für $G = (\mathbb{R}, +)$ ist offenbar das übliche Lebesgue'sche (Riemann'sche) Integral ein Haar'sches Integral. Analog auf $\mathbb{R}^n$.

(c) Auf $G = \mathbb{R} \bmod \mathbb{Z} \cong S^1$ wird durch $I(f) = \int_0^1 f(x)dx$, $f \in C(G)$, ein Haar'sches Integral definiert; denn jedem $f \in C(G)$ entspricht eine stetige Funktion $\tilde{f}$ auf $\mathbb{R}$ mit der Periode 1 (ebenfalls mit f bezeichnet) und für $0 \leq s < 1$ ist

$$I(f_s) \overset{(1)}{=} \int_0^1 \tilde{f}(x - s) \, dx \overset{(2)}{=} \int_{-s}^{1-s} \tilde{f}(\xi) \, d\xi \overset{(2)}{=} \int_{-s}^0 \tilde{f}(x) \, dx + \int_0^{1-s} \tilde{f}(x) \, dx$$

$$\overset{(3)}{=} \int_{1-s}^1 \tilde{f}(x) \, dx + \int_0^{1-s} \tilde{f}(x+1) \, dx \overset{(2)}{=} \int_0^1 \tilde{f}(x) \, dx \overset{(1)}{=} I(f),$$

wobei (1) sich aus der Definition von $\tilde{f}$ ergibt, (2) auf Rechenregeln des Lebesgue'schen Integrales beruht und (3) die Periodizität von $\tilde{f}$ wiederspiegelt.

19.9 Beispiele. Wir beginnen mit einem allgemeinen Ansatz, das Haar'sche Maß zu bestimmen für Gruppen, die durch offene Mengen des $\mathbb{R}^n$ realisiert werden, und geben dann einige konkrete Beispiele an.

(a) Sei $G \subset \mathbb{R}^n$ offen und eine multiplikative Gruppe mit

$$gh = \pi(g, h) = \pi(g_1, \ldots, g_n, h_1, \ldots, h_n)$$

für $g = (g_1, \ldots, g_n), h = (h_1, \ldots, h_n) \in G$. Ferner trage G die von $\mathbb{R}^n$ induzierte Topologie (und differenzierbare Struktur). Es gelte:

(1) $\pi : G \times G \to G$ sei stetig differenzierbar, d.h. nehmen wir Koordinaten $(x_1, \ldots, x_n, y_1, \ldots, y_n)$ in $\mathbb{R}^n \times \mathbb{R}^n$ und setzen $\pi = (\pi^{(1)}, \ldots, \pi^{(n)})$, so existieren die Funktionen

$$\frac{\partial \pi^{(j)}}{\partial x_k} \quad \text{und} \quad \frac{\partial \pi^{(j)}}{\partial y_k}, \quad j, k = 1, \ldots, n,$$

und sind stetig auf $G \times G$.

(2) Für jedes $a \in G$ seien die Funktionaldeterminanten der Links- bzw. Rechtstranslationen

$$_a\tau: G \to G, \ g \mapsto ag, \quad \text{und} \quad \tau_a: G \to G, \ g \mapsto ga,$$

konstant auf G, d.h. es gilt

$$D_l^0(a) := \det \frac{\partial \pi(a, x)}{\partial x}(g) = \det \frac{\partial \pi(a, x)}{\partial x}(h) \quad \text{für } g, h \in G;$$

analog für die Rechtstranslationen mit Determinanten $D_r^0(a)$. Wir definieren $D_l(a) = |D_l^0(a)|$ und $D_r(a) = |D_r^0(a)|$. Wegen $_{ab}\tau = {_a\tau} \circ {_b\tau}$ und $\tau_{ab} = \tau_b \circ \tau_a$ gilt

$$D_l(ab) = D_l(b)D_l(a) \quad \text{und} \quad D_r(ab) = D_r(a)D_r(b).$$

Wegen $D_l(e) = D_r(e) = 1$ sind D_l und D_r stetige Homomorphismen $G \to (\mathbb{R}_+^*, \cdot)$.

Es sind

$$I(f) := \int_G f(x) \, \frac{1}{D_l(x)} \, dx \quad \text{und} \quad J(f) := \int_G f(x) \, \frac{1}{D_r(x)} \, dx$$

links- bzw. rechtsinvariante Integrale auf G. Den Nachweis bringen wir für I und betrachten eine Funktion $f \in L(G)$, d.h. eine stetige Funktion mit kompaktem Träger. Wir brauchen nur die Linksinvarianz von I nachzuweisen. Die Substitutionsregel für Integrale ergibt

$$\int_{_b\tau(G)} g(x) \, dx = \int_G g(_b\tau(y)) \cdot |\det \frac{\partial_b\tau}{\partial y}(y)| \, dy = \int_G g(_b\tau(y)) \cdot D_l(b) \, dy$$

für $g \in L(G), b \in G$.

Wir setzen $g := f_a \cdot \frac{1}{D_l}$ und erhalten

$$I(f_a) = \int_G \frac{f_a(x)}{D_l(x)} \, dx = \int_G \frac{f_a(_a\tau(y))}{D_l(_a\tau(y))} D_l(a) \, dy$$

$$= \int_G f(a^{-1}ay) \frac{D_l(a)}{D_l(ay)} \, dy = I(f).$$

Schließen wir noch eine Berechnung an, deren Bedeutung erst später im Zusammenhang mit der Modulfunktion klar wird. Für beliebiges $f \in L(G)$ und $a \in G$ ist

$$I(f^{a^{-1}}) = \int_G (f \circ \tau_{a^{-1}})(x) \, \frac{1}{D_l(x)} \, dx$$

$$= \int_G (f \circ \tau_{a^{-1}} \circ \tau_a)(y) \cdot \frac{1}{(D_l \circ \tau_a)(y)} \cdot D_r(a) \, dy$$

$$= \int_G f(y) \cdot \frac{1}{D_l(y)} \cdot \frac{D_r(a)}{D_l(a)} \, dy = \frac{D_r(a)}{D_l(a)} \cdot I(f) = \Delta(a) \cdot I(f).$$

Also gilt, in der Sprechweise von 19.20, für die Modulfunktion Δ, dass $\Delta(a) = D_r(a)/D_l(a)$.

(b) Für die multiplikative Gruppe $G = \mathbb{R}^*$ mit der Betragstopologie wird durch

$$I(f) = \int_{-\infty}^{\infty} \frac{f(x)}{x}\, dx, \quad f \in L(G),$$

das links- wie rechtsinvariante Haar'sche Integral definiert; denn es ist $_a\tau(x) = ax$ und $d_a\tau(x)/dx = a$. (Hier sei $f(0)/0 = 0$.)

(c) Sei $G = \{(x,y) \in \mathbb{R}^2 \mid x \neq 0\}$, versehen mit der von $\mathbb{R}^2$ induzierten Topologie und der Multiplikation

$$(a,b)(x,y) := \left(ax, ay + \frac{b}{x}\right);$$

es liegt eine lokalkompakte Gruppe mit neutralem Element $(1,0)$ vor. Dann ist

$$D_l(a,b) = \left|\det\begin{pmatrix} a & 0 \\ -\frac{b}{x^2} & a \end{pmatrix}\right| = a^2$$

und gemäß (a) ist $I(f) = \int_G f(x,y)x^{-2}dxdy$ ein linksinvariantes Integral. Jedoch gilt mit $u = xa$, $v = xb + \frac{y}{a}$:

$$\begin{aligned}
I(f^{(a,b)}) &= \int_G f\left(xa, xb + \frac{y}{a}\right) x^{-2}\, dxdy \\
&= \int_G f(u,v)\left|\det\begin{pmatrix} a^{-1} & -b \\ 0 & a \end{pmatrix}\right| \frac{a^2}{u^2}\, dudv = a^2 I(f);
\end{aligned}$$

das Integral ist also nicht rechtsinvariant.

(d) Für die allgemeine lineare Gruppe $G = GL(n,\mathbb{R})$, $A = (x_{jk})$ ist

$$I(f) = \int_G f(x_{11}, \ldots, x_{nn}) \cdot |\det A|^{-n}\, dx_{11}dx_{12}\ldots dx_{nn}$$

ein linksinvariantes Integral. Das Integral ist auch rechtsinvariant.

B Faltung und 1. Eindeutigkeitsbeweis

Bevor wir die Eindeutigkeit nachweisen, stellen wir einige Hilfsmittel bereit. Im folgenden sei I ein linksinvariantes Haar'sches Integral mit Maß μ auf der lokalkompakten Hausdorff'schen Gruppe G. Wir verwenden die übersichtlichere Schreibweise $I(f) = \int f(x)\, d\mu(x)$.

19.10 Definition. Für $f,g \in L(G)$ wird durch $f * g : G \to \mathbb{R}$,

$$(f * g)(x) = \int_G f(y)\, g(y^{-1}x)\, d\mu(y) = \int_G f(xy)\, g(y^{-1})\, d\mu(y)$$

für $x \in G$, eine Funktion auf G erklärt, die *Faltung von f und g*. Dass die beiden Integrale gleich sind, folgt aus der Linksinvarianz des Integrales.

19.11 Hilfssatz.

(a) *Sind $f, g \in L(G)$, so ist auch $f * g \in L(G)$.*

(b) $\operatorname{Tr}(f * g) \subset \operatorname{Tr} f \cdot \operatorname{Tr} g$.

Beweis. Die Abbildung $G \times G \to G$, $(x, y) \mapsto f(y)g(y^{-1}x)$, ist stetig. Aus Hilfssatz 17.18 folgt $\int f(y)\, g(y^{-1}x)\, d\mu(y) \in L(G)$. Wenn $(f * g)(x) \neq 0$ ist, so gilt

$$\emptyset \neq \{y \in G \mid f(y) \neq 0 \neq g(y^{-1}x)\} \quad \Longrightarrow$$
$$\exists\, y \in \operatorname{Tr} f : x \in y \operatorname{Tr} g \quad \Longrightarrow \quad x \in \operatorname{Tr} f \cdot \operatorname{Tr} g. \qquad \square$$

19.12 Beispiele.

(a) Ist G eine diskrete Gruppe, so ergibt

$$f(x) = \begin{cases} 1 & \text{für } x = e, \\ 0 & \text{sonst,} \end{cases}$$

eine Funktion aus $L^+(G)$, und es gibt eine Konstante $c \in \mathbb{R}$, nämlich $\mu(e)$, sodass $(f * g)(x) = \int_G f(y)g(y^{-1}x)\, d\mu(y) = g(x) \cdot \mu(\{e\}) = c \cdot g(x)$. Nehmen wir das *normierte Maß* μ mit $\mu(\{e\}) = 1$, so ist $(f * g)(x) = g(x)$ für jedes $g \in L(G)$.

(b) Ist G kompakt, so liegt die konstante Funktion $e(x) = 1 \; \forall x \in G$ in $L^+(G)$, und es gibt eine Konstante c, nämlich $c = \int_G d\mu = \mu(G)$, sodass $(e * g)(x) = c \cdot g(x)$ für jedes $g \in L(G)$. Hier wird meistens das *normierte Maß* mit $\mu(G) = 1$ genommen.

(c) Wir nehmen das Integral von 19.8 (c) auf $\mathbb{R}$ mod $\mathbb{Z}$. Ist $g_n(x) = e^{2\pi i n x}$, so gilt für $n, m \in \mathbb{Z}$

$$(g_n * g_m)(x) = \int_0^1 e^{2\pi i n y} e^{2\pi i m(x-y)}\, dy = e^{2\pi i m x} \int_0^1 e^{2\pi i (n-m)y}\, dy$$
$$= \begin{cases} e^{2\pi i m x} \cdot 1 & \text{für } n = m, \\ 0 & \text{für } n \neq m, \end{cases}$$

also $g_n * g_m = 0$ für $n \neq m$ und $g_n * g_n = g_n$. Für die reellwertigen Funktionen $c_n(x) = \cos 2\pi n x$ und $s_n(x) = \sin 2\pi n x$, $n \in \mathbb{N}$ ist

$$c_n = \frac{g_n + g_{-n}}{2}, \quad s_n = \frac{g_n - g_{-n}}{2i},$$

und es folgt für $n, m \in \mathbb{N}$

$$c_n * c_m = \frac{1}{4}\left(g_n * g_m + g_n * g_{-m} + g_{-n} * g_m + g_{-n} * g_{-m}\right)$$

$$= \begin{cases} \frac{g_n + g_{-n}}{4} = \frac{1}{2}c_n & \text{für } n = m, \\ 0 & \text{für } n \neq m . \end{cases}$$

Durch analoge Schlüsse erhalten wir für $n, m \in \mathbb{N}$:

$$c_n * c_m = s_n * s_m = c_n * s_m = s_n * c_m = 0 \quad \text{für } n \neq m,$$

$$c_n * c_n = -s_n * s_n = \frac{1}{2}c_n,$$

$$c_n * s_n = s_n * c_n = \frac{1}{2}s_n.$$

19.13 Hilfssatz. *Ist G eine lokalkompakte Gruppe, μ ein linksinvariantes Haar'sches Maß auf G und $f \in L(G)$, so gibt es zu jedem $\varepsilon > 0$ eine Umgebung V des neutralen Elementes e, sodass für jede Funktion $g \in L^+(G, V)$ mit $\int_G g \, d\mu = 1$ und $\breve{g}(x) = g(x^{-1})$ gilt:*

$$|(f * \breve{g})(x) - f(x)| \leq \varepsilon \quad \forall x \in G.$$

Zur Erinnerung: $L(G, V)$ besteht aus den stetigen Funktionen, deren Träger in V liegt.

Beweis. Wir wenden Hilfssatz 17.25 auf $(G, e, f_{x^{-1}})$ (als (X, a, f)) an und erhalten

$$|(f * \breve{g})(x) - f(x)| = \left| \int_G f(xy) \, \breve{g}(y^{-1}) \, d\mu(y) - f(xe) \right| \leq \varepsilon. \qquad \square$$

19.14 *Beweis der Eindeutigkeit* (19.2 (b)). Es seien μ und ν zwei Haar'sche Maße auf G, sowie I und J die zugehörigen Integrale. Wir nehmen an, dass es eine Funktion

(0) $\qquad f^* \in L^+(G), \ f^* \neq 0 \quad \text{mit} \quad \int_G f^* d\nu = \int_G f^* \, d\mu$

gibt; sonst lässt sich das durch eine Multiplikation von J mit einer positiven Konstanten erreichen. Für eine beliebige Funktion f aus $L(G)$ wollen wir zeigen: $\int_G f \, d\nu = \int_G f \, d\mu$.

Für $g \in L(G)$ und $\breve{g}(x) = g(x^{-1})$ sei $h = f * \breve{g}$, definiert mittels μ, d.h.

$$h(x) = \int_G f(y) \, \breve{g}(y^{-1}x) \, d\mu(y);$$

nach 17.27 ist $h \in L(G)$. Deshalb ist das folgende Integral definiert, und es folgt

$$\int h(x)\ d\nu(x) = \int \left\{ \int f(y)\ \breve{g}(y^{-1}x)\ d\mu(y) \right\} d\nu(x)$$

$$\overset{(1)}{=} \int f(y) \left\{ \int \breve{g}(y^{-1}x)\ d\nu(x) \right\} d\mu(y)$$

$$\overset{(2)}{=} \int f(y) \left\{ \int \breve{g}(x)\ d\nu(x) \right\} d\mu(y),$$

(i) $$\int h(x)\ d\nu(x) = \int f(y)\ d\mu(y) \cdot \int \breve{g}(x)\ d\nu(x),$$

wobei (1) aus Satz 17.29 von Fubini und (2) aus der Linksinvarianz von ν folgt.

Wir wählen nun die Funktion $g \in L(G)$ in spezieller Form und benutzen dazu

$$\int_G p\ d\mu > 0 \quad \text{für } p \in L^+(G),\ p \neq 0; \qquad \text{(ii)}$$

sonst gäbe es für jedes $q \in L^+(G)$ Elemente $s_1, \ldots, s_n \in G$ und positive Zahlen $c_1, \ldots, c_n$ mit $q \leq \sum_{i=1}^n c_i p_{s_i}$, woraus

$$0 \leq \int_G q\ d\mu \leq \sum_{i=1}^n c_i \int_G p_{s_i}\ d\mu = 0$$

folgen würde, im Widerspruch dazu, dass I nicht trivial ist.

Wegen des Urysohn'schen Lemmas gibt es zu jeder kompakten Umgebung V von e nicht-triviale Funktionen $g \in L^+(G, V)$, also auch solche mit $\int g\ d\mu = 1$. Deshalb können wir Hilfssatz 19.13 anwenden und erhalten:

(iii) *Zu $\varepsilon > 0$ gibt es eine kompakte Umgebung V von e, sodass für jede Funktion $g \in L^+(G, V)$ mit $\int_G g\ d\mu = 1$ gilt:*

$$\sup_{x \in G} |h(x) - f(x)| \leq \varepsilon \quad \text{für } h = f * \breve{g}.$$

Funktionen g der gewünschten Art gibt es.

Wegen $\operatorname{Tr} h \subset \operatorname{Tr} f \cdot V$ ist $\operatorname{Tr} h$ kompakt, und wir können Hilfssatz 17.25 anwenden und sehen, dass $\int_G h\ d\nu$ beliebig nahe an $\int_G f\ d\nu$ liegt; dabei müssen aber die Bedingungen an g aus (iii) erfüllt sein. Wenden wir das speziell auf die Funktion f^* von (0) als f an, so folgt aus (i) und $\int_G f^*\ d\mu = \int f^*\ d\nu$, dass $\int_G \breve{g}\ d\nu$ nahe bei 1 liegt, sofern $g \in L^+(G, V)$, $\int_G g\ d\mu = 1$ und V eine hinreichend kleine kompakte Umgebung von e ist. Gehen wir nun für ein beliebiges, aber festes $f \in L(G)$ in (i) zum Limes über, so erhalten wir

$$\int_G f\ d\nu = \int_G f\ d\mu \quad \Longrightarrow \quad J = I. \qquad \square$$

C 2. Eindeutigkeitsbeweis nach Weil-von Neumann

Wir wollen nun noch einen anderen Beweis der Eindeutigkeit des Haar'schen Integrales geben, der auf A. Weil und J. von Neumann zurückgeht. Dieser Abschnitt ist für das Folgende nicht notwendig.

19.15 Satz. *Für (ein festes) $f' \in L^+(G)$, $f' \neq 0$ ist $\int f' \, d\mu > 0$, und deshalb gibt es eine Funktion $\Delta \colon G \to \;]0, \infty[$ mit*

$$(*) \qquad \Delta(s) \cdot \int_G f'(x) \; d\mu(x) := \int_G f'(xs) \; d\mu(x) \quad \text{für } s \in G.$$

Die Halbgerade $]0, \infty[$ wird mit der Multiplikation zu einer topologischen Gruppe.

(a) *Für $f \in L(G)$ gilt*

$$\int_G f(x) \; d\mu(x) = \int_G f(x^{-1}) \cdot \Delta(x^{-1}) \; d\mu(x).$$

Deshalb liefert jedes $f' \in L^+(G)$, $f' \neq 0$, dieselbe Funktion $\Delta \colon G \to]0, \infty[$.

(b) *$\Delta \colon G \to \;]0, \infty[$ ist ein stetiger Homomorphismus.*

(c) *Für jedes $f \in L(G)$ gilt*

$$\int_G f(xs) \; d\mu(x) = \Delta(s) \int_G f(x) \; d\mu(x).$$

Beweis. Die Stetigkeit von Δ ergibt sich daraus, dass $L(G) \to L(G)$, $q \mapsto q^s$ und $L(G) \to \mathbb{R}$, $q \mapsto \int q \, d\mu$, stetig sind. Als nächstes zeigen wir (a).

Ist $f \in L(G)$, so gilt

$$(f' * f)(x) = \int f'(y) \; f(y^{-1}x) d\mu(y) = \int f'(xy) \; f(y^{-1}) d\mu(y).$$

Integrieren wir beide Integrale auch nach x, so erhalten wir

$$\int \left\{ \int f'(y) \; f(y^{-1}x) \; d\mu(y) \right\} \; d\mu(x) = \int \left\{ \int f'(xy) \; f(y^{-1}) \; d\mu(y) \right\} \; d\mu(x).$$

Aus dem Satz 17.29 von Fubini und aus der Linksinvarianz des Haar'schen Integrales I folgt für die linke (bzw. rechte Seite) LS (bzw. RS) dieser Gleichung:

$$LS = \int \left\{ \int f'(y) \, f(y^{-1}x) \, d\mu(x) \right\} \, d\mu(y) \qquad \text{(nach 17.29)}$$

$$= \int f'(y) \left\{ \int f(x) \, d\mu(x) \right\} \, d\mu(y) \qquad \text{(Linksinvarianz)}$$

$$= \int f'(y) \, d\mu(y) \cdot \int f(x) \, d\mu(x),$$

$$RS = \int \left\{ \int f'(xy) \, f(y^{-1}) \, d\mu(x) \right\} \, d\mu(y) \qquad \text{(nach 17.29)}$$

$$= \int \Delta(y) \left\{ \int f'(x) \, d\mu(x) \right\} f(y^{-1}) \, d\mu(y) \qquad \text{(nach (*))}$$

$$= \int \Delta(y) \, f(y^{-1}) \, d\mu(y) \cdot \int f'(x) \, d\mu(x),$$

und daraus ergibt sich nach Umbennen der Variablen die Formel aus (a), wobei f beliebig in $L(G)$ genommen werden kann. Dadurch ist die stetige Funktion Δ eindeutig bestimmt, wie aus 19.1 (4) folgt; statt f' *können wir also jede nicht-triviale Funktionen aus $L^+(G)$ zur Definition* von Δ nehmen.

Als nächstes wollen wir zeigen, dass Δ ein Homomorphismus ist. Seien $s, t \in G$; wir definieren $f''(x) = f'(xs)$ und erhalten wieder eine Funktion aus $L^+(G)$. Dann gilt

$$\Delta(ts) \int f'(x) \, d\mu(x) = \int f'(xts) \, d\mu(x) \qquad \text{(nach (*))}$$

$$= \int f''(xt) \, d\mu(x) = \Delta(t) \int f''(x) \, d\mu(x)$$

$$= \Delta(t) \int f'(xs) \, d\mu(x) = \Delta(t) \, \Delta(s) \int f'(x) \, d\mu(x)$$

$$\implies \qquad \Delta(st) = \Delta(s) \cdot \Delta(t).$$

Zum Nachweis von (c) wenden wir die Formel aus (a) auf die Funktion f^s, $f^s(x) = f(xs)$, an und erhalten

$$\int f(xs) \, d\mu(x) = \int f^s(x) \, d\mu(x)$$

$$= \int f^s(x^{-1}) \, \Delta(x^{-1}) \, d\mu(x) \qquad \text{(nach (a))}$$

$$= \Delta(s) \cdot \int f(x^{-1}s^{-1}) \, \Delta(x^{-1}s^{-1}) \, d\mu(x) \qquad \text{(nach (b))}$$

$$= \Delta(s) \cdot \int f(x^{-1}) \, \Delta(x^{-1}) \, d\mu(x) \qquad \text{(Linksinvarianz)}$$

$$= \Delta(s) \cdot \int f(x) \, d\mu(x) \qquad \text{(nach (a))}. \qquad \square$$

19.16 *Beweis* von 19.2 (b). Es seien I und J linksinvariante Integrale auf G mit Maßen μ, ν; ferner sei Δ wie oben zu I erklärt. Für $f, g \in L(G)$ gilt:

$$\int f(x)\, d\mu(x) \cdot \int g(y)\, d\nu(y)$$

$$= \int \left\{ \int f(x)\, d\mu(x) \right\} g(y)\, d\nu(y)$$

$$= \int \left\{ \int f(x)\, \frac{1}{\Delta(y)}\, d\mu(x) \right\} \Delta(y)\, g(y)\, d\nu(y) \qquad \text{(nach 19.15 (c))}$$

$$= \int \left\{ \int f(xy)\, \Delta(y)\, g(y)\, d\nu(y) \right\} d\mu(x) \qquad \text{(nach 17.29)}$$

$$= \int \left\{ \int f(y)\, g(x^{-1}y)\, \Delta((y^{-1}x)^{-1})\, d\nu(y) \right\} d\mu(x) \qquad (\nu \text{ linksinv.})$$

$$= \int \left\{ \int g((y^{-1}x)^{-1})\, \Delta((y^{-1}x)^{-1})\, d\mu(x) \right\} f(y)\, d\nu(y) \qquad (17.29)$$

$$= \int \left\{ \int g(x^{-1})\, \Delta(x^{-1})\, d\mu(x) \right\} f(y)\, d\nu(y) \qquad (\mu \text{ linksinvariant})$$

$$= \int g(x)\, d\mu(x) \cdot \int f(y)\, d\nu(y) \qquad \text{(nach 19.15 (a))}$$

$$\Longrightarrow \qquad \int f\, d\mu \cdot \int g\, d\nu = \int g\, d\mu \cdot \int f\, d\nu.$$

Nun nehmen wir ein $g \in L^+(G)$, $g \neq 0$, setzen $c := \int g\, d\nu / \int g\, d\mu > 0$ und erhalten

$$\int_G f\, d\nu = c \cdot \int_G f\, d\mu \qquad \forall f \in L(G). \qquad \square$$

D Eigenschaften des Haar'schen Integrales

19.17 Erweiterung des Haar'schen Integrales. Nach 17.10 läßt sich das konstruierte Integral auf monotone Limiten von Funktionen aus $L(G)$ und damit zunächst auf $\mathcal{B}^+$, die positiven Baire'schen Funktionen, und dann mit einiger Vorsicht auf deren Differenzen erweitern. Ferner läßt sich das Integral für komplexwertige Funktionen erklären, deren Real- und Imaginärteile integrierbar sind. Diese reelle oder komplexe Erweiterung legen wir im Folgenden zugrunde.

19.18 Satz. *Eine lokalkompakte Gruppe G mit Haar'schem Maß μ ist genau dann kompakt, wenn die konstante Funktion 1 summierbar und $\mu(G) < \infty$ ist.*

Beweis. Ist G kompakt, so ist die konstante Funktion 1 in $L^+(G)$ und $\mu(G) = \int_G 1\, d\mu < \infty$. Nun sei G nicht kompakt. Wir nehmen eine Umgebung V von e mit kompaktem Abschluss. Dann gibt es eine Folge von Punkten $(p_n)_{n \in \mathbb{N}}$, so dass $p_n \notin \cup_{i=1}^{n-1} p_i V$. Ist U eine offene symmetrische Umgebung von e mit $U^2 \subset V$, so sind die offenen Mengen $p_n U$ paarweise disjunkt und haben alle dasselbe positive Maß; deshalb ist das Maß von G unendlich, und die von 0 verschiedenen konstanten Funktionen sind nicht summierbar.   □

Für eine kompakte Gruppe G wird das Haar'sche Maß i.a. so normiert, dass $\mu(G) = 1$ ist. Für diskrete Gruppen wird meistens so normiert, dass das Maß eines Punktes 1 ist. Offenbar sind die beiden Normierungen möglich, vgl. 19.8 (a).

19.19 Satz. *Ist G eine lokalkompakte Gruppe mit Haar'schem Maß μ, so gibt es zu jedem stetigen Endomorphismus $\alpha: G \to G$ eine positive Zahl $\delta(\alpha)$, sodass*

$$\int_G f(\alpha(x))\, d\mu(x) = \frac{1}{\delta(\alpha)} \int_G f(x)\, d\mu(x) \quad \forall f \in L(G).$$

Für eine meßbare Menge $A \subset G$ und einen stetigen Automorphismus α gilt

$$\mu(\alpha(A)) = \delta(\alpha) \cdot \mu(A).$$

Dabei ergibt sich ein Homomorphismus $\delta_G = \delta: \mathrm{Aut}^{\mathrm{top}}\, G \to]0, \infty[$ von der Gruppe der stetigen Automorphismen nach $]0, \infty[$.

Beweis. Die Funktion $f \mapsto \int f(\alpha(x))\, d\mu(x)$ ist ein linksinvariantes Integral, und deshalb gibt es wegen der Eindeutigkeit des Haar'schen Integrales das gesuchte $\delta(\alpha)$, welches unabhängig von f ist. Aus $\chi_{\alpha(A)} = \chi_A \circ \alpha^{-1}$ folgt

$$\mu(\alpha(A)) = \int \chi_{\alpha(A)}(x)\, d\mu(x) = \int \chi_A(\alpha^{-1}x)\, d\mu(x)$$

$$= \frac{1}{\delta(\alpha^{-1})} \int \chi_A(x)\, d\mu(x) = \delta(\alpha)\mu(A). \qquad □$$

E Die Modulfunktion

Das konstruierte linksinvariante Haar'sche Maß braucht nicht rechtsinvariant zu sein. Ist $f \in L(G)$ und $t \in G$, so sei wieder $f^t \in L(G)$ durch $f^t(x) := f(xt)$ und f_s durch $f_s(x) := f(s^{-1}x)$ definiert. Natürlich haben f und f_s dasselbe Integral, jedoch im Allgemeinen haben f und f^t verschiedene Integrale. Aber zu festem t und variablem $s \in G$ ist

$$\int f^t(sx)\, d\mu(x) = \int f(sxt)\, d\mu(x) = \int f(xt)\, d\mu(x) = \int f^t(x)\, d\mu(x),$$

also ist $\int f^t d\mu$ ein linksinvariantes Integral. Deshalb gibt es eine positive Konstante $\Delta(t)$, sodass

$$(1) \qquad \int f^t \, d\mu = \Delta(t) \cdot \int f \, d\mu \quad \forall f \in L(G).$$

Für eine messbare Menge $A \subset G$ und $s \in G$ gilt $\mu(As) = \Delta(s)\mu(A)$. (Hier handelt es sich um dieselbe Funktion Δ wie in 19.15.)

19.20 Definition. Die Funktion $\Delta \colon G \to \,]0, \infty[$ heißt *Modulfunktion von G*. Das Haar'sche Integral ist gleichzeitig links- und rechtsinvariant, wenn $\Delta(t) \equiv 1$ ist; in diesem Fall heißt G *unimodular*.

19.21 Hilfssatz. *Ist G abelsch oder kompakt, so ist G unimodular.*

Beweis. Offenbar fallen für abelsche Gruppen Links- und Rechtsinvarianz zusammen. Falls G kompakt ist, so ist die konstante Funktion $f \equiv 1$ in $L(G)$, und für das normierte Haar'sche Maß und jedes $s \in G$ gilt

$$1 = \int 1 \, d\mu = \int f^s \, d\mu = \Delta(s) \int f \, d\mu = \Delta(s). \qquad \square$$

Mit recht einfachen Schlüssen – jedenfalls einfacher als die in 19.15 verwendeten – erhält man die folgende Aussage (a). Die Aussage (b) wurde dort zuerst gezeigt und danach erst die Homomorphieeigenschaft.

19.22 Satz.
(a) $\Delta \colon G \to \,]0, \infty[$ *ist ein stetiger Homomorphismus.*

(b) $\displaystyle \int_G f(x^{-1}) \, \Delta(x^{-1}) \, d\mu(x) = \int_G f(x) \, d\mu(x) \qquad$ *für $f \in L(G)$.*

Beweis von (b). Wir führen den Beweis etwas allgemeiner und lassen, 19.13 folgend, komplexwertige Funktionen f zu. Zu f definieren wir eine Funktion f^* durch

$$(2) \qquad\qquad f^*(x) = \overline{f(x^{-1})}\Delta(x^{-1}).$$

(Der Vorteil des Überganges zum Konjugiert-Komplexen wird sich später zeigen, vgl. 19.27.) Aus der Definition folgt direkt

$$f_s^* = \Delta(s)f^{s*}, \quad f_s^* * = \Delta(s)f^{*s}.$$

Durch $\int_G f(x) \, d\nu(x) = \int_G \overline{f^*}(x) \, d\mu(x)$ wird ein Integral auf G definiert, und dieses ist linksinvariant:

$$\int f_s(x)\, d\nu(x) = \int \overline{f_s}^{\,*}(x)\, d\mu(x) = \Delta(s^{-1}) \int \overline{f^*}^{\,s}(x)\, d\mu(x)$$

$$= \int \overline{f^*}(x)\, d\mu(x) = \int f(x)\, d\nu(x) \qquad \text{nach (1)}.$$

Deshalb ist $\int f d\nu = c \int f d\mu$ für eine positive Konstante c. Zu gegebenem $\varepsilon > 0$ nehmen wir eine symmetrische Umgebung V von e mit $|1 - \Delta(s)| < \varepsilon$ für $s \in V$ und ein symmetrisches reellwertiges $f \in L^+(G, V)$ (d.h. $f(x^{-1}) = f(x)$) mit $\int f\, d\mu = 1$ und erhalten

$$|1 - c| = |(1 - c) \int f\, d\mu| = |\int f\, d\mu - \int f d\nu| = |\int f\, d\mu - \int \overline{f^*}\, d\mu|$$

$$= |\int f(x)\, d\mu(x) - \int \overline{f(x^{-1})}\, \Delta(x^{-1})\, d\mu|$$

$$= |\int \left(1 - \Delta(x^{-1})\right) f(x)\, d\mu(x)| < \varepsilon \int f\, d\mu = \varepsilon.$$

Da $\varepsilon > 0$ beliebig war, folgt $c = 1$. $\qquad\square$

19.23 Korollar. *Für eine Funktion $f\colon G \to \mathbb{C}$ sei $f^*(x) = \overline{f(x^{-1})}\Delta(x^{-1})$.*

(a) $f^* \in L^1(G) \iff f \in L^1(G)$. *Dann gilt* $\|f^*\|_1 = \|f\|_1$.

(b) *Das Haar'sche Integral ist genau dann invers-invariant, d.h.*

$$\int_G f(x^{-1})\, d\mu(x) = \int_G f(x)\, d\mu(x),$$

wenn G unimodular ist.

Beweis. (a) ergibt sich aus 19.22 und der Tatsache, dass $L(G)$ dicht in $L^1(G)$ liegt, s. 17.10 (c). Ist G unimodular, so folgt die Invers-Invarianz unmittelbar. Ist das Haar'sche Maß invers-invariant, so gilt wegen 19.22 (b) für jedes $f \in L(G)$, s. auch 17.18:

$$0 = \int f(x^{-1}) \cdot \left(\Delta(x^{-1}) - 1\right)\, d\mu(x) \quad\implies\quad \Delta(x^{-1}) - 1 \equiv 0. \qquad\square$$

19.24 Das semidirekte Produkt lokalkompakter Gruppen. Es seien G, H lokalkompakte Hausdorff'sche Gruppen und $\varphi\colon G \to \operatorname{Aut} H$, $g \mapsto g^\varphi$ ein Homomorphismus. Die Menge $G \times H$ erhält einerseits die Produkttopologie und wird dadurch zu einem lokalkompakten Hausdorff'schen Raum. Andererseits wird durch

(a) $(x, y) \cdot (x_1, y_1) := (x \cdot x_1,\ x_1^\varphi(y) \cdot y_1)$, $(x, y)^{-1} = \left(x^{-1}, (x^\varphi)^{-1}(y^{-1})\right)$

$\forall x, x_1 \in G$, $y, y_1 \in H$, ein Produkt erklärt, und es entsteht eine Gruppe, das *semidirekte Produkt $G \ltimes H$*. Durch $y \mapsto (1, y)$ bzw. $x \mapsto (x, 1)$ lassen sich H

und G nach $G \ltimes H$ einbetten, und wir identifizieren diese beiden Gruppen mit ihren Bildern. Dabei wird $H \lhd G \ltimes H$, jedoch ist G i.a. nicht normal in $G \ltimes H$. Es gilt $x^{-1}yx = x^{\varphi}(y)$ für $x \in G, y \in H$. Wir erhalten die kurze exakte Sequenz

$$1 \to H \to G \ltimes H \to G \to 1.$$

(b) *Wenn die Abbildung $G \times H \to H$, $(x,y) \mapsto x^{\varphi}(y)$ stetig ist, so sind die Gruppenoperationen in $G \ltimes H$ stetig, und $G \ltimes H$ ist eine lokalkompakte Gruppe.*

Ist nun $g \in L^+(G)$ und $h \in L^+(H)$, so ist $f = (g,h) \colon G \ltimes H \to \mathbb{R}$, $(g,h)(x,y) = g(x) \cdot h(y)$, aus $L^+(G \ltimes H)$ und nach dem Satz 17.29 von Fubini gilt für das Produktmaß auf der Punktmenge $G \times H$

$$\iint_{G \ltimes H} f(x,y)\, d\mu(x)\, d\nu(y) = \int_G g(x)\, d\mu(x) \cdot \int_H h(y)\, d\nu(y),$$

wenn μ und ν Haar'sche Maße von G bzw. H sind. Sind $s \in G$, $t \in H$, so gilt

$$\iint_{G \ltimes H} f(sx,ty)\, d\mu(x)\, d\nu(y) = \int_G g(sx)\, d\mu(x) \cdot \int_H h(ty)\, d\nu(y) =$$
$$\int_G g(x)\, d\mu(x) \cdot \int_H h(y)\, d\nu(y) = \iint_{G \ltimes H} f(x,y)\, d\mu(x)\, d\nu(y).$$

Da endliche Linearkombinationen von Funktionen der Art (g,h) in $L(G \times H)$ dicht liegen, haben wir damit gezeigt:

(c) *Das Produktintegral, d.h. das Integral zum Maß $\mu\nu$, ist das linksinvariante Haar'sche Integral von $G \ltimes H$.*

Wir wollen jetzt die Modulfunktion für das semidirekte Produkt berechnen. Mit Δ_G und Δ_H bezeichnen wir die Modulfunktionen von G und H. Ist $(s,t) \in G \times H$ und sind $A \subset G$ und $B \subset H$ messbare Teilmengen, so gilt nach (a):

$$\begin{aligned}
(\mu \times \nu)([A \times B](s,t)) &= (\mu \times \nu)(As \times s^{\varphi}(B)t) \\
&= \mu(As) \cdot \nu(s^{\varphi}(B)t) = \Delta_G(s)\mu(A) \cdot \Delta_H(t)\nu(s^{\varphi}(B)) \\
&= \Delta_G(s)\, \Delta_H(t)\, \delta_H(s) \cdot (\mu \times \nu)(A \times B),
\end{aligned}$$

wobei $\delta_H(s)$ die laut 19.19 zu s^{φ} gehörige Zahl ist; also gilt

(d) $$\Delta_{G \ltimes H}(s,t) = \delta_H(s) \cdot \Delta_G(s) \cdot \Delta_H(t).$$

(e) *Sind G und H unimodular, so ist $\Delta_{G \ltimes H}(s,t) = \delta_H(s)$, und deshalb ist $G \ltimes H$ dann und nur dann unimodular, wenn $\delta_H \equiv 1$.*

Nun wenden wir (d) auf die additive Gruppe von $\mathbb{R}$ als H (d.h. $\Delta_H \equiv 1$) an. Ferner sei für $g \in G$

$$\varphi: G \to \operatorname{Aut} H, \ g^\varphi(y) := y \cdot |\Delta_G(g)|^{-1} \quad \text{für } g \in G, \ y \in H;$$

dann ist $\delta_{\mathbb{R}}(g) = |\Delta_G(g)|^{-1}$ und $\Delta_{G \ltimes H}(g, h) \equiv 1$. Also:

(f) *Jede lokalkompakte Gruppe G kann zu einer unimodularen Gruppe erweitert werden, welche ein semidirektes Produkt von G mit der additiven Gruppe der reellen Zahlen ist.*

F Die Gruppenalgebra

In 19.10 hatten wir die Faltung eingeführt, um sie in einem Beweis der Eindeutigkeit des Haar'schen Maßes zu benutzen. In Hilfssatz 19.11 haben wir für $f, g \in L(G)$ gezeigt, dass auch $f * g \in L(G)$. Zur Übertragung auf allgemeine integrierbare Funktionen müssen wir leider die Erweiterungsschritte erneut tun. Es gilt für die Baire'schen Funktionen, vgl. 17.8:

19.25 Satz.

(a) *Für $f, g \in \mathcal{B}^+(G)$ sei $f \diamond g: G \times G \to \mathbb{R}$, $(f \diamond g)(x, y) = f(y)g(y^{-1}x)$, also $(f * g)(x) = \int (f \diamond g)(x, y) \, d\mu(y)$. Dann ist $f \diamond g \in \mathcal{B}^+(G \times G)$, und es gilt*

$$\|f * g\|_p \leq \|f\|_1 \cdot \|g\|_p \quad \text{für } 1 \leq p \leq \infty.$$

(b) *Für $1 < p < \infty$, $\frac{1}{p} + \frac{1}{q} = 1$, $f \in L^p(G)$ und $g \in L^q(G)$ ist $f * g$ stetig und verschwindet im Unendlichen.*

Beweis. (a) Für $f \in L(G)^+$ hat das System der Funktionen $g \in \mathcal{B}^+(G)$ mit $f \diamond g \in \mathcal{B}^+(G \times G)$ die folgende Eigenschaften:

(1) Liegen $g_1, g_2, \ldots$ in dieser Menge, gilt $g_n \nearrow g'$ und $g_n \leq h$ für ein $h \in L(G)$, so liegt g' in dieser Menge; das folgt aus 17.7 und 19.11.

(2) $L^+(G)$ liegt in der Menge.

Deshalb ist diese Menge gleich $\mathcal{B}^+(G)$. Ist nun g eine durch eine Funktion aus $L(G)$ beschränkte Funktion aus $\mathcal{B}^+(G)$, so liegt $L^+(G)$ in der Familie der Funktionen $f \in \mathcal{B}^+(G)$ mit $f \diamond g \in \mathcal{B}^+(G \times G)$. Für jede monoton wachsende Folge solcher Funktionen, die eine gemeinsame obere Schranke aus $L(G)$ besitzen, liegt der Limes in dieser Menge; also handelt es sich auch hier um $\mathcal{B}^+(G)$. Deshalb gilt $f \diamond g \in \mathcal{B}^+(G \times G)$, wenn $f, g \in \mathcal{B}^+$ durch eine Funktion aus $L(G)$ majorisiert werden. Die allgemeine Aussage ergibt sich nun daraus, dass jede nicht-negative Baire'sche Funktion der Limes einer monoton wachsenden Folge Baire'schen Funktionen, die durch Funktionen aus $L(G)$ majorisiert werden, ist. Aus dem Satz 17.29 von Fubini folgt, dass $f(y)g(y^{-1}x)$ für fast jedes x integrierbar in y, dass

$$(f * g)(x) = \int_G f(y)g(y^{-1}x) \, d\mu(y)$$

integrierbar in x ist und dass

$$\|f * g\|_1 \ = \ \iint f(y) g(y^{-1}x) \, d\mu(x) \, d\mu(y) = \ \|f\|_1 \cdot \|g\|_1.$$

Ist $h \in \mathcal{B}^+(G)$, so gilt $f(y) \, g(y^{-1}x) \, h(x) \in \mathcal{B}^+(G \times G)$ nach 17.12, und wegen des Satzes 17.29 von Fubini und der allgemeinen Hölder'schen Ungleichung 17.15 ergibt sich für $0 \le p, q \le \infty$, $\frac{1}{p} + \frac{1}{q} = 1$

$$\langle f * g, h \rangle = \int f(y) \left[\int g(y^{-1}x) \, h(x) \, d\mu(x) \right] \, d\mu(y) \le \ \|f\|_1 \cdot \|g\|_p \cdot \|h\|_q.$$

Nach 17.18 (b) gilt $\|f * g\|_p \le \ \|f\|_1 \cdot \|g\|_p$, aber auch $f * g \in L^1(G)$, wenn $f \in L^1(G)$ und $g \in L^p(G)$ ist. Der Fall $p = \infty$ ist klar.

(b) Wir nehmen Folgen (f_n) und (g_n) in $L(G)$, sodass $\|f_n - f\|_p \to 0$ und $\|g_n - g\|_q \to 0$ for $n \to \infty$. Für $x \in G$ ergibt sich aus der Hölder'schen Ungleichung 17.15 und aus den Invarianzeigenschaften des Haar'schen Integrales

$$|(f * g)(x)| = | \int_G f(y) \, g(x - y) \, dy| \le \|f\|_p \cdot \|g\|_q$$

und daraus

$$|(f_n * g_n - f * g)(x)| \le |\, (f_n * (g_n - g))\, (x)| + |\, ((f_n - f) * g)\, (x)|$$
$$\le \|f_n\|_p \cdot \|g_n - g\|_q + \|f_n - f\|_p \cdot \|g\|_q.$$

Da (f_n) in der p-Norm konvergiert, ist $\{\|f_n\|_p \mid n \in \mathbb{N}\}$ beschränkt, und es liegt gleichmäßige Konvergenz $f_n * g_n \to f * g$ vor. Weil nach 19.11 (a) $f_n * g_n$ in $L(G)$ liegt, also stetig ist, erweist sich somit auch $f * g$ als stetig. Da es zu jedem $\varepsilon > 0$ ein $f_n * g_n$ mit $\|f * g - f_n * g_n\|_\infty < \varepsilon$ gibt und $\mathrm{Tr}(f_n * g_n)$ kompakt ist, verschwindet $f * g$ im Unendlichen. $\square$

Erweiterung von $L^1(G)$ ins Komplexe. Im folgenden erweitern wir – wie schon in 19.17 erwähnt – die Integrationstheorie auf komplexwertige Funktionen, indem wir auf Real- und Imaginärteil die entwickelte Theorie anwenden. Zerlegen wir die Funktionen in Real- und Imaginärteil, schreiben diese wiederum als Differenzen zweier positiver Funktionen und wenden auf deren sechzehn Produkte den Satz 19.23 an, so erhalten wir

19.26 Korollar. *Für $f \in L^1(G)$ und $g \in L^p(G)$ ist $f(y) g(y^{-1}x)$ summierbar in y für fast alle x, und es gilt $f * g \in L^p(G)$ sowie $\|f * g\|_p \le \|f\|_1 \cdot \|g\|_p$.* $\square$

19.27 Satz. *Mit der Faltung als Multiplikation wird $L^1(G)$ nach 18.5 (b) zu einer Banachalgebra, Gruppenalgebra genannt, mit der natürlichen Involution $f \mapsto \Phi$, $f^*(x) = \overline{f(x^{-1})} \Delta(x^{-1})$.*

Beweis. Nach 19.23 (a) ist die Abbildung $L^1(G) \to L^1(G)$, $f \mapsto f^*$, norm-treu. Für $f, g \in L^1(G)$ und $c \in \mathbb{C}$ gilt offenbar $(f + g)^* = f^* + g^*$ und $(cf)^* = \bar{c}f^*$. Ferner

$$(f * g)^*(x) = \int \overline{f(x^{-1}y)g(y^{-1})}\, \Delta(x^{-1})\, d\mu(y)$$

$$= \int \overline{g(y^{-1})}\Delta(y^{-1}) \cdot \overline{f\left((y^{-1}x)^{-1}\right)}\Delta\left((y^{-1}x)^{-1}\right)\, d\mu(y)$$

$$= (g^* * f^*)(x).$$

Daraus folgt $(f * g)^* = g^* * f^*$. Für $f, g, h \in \mathcal{B}^+(G)$ gilt

$$((f * g) * h)(x) \overset{(1)}{=} \int [(f * g)(xy)] \cdot h(y^{-1})\, d\mu(y)$$

$$\overset{(1)}{=} \int\int f(xyz)g(z^{-1})h(y^{-1})\, d\mu(z)\, d\mu(y)$$

$$\overset{(2)}{=} \int\int f(xz)g(z^{-1}y)h(y^{-1})\, d\mu(z)\, d\mu(y)$$

$$\overset{(3)}{=} \int f(xz) \left[(g * h)(z^{-1})\right]\, d\mu(z)$$

$$\overset{(1)}{=} (f * (g * h))(x),$$

wobei (1) nach 19.11 gilt, (2) aus der Linksinvarianz und (3) aus dem Satz 17.29 von Fubini folgt. Deshalb ist das assoziative Gesetz erfüllt für beliebige Kombinationen von Funktionen aus L^p, für die die auftretenden Faltungen alle definiert sind. Offenbar ist die Faltung $f * g$ linear in f und g. Nach 19.25 liegt die Faltung zweier Funktionen aus $L^1(G)$ wieder in $L^1(G)$, und es gilt

$$\|f * g\|_1 \leq \|f\|_1 \cdot \|g\|_1.$$

Also ist $L^1(G)$ eine Banachalgebra mit der Faltung als Multiplikation. $\qquad\square$

Es folgen nun einige nützliche elementare Eigenschaften der Gruppenalgebra $L^1(G)$.

19.28 Satz. *Die Gruppenalgebra $L^1(G)$ ist dann und nur dann kommutativ, wenn die Gruppe G kommutativ ist.*

Beweis. Eine kommutative Gruppe G ist unimodular und invers-invariant (nach 19.23 (b)) und daraus folgt

$$(f * g)(x) = \int f(y)\, g(y^{-1}x)\, d\mu(y) = \int g(xy)\, f(y^{-1})\, d\mu(y) = (g * f)(x).$$

Ist umgekehrt $L^1(G)$ kommutativ, so gilt für $f, g \in L^1(G)$:

$$0 = (f * g - g * f)(x) = \int \left[f(xy) \, g(y^{-1}) - g(y) \, f(y^{-1}x) \right] \, d\mu(y)$$

$$= \int g(y) \left[f(xy^{-1}) \Delta(y^{-1}) - f(y^{-1}x) \right] \, d\mu(y) \qquad \text{(nach 19.22 (b))}.$$

Da dieses für jedes $g \in L(G)$ gilt, ist nach 17.18

$$f(xz) \cdot \Delta(z) - f(zx) \equiv 0.$$

Nehmen wir ein $f \neq 0$ und $x = e$, so erhalten wir

$$\Delta(z) \equiv 1 \quad \Longrightarrow \quad f(xz) - f(zx) = 0 \quad \forall f \in L(G).$$

Da aber $L(G)$ Punkte trennt, folgt $xz = zx$, also ist G kommutativ. $\qquad \square$

19.29 Hilfssatz. *Ist $(A_n)_{n \in \mathbb{N}}$ eine Folge messbarer Teilmengen von G mit $\lim \mu(A_n) = 0$, so gilt $\lim \int_G f \chi_{A_n} \, d\mu = 0$ für jedes $f \in L^1(G)$.*

Beweis. Wir können annehmen, dass $\mu(A_n) < \infty$ für jedes n ist. Sei $g \in L(G)$ mit $\|f - g\|_1 < \varepsilon/2$. Dann gilt

$$\left| \int f \cdot \chi_{A_n} \, d\mu - \int g \cdot \chi_{A_n} \, d\mu \right| \leq \| f \cdot \chi_{A_n} - g \cdot \chi_{A_n} \|_1 < \frac{\varepsilon}{2}.$$

Aus $|(g \cdot \chi_{A_n})(x)| \leq \|g\|_\infty \cdot \chi_{A_n}(x)$ folgt

$$\|g \cdot \chi_{A_n}\|_1 \leq \|g\|_\infty \cdot \mu(A_n) < \frac{\varepsilon}{2},$$

falls n hinreichend groß ist. Das ergibt für solche n

$$\left| \int f \cdot \chi_{A_n} \, d\mu \right| \leq \left| \int f \cdot \chi_{A_n} \, d\mu - \int g \cdot \chi_{A_n} \, d\mu \right| + \left| \int g \cdot \chi_{A_n} \, d\mu \right|$$

$$< \frac{\varepsilon}{2} + \|g \cdot \chi_{A_n}\|_1 < \varepsilon. \qquad \square$$

19.30 Satz. *Die Gruppenalgebra $L^1(G)$ hat genau dann ein Einselement, wenn G diskret ist.*

Beweis. In einer diskreten Gruppe sind die einpunktigen Mengen offene Mengen, die durch Linkstranslationen ineinander überführt werden können und deshalb gleiches Maß haben, etwa 1. Ein Funktion f ist summierbar, wenn f bei allen Punkten bis auf höchstens abzählbar viele Ausnahmen x_j verschwindet, für die aber $\sum |f(x_j)| < \infty$ ist. Die charakteristische Funktion χ_e der Menge $\{e\}$ ist ein Einselement; denn

$$(f * \chi_e)(x) = \int f(y) \, \chi_e(y^{-1}x) \, d\mu(y) = \sum_y f(y) \, \chi_e(y^{-1}x) = f(x).$$

Nun habe $L(G)$ ein Einselement u. Wir zeigen zunächst:

(1) $$\inf\{\mu(U) \mid \emptyset \neq U \text{ offen}\} > 0.$$

Sonst gibt es nach 19.29 zu $0 < \varepsilon < 1$ eine offene Menge U mit $\mu(U) = \int |u|\chi_U \, d\mu < \varepsilon$. Wegen der Linksinvarianz des Haar'schen Maßes dürfen wir annehmen, dass $U \in \mathcal{U}$, d.h. dass U eine Umgebung des neutralen Elementes ist. Dann gibt es ein symmetrisches offenes $V \in \mathcal{U}$ mit $V^2 \subset U$. Natürlich ist auch $\mu(V) < \infty$ und für jedes $x \in V$ gilt:

$$
\begin{aligned}
\chi_V(x) = (u * \chi_V)(x) &= \int_G u(y)\,\chi_V(y^{-1}x)\,d\mu(y) \\
&= \int_G u(y)\,\chi_{xV}(y)\,d\mu(y) \qquad (\chi_V(y^{-1}x) = 1 \iff y \in xV^{-1} = xV) \\
&\leq \int_G |u(y)|\,\chi_{xV}(y)\,d\mu(y) \qquad (V^2 \subset U \implies) \\
&\leq \int_G |u(y)|\,\chi_U(y)\,d\mu(y) < \varepsilon \quad \forall\, x \in V,
\end{aligned}
$$

im Widerspruch zu $\chi_V(x) = 1$ für $x \in V$.

Nun sei $0 < a$ das Infimum für die Maße nichtleerer offener Mengen, ferner sei $U \subset G$ eine offene Menge endlichen Maßes. Wir wollen zeigen, dass U eine endliche Menge ist. Sonst seien $(x_j)_{j \in \mathbb{N}}$ paarweise verschiedene Elemente von U. Nun wählen wir eine natürliche Zahl $m > \mu(U)/a$ und zu den Punkten $x_1, \ldots, x_m$ paarweise disjunkte offene Umgebungen $U_1, \ldots, U_m$, die in U liegen. Daraus ergibt sich der Widerspruch

$$\mu(U) \geq \mu\left(\bigcup_{j=1}^{m} U_j\right) = \sum_{j=1}^{m} \mu(U_j) \geq m \cdot a > \mu(U).$$

Also ist U endlich, und dann bilden auch die einzelnen Punkte offene Mengen, d.h. G ist diskret. $\qquad\square$

Für jede lokalkompakte Gruppe hat die Gruppenalgebra eine „approximierende Eins", die ähnlich erhalten wird wie das $\breve{g}$ in Hilfssatz 19.13. Vorweg ein Satz über das Verschieben in $L^p(G)$.

19.31 Satz. *Für festes $f \in L^p(G)$, $1 \leq p < \infty$, sind die beiden Verschiebungsabbildungen $G \to L^p(G)$, $s \mapsto f_s$ bzw. $s \mapsto f^s$ stetig.*

Beweis. Zu $\varepsilon > 0$ wählen wir ein $g \in L(G)$ und ein $V \in \mathcal{U}$, sodass

$$\|f - g\|_p = \|f_s - g_s\|_p < \frac{\varepsilon}{3} \quad \text{und} \quad \|g - g_s\|_p < \frac{\varepsilon}{3} \quad \text{für } s \in V.$$

Die letzte Bedingung läßt sich erfüllen, da g stetig ist und kompakten Träger hat, dessen Maß natürlich endlich ist. Für $s \in V$ folgt nun

$$\|f - f_s\|_p \le \|f - g\|_p + \|g - g_s\|_p + \|g_s - f_s\|_p < \varepsilon,$$

also die Stetigkeit von $s \mapsto f_s$ bei $s = e$. Aus $\|g_{sx} - g_x\|_p = \|g_s - g\|_p$ ergibt sich die Stetigkeit für jedes $x \in G$, ja sogar die gleichmäßige Stetigkeit.

Da $\|g^s - f^s\|_p = \Delta(s)^{1/p}\|g - f\|_p$ ist, bleibt die obige Ungleichung wahr, wenn g_s und f_s durch g^s und f^s ersetzt werden und das V so gewählt wird, dass $\|g - g^s\|_p < \varepsilon/6$ und $\Delta(s)^{1/p} < 2$ für $s \in V$ gilt. Die Stetigkeit an beliebiger Stelle $x \in G$ folgt aus $\|g^{sx} - g^x\|_p = \Delta(x)^{1/p}\|g^s - g\|_p$. $\qquad\square$

19.32 Satz. *Zu gegebenem $f \in L^p(G)$, $1 \le p < \infty$ und $\varepsilon > 0$ gibt es eine Umgebung V des neutralen Elementes e, sodass für jedes $u \in L^+(G)$ mit $\operatorname{Tr} u \subset V$ und $\int u\, d\mu = 1$ gilt:*

$$\|f * u - f\|_p < \varepsilon \quad und \quad \|u * f - f\|_p < \varepsilon.$$

Beweis. Der Satz 17.29 von Fubini und die Hölder'sche Ungleichung 17.15 ergeben für $h \in L^q(G)$, $\frac{1}{p} + \frac{1}{q} = 1$:

$$|\langle u * f - f, h\rangle| = \left|\iint u(y)\left[f(y^{-1}x) - f(x)\right]\overline{h(x)}\, d\mu(y)\, d\mu(x)\right|$$

$$\le \|h\|_q \int \|f_{y^{-1}} - f\|_p\, u(y)\, d\mu(y) \qquad\qquad \Longrightarrow$$

$$\|u * f - f\|_p \le \int \|f_{y^{-1}} - f\|_p\, u(y)\, d\mu(y) \qquad\qquad \text{(nach 17.18 (b))}.$$

Nach 19.31 gibt es eine Umgebung V von e, sodass $\|f_{y^{-1}} - f\|_p < \varepsilon\ \forall y \in V$. Ist $u \in L^+(G)$, $\operatorname{Tr} u \subset V$ und $\int u\, du = 1$, so gilt $\|u * f - f\|_p < \varepsilon \int u\, d\mu = \varepsilon$.

Der Beweis für $f * u$ verläuft ähnlich, allerdings erfordert die Modulfunktion zusätzliche Abschätzungen. Ist $m = \int u(x^{-1})\Delta(x^{-1}\, d\mu(x)$, so gilt

$$|\langle f * u - f, h\rangle| = \left|\iint \left(f(xy) - \frac{f(x)}{m}\right) u(y^{-1})\overline{h(x)}\, d\mu(y)\, d\mu(x)\right|$$

$$\le \|h\|_q \int \frac{\|mf^y - f\|_p\, u(y^{-1})}{m}\, d\mu(y),$$

und daraus folgt nach 17.18 (b)

$$\|f * u - f\|_p \le \int \frac{\|mf^y - f\|_p\, u(y^{-1})}{m}\, d\mu(y).$$

Wegen 19.22 (b) ist $m = \int u(x^{-1})\Delta(x^{-1})\, d\mu(x) = \int u(x)\, d\mu(x)$. Da $\Delta(x)$ stetig in x und $\Delta(e) = 1$ ist, liegt m für hinreichend kleine V nahe bei 1. Also gibt es ein V, sodass

$$\|mf^y - f\|_p < \varepsilon \quad \text{falls } y \in V,\ u \in L^1(G)^+,\ \operatorname{Tr} u \subset V, \qquad \Longrightarrow$$

$$\|f * u - f\|_p < \varepsilon \int \frac{u(y^{-1})}{m}\ d\mu(y) = \varepsilon. \qquad \square$$

Die Umgebungen V des neutralen Elementes bilden ein durch die Inklusion gerichtetes System. Ist nun u_V eine Funktion, die keine negativen Werte annimmt und außerhalb von V verschwindet, und gilt $\int u_V\ d\mu = 1$, so konvergieren nach Satz 19.32 $u_V * f$ und $f * u_V$ in der p-Norm gegen f, und zwar für jedes $f \in L^p(G)$. Somit kann das gerichtete System von Funktionen u_V für viele Argumente anstelle eines Einselementes genommen werden und heißt deshalb eine *approximierende Eins*.

19.33 Satz. *Eine abgeschlossenen Teilmenge J der Gruppenalgebra $L^1(G)$ ist ein genau dann Linksideal (bzw. Rechtsideal), wenn J ein linksinvarianter (bzw. rechtsinvarianter) Unterraum des Banachraumes $L^1(G)$ ist.*

Beweis. J sei ein abgeschlossenes Linksideal und u laufe durch eine approximierende Eins. Für $f \in J$ ist $u * f \in J$. Da $u * f \to f$, gilt nach 19.31 $(u * f)_x \to f_x$ und deshalb $f_x \in J$. Also ist jedes abgeschlossene Linksideal ein linksinvarianter Unterraum.

Nun sei J ein abgeschlossener linksinvarianter Unterraum von $L^1(G)$. Für das orthogonale Komplement $J^\perp = \{g \in L^1(G) \mid \langle f, g \rangle = 0\ \forall g \in J\}$ gilt $(J^\perp)^\perp = J$, siehe 18.12 (c), also für $f \in L^1(G)$:

$$f \in J \quad \Longleftrightarrow \quad \langle f, g \rangle = 0\ \forall g \in J^\perp.$$

Für $h \in L^1(G)$, $f \in J$ und $g \in J^\perp$ gilt

$$\langle h * f, g \rangle = \iint h(y) f(y^{-1}x)\overline{g(x)}\ d\mu(y)\ d\mu(x)$$

$$= \int h(y) \int \left[f(y^{-1}x)\overline{g(x)}\ d\mu(x) \right]\ d\mu(y) = 0,$$

da $f_y \perp g\ \forall y$; also $h * f \in J$, d.h. J ist ein Linksideal.

Für Rechtsideale muß der Beweis etwas modifiziert werden. $\qquad \square$

Aufgaben

19.A1 Sei G eine endliche Hausdorff'sche Gruppe. Geben Sie den Vektorraum $L(G)$ und ein Haar'sches Integral auf G an.

19.A2 Sei μ ein Haar'sches Integral auf einer lokalkompakten Gruppe G und H eine *offene* Untergruppe von G. Zeigen Sie: Jedes $f \in L(H)$ läßt sich zu einer Funktion $\tilde{f} \in L(G)$ fortsetzen durch $\tilde{f}(x) = 0$ für $x \in G \setminus H$. Dann wird durch $\mu'(f) := \mu(\tilde{f})$ ein linksinvariantes Integral, also das Haar'sche Integral, auf H erklärt.

Zeigen Sie, dass die Voraussetzung „H offen" notwendig ist, dass z.B. eine Voraussetzung „H abgeschlossen" nicht ausreichen würde.

19.A3 Sei $G = \mathbb{C}^*$ die multiplikative Gruppe der komplexen Zahlen. Beschreiben Sie $L(G)$ und zeigen Sie, dass

$$I(f) = \int_{\mathbb{R}^2} f(x + iy) \frac{1}{x^2 + y^2}\, dx dy$$

ein links- sowie rechtsinvariantes Integral, also das Haar'sche Integral auf $\mathbb{C}^*$, ist. Berechnen Sie den Inhalt des Einheitskreises!

19.A4 Sei $G = (\mathbb{R}_{>0}, \cdot)$ die multiplikative Gruppe der positiven reellen Zahlen. Zeigen Sie: Das Lebesguesche Integral $\rho(f) = \int_0^\infty f(x)\, dx$ ergibt ein positives Integral auf G, welches aber nicht linksinvariant ist. Bestimmen Sie das Haar'sche Integral auf G!

19.A5 Sei $G = GL(2, \mathbb{R})$ die allgemeine lineare Gruppe der reellen 2×2-Matrizen, die als offene Teilmenge des $\mathbb{R}^4$ aufgefasst werden kann. Bestimmen Sie das Haar'sche Integral von G! Ist es auch rechtsinvariant?

19.A6 Sei G eine lokalkompakte Gruppe und ρ ein positives Integral auf G. Angenommen, es ist $\rho(f_y) = g(y)\rho(f)$ für jedes $f \in L(G)$ und jedes $y \in G$, wobei $g \in C(G, \mathbb{R}_{>0})$ ist. Dann wird durch

$$\mu(f) = \int_G \frac{f(x)}{g(x)}\, d\rho(x)$$

ein linksinvariantes Haar'sches Maß auf G definiert.

19.A7 Sei H die folgende Untergruppe von $GL(2, \mathbb{R})$:

$$H = \{ \begin{pmatrix} x & y \\ 0 & 1 \end{pmatrix} \mid x, y \in \mathbb{R},\ x \neq 0 \}.$$

Zeigen Sie: Ein linksinvariantes Haar'sches Integral ist

$$I(f) = \int_G f(x, y) \frac{1}{x^2}\, dx dy, \quad f \in C_0(H),$$

ein rechtsinvariantes ist

$$J(f) = \int_G f(x,y) \frac{1}{|x|}\, dx dy, \quad f \in C_0(H).$$

Die beiden Integrale sind verschieden.

19.A8 Bestimmen Sie die Haar'schen Integrale der folgenden Gruppen:

(a) Diskrete Gruppen. Zeigen Sie, dass jede diskrete Gruppe unimodular ist.

(b) G/H; dabei ist H ein abgeschlossener Normalteiler der lokalkompakten Gruppe G.

(c) $G = \prod_{j \in J} G_j$, wobei $(G_j)_{j \in J}$ ein System von kompakten Hausdorff'schen topologischen Gruppen G_j ist.

19.A9 Sei G eine lokalkompakte Gruppe, N ein abgeschlossener Normalteiler von G.

(a) Zeigen Sie, dass die Faktorgruppe $Q = G/N$ ebenfalls lokalkompakt (also insbesondere Hausdorff'sch) ist.

(b) Es seien μ_N und μ_Q linksinvariante Haar'sche Integrale auf N bzw. Q. Wir setzen

$$f^*(x) = \int_N f(xy)\, d\mu_N(y) \quad \text{für } f \in L(G), x \in G.$$

Zeigen Sie, dass f^* eine Abbildung $\bar{f} \colon Q \to \mathbb{R}$ durch $\bar{f}(xN) = f^*(x)$ induziert und dass $\bar{f} \in L(Q)$ gilt.

(c) Zeigen Sie, dass durch $\mu_G(f) = \mu_Q(\bar{f})$ ein positives linksinvariantes Integral auf G definiert wird. Somit ist μ_G das Haar'sche Maß von G, und es gilt

$$\int_G f(z)\, d\mu_G(z) = \int_Q \int_N f(xy)\, d\mu_N(y)\, d\mu_Q(xN).$$

Wenden Sie dieses speziell auf das direkte Produkt $G = N \times Q$ an.

19.A10 Es seien G und H kompakte Hausdorff'sche Gruppen und $f \colon G \to H$ ein stetiger Epimorphismus. Dann erhält f das Haar'sche Maß: Sind μ_G, μ_H die normierten Haar'schen Maße von G bzw. H (also $\mu_G(G) = \mu_H(H) = 1$), so gilt

$$\mu_G(f^{-1}(U)) = \mu_H(U) \quad \text{für jede meßbare Menge } U \subset H.$$

19.A11 Sei G eine lokalkompakte Gruppe mit Haar'schem Maß m und H eine abgeschlossene Untergruppe. Sei $X = H/G$ der Raum der Linksrestklassen gH. Dann gibt es auf X/G ein eindeutig bestimmtes Integral μ auf X, welches invariant gegenüber der Operation von G ist. Für eine meßbare Menge $U \subset X$ setzen wir $\mu(U) = m(p^{-1}(U))$.

19.A12 Sei G eine kompakte Untergruppe von $GL(n, \mathbb{R})$. Dann gibt es ein unter G invariantes Skalarprodukt auf dem Vektorraum $\mathbb{R}^n$.

19.A13 Sei G eine kompakte Haussdorff'sche Gruppe, die einerseits auf einem normalen X operiert und dabei eine abgeschlossene Teilmenge $A \subset X$ in sich überführt. Andererseits operiert G linear auf dem $\mathbb{R}^n$. Es gebe eine Abbildung $f\colon A \to \mathbb{R}^n$, die mit der Operation von G vertauschbar ist. Dann läßt sich f zu einer Abbildung $F\colon X \to \mathbb{R}^n$ fortsetzen, die ebenfalls mit der Operation verträglich ist. Vgl. das Diagramm

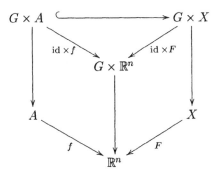

Ansatz: Falls G endlich ist, setze

$$F(x) = \frac{1}{|G|} \sum_{g \in G} g^{-1} f(gx).$$

19.A14 Bestimmen Sie das Haar'sche Maß der additiven Gruppe der p-adischen Zahlen, vgl. 1.A15, 16.A12.

19.A15 Operiert die kompakte Hausdorff'sche Gruppe G linear auf einer konvexen Teilmenge $V \subset \mathbb{R}^n$, so besitzt sie einen Fixpunkt. Hinweis: Ist G endlich, so ist $\frac{1}{|G|} \sum_{g \in G} g(x)$ für ein beliebiges $x \in V$ ein Fixpunkt.

19.A16 Sei G eine lokalkompakte Gruppe, die auf einem lokalkompakten Raum X transitiv stetig operiert, d.h. zu je zwei Punkten $x, y \in X$ gibt es eine Transformation $g \in G$ mit $g(x) = y$. Dann heißt X *homogener Raum.* Auf G gebe es ein unter der Operation von G invariantes positives Maß ρ. Sei $x_0 \in X$ ein fester Punkt und $H < G$ der Stabilisator von x_0. Zeigen Sie:

(a) H ist eine abgeschlossene Untergruppe von G., also auch lokalkompakt. Es ist $X \approx G/H$.

(b) Sei μ_H ein Haar'sches Maß auf H. Konstruieren Sie aus ρ und μ_H ein Haar'sches Maß von G!

(c) Wenden Sie diese Konstruktion in den folgenden Fällen an:

(1) $SO(3)/S^1 = S^2$; auf S^2 ist das übliche Maß erklärt, und es operiert $SO(3)$ maßtreu.

(2) $SO(4)/SO(3) = S^3$.

(3) $\mathrm{Isom}(\mathbb{R}^n)/SO(n) = \mathbb{R}^n$ für $n = 1, 2, 3$, wobei Isom die Gruppe der Isometrien ist.

19.A17 Operiert die kompakte Hausdorff'sche Gruppe G auf dem Hausdorff'schen Raum X, so gibt es auf X ein Maß, welches invariant unter der Operation ist.

19.A18 Auf S^1 ergibt die Kurvenlänge ein Haar'sches Maß μ. Sei $A \subset S^1$ irgendeine abgeschlossene Teilmenge mit $\mu(A) \geq \frac{2}{3}\mu(S')$. Dann gibt es ein gleichseitiges Dreieck mit den Ecken $P, Q, R \in A$, d.h. $|PR| = |QR| = |PQ|$.

19.A19 Sei $A \subset S^n$ eine abgeschlossene Teilmenge mit $m(A) \geq \frac{1}{2}m(S^n)$ wobei m das natürliche unter $0(n=1)$ invariante Maß auf S^n ist. Dann gibt es zu jedem Winkel $\varphi \leq \pi$ Punkte $x, y \in A$ mit $\sphericalangle(0, x, y) = \varphi$, d.h. $\langle x, y \rangle = \cos\varphi$. (Dieses läßt sich mit Verwendung von Bogenlängen oder Abständen umformulieren.)

20 Die duale Gruppe

Wie in vielen mathematischen Gebieten gibt es auch für topologische Gruppen eine Dualitätstheorie, beruhend auf den *Charakteren*, den stetigen Homomorphismen der Gruppe in den Einheitskreis. Wenn sich die Charaktergruppe auch für beliebige topologische Gruppen erklären lässt, ist sie von besonderer Bedeutung für lokalkompakte abelsche Gruppen, für die der Pontryagin'sche Dualitätssatz gilt. Es besteht eine enge Beziehung mit der Fourier-Analyse integrierbarer Abbildungen.

A Die Charaktergruppe

Wir beginnen mit allgemeinen Betrachtungen für beliebige topologische Gruppen und beweisen eine Reihe fundamentaler Eigenschaften, deren Beweise Schlüssen der mengentheoretischen Topologie und Analysis nahestehen.

20.1 Definition. G sei eine topologische Gruppe und $T = S^1 = \{z \in \mathbb{C} \mid |z| = 1\}$ die 1-*dimensionale Torusgruppe*. Ein stetiger Homomorphismus $\chi \colon G \to T$ heißt *Charakter von G*. Für zwei Charaktere χ, γ wird das *Produkt* $\chi\gamma$ als Produkt zweier Funktionen definiert, d.h. $(\chi\gamma)(x) = \chi(x)\gamma(x)$. Das Produkt ist wieder ein Charakter, und die Menge aller Charaktere auf G wird zu einer abelschen Gruppe $\hat{G}$, der *Charaktergruppe*. Natürlich ist die Funktion ε, die konstant den Wert 1 annimmt, das neutrale Element von $\hat{G}$. Das zu $\chi \in \hat{G}$ inverse Element werde mit $\overline{\chi}$ bezeichnet; diese Bezeichnung ist geschickt, sie erfüllt nämlich

$$\overline{\chi}(x) = \frac{1}{\chi(x)} = \overline{\chi(x)},$$

wobei $\overline{\chi(x)}$ die zu $\chi(x)$ konjugiert-komplexe Zahl ist, und es ist $\chi^{-1}(x) = \chi(x)^{-1} = \overline{\chi(x)}$. Zudem wird dadurch die Verwechslung mit der Umkehrabbildung von χ vermieden.

Wir wollen jetzt eine Topologie auf der Charaktergruppe definieren und verwenden dazu die Konstruktion, die wir auch schon in 14.13 und 18.24 (e) benutzt haben.

20.2 Bezeichnungen und einfache Eigenschaften. Es sei G eine topologische Gruppe, $\mathcal{U}$ wieder das Umgebungssystem des neutralen Elementes in G und $\mathcal{U}_T$ das der 1 in T. Mit $\mathcal{U}_T^s$ bezeichnen wir die symmetrischen Umgebungen der $1 \in T$. Sei speziell $T_+ = \{z \in T \mid \operatorname{Re} z \geq 0\} \in \mathcal{U}_T^s$ der „rechte" Halbkreis.

Die Menge T^G *aller* Abbildungen $f \colon G \to T$ (es wird weder Stetigkeit noch Homomorphie verlangt) wird durch $(f \cdot g)(x) = f(x) \cdot g(x)$ zu einer abelschen Gruppe. Nehmen wir auf T^G die Produkttopologie, so entsteht ein kompakter Hausdorff-Raum, da T ein solcher ist.

Für $M \subset G$ und $U \subset T$ sei wie in 14.13

$$(M, U) := \{f \colon G \to T \mid f(M) \subset U\} \subset T^G.$$

Im Folgenden untersuchen wir Systeme von stetigen Homomorphismen $G \to T$ und müssen allerdings die Stetigkeit aller Funktionen eines solchen Systemes gemeinsam behandeln. Dafür bietet sich der Begriff der *gleichgradigen Stetigkeit* an, vgl. 14.17 ff. Da wir es hier mit Homomorphismen von topologischen Gruppen zu tun haben, genügt es, eine (kompakte) Umgebung $\hat{A}$ des neutralen Elementes zu untersuchen, und dann lautet die Bedingung für die gleichgradige Stetigkeit so:

$(*)$ *Ein System $\hat{A}$ von Homomorphismen $G \to T$ ist* gleichgradig stetig, *wenn es zu jedem $W \in \mathcal{U}_T^s$ ein $U \in \mathcal{U}$ gibt, sodass $\chi(U) \subset W \; \forall \chi \in \hat{A}$.*

20.3 Hilfssatz. *Ist G lokalkompakt und $K \in \mathcal{U}$ eine kompakte Umgebung von e, so ist $\hat{A} := (K, T_+) \cap \hat{G}$ gleichgradig stetig und $\varepsilon \in \hat{A}$.*

Beweis. Wir nehmen an, dass $(*)$ für ein $W \in \mathcal{U}_T^s$ nicht erfüllt ist, und wählen ein $n \in \mathbb{N}$, sodass $\{e^{i\alpha} \mid |\alpha| \leq \pi/n\} \subset W$. Es gibt ein $U \in \mathcal{U}$ mit $U^n \subset K$. Da $(*)$ für W falsch ist, gibt es $x \in U$ und $\chi \in \hat{A}$ mit $\chi(x) = e^{i\beta} \notin W$, $|\beta| \leq \pi$. Wegen der Wahl von n ist

$$\frac{\pi}{n} < |\beta| \leq \pi \implies \exists\, m < n \text{ mit } \frac{\pi}{m+1} < |\beta| \leq \frac{\pi}{m}$$

$$\implies \frac{\pi}{2} < |m \cdot \beta| \leq \pi.$$

Also ist $\chi(x^m) = e^{im\beta} \notin T_+$. Das steht jedoch im Widerspruch dazu, dass $x^m \in U^m \subset U^n \subset K$ und $\chi \in (K, T_+)$, also $\chi(x^m) \in T_+$ ist. $\qquad \square$

20.4 Satz. *Es sei $\mathcal{S}$ ein nichtleeres System von Teilmengen von G. Auf T^G nehmen wir die Topologie $\mathcal{O}_\mathcal{S}$ der gleichmäßigen Konvergenz auf den Mengen von $\mathcal{S}$, vgl. 14.6.*

(a) *Gehört mit M_1, M_2 auch $M_1 \cup M_2$ zu $\mathcal{S}$, so ist $(T^G, \cdot, \mathcal{O}_\mathcal{S})$ eine topologische Gruppe, die wir mit $T_\mathcal{S}^G$ bezeichnen. In ihr bildet*

$$\mathcal{B} = \{(M,U) \mid M \in \mathcal{S},\ U \in \mathcal{U}_T^s\}$$

B eine Umgebungsbasis des neutralen Elementes $\varepsilon \in T^G$.

(b) *Gilt außerdem* $\bigcup_{M \in \mathcal{S}} M = G$, *so ist* $T_{\mathcal{S}}^G$ *Hausdorff'sch.*

Beweis. (a) Wir wollen zeigen, dass $\mathcal{B}$ die Bedingungen (0), (2)–(5) aus 16.16 (b) erfüllt. Offenbar gilt $\varepsilon(G) \in (M,U)$ für alle $(M,U) \in \mathcal{B}$, also (0); auch ist (4) erfüllt, weil T^G abelsch ist. Da jedes $U \in \mathcal{U}_T^s$ symmetrisch ist, folgt

$$(M,U)^{-1} = \{\overline{f} \mid f \in T^G, f(M) \subset U\} = \{f \in T^G \mid f(M) \subset U^{-1} = U\}$$
$$= (M,U),$$

also gilt (2). Um (3) zu zeigen, nehmen wir zu $U \in \mathcal{U}_T^s$ ein $V \in \mathcal{U}_T^s$ mit $V^2 \subset U$. Dann gilt

$$(M,V)^2 = \{fg \mid f,g \in T^G,\ f(M) \subset V, g(M) \subset V\}$$
$$\subset \{f \in T^G \mid f(M) \subset V^2\} = (M,V^2) \subset (M,U),$$

und daraus ergibt sich (3). Zum verbleibenden Nachweis von (5) untersuchen wir $M_1, M_2 \in \mathcal{S}$ und $U_1, U_2 \in \mathcal{U}_T^s$ und erhalten

$$(M_1 \cup M_2, U_1 \cap U_2) = \{f \in T^G \mid f(M_1 \cup M_2) \subset U_1 \cap U_2\}$$
$$\subset \{f \in T^G \mid f(M_1) \subset U_1\} \cap \{f \in T^G \mid f(M_2) \subset U_2\}$$
$$= (M_1, U_1) \cap (M_2, U_2).$$

Deswegen gibt es nach 16.16 (b) genau eine Topologie $\mathcal{O}_{\mathcal{S}}$ in T^G, sodass $(T^G, \cdot, \mathcal{O}_{\mathcal{S}})$ eine topologische Gruppe und dabei $\mathcal{U}_T^s$ eine Umgebungsbasis des neutralen Elementes ε ist.

(b) Zu $f \in T^G$, $f \neq \varepsilon$, gibt es ein $x \in G$ mit $f(x) \neq 1 = \varepsilon(x)$. Nach Annahme gibt es ein $M \in \mathcal{S}$ mit $x \in M$. Da T Hausdorff'sch ist, gibt es ein $U \in \mathcal{U}_T^s$ mit $f(x) \notin U$. Also ist $f \notin (M,U)$, und es folgt

$$\bigcap\{(M,U) \mid M \in \mathcal{S},\ U \in \mathcal{U}_T^s\} = \{\varepsilon\}.$$

Wegen 16.17 ist $(T^G, \cdot, \mathcal{O}_{\mathcal{S}})$ Hausdorff'sch. (Die Aussage (b) ist in allgemeinerer Form in 14.9 gezeigt.) $\qquad\square$

Speziell können wir wie in 14.9 (b) und (c) diese Konstruktion für die Systeme der endlichen bzw. kompakten Teilmengen als $\mathcal{S}$ durchführen, und erhalten auf T^G die Topologien $\mathcal{O}_s$ und $\mathcal{O}_c$ der *punktweisen* bzw. *kompakten Konvergenz*; die zugehörigen topologischen Räume bezeichnen wir mit T_s^G bzw. T_c^G. Natürlich ist $\mathcal{O}_s$ gleich der Produkttopologie, und deshalb ist T_s^G kompakt. Offenbar gilt $\mathcal{O}_s \subset \mathcal{O}_c$.

20.5 Hilfssatz. *Sei G eine topologische Gruppe.*

(a) *Die Charaktergruppe $\hat{G}$ einer topologischen Gruppe G ist eine Untergruppe von T^G. Mit den von $\mathcal{O}_s$ bzw. $\mathcal{O}_c$ definierten Topologien entstehen zwei Hausdorff'sche abelsche topologische Gruppen $\hat{G}_s$ und $\hat{G}_c$. Die Identität* id: $\hat{G}_c \to \hat{G}_s$ *ist stetig. Die Gruppe $\hat{G}_c$ heißt die zu G duale Gruppe.*

(b) *Der Abschluss von $\hat{G}$ in T_s^G enthält nur Homomorphismen $G \to T$.*

(c) *Ist G lokalkompakt und K eine kompakte Umgebung des neutralen Elementes, so ist die gleichgradig stetige Menge $\hat{A} = (K, T_+) \cap \hat{G}$ aus 20.3 abgeschlossen in T_s^G, also kompakt. Sie ist natürlich auch in $\hat{G}_s$ abgeschlossen.*

Beweis. Es bleiben nur (b) und (c) zu zeigen, wobei wir natürlich in diesem Beweis alle topologische Begriffe auf die Topologie $\mathcal{O}_s$ der punktweisen Konvergenz beziehen. Sei nun $f \in T^G$ im Abschluss von $\hat{G}$. Wir zeigen zunächst, dass f ein Homomorphismus ist.

Für $x, y \in G$ setzen wir $M = \{x, y, xy\}$. Zu einem beliebig vorgegebenen $W \in \mathcal{U}_T^s$ gibt es ein $W_1 \in \mathcal{U}_T^s$ mit $W_1^3 \subset W$. Da f im Abschluss von $\hat{G}$ liegt, gibt es ein $\chi \in [f \cdot (M, W_1)] \cap \hat{G}$, d.h. es gibt ein $\gamma \in (M, W_1)$ mit $\chi = f \cdot \gamma$. Da χ ein Homomorphismus ist, folgt

$$f(xy) = \chi(xy) \cdot (\gamma(xy))^{-1} = \chi(x)\chi(y) \cdot (\gamma(xy))^{-1}$$
$$= f(x)f(y)\gamma(x)\gamma(y)\,(\gamma(xy))^{-1} \in f(x)f(y)W_1^3 \subset f(x)f(y)W.$$

Weil $W \in \mathcal{U}_T^s$ beliebig und T Hausdorff'sch ist, folgt $f(xy) = f(x)f(y)$; also ist f ein Homomorphismus.

(c) Nun sei f aus dem Abschluss von $\hat{A}$ in T_s^G. Nach (b) handelt es sich um einen Homomorphismus. Die Stetigkeit von f brauchen wir nur beim neutralen Element von G nachzuweisen, vgl. 16.A8. Zu $W \in \mathcal{U}_T^s$ wählen wir ein $W_1 \in \mathcal{U}_T^s$ mit $W_1^2 \subset W$. Wegen der gleichgradigen Stetigkeit von $\hat{A}$ gibt es zu W_1 ein $U \in \mathcal{U}$ mit $\chi(U) \subset W_1$ für alle $\chi \in \hat{A}$. Da $f \cdot (\{x\}, W_1)$ für jedes $x \in G$ eine Umgebung von f in T_G^s ist, gibt es ein $\chi \in \hat{A} \cap (f \cdot (\{x\}, W_1))$, also

(1) $\chi = f \cdot \gamma$ mit $\gamma \in (\{x\}, W_1)$.

Ist aber $x \in U$, so folgt $f(x) = \chi(x)(\gamma(x))^{-1} \in W_1^2 \subset W$. Deshalb ist f stetig in e und sogar auf ganz G, da f ein Homomorphismus ist.

Also gilt $f \in \hat{G}$. Wir müssen noch $f \in (K, T_+)$ nachweisen. Für $x \in K$ ergibt (1) wegen $\chi \in \tilde{A}$, d.h. $\chi(K) \subset T_+$,

$$f(x) = \chi(x)(\gamma(x))^{-1} \in T_+ W_1 \subset T_+ W.$$

Da $W \in \mathcal{U}_T^s$ beliebig und T_+ abgeschlossen ist, erhalten wir

$$f(x) \in \bigcap_{W \in \mathcal{U}_T^s} T_+ W = \overline{T_+} = T_+ \quad \forall\, x \in K \quad \Longrightarrow \quad f \in (K, T_+). \quad \square$$

20.6 Satz. *Ist G eine lokalkompakte Gruppe, so ist die Charaktergruppe $\hat{G}_c$, versehen mit der kompakt-offenen Topologie, ebenfalls lokalkompakt.*

Beweis. Nach 16.A7 genügt es, eine kompakte Umgebung des neutralen Elementes ε zu finden. Wir übernehmen die Bezeichnungen von 20.2–20.5. Nach 20.5 (c) ist $\hat{A} = (K, T_+) \cap \hat{G}$ in $\hat{G}_s$ kompakt. Wir wollen zeigen, dass $\hat{A}$ kompakt in $\hat{G}_c$ ist, und dazu beweisen wir:

$\mathcal{O}_s$ *und* $\mathcal{O}_c$ *induzieren auf* $\hat{A}$ *dieselbe Topologie.*

Da $\mathcal{O}_s \subset \mathcal{O}_c$ ist, gilt die entsprechende Beziehung auch für die auf $\hat{A}$ induzierten Topologien. Deswegen bleibt zu zeigen: Zu gegebenen $\chi \in \hat{A}$, kompaktem $C \subset G$ und $S \subset \mathcal{U}_T^s$ gibt es $x_1, \dots, x_n \in G$ und $W \in \mathcal{U}_T^s$, sodass

$$\chi \cdot \left[(\{x_1, \dots, x_n\}, W) \cap \hat{A} \right] \subset \chi \cdot \left[(C, S) \cap \hat{A} \right],$$

sodass also eine $\mathcal{O}_s$-Umgebung von χ in der vorgegebenen $\mathcal{O}_c$-Umgebung liegt. Dazu wählen wir $W \in \mathcal{U}_T^s$ mit $W^3 \subset S$ und ein offenes $O \in \mathcal{U}$ mit $\gamma(O) \subset W$ für alle $\gamma \in \hat{A}$; letzteres ist wegen der gleichgradigen Stetigkeit von $\hat{A}$ möglich, s. 20.3. Es gibt $x_1, \dots, x_n \in G$ mit $C \subset \bigcup_{i=1}^{n} x_i \cdot O$. Für $\gamma \in \chi \cdot \left[(\{x_1, \dots, x_n\}, W) \cap \hat{A} \right]$, also

$$\gamma \in \hat{A}, \quad \gamma = \chi \cdot g \quad \text{mit} \quad g \in (\{x_1, \dots, x_n\}, W),$$

gilt dann

$$g(C) = (\overline{\chi}\gamma)(C) \subset \bigcup_{i=1}^{n} (\overline{\chi}\gamma)(x_i O) = \bigcup_{i=1}^{n} (\overline{\chi}\gamma)(x_i)(\overline{\chi}\gamma)(O)$$

$$\subset \bigcup_{i=1}^{n} g(x_i) \cdot \overline{\chi}(O)\gamma(O) \subset W^3 \subset S.$$

Deshalb ist $g \in (C, S)$, also $\gamma \in \chi \cdot \left[(C, S) \cap \hat{A} \right]$, und es folgt

$$\chi \cdot \left[(\{x_1, \dots, x_n\}, W) \cap \hat{A} \right] \subset \chi \cdot \left[(C, S) \cap \hat{A} \right]. \qquad \square$$

20.7 Satz.
  (a) *Ist G ein kompakte Hausdorff'sche Gruppe, so ist $\hat{G}_c$ diskret.*
  (b) *Ist G eine diskrete topologische Gruppe, so ist $\hat{G}_c$ kompakt.*

Beweis. Wie in 20.3 sei T_+ wieder der rechte Halbkreis.

  (a) Nun können wir in 20.3 $K = G$ setzen und erhalten mit $(G, T_+) \cap \hat{G}$ eine Umgebung von ε in $\hat{G}_c$. Es ist aber $(G, T_+) \cap \hat{G} = \{\varepsilon\}$. Sonst gäbe es ein $\chi \in (G, T_+) \cap \hat{G}$ und ein $x \in G$ mit $\chi(x) \neq 1$, also auch ein $n \in \mathbb{N}$, sodass

$$\chi(x) \notin \{e^{i\alpha} \mid 0 \le |\alpha| \le \frac{\pi}{n}\}.$$

Deshalb existierte ein m mit $\chi(x)^m = \chi(x^m) \notin T_+$, im Widerspruch zu $\chi(G) \subset T_+$; hier haben wir den Schluss vom Beweis von 20.3 wiederholt.

Aus $(G, T_+) \cap \hat{G} = \{\varepsilon\}$ folgt, dass $\hat{G}$ diskret ist.

(b) Jetzt können wir $K = \{e\}$ nehmen. Dann ist $(K, T_+) = \hat{G}$, also $\hat{A} = \hat{G}$. Da jede kompakte Menge des diskreten Raumes G nur aus endlich vielen Punkten besteht, stimmen die Topologien der punktweisen und der kompakten Konvergenz auf T^G überein, also $\hat{G}_s = \hat{G}_c$. Nach 20.5 (c) ist $\hat{G}_s$ kompakt.   □

Das Dualisieren können wir iterieren, indem wir zu einer topologischen Gruppe G das $\hat{G}_c$, und für letztere die abelsche Gruppe der Charaktere bilden und diese wieder mit der Topologie der kompakte Konvergenz versehen, also zu $\hat{\hat{G}}_{cc}$ übergehen. Diese Gruppe heißt die *zweifach duale Gruppe* oder *zweite Charaktergruppe zu* G. Sie ist eine abelsche Hausdorff'sche topologische Gruppe. Ist G lokalkompakt, so auch $\hat{\hat{G}}_{cc}$.

20.8 Satz. *Ist G ein Hausdorff'sche kompakte Gruppe, so auch $\hat{\hat{G}}_{cc}$. Ist G diskret, so auch $\hat{\hat{G}}_{cc}$.*   □

In mehreren Theorien führt das zweifache Dualisieren zurück zum Ausgangspunkt. Das kann hier natürlich nicht gelingen, da $\hat{G}$ abelsch ist, auch wenn G es nicht ist. Aber versuchen wir dennoch den üblichen Ansatz! G sei also eine topologische Gruppe mit der dualen Gruppe $\hat{G}_c$ und der zweifach dualen $\hat{\hat{G}}_{cc}$. Fixieren wir ein $x \in G$, so erhalten wir eine Abbildung

$$\Delta_x \colon \hat{G}_c \to T \quad \text{durch } \chi \mapsto \chi(x).$$

Wegen der Definiton des Produktes in $\hat{G}$ ist Δ_x ein Homomorphismus, außerdem stetig beim trivialen Charakter ε, da die Mengen $(x, W) \cap \hat{G}$ mit $W \in \mathcal{U}_T^s$ zu einer Umgebungsbasis von ε gehören. Ist G lokalkompakt, so ist die Umgebung $\hat{A}$ von ε in $\hat{G}_c$ aus 20.3 gleichgradig stetig. Deswegen gibt es zu jedem $W \in \mathcal{U}_T^s$ eine Umgebung $U \in \mathcal{U}$ mit $\chi(x) = \Delta_x(\chi)$ für alle $\chi \in \hat{A}$ und alle $x \in U$; also ist $\Delta_x \in \hat{\hat{G}}_{cc}$, und es entsteht eine stetige Abbildung $\Delta \colon G \to \hat{\hat{G}}_{cc}$, die ein Homomorphismus ist.

20.9 Satz. $\Delta \colon G \to \hat{\hat{G}}_{cc}$, $x \mapsto \Delta_x$, *mit* $\Delta_x \colon \hat{G}_c \to T$, $\chi \mapsto \chi(x)$, *ist ein stetiger Homomorphismus.*   □

Im Folgenden lassen wir den Index "c" meistens weg und verstehen unter $\hat{G}$ die Charaktergruppe von G, versehen mit der kompakten offenen Topologie.

20.10 Beispiele.

(a) Ist $G = \mathbb{Z}_n$, $1 < n \in \mathbb{N}$, also diskret und kompakt, so ist $\hat{G}_c$ nach 20.7 ebenfalls kompakt und diskret. Jeder Charakter ist durch das Bild des erzeugenden Elementes 1 bestimmt. Außerdem muß die Ordnung dieses Elementes das n teilen. Die möglichen Bilder von 1 sind also die n-ten Einheitswurzeln $e^{2\pi i k/n}$, und deshalb ist $\hat{\mathbb{Z}}_n \cong \mathbb{Z}_n$. Unter Verwendung von 20.11 folgt hieraus, dass *jede endliche abelsche Gruppe isomorph zu ihrer Charaktergruppe ist.*

(b) Für die diskrete unendlich zyklische Gruppe $\mathbb{Z}$ ist ebenfalls jeder Charakter durch seinen Wert auf 1 bestimmt. Jetzt kann aber jede komplexe Zahl des Einheitskreises genommen werden, um einen stetigen Charakter zu definieren, und $\Phi \colon \hat{\mathbb{Z}}_c \to T$, $\chi \mapsto \chi(1)$ ist ein Isomorphismus. Zu vorgegebener Umgebung W der $1 \in T$ betrachten wir die Umgebung $N = (\{1\}, W) \cap \hat{\mathbb{Z}}$ des neutralen Elementes von $\hat{\mathbb{Z}}_c$. Für $\chi \in N$ gilt $\Phi(\chi) = \chi(1) = \chi(\{1\}) \subset W$, und deshalb ist der Isomorphismus Φ beim neutralen Element stetig, also überall. Da $\mathbb{Z}_c$ nach 20.7 kompakt und nach 20.4 (b) Hausdorff'sch ist, ist Φ auch eine abgeschlossene Abbildung, also ist die Umkehrabbildung stetig, s. 8.11, und somit *vermittelt Φ einen topologischen Isomorphismus zwischen der Charaktergruppe von $\mathbb{Z}$ und $T = S^1$.*

(c) Nun sei $G = \mathbb{R}$, versehen mit der natürlichen Topologie. Zu einem festen $r \in \mathbb{R}$ ist $\chi_r \colon \mathbb{R} \to T$, $x \mapsto e^{irx}$, ein stetiger Charakter, also $\chi_r \in \hat{\mathbb{R}}$. Ist $\chi \in \hat{\mathbb{R}}$, so ist χ stetig und erfüllt die Funktionalgleichung

$$\chi(x + y) = \chi(x) \cdot \chi(y) \quad \forall\, x, y \in \mathbb{R},$$

welche die Exponentialabbildungen kennzeichnet; es gibt also ein $a \in \mathbb{C}$, sodass $\chi(x) = e^{ax}$ für $x \in \mathbb{R}$. Wegen $|\chi(x)| = 1$ ist a rein imaginär: $a = ir$, also $\chi(x) = e^{irx} = \chi_r(x)$. Nun folgt leicht, dass *die Abbildung $\Phi \colon \mathbb{R} \to \hat{\mathbb{R}}$, $r \mapsto \chi_r$ – algebraisch gesehen – ein Isomorphismus ist. Ferner ist sie und ihre Umkehrabbildung stetig.*

(d) Nun sei $G = T = S^1$ und $\chi \colon T \to T$ ein stetiger Charakter. Ist $\zeta = e^{2\pi i/n}$, $2 \leq n \in \mathbb{Z}$, und $z = \chi(\zeta) = e^{2\pi i c}$ für ein passendes $c \in [0, 2\pi[$, so ist

$$1 = \chi(1) = \chi(\zeta^n) = (\chi(\zeta))^n = e^{2\pi i n c} \implies$$

$$nc \equiv 0 \bmod 1 \implies c \equiv \frac{k}{n} \bmod 1, \ k \in \mathbb{Z}.$$

Dieses gilt für jedes n, und deshalb gibt es ein $k \in \mathbb{Z}$, welches die obige Bedingung für alle natürlichen Zahlen n erfüllt. Also gilt $\chi(e^{2\pi i r}) = e^{2\pi i k r}$ für jede rationale Zahl r. Wegen der Stetigkeit von χ gilt deshalb $\chi(z) = z^k$. Somit bekommen wir durch $\chi \mapsto k$ einen Monomorphismus $\hat{T} \to \mathbb{Z}$. Da umgekehrt jedes Potenzieren auf T einen Charakter definiert, ist die Abbildung auch surjektiv, also $\hat{T} \cong \mathbb{Z}$.

Die obigen Resultate lassen sich auf direkte Summen der oben angegebenen Gruppen mittels des folgenden Satzes erweitern.

20.11 Satz. *Die Charaktergruppe des direkten Produktes zweier lokalkompakter Gruppen G_1, G_2 ist gleich dem direkten Produkt der Charaktergruppen:*

$$\hat{G} = \hat{G}_1 \oplus \hat{G}_2 \qquad \textit{für} \qquad G = G_1 \oplus G_2.$$

Genauer: durch

$$(\chi_1, \chi_2) \mapsto \chi \colon G_1 \oplus G_2 \to T \quad \textit{mit} \quad \chi(x_1, x_2) = \chi_1(x_1) \cdot \chi_2(x_2) \quad \textit{und}$$

$$\chi \mapsto \left(\chi_{|G_1 \oplus \{e_2\}}, \chi_{|\{e_1\} \oplus G_2}\right)$$

werden zueinander inverse Homomorphismen zwischen $\hat{G}_1 \oplus \hat{G}_2$ und $\hat{G}$ definiert.

Beweis. Eine Umgebungsbasis des neutralen Elementes $\varepsilon = (\varepsilon_1, \varepsilon_2)$ von $\hat{G}$ ist gegeben durch die Mengen (K, V), vgl. 20.5 (a); dabei braucht aber K nur ein solches Teilsystem der kompakten Teilmengen zu durchlaufen, welches zu jeder kompakten Teilmenge von G eine Obermenge enthält. Ein solches System wird gegeben durch die Mengen $K = K_1 \times K_2$, wobei K_j die kompakten Teilmengen von G_j durchläuft. Für eine derartige Menge und $0 < \eta < \mathbb{R}$ gilt:

$$\|\chi - \varepsilon\|_\infty < \eta \quad \Longrightarrow \quad \|\chi_j - \varepsilon_j\|_\infty < \eta, \; j = 1, 2;$$

$$\|\chi_j - \varepsilon_j\|_\infty < \eta, \; j = 1, 2 \quad \Longrightarrow \quad \|\chi - \varepsilon\|_\infty < 2\eta,$$

und daraus folgt die Stetigkeit der beiden Homomorphismen des Satzes. □

20.12 Satz. *Ist H ein abgeschlossener Normalteiler der lokalkompakten Gruppe G, so definiert*

$$\chi_{G/H} \mapsto \chi_G, \quad \chi_G(g) = \chi_{G/H}(gH)$$

einen Isomorphismus und Homöomorphismus von der Charaktergruppe der Quotientengruppe G/H auf die Untergruppe von $\hat{G}$ der stetigen Charaktere, die alle Elemente aus H auf $1 \in T$ abbilden; es handelt sich also um die auf H und (damit) auf den Restklassen nach H konstanten Charaktere von G.

Beweis. Ist $\chi_{G/H}$ ein Charakter von G/H, so definiert $x \mapsto \chi_{G/H}(xH)$ eine stetige Abbildung $\chi_G \colon G \to T$. Wegen

$$\chi_G(g_1 g_2) = \chi_{G/H}\left((g_1 g_2)\, H\right) = \chi_{G/H}(g_1 H \cdot g_2 H) = \chi_{G/H}(g_1 H) \cdot \chi_{G/H}(g_2 H)$$
$$= \chi_G(g_1) \cdot \chi_G(g_2)$$

handelt es sich um einen Homomorphismus. Offenbar ist χ konstant auf den Restklassen von H.

Umgekehrt definiert jeder Charakter auf G, der auf H nur den Wert 1 annimmt, einen Charakter auf G/H. □

B Die Charaktere lokalkompakter abelscher Gruppen

Im Folgenden sei G eine lokalkompakte *abelsche* Gruppe mit additiv geschriebener Gruppenoperation, $L^1(G)$ die kommutative Banachalgebra der komplexwertigen L^1-Funktionen bzgl. des Haar'schen Maßes von G; dabei wählen wir ein festes Haar'sche Integral aus und schreiben es in der Form $\int_G f(x)\,dx$, wir unterdrücken also das bisher verwandte μ.

20.13 Satz. *Ist $\gamma \in \hat{G}$ und*

$$(0) \qquad \hat{f}(\gamma) = \int_G f(x)\,\langle -x, \gamma\rangle\,dx \quad \text{für } f \in L^1(G),$$

so definiert $f \mapsto \hat{f}(\gamma)$ einen komplexen Homomorphismus $L^1(G) \to \mathbb{C}$, der nicht identisch verschwindet. Insbesondere gilt

$$(1) \qquad \widehat{f * g} = \hat{f}\hat{g}, \quad f, g \in L^1(G).$$

Umgekehrt wird jeder nichttriviale komplexe Homomorphismus $L^1(G) \to \mathbb{C}$ auf diese Weise erhalten. Verschiedene Charaktere induzieren dabei verschiedene Homomorphismen.

Beweis. Für $f, g \in L^1(G)$ und $k = f * g$ gilt nach 19.10, 19.22 (b) und dem Satz 17.29 von Fubini

$$\hat{k}(\gamma) = \int_G (f * g)(x)\,\langle -x, \gamma\rangle\,dx = \int_G \left(\int_G f(x - y)\,g(y)\,dy \right) \langle -x, \gamma\rangle\,dx$$

$$= \int_G g(y)\,\langle -y, \gamma\rangle\,dy \cdot \int_G f(x - y)\,\langle -x + y, \gamma\rangle\,dx = \hat{g}(\gamma)\hat{f}(\gamma).$$

Deshalb ist $f \mapsto \hat{f}(\gamma)$ ein Algebra-Homomorphismus. Wir verwenden diese Abbildung für eine positive stetige Funktion $f \neq 0$ mit einem Träger in einer Umgebung der $0 \in G$, in der der Realteil von γ nur Werte $> \frac{1}{2}$ annimmt. Dann ist $\hat{f}(\gamma) \neq 0$, also ist der betrachtete Homomorphismus nicht trivial.

Sei nun $h\colon L^1(G) \to \mathbb{C}$ ein komplexer Homomorphismus, $h \neq 0$. Nach 18.24 (d) ist h ein beschränktes lineares Funktional mit der Norm ≤ 1, und wegen 17.22 gibt es ein $\varphi \in L^\infty(G)$ mit $\|\varphi\|_\infty = 1$, sodass

$$(2) \qquad h(f) = \int_G f(x)\,\varphi(x)\,dx \quad \text{für } f \in L^1(G).$$

Für $f, g \in L^1(G)$ gilt nach Definition 19.10 der Faltung, wegen des Satzes 17.29 von Fubini und auf Grund von (2), dass

$$\int_G h(f)g(y)\varphi(y) \ dy = h(f)h(g) = h(f*g) = \int_G (f*g)\varphi(x) \ dx$$
$$= \int_G \left(\int_G g(y)f(x-y) \ dy \right) \varphi(x) \ dx = \int_G g(y)h(f_y) \ dy,$$

also gilt wegen 17.18

(3) $h(f)\varphi(y) = h(f_y)$

für fast alle $y \in G$. Da $G \to L^1(G)$, $y \mapsto f_y$ und h stetig sind, ist die rechte Seite von (3) stetig auf G, und zwar für jedes $f \in L^1(G)$. Nehmen wir ein f mit $h(f) \neq 0$, so zeigt (3), dass $\varphi(y)$ fast überall mit einer stetigen Funktion übereinstimmt. Deshalb dürfen wir annehmen, dass φ stetig ist und (2) weiterhin gilt, und nun gilt (3) für alle $y \in G$.

In (3) ersetzen wir y durch $x + y$ und f durch f_x und erhalten

$$h(f)\varphi(x+y) = h(f_{x+y}) = h(f_x)\varphi(y) = h(f)\varphi(x)\varphi(y) \implies$$
(4) $\varphi(x+y) = \varphi(x)\varphi(y) \quad \forall x, y \in G.$

Weil $|\varphi(x)| \leq 1 \ \forall x \in G$ und weil $\varphi(-x) = \varphi(x)^{-1}$ aus (4) folgt, ist $|\varphi(x)| = 1$, und deshalb gilt $\varphi \in \hat{G}$.

Gilt nun $\hat{f}(\gamma_1) = \hat{f}(\gamma_2)$ für alle $f \in L^1(G)$, so ergibt (0), dass $\langle -x, \gamma_1 \rangle = \langle -x, \gamma_2 \rangle$ für fast alle $x \in G$ ist. Da aber γ_1 und γ_2 stetig sind, gilt die Gleichung für alle $x \in G$, also stimmen γ_1 und γ_2 überein.   □

20.14 Definition. Für $f \in L^1(G)$ heißt die Funktion $\hat{f} \colon \hat{G} \to \mathbb{C}$, definiert durch

$$\hat{f}(\gamma) = \int_G f(x) \ \langle -x, \gamma \rangle \ dx, \quad \gamma \in \hat{G},$$

die *Fourier-Transformierte von f*. Die Menge aller Funktionen $\hat{f}$, die auf diese Weise erhalten werden, werde mit $A(\hat{G})$ bezeichnet.

20.15 Satz. *Erhält $\hat{G}$ die durch $A(\hat{G})$ definierte schwache Topologie, so gilt:*

(a) *$A(\hat{G})$ ist eine unter dem Bilden des Komplex-Konjugierten abgeschlossene Unteralgebra von $L(\hat{G})$, die Punkte von $\hat{G}$ trennt und deren Elemente an jeder Stelle $\gamma \in \hat{G}$ von 0 verschiedene Werte annehmen. Nach dem Satz von Stone-Weierstrass 9.11 liegt deshalb $A(\hat{G})$ dicht in $L(\hat{G})$.*

(b) *Die Fourier-Transformierte von $f*g$ ist $\hat{f}\hat{g}$.*

(c) *$A(\hat{G})$ ist invariant unter Translationen und unter der Multiplikation mit $\langle x, \gamma \rangle$, wobei $x \in G$ beliebig ist.*

(d) *Die Fourier-Transformation $L^1(G) \to L(\hat{G})$ erhöht nicht die Norm: $\|\hat{f}\|_\infty \leq \|f\|_1$, und ist deshalb stetig.*

(e) *Für $f \in L^1(G)$ und $\gamma \in \hat{G}$ gilt $(f*\gamma)(x) = \langle x, \gamma \rangle \hat{f}(\gamma)$. Und deshalb lässt sich die Fourier-Transformation als Faltung auffassen:*

$$\hat{f}(\gamma) = (f * \gamma)(0), \quad f \in L^1(G), \ \gamma \in \hat{G}.$$

Beweis. Für $f \in L^1(G)$ wird $\underline{f}$ durch $\underline{f}(x) = \overline{f(-x)}$ definiert. Dann ist $\hat{\underline{f}} \in \hat{A}(G)$ und wegen

$$\hat{\underline{f}}(\gamma) = \int_G \overline{f(-x)} \langle -x, \gamma \rangle \, dx = \overline{\int_G f(-x) \langle x, \gamma \rangle \, dx} = \overline{\hat{f}(\gamma)},$$

auch $\overline{\hat{f}} \in \hat{A}(G)$.

(b) ist Teil von Satz 20.13.

Zu (c): Ist $\gamma_0 \in \hat{G}$ und $g(x) = \langle x, \gamma_0 \rangle f(x)$, so ist $\hat{g}(\gamma) = \hat{f}(\gamma - \gamma_0)$, sodass $A(\hat{G})$ invariant gegenüber Translationen ist. Ferner gilt

$$\hat{f}_x(\gamma) = \int_G f(y - x) \, \langle -y, \gamma \rangle \, dy = \langle -x, \gamma \rangle \int_G f(y - x) \, \langle x - y, \gamma \rangle \, dy$$
$$= \langle -x, \gamma \rangle \hat{f}(\gamma),$$

und daraus folgt (c).

(d) und die erste Aussage von (e) sind klar; dann ergibt $x = 0$ die Interpretation der Fourier-Transformation als Faltung. □

C Die Fourier-Stieltjes Transformierten

Für $M(G)$, die Algebra der verallgemeinerten Maße, s. 17.31 (d), lässt sich auch eine Fourier-Theorie entwickeln, allerdings muß die Faltung durch ein Produkt ersetzt wird, was auch der Formel (1) von Satz 20.13 entspricht.

20.16 Definition und Satz. *Es seien μ und ν verallgemeinerte Maße auf G. Es bezeichne $\mu \times \nu$ das Produktmaß auf $G^2 = G \times G$. Einer Borelmenge $E \subset G$ werde die Menge $E_{(2)} = \{(x, y) \in G^2 \mid x + y \in E\}$ zugeordnet. Sie ist eine Borelmenge von G^2. Dann wird durch*

$$(\mu * \nu)(E) = (\mu \times \nu)(E_{(2)})$$

eine Mengenfunktion $\mu * \nu$ erklärt; sie heißt die Faltung von μ und ν. Dafür gilt:

Mit der Faltung wird $M(G)$ zu einer kommutative Banachalgebra mit Einselement; in Details:

(a) *Für $\mu, \nu \in M(G)$ gilt $\mu * \nu \in M(G)$.*

(b) *Die Faltung verhält sich kommutativ und assoziativ.*

(c) $\|\mu * \nu\| \leq \|\mu\| \cdot \|\nu\|$.

(d) *Ist δ_0 das Einheitsmaß konzentriert auf $0 \in G$, d.h. $\delta_0(E)$ ist 1 oder 0 falls $0 \in E$ bzw. $0 \notin E$, so gilt $\mu * \delta_0 = \mu$ für alle $\mu \in M(G)$.*

Beweis. Wegen des Jordan'schen Zerlegungssatzes 17.32 genügt es nicht-negative Maße zu betrachten. Da $\mu \times \nu$ eine Maß auf G^2 ist, gilt für die disjunkte Vereinigung von Borelmengen E_j

$$(\mu * \nu)(\sum_{j=1}^{\infty} E_j) = \sum_{j=1}^{\infty}(\mu * \nu)(E_j).$$

Ist E eine Borelmenge in G und ist $\varepsilon > 0$, so ergibt die Regularität von $\mu \times \nu$, dass es ein kompaktes $K \subset E_{(2)}$ gibt mit

$$(\mu \times \nu)(K) > (\mu \times \nu)(E_{(2)}) - \varepsilon.$$

Ist C das Bild von K unter der Abbildung $(x,y) \mapsto x + y$, so ist C eine kompakte Teilmenge von $E_{(2)}$, und es gilt $K \subset C_{(2)}$ und folglich

$$(\mu * \nu)(C) = (\mu \times \nu)(C_{(2)}) \geq (\mu \times \nu)(K) > (\mu * \nu)(E) - \varepsilon.$$

Hiermit ist eine der Bedingungen für die Regularität von $\mu * \nu$ erfüllt, s. 17.31 (c); die zweite folgt hieraus durch Übergang zu den Komplementen.

Damit ist (a) bewiesen. Da G abelsch ist, sind die Bedingungen $x + y \in E$ und $y + x \in E$ gleichwertig; also $\mu * \nu = \nu * \mu$. Die Assoziativität als Aufgabe 20.A4.

Für eine Borelmenge $E \subset G$ ist die Definition von $(\mu * \nu)(E)$ äquivalent zu der Gleichung

$$\int_G \chi_E \, d(\mu * \nu) = \iint_{G \times G} \chi_E(x + y) \, d\mu(x) d\nu(y).$$

Deshalb gilt für eine Treppenfunktion f, d.h. eine endliche Linearkombination von charakteristischen Funktionen von Borelmengen:

$$(1) \qquad \int_G f \, d(\mu * \nu) = \iint_{G \times G} f(x + y) \, d\mu(x) d\nu(y);$$

diese Gleichung gilt deshalb für jede beschränkte Baire'sche Funktion, da sie der gleichmäßige Limes einer Folge von Treppenfunktionen ist. Ist $|f(x)| \leq 1, \forall x \in G$, so gilt

$$\left| \int_G f(x + y) \, d\mu(x) \right| \leq \|\mu\| \quad \forall y \in G,$$

und deshalb liegt die rechte Seite von (1) unter $\|\mu\| \cdot \|\nu\|$.

Damit ist auch (c) gezeigt. (d) folgt unmittelbar. $\qquad\qquad \Box$

20.17 Definition. Für $\mu \in M(G)$ heißt die Funktion $\hat{\mu} \colon \hat{G} \to \mathbb{C}$, definiert durch

$$\hat{\mu}(\gamma) = \int_G \langle -x, y \rangle \, d\mu(x), \quad \gamma \in \hat{G},$$

Fourier-Stieltjes Transformierte von μ. Die Menge aller solcher Funktionen wird mit $F(\hat{G})$ bezeichnet.

20.18 Satz.

(a) *Jedes $\hat{\mu} \in F(\hat{G})$ ist beschränkt und gleichmäßig stetig.*

(b) *Ist $\lambda = \mu * \nu$, so gilt $\hat{\lambda} = \hat{\mu} \cdot \hat{\nu}$. Also ist für jedes $\gamma \in \hat{G}$ die Abbildung $\mu \mapsto \hat{\mu}(\gamma)$ ein Homomorphismus $M(G) \to \mathbb{C}$.*

(c) *$F(\hat{G})$ ist invariant unter Translationen, unter der Operation von G auf $\hat{G}$ durch Multiplikation mit Funktionen der Form $\langle x, \gamma \rangle$ für $x \in G$ und unter dem Übergang zum Komplex-Konjugierten.*

Beweis. Aus der Definition von $\hat{\mu}$ ergibt sich wegen $|\langle -x, \gamma \rangle| \leq 1$, dass $|\hat{\mu}(\gamma)| \leq \|\mu\|$ für alle $\gamma \in \hat{G}$ gilt. Zu gegebenen $\varepsilon > 0$ gibt es wegen der Regularität von $|\mu|$ eine kompaktes $K \subset G$, sodass $|\mu(G \setminus K)| < \varepsilon$ ist. Für $\gamma_1, \gamma_2 \in \hat{G}$ ergibt sich

$$|\hat{\mu}(\gamma_1) - \hat{\mu}(\gamma_2)| \leq \int_G |1 - \langle x, \gamma_1 - \gamma_2 \rangle| \, d|\mu|(x) = \int_K + \int_{G \setminus K}.$$

Ist $\gamma_1 - \gamma_2 \in N(K, \varepsilon)$, so ist der obige Integrand kleiner als ε falls $x \in K$, also $\int_K \leq \varepsilon \|\mu\|$. Ferner ist $\int_{G \setminus K} < 2|\mu|(G \setminus K) < 2\varepsilon$, und deshalb ist $\hat{\mu}$ gleichmäßig stetig.

Sei $\lambda = \mu * \nu$. Aus der Formel (1) im Beweis von Satz 20.16 folgt (b) wegen

$$\hat{\lambda}(\gamma) = \int_G \langle -z, \gamma \rangle \, d(\mu * \nu)(z) = \int_G \int_G \langle -x - y, \gamma \rangle \, d\mu(x) \, d\nu(y)$$

$$= \int_G \langle -x, \gamma \rangle \, d\mu(x) \cdot \int_G \langle -y, \gamma \rangle \, d\nu(y) = \hat{\mu}(\gamma) \cdot \hat{\nu}(\gamma).$$

Der Beweis von (c) verläuft ähnlich wie der des analogen Teiles von Satz 20.15. Nämlich:

$$\gamma_0 \in \hat{G}, \ d\nu(x) = \langle x, \gamma_0 \rangle \, d\mu(x) \implies \hat{\nu}(\gamma) = \hat{\mu}(\gamma - \gamma_0) \ \forall \gamma \in \hat{G},$$
$$\nu(E) = \mu(E - x) \implies \hat{\nu}(\gamma) = \langle x, \gamma \rangle \hat{\mu}(\gamma),$$
$$\tilde{\mu}(E) = \overline{\mu(-E)} \implies \hat{\tilde{\mu}} = \overline{\hat{\mu}}. \qquad \square$$

20.19 $L^1(G)$ als Unteralgebra von $M(G)$. Jedes $f \in L^1(G)$ definiert durch

$$\mu_f(E) = \int_E f(x)\, dx$$

ein Maß $\mu_f \in M(G)$, welches bezüglich des Haarschen Maßes dx von G absolut stetig ist. Umgekehrt ergibt der Satz 17.36 von Radon-Nikodym, dass jedes bzgl. dx absolut stetige $\mu \in M(G)$ sich als μ_f für ein $f \in L^1(G)$ schreiben läßt. Die Beziehung zwischen f und μ_f ist eineindeutig, da wir Funktionen, die sich nur auf einer Menge vom Haar'schen Maß 0 unterscheiden, in $L^1(G)$ identifiziert haben. Deshalb können wir $L^1(G)$ als Teilmenge von $M(G)$ auffassen. Es folgt leicht, dass

$$\hat{f}(\gamma) = \hat{\mu}_f(\gamma) \; \forall \gamma \; \hat{G} \quad \text{und} \quad \|f\|_1 = \|\mu_f\|$$

ist. Deswegen können wir f statt μ_f nehmen und z.B. $f * \nu$, $\nu \in M(G)$ statt $\mu_f * \nu$ schreiben, ohne dass Unklarheiten entstehen.

20.20 Satz. *$M_c(G)$ und $M_d(G)$ seien die Mengen der stetigen bzw. diskreten Maße aus $M(G)$, s. 17.33 (a).*

(a) $L^1(G)$ und $M_c(G)$ sind abgeschlossenen Ideale in $M(G)$.

(b) $M_d(G)$ is eine abgeschlossene Unteralgebra von $M(G)$.

Beweis. Wenden wir den Satz 17.29 von Fubini auf die definierende Gleichung von $\mu * \nu$, so erhalten wir für eine Borelmenge $E \subset G$

$$(\mu * \nu)(E) = (\mu \times \nu)(E_{(2)}) = \iint_{G \times G} \chi_{E_{(2)}}\, d\mu(x)d\nu(y) = \int_G \mu(E - y)\, d\nu(y).$$

Ist μ absolut stetig bzgl. des Haar'schen Maßes m, so folgt aus $m(E) = 0$, dass $m(E - y) = 0$ ist für alle $y \in G$, also auch $\mu(E - y) = 0$, und deshalb ist $(\mu * \nu)(E) = 0$ für jedes $\nu \in M(G)$. Somit ist $\mu * \nu$ absolut stetig bzgl. m, folglich ist $L^1(G)$ ein Ideal in $M(G)$. Weil $\|f\|_1 = \|\mu\|$ und $L^1(G)$ vollständig ist, ist $L^1(G)$ in $M(G)$ abgeschlossen. Ist E höchstens abzählbar, $\mu_n \in M_c(G)$ und $\|\mu - \mu_n\| \to 0$, so gilt

$$|\mu(E)| = \|(\mu - \mu_n)(E)\| \leq |\mu - \mu_n|(E) \leq \|\mu - \mu_n\|,$$

und deshalb ist $\mu(E) = 0$ und $\mu \in M_c(G)$. Also ist $M_c(G)$ abgeschlossen, und (a) ist gezeigt. Die Behauptung (b) folgt daraus, dass die Faltung zweier auf Punkte konzentrierte Maße wieder diese Eigenschaft hat. $\square$

20.21 Eindeutigkeitssatz. *Ist $\mu \in M(\hat{G})$ und gilt*

$$\int_{\hat{G}} \langle x, \gamma \rangle d\mu(\gamma) = 0, \; \forall x \in G,$$

so ist $\mu = 0$.

Beweis. Für ein beliebiges $f \in L^1(G)$ gilt

$$\int_{\hat{G}} \hat{f}(\gamma) \, d\mu(\gamma) = \int_{\hat{G}} \int_G f(x)\langle -x, \gamma\rangle \, dx \, d\mu(\gamma)$$

$$= \int_G f(x) \, dx \cdot \int_{\hat{G}} \langle -x, \gamma\rangle \, d\mu(\gamma) = 0.$$

Weil $A(\hat{G})$ nach 20.15 (c) in $C_0(\hat{G})$ liegt, ist $\int_{\hat{G}} \varphi \, d\mu = 0$ für jedes $\varphi \in C_0(\hat{G})$, und deshalb ist $\mu = 0$.   □

D Positiv-definite Funktionen und Inversionssatz

Als nächstes wollen wir den Zusammenhang zwischen Funktionen bzw. verallgemeinerten Maßen auf G und $\hat{G}$ untersuchen.

20.22 Positiv-definite Funktionen.   Eine Funktion $\varphi\colon G \to \mathbb{C}$ heißt *positiv-definit*, wenn

(1) $$\sum_{n,m=1}^{N} c_n\overline{c_m}\, \varphi(x_n - x_m) \geq 0, \quad \forall \, x_1,\ldots x_N \in G, \; c_1,\ldots,c_N \in \mathbb{C}.$$

Dann hat φ die folgenden Eigenschaften:

(2) $$\varphi(-x) = \overline{\varphi(x)},$$
(3) $$|\varphi(x)| \leq \varphi(0),$$
(4) $$|\varphi(x) - \varphi(y)|^2 \leq 2 \cdot \varphi(0) \cdot \mathrm{Re}[\varphi(0) - \varphi(x - y)].$$

Wegen (3) ist $\varphi(0) \geq 0$, und deshalb ist φ beschränkt; wegen (4) ist φ gleichmäßig stetig, wenn es bei 0 stetig ist.

Wenn $N = 1$, so folgt $\varphi(0) \geq 0$. Setzen wir $N = 2, x_1 = 0, x_2 = x, c_1 = 1, c_2 = c$ in (1) ein, so erhalten wir

(5) $$\left(1 + |c|^2\right) \cdot \varphi(0) + c\varphi(x) + \overline{c}\varphi(-x) \geq 0.$$

Für $c = 1, i$ ergibt sich $\varphi(x) + \varphi(-x)$ bzw. $i(\varphi(x) - \varphi(-x)) \in \mathbb{R}$; daraus folgt (2). Nehmen wir c so, dass $c\varphi(x) = -|\varphi(x)|$ ist, ergibt sich (3) aus (5). Um (4) zu sehen, nehmen wir in (1) $N = 3$, $x_1 = 0$, $x_2 = x$, $x_3 = y$, $c_1 = 1$,

$$c_2 = \frac{\lambda|\varphi(x) - \varphi(y)|}{\varphi(x) - \varphi(y)} \quad \text{mit } \lambda \in \mathbb{R}$$

und $c_3 = -c_2$. Dann wird (1) zu

(6) $$\varphi(0)(1 + 2\lambda^2) + 2\lambda|\varphi(x) - \varphi(y)| - 2\lambda^2 \mathrm{Re}(\varphi(x - y)) \geq 0.$$

Daraus ergibt sich (4).

20.23 Beispiele.

(a) *Ist* $f \in L^2(G)$, $\underline{f}(x) = \overline{f(-x)}$ *und* $\varphi = f * \underline{f}$, *so ist* φ *positiv-definit und stetig auf* G. Denn die Faltung $f * \underline{f}$ ist nach 19.25 (b) stetig, und es gilt

$$\sum_{m,n} c_n \overline{c_m}\, \varphi(x_n - x_m) = \sum_{m,n} c_n \overline{c_m} \int_G f(x_n - x_m - y)\, \overline{f(-y)}\, dy$$

$$= \sum_{m,n} c_n \overline{c_m} \int_G f(x_n - y)\, \overline{f(x_m - y)}\, dy$$

$$= \int_G \left| \sum_n c_n f(x_n - y) \right|^2 dy \geq 0.$$

(b) Jeder Charakter ist positiv-definit, vgl. 20.A1, ebenfalls jede endliche lineare Kombination von Charakteren mit positiven Koeffizienten. Allgemeiner gilt: *ist* μ *ein Maß auf* $\hat{G}$ *und*

$$\varphi(x) = \int_{\hat{G}} \langle x, \gamma \rangle\, d\mu(\gamma), \quad x \in G,$$

so ist φ *stetig und positiv-definit.* Aus der Definition von φ folgt nämlich

$$\sum_{m,n} c_n \overline{c_m}\, \varphi(x_n - x_m) = \int_{\hat{G}} \sum_{m,n} c_n \overline{c_m}\, \langle x_n - x_m, \gamma \rangle\, d\mu(\gamma)$$

$$= \int_{\hat{G}} \left| \sum_n c_n \langle x_n, \gamma \rangle \right|^2 d\mu(\gamma) \geq 0,$$

also ist φ positiv-definit.

Das letzte ergibt schon die eine Richtung der folgenden Charakterisierung der positiv-definiten Funktionen.

20.24 Satz von Bochner. *Eine stetige Funktion* φ *auf* G *ist genau dann positiv-definit, wenn es auf* $\hat{G}$ *ein Maß* μ *gibt, sodass*

(1) $$\varphi(x) = \int_{\hat{G}} \langle x, \gamma \rangle\, d\mu(\gamma), \quad x \in G.$$

Für $G = \mathbb{Z}$ stammt dieses Resultat von Herglotz, für $G = \mathbb{R}$ von Bochner und im allgemeinen Fall von Weil.

Beweis. Sei φ stetig und positiv-definit. Wegen 20.22 (3) dürfen wir annehmen, dass $\varphi(0) = 1$ ist. Mit m bezeichnen wir das Haar'sche Maß auf G.

Ist $f \in L(G)$ mit Träger K, so ist $f(x)\overline{f(y)}\varphi(x - y)$ gleichmässig stetig auf $K \times K$, und K läßt sich in disjunkte Mengen $E_1, \ldots, E_n$ zerlegen, sodass die Summe

(2) $$\sum_{j,l=1}^{n} f(x_j)\,\overline{f(x_l)}\,\varphi(x_j - x_l)\,m(E_j)\,m(E_l) \quad \text{mit } x_j \in E_j$$

sich von dem Integral

(3) $$\int_G \int_G f(x)\,\overline{f(y)}\,\varphi(x-y)\,dx\,dy$$

so wenig wie gewünscht unterscheidet. Da φ positiv definit ist, ist (2) immer nicht-negativ, und somit auch (3). Da nach 17.10 (c) $L(G)$ in $L^1(G)$ dicht liegt, *ist (3) für alle $f \in L^1(G)$ nicht-negativ.*

Nun definieren wir ein Funktional T_φ für $f, g \in L^1(G)$ und $\underline{g}(y) = \overline{g(-y)}$ durch

(4) $$T_\varphi(f) = \int_G f(x)\,\varphi(x)\,dx,$$

(5) $$[f, g] = T_\varphi(f * \underline{g}) = \int_G \int_G f(x)\,\overline{g(y)}\,\varphi(x-y)\,dx\,dy.$$

Deshalb ist $[f, g]$ linear in f, und es gilt $[g, f] = \overline{[f, g]}$ und $[f, f] \geq 0$. Das sind aber gerade die Eigenschaften des Skalarproduktes eines Hilbertraumes, die zum Beweis der Schwarz'schen Ungleichung benötigt werden, vgl. 18.A5, und wir erhalten

(6) $$|[f, g]|^2 \leq [f, f][g, g].$$

Nehmen wir als g die charakteristische Funktion einer symmetrischen Umgebung V der 0, geteilt durch deren Maß $m(V)$: $g = \chi_V / m(V)$, so ergibt (5)

$$[f, g] - T_\varphi(f) = \int_G f(x)\frac{1}{m(V)}\int_V [\varphi(x-y) - \varphi(x)]\,dy\,dx \quad \text{und}$$

$$[g, g] - 1 = \frac{1}{m(V)^2}\int_V \int_V [\varphi(x-y) - 1]\,dx\,dy.$$

Da φ gleichmäßig stetig ist, können wir diese Ausdrücke beliebig klein machen, indem wir V klein genug wählen, und dann ergibt (6)

(7) $$|T_\varphi(f)|^2 \leq [f, f] = T_\varphi(f * \underline{f}) \quad \text{für } f \in L^1(G).$$

Sei nun $h = f * \underline{f}$ und $h^n = h^{n-1} * h$ für $n = 2, 3, 4 \ldots$. Wegen $\|\varphi\|_\infty = 1$ gilt $\|T_\varphi\| = 1$, und wir erhalten, indem wir (7) auf $h, h^2, h^4, \ldots$ anstelle von f anwenden,

$$|T_\varphi(f)|^2 \leq T_\varphi(h) \leq \{T_\varphi(h^2)\}^{\frac{1}{2}} \leq \ldots \leq \{T_\varphi(h^{2^n})\}^{2^{-n}} \leq \|h^{2^n}\|_1^{2^{-n}}.$$

Für $n \to \infty$ konvergiert der letzte Ausdruck gegen den Spektralradius von h, d.h. gegen $\|\hat{h}\|_\infty$, siehe Satz 18.27. Also gilt

(8) $|T\varphi(f)|^2 \le \|\hat{h}\|_\infty = \|\hat{f}\|_\infty^2$,   d.h. $|T_\varphi(f)| \le \|\hat{f}\|_\infty$ für $f \in L^1(G)$.

Somit können wir T_φ auffassen als ein beschränktes lineares Funktional auf $A(\hat{G})$, bezogen auf die Supremumsnorm. Nun lässt sich T_φ fortsetzen zu einem beschränkten linearen Funktional auf die Banachalgebra $C_0(\hat{G})$ der in Unendlichen verschwindenden stetigen Funktionen, wobei die Norm erhalten bleibt. Aus dem Riesz'schen Darstellungssatz 17.34 folgt, dass es ein verallgemeinertes Maß $\mu \in M(\hat{G})$, vgl. 17.31 (d), gibt mit $\|\mu\| \le 1$, sodass

(9) $$T_\varphi(f) = \int_{\hat{G}} \hat{f}(-\gamma) \, d\mu(\gamma) = \int_G f(x) \int_{\hat{G}} \langle x, \gamma \rangle \, d\mu(\gamma) \, dx.$$

Vergleichen wir (9) und (4), so sehen wir, dass (1) für fast alle $x \in G$ gilt und deshalb für alle x, da beide Seiten von (1) stetig sind. Schließlich erhalten wir, wenn wir $x = 0$ in (1) nehmen,

$$1 = \varphi(0) = \int_{\hat{G}} d\mu(\gamma) = \mu(\hat{G}) \le \|\mu\| = 1;$$

also $\mu(\hat{G}) = \|\mu\|$ und daraus folgt $\mu \ge 0$. $\square$

Mit $F(G)$ haben wir die Menge der Funktionen f auf G bezeichnet, die sich in der Form

(1) $$f(x) = \int_{\hat{G}} \langle x, \gamma \rangle \, d\mu_f(\gamma), \quad x \in G$$

mit einem geeigneten Maß $\mu_f \in M(\hat{G})$ darstellen lassen, s. 20.17. Aus dem Bochner'schen Satz 20.24 folgt, dass es sich genau um die Funktionen handelt, die sich als endliche Linearkombinationen von stetigen positiv-definiten Funktionen auf G darstellen lassen; dazu schreiben wir Real- und Imaginärteil als Differenzen zweier positiv-definiter Funktionen.

20.25 Inversionssatz.

   (a) *Ist* $f \in L^1(G) \cap F(G)$, *so ist* $\hat{f} \in L^1(\hat{G})$.

   (b) *Zu einem fest gewählten Haar'schen Maß auf* G *läßt sich das Haar'sche Maß auf* $\hat{G}$ *so normieren, dass die Inversionsformel*

(2) $$f(x) = \int_{\hat{G}} \hat{f}(\gamma)\langle x, \gamma \rangle \, d\gamma, \quad x \in G$$

für jedes $f \in L^1(G) \cap F(G)$ *gilt.*

Beweis. Für $f, g \in L^1(G) \cap F(G)$ und $h \in L^1(G)$ gilt

$$(3) \qquad (h*f)(0) = \int_G h(-x)f(x) \, dx = \int_G h(-x) \int_{\hat{G}} \langle x, \gamma \rangle \, d\mu_f(\gamma) \, dx$$

$$= \int_{\hat{G}} \hat{h}(\gamma) \, d\mu_f(\gamma) \qquad \Longrightarrow$$

$$\int_{\hat{G}} \hat{h}\hat{g} \, d\mu_f = ((h*g)*f)(0) = ((h*f)*g)(0) = \int_{\hat{G}} \hat{h}\hat{f} d\mu_g.$$

Nach 20.15 (a) liegt $A(\hat{G})$ dicht in $L(\hat{G})$, und daraus folgt wegen 17.18

$$(4) \qquad \hat{g}\mu_f = \hat{f}\mu_g \quad \text{für } f, g \in L^1(G) \cap F(G).$$

Wir definieren nun ein positives lineares Funktional T auf dem Raum $L(\hat{G})$ der stetigen Funktionen mit kompakten Träger. Sei K der Träger eines $\psi \in L(\hat{G})$. Zu jedem $\gamma_0 \in K$ gibt es eine Funktion $u \in L(\hat{G})$ mit $\hat{u}(\gamma_0) \neq 0$, da $L(\hat{G})$ in $L^1(\hat{G})$ dicht liegt. Die Fourier-Transformierte von $u * \underline{u}$ – hier ist wieder $\underline{u}(x) = u(-x)$ – ist positiv bei γ_0 und nirgendwo negativ. Da K kompakt ist, gibt es Funktionen $u_1, \ldots, u_n$, sodass $\hat{g} > 0$ auf K für $g = u_1 * \underline{u}_1 + \ldots + u_n * \underline{u}_n$ ist. Aus $g \in L(G)$ folgt nach 20.23 (a) $g \in L^1(G) \cap F(G)$. Wir definieren

$$(5) \qquad T\psi = \int_{\hat{G}} \frac{\psi}{\hat{g}} \, d\mu_g.$$

Es ist $T\psi$ wohldefiniert: ersetzen wir nämlich g durch eine andere Funktion $f \in L^1(G) \cap F(G)$, deren Fourier-Transformierte nirgendwo auf K verschwindet, so ändert sich der Wert von $T\psi$ nicht, da aus (4) folgt:

$$(6) \qquad \int_{\hat{G}} \frac{\psi}{\hat{f}\,\hat{g}} \, \hat{f} \, d\mu_g = \int_{\hat{G}} \frac{\psi}{\hat{f}\,\hat{g}} \, \hat{g} \, d\mu_f.$$

Offenbar ist T linear. Da die Funktion g in (5) positiv-definit ist, also $\mu_g \geq 0$, folgt $T\psi \geq 0$ für $\psi \geq 0$. Es gibt ψ und μ_f mit $\int_{\hat{G}} \psi \, d\mu_f \neq 0$; nehmen wir ein g wie für (5), bekommen wir

$$(7) \qquad T(\psi\hat{f}) = \int_{\hat{G}} \frac{\psi\hat{f}}{\hat{g}} \, d\mu_g = \int_{\hat{G}} \psi \, d\mu_f \neq 0,$$

und deshalb ist $T \neq 0$.

Nun nehmen wir $\psi \in L(\hat{G})$ und $\gamma_0 \in \hat{G}$ und konstruieren ein g wie oben, sodass $\hat{g} > 0$ auf K sowie auf $K + \gamma_0$ ist. Für $f(x) = \langle -x, \gamma_0 \rangle g(x)$ gilt $\hat{f}(\gamma) = \hat{g}(\gamma + \gamma_0)$ und $\mu_f(E) = \mu_g(E - \gamma_0)$ für jede meßbare Menge E. Für $\psi_0(\gamma) := \psi(\gamma - \gamma_0)$ ist

$$T\psi_0 = \int_{\hat{G}} \frac{\psi(\gamma - \gamma_0)}{\hat{g}(\gamma)} \, d\mu_g(\gamma) = \int_{\hat{G}} \frac{\psi(\gamma)}{\hat{f}(\gamma)} \, d\mu_f(\gamma) = T\psi.$$

Also ist T translationsinvariant, und es folgt

$$(8) \qquad T\psi = \int_{\hat{G}} \psi(\gamma)\, d\gamma \quad \text{für } \psi \in L(\hat{G}),$$

wobei $d\gamma$ ein Haar'sches Maß auf $\hat{G}$ bezeichnet. Sind nun $f \in L^1(G) \cap F(G)$ und $\psi \in L(\hat{G})$, so ergeben (7) und (8), dass

$$\int_{\hat{G}} \psi\, d\mu_f = T(\psi\hat{f}) = \int_{\hat{G}} \psi\hat{f}\, d\gamma,$$

und, da dieses für jedes $\psi \in L(G)$ gilt, ergibt sich

$$(9) \qquad \hat{f}\, d\gamma = d\mu_f \quad \text{für jedes } f \in L^1(G) \cap F(G).$$

Da μ_f ein endliches Maß ist, folgt $\hat{f} \in L^1(\hat{G})$. Setzen wir nun (9) in (1) ein, erhalten wir die Inversionsformel (2). □

Wir schließen nun einige Folgerungen des Inversionssatzes 20.19 an.

20.26 Satz. *Für eine kompakte Menge $C \subset \hat{G}$ sei*

$$N(C,r) = \{x \in G \mid |1 - \langle x, \gamma \rangle| < r \ \forall \gamma \in C\}.$$

Dann bildet die Familie $\{N(C,r) \mid C \subset \hat{G}$ kompakt, $0 < r\}$ eine Basis für die Umgebungen der 0 in der Topologie von G.

Beweis. Sei V eine Umgebung der $0 \in G$. Wir nehmen eine kompakte Umgebung W von 0, sodass $W - W \subset V$; sei f die charakteristische Funktion von W, geteilt durch $\sqrt{m(W)}$, und sei $g = f * f$. Dann ist g stetig und positiv-definit, s. 20.23 (a), und verschwindet außerhalb von $W - W$. Der Inversionssatz läßt sich auf g anwenden, also ist $\hat{g} = |\hat{f}|^2 \geq 0$,

$$(1) \qquad \int_{\hat{G}} \hat{g}(\gamma)\, d\gamma = g(0) = \int_G f(-y)\overline{f(-y)}\, dy = \frac{1}{m(W)} m(W) = 1.$$

Deshalb gibt es eine kompakte Menge $C \subset \hat{G}$, sodass $\int_C \hat{g}(\gamma)\, d\gamma > 2/3$ ist. Ist $x \in N(C, 1/3)$, so schreiben wir

$$g(x) = \int_C \hat{g}(\gamma)\langle x, \gamma \rangle\, d\gamma + \int_{G \backslash C} \hat{g}(\gamma)\langle x, \gamma \rangle\, d\gamma.$$

Für $\gamma \in C$ gilt $|1 - \langle x, \gamma \rangle| < 1/3$, also $\mathrm{Re}\langle x, y \rangle > 2/3$, und der Realteil des Integrals über C ist nicht kleiner als $2/3 \int_C \hat{g}\, d\gamma > 4/9$. Weil der Realteil des Integrals über $G \setminus C$ kleiner als $1/3$ ist, ist $g(x) > 1/9$, wenn $x \in N(C, 1/3)$; daraus ergibt sich $x \in W - W \subset V$, d.h. $N(C, 1/3) \subset V$. Nun folgt die Behauptung daraus, dass $N(C, r)$ in G offen ist, siehe 20.22. □

Ist $x_0 \in G$, $x_0 \neq 0$, so können wir im obigen Beweis das V so wählen, dass $x_0 \notin V$, und es ist $\langle x_0, \gamma \rangle \neq 1$ für ein $\gamma \in \hat{G}$. Daraus folgt, dass $\hat{G}$ Punkte von G trennt. Eine Funktion der Form

$$f(x) = \sum_{j=1}^{n} a_j \langle x, \gamma_j \rangle, \quad x \in G, \quad \text{mit} \quad \gamma_j \in \hat{G}$$

heißt *trigonometrisches Polynom auf G*. Die trigonometrischen Polynome auf G bilden mit der punktweisen Multiplikation eine Algebra über $\mathbb{C}$; sie ist abgeschlossen gegenüber dem Übergang zum Konjugiert-Komplexen. Aus dem Satz 9.10 von Stone-Weierstrass ergibt sich nun

20.27 Satz. *Ist G kompakt, so trennen die trigonometrischen Polynome auf G die Punkte von G und bilden eine dichte Unteralgebra von C(G). Deshalb liegen die trigonometrischen Polynome dicht in $L^p(G)$, $1 \le p < \infty$.* □

20.28 Beispiele. Der Inversionssatz 20.25 ordnet einem Haar'schen Maß auf G ein eindeutig bestimmtes Haar'sches Integral auf der Charaktergruppe $\hat{G}$ zu. In 19.18 hatten wir die Haar'schen Integrale auf kompakten und diskreten Gruppen normiert. Da diese Gruppen nach 20.7 auch dual zueinander sind, entsteht die Frage, wie sich diese beiden Normierungen zueinander verhalten, und wir wollen nun als erstes zeigen, dass diese Normierungen sich auch gemäß des Inversionssatzes entsprechen.

(a) Ist G kompakt und gilt $m(G) = 1$ für das Haar'sche Maß von G, so nehmen wir die Funktion $f(x) \equiv 1$. Dann ist wegen 20.15 (d,e) $\hat{f}(0) = 1$ und $\hat{f}(\gamma) = 0$, falls $\gamma \neq 0$ ist, vgl. 20.A3. Ist $m_{\hat{G}}$ das Haar'sche Maß auf $\hat{G}$, welches dem m nach dem Inversionssatz entspricht, so gilt nach 20.25 (2)

$$1 = f(0) = \int_{\hat{G}} \hat{f}(\gamma) \, d\gamma = m_{\hat{G}}(\{0\}),$$

also gibt $m_{\hat{G}}$ jedem Punkt von $\hat{G}$ das Maß 1.

(b) Nun sei G diskret und jeder Punkt habe das Maß 1. Wir betrachten die Funktion f mit $f(0) = 1$, $f(x) = 0 \; \forall x \neq 1$. Nach 20.15 (e) ist $\hat{f}(\gamma) = 1$ und

$$m(\hat{G}) = \int_{\hat{G}} \hat{f}(\gamma) \, d\gamma = f(0) = 1,$$

wenn das Maß auf $\hat{G}$ so gewählt ist, dass der Inversionssatz gilt.

(c) Wir betrachten als nächstes $G = \mathbb{R}$; nach 20.10 (c) ist auch $\hat{G} = \mathbb{R}$. Nun seien αdx bzw. βdt die Haar'schen Maße auf G bzw. $\hat{G}$, wobei dx und dt gleich dem gewöhnlichen Lebesgue'schen Maß auf $\mathbb{R}$ sind. Da $e^{-|t|} > 0$ ist, zeigt die leicht zu verifizierende Formel

$$\frac{2\beta}{1 + x^2} = \int_{-\infty}^{\infty} e^{-|t|} e^{ixt} \, \beta dt,$$

dass $(1+x^2)^{-1}$ positiv-definit ist. Die Eindeutigkeit der Invers-Transformierten, kombiniert mit dem Inversionssatz, ergibt

$$e^{-|t|} = 2\alpha\beta \int_{-\infty}^{\infty} \frac{e^{-ixt}}{1 + x^2} \, dx.$$

Für $t = 0$ wird hieraus:

$$1 = 2\alpha\beta \int_{-\infty}^{\infty} \frac{dy}{1 + x^2} = 2\pi\alpha\beta;$$

und dieses ist die Normierung, welcher α und β genügen müssen.

Häufig werden $\alpha = \frac{1}{2\pi}$, $\beta = 1$ oder $\alpha = \beta = \frac{1}{\sqrt{2\pi}}$ gewählt.

Im Folgenden nehmen wir an, dass *die Haar'schen Maße auf G und $\hat{G}$ so gewählt sind, dass für sie die Inversionsformel 20.25 (2) gilt.*

20.29 Satz von Plancherel. *Die Fourier Transformation, beschränkt auf $L^1(G) \cap L^2(G)$, ist eine Isometrie bezüglich der L^2-Normen auf einen dichten linearen Unterraum von $L^2(\hat{G})$. Deshalb kann sie auf eindeutige Weise zu einer Isometrie von $L^2(G)$ auf $L^2(\hat{G})$ fortgesetzt werden.*

Beweis. Für $f \in L^1(G) \cap L^2(G)$ sei wieder $\underline{f}$ durch $\underline{f}(x) = \overline{f(-x)}$ definiert, ferner sei $g = f * \underline{f}$. Dann ist $g \in L^1(G)$, stetig und positiv-definit und $|\hat{g}| = |\hat{f}|^2$, vgl. 20.12 (a); ferner ergibt der Inversionssatz 20.25

$$\int_G |f(x)|^2 \, dx = \int_G f(x) \, \underline{f}(-x) \, dx = g(0) = \int_{\hat{G}} \hat{g}(\gamma) \, d\gamma$$

$$= \int_{\hat{G}} |\hat{f}(\gamma)|^2 \, d\gamma \qquad \Longrightarrow \qquad \|\hat{f}\|_2 = \|f\|_2.$$

Deshalb ist $f \mapsto \hat{f}$ eine Isometrie von $L^1(G) \cap L^2(G) \to L^2(\hat{G})$ mit dem Bild $\Phi := \{\hat{f} \in L^2(\hat{G})) \mid f \in L^1(G) \cap L^2(G)\}$. Da $L^1(G) \cap L^2(G)$ translationsinvariant ist, ist Φ invariant gegenüber der Multiplikation mit $\langle x, \gamma \rangle$ für $x \in G$. Wenn nun $\psi \in L^2(\hat{G})$ und $\int_{\hat{G}} \varphi \overline{\psi} \, d\gamma = 0$ für alle $\varphi \in \Phi$ ist, so folgt

$$\int_{\hat{G}} \varphi(\gamma) \, \overline{\psi(\gamma)} \, \langle x, \gamma \rangle \, d\gamma = 0 \quad \text{für } \varphi \in \Phi, \ x \in G.$$

Wegen $\varphi, \psi \in L^2(\hat{G})$ ist $\varphi\overline{\psi} \in L^1(\hat{G})$, und der Inversionssatz 20.25 impliziert, dass fast überall $\varphi\overline{\psi} = 0$ ist, und zwar für jedes $\varphi \in \Phi$. Da $L^1(G) \cap L^2(G)$ abgeschlossen gegenüber der Multiplikation mit $\langle x, \gamma \rangle$ mit einem beliebigen $\gamma \in \hat{G}$ ist, erweist sich Φ translationsinvariant. Deshalb gibt es zu jedem $\gamma_0 \in \hat{G}$ ein $\varphi \in \Phi$, das in einer Umgebung von γ_0 ungleich 0 ist. Nun folgt, dass ψ fast überall verschwindet. Deshalb ist 0 das einzige Element aus $L^2(\hat{G})$, das orthogonal zu Φ ist, und somit ist Φ dicht in $L^2(\hat{G})$, vgl. 18.A3.

Die Isometrie $f \mapsto \hat{f}$ läßt sich von der in $L^2(G)$ dichten Teilmenge auf $L^2(G)$ erweitern und das Bild ist der Abschluss von Φ in $L^2(\hat{G})$, also $L^2(\hat{G})$, vgl. 18.A4. $\square$

Die eben gefundene Erweiterung der Fourier-Transformation auf $L^2(G)$ wird manchmal auch *Plancherel-Transformation* genannt, und der obige Satz besagt, dass *jede Funktion aus $L^2(\hat{G})$ die Plancherel-Transformierte eines $f \in L^2(G)$ ist.*

Sind $f, g \in L^2(G)$, so ergibt sich aus der Identität

$$4fg = |f + g|^2 - |f - g|^2 + i|f + ig|^2 - i|f - ig|^2 :$$

mittels der Isometrie der Plancherel-Transformation:

20.30 Satz. *Für $f, g \in L^2(G)$ gilt die* Parseval'sche Formel

$$\int_G f(x)\, \overline{g(x)}\ dx = \int_{\hat{G}} \hat{f}(\gamma)\, \overline{\hat{g}(\gamma)}\ d\gamma. \qquad \square$$

20.31 Satz. $A(\hat{G}) = \{\varphi_1 * \varphi_2 \mid \varphi_1, \varphi_2 \in L^2(\hat{G})\}.$

Beweis. Sei $f, g \in L^2(G)$. Ersetzen wir g durch $\overline{g}$, so erhält die Parseval'sche Formel 20.30 gemäß der Definition 20.14 die Gestalt

$$\int_G f(x)\, g(x)\ dx = \int_{\hat{G}} \hat{f}(\gamma)\, \hat{g}(-\gamma)\ d\gamma,$$

und daraus erhalten wir, wenn wir $g(x)$ durch $\langle -x, \gamma_0 \rangle\, g(x)$ ersetzen,

$$(*) \qquad \int_G f(x)\, g(x)\, \langle -x, \gamma_0 \rangle\ dx = \int_{\hat{G}} \hat{f}(\gamma)\, \hat{g}(\gamma_0 - \gamma)\ d\gamma = (\hat{f} * \hat{g})(\gamma_0).$$

Da jedes $h \in L^1(G)$ ein Produkt $h = fg$ mit $f, g \in L^2(G)$ ist, ergibt der Plancherel'sche Satz 20.29, dass $\hat{f}, \hat{g} \in L^2(\hat{G})$ ist, und aus $(*)$ folgt $\hat{h} = \hat{f} * \hat{g}$, d.h. in 20.31 gilt „$\subset$". Umgekehrt, starten wir mit $\hat{f}, \hat{g} \in L^2(\hat{G})$, so ergibt sich $\hat{f} * \hat{g} \in A(\hat{G})$ aus $(*)$. $\qquad \square$

20.32 Satz. *Ist E eine nichtleere offene Menge in $\hat{G}$, so gibt es ein $\hat{f} \in A(\hat{G})$, $\hat{f} \neq 0$, sodass $\hat{f}(\gamma)$ außerhalb von E verschwindet.*

Beweis. Sei K eine kompakte Teilmenge von E mit $\hat{m}(K) > 0$, wobei $\hat{m}$ ein Haar'sches Maß auf $\hat{G}$ ist, und sei $V \subset \hat{G}$ eine kompakte Umgebung der 0, sodass $K + V \subset E$. Für die charakteristischen Funktionen $\hat{g}, \hat{h}$ von K bzw. V sei $\hat{f} = \hat{g} * \hat{h}$. Dann ist $\hat{f}(\gamma) = 0$ für $\gamma \in \hat{G} \setminus (K + V)$. Ferner ist $\hat{f} \in A(\hat{G})$ nach Satz 20.25 und

$$\int_{\hat{G}} \hat{f}(\gamma)\ d\gamma = \hat{m}(K)\hat{m}(V) > 0,$$

sodass also $\hat{f}$ nicht identisch 0 ist. $\qquad \square$

E Pontryagin'scher Dualitätssatz und Anwendungen

Kehren wir zu 20.8 zurück, wo wir uns mit dem zweimaligen Dualisieren beschäftigt haben. Dieses läßt sich im Falle einer abelschen Gruppe G wesentlich verschärfen. Schreiben wir die Operation der Charaktergruppe wieder als Skalarprodukt, geben aber die ursprüngliche Gruppe vorläufig als Index an, so haben wir

$$(II) \qquad \langle x, \gamma \rangle_G = \langle \gamma, \Delta(x) \rangle_{\hat{G}} \quad \text{für } x \in G, \gamma \in \hat{G}$$

20.33 Pontryagin'scher Dualitätssatz. *Jede lokalkompakte abelsche Gruppe G ist die duale Gruppe ihrer dualen Gruppe. Genauer ausgedrückt: Die Abbildung $\Delta\colon G \to \hat{\hat{G}}$ aus 20.9 ist ein Isomorphismus und ein Homöomorphismus.*

Beweis. Nach 20.9 ist Δ ein stetiger Homomorphismus. Da $\hat{G}$ nach 20.21 Punkte von G trennt, ist Δ injektiv. Wir zeigen nun:

   (1) $\Delta^{-1}\colon \Delta(G) \to G$ ist stetig.

   (2) $\Delta(G)$ ist abgeschlossen in $\hat{\hat{G}}$.

   (3) $\Delta(G)$ liegt dicht in $\hat{\hat{G}}$.

Daraus folgt, dass Δ ein Isomorphismus und ein Homöomorphismus ist.

Zu (1): Sei $C \subset \hat{G}$, $r > 0$ und

$$V = \{ x \in G \mid |1 - \langle x, \gamma \rangle| < r \ \forall \gamma \in C \},$$

$$\hat{\hat{W}} = \{ \hat{\hat{\gamma}} \in \hat{\hat{G}} \mid |1 - \langle \gamma, \hat{\hat{\gamma}} \rangle| < r \quad \forall \gamma \in C \}.$$

Nach 20.26 bzw. der Definition der Topologie der dualen Gruppe in 20.5 bilden die Mengen der Form von V bzw. $\hat{\hat{W}}$ je eine Umgebungsbasis der 0 in G bzw. $\hat{\hat{G}}$. Die Definition von Δ zeigt, dass $\Delta(V) = \hat{\hat{W}} \cap \Delta(G)$. Deshalb ist Δ^{-1} bei $0 \in \Delta(G)$ stetig und damit in ganz $\Delta(G)$, da Δ einen Isomorphismus $\Delta(G) \to G$ ergibt.

Zu (2): Wegen (1) ist $\Delta(G)$ lokalkompakt in der von $\hat{\hat{G}}$ induzierten Topologie. Nun sei $\hat{\hat{\gamma}}_0$ im Abschluss von $\Delta(G)$, und sei U eine Umgebung von $\hat{\hat{\gamma}}_0$, deren Abschluss $\overline{U} \subset \hat{\hat{G}}$ kompakt ist. Da $\Delta(G)$ lokalkompakt ist, ist $\Delta(G) \cap \overline{U}$ kompakt, also abgeschlossen in $\hat{\hat{G}}$. Da $\hat{\hat{\gamma}}_0$ im Abschluss von $\Delta(G) \cap \overline{U}$ liegt, folgt $\hat{\hat{\gamma}}_0 \in \Delta(G)$. Also ist $\Delta(G)$ abgeschlossen.

Zu (3): Wäre $\Delta(G)$ nicht dicht in $\hat{\hat{G}}$, so gäbe es nach 20.32 eine Funktion $F \in A(\hat{\hat{G}})$, die auf $\Delta(G)$, aber nicht überall verschwindet. Nach der Definition von $A(\hat{\hat{G}})$, siehe 20.14, gäbe es ein $\varphi \in L^1(\hat{G})$, sodass

$$(*) \qquad F(\hat{\hat{\gamma}}) = \int_{\hat{G}} \varphi(\gamma) \, \langle -\gamma, \hat{\hat{\gamma}} \rangle_{\hat{G}} \, d\gamma \quad \text{für } \hat{\hat{\gamma}} \in \hat{\hat{G}}.$$

Da $F(\Delta(x)) = 0$ für jedes $x \in G$ gilt, folgte

$$\int_{\hat{G}} \varphi(\gamma) \, \langle -x, \gamma \rangle_G \, d\gamma = \int_{\hat{G}} \varphi(\gamma) \, \langle -\gamma, \Delta(x) \rangle_{\hat{\hat{G}}} \, d\gamma = 0 \quad \forall x \in G,$$

und nach 17.18 wäre deshalb $\varphi = 0$. Wegen $(*)$ wäre $F \equiv 0$, im Widerspruch zur Annahme. Damit ist (3) – und der Pontryagin'sche Dualitätssatz – gezeigt.
□

Zum Abschluss geben wir noch einige Anwendungen des Pontryagin'schen Dualitätssatzes, sowie ohne Beweis eine erfreuliche Charakterisierung der abelschen lokalkompakten Gruppen.

20.34 Folgerungen.

(a) *Jede kompakte abelsche Gruppe ist die duale Gruppe einer diskreten abelschen Gruppe, und jede diskrete abelsche Gruppe ist dual zu einer kompakten abelschen Gruppe.* Dieses folgt aus Satz 20.7 und dem Pontryagin'schen Dualitätssatz 20.33.

(b) *Ist $\mu \in M(G)$ und ist $\hat{\mu}(\gamma) = 0$ für alle $\gamma \in \hat{G}$, so ist $\mu = 0$.* Hier handelt es sich um die duale Aussage zum Eindeutigkeitssatz 20.21.

(c) $M(G)$ *und* $L^1(G)$ *sind halbeinfache Banachalgebren,* s. Definition 18.25. Da für jedes $\gamma \in \hat{G}$ die Abbildung $M(G) \to \mathbb{C}$, $\mu \mapsto \hat{\mu}(\gamma)$ ein Homomorphismus ist, ergibt sich aus der Eindeutigkeitsaussage (b), dass $M(G)$ halbeinfach ist. Derselbe Eindeutigkeitssatz gibt offenbar auch für $L^1(G)$, und somit ist $L^1(G)$ halbeinfach.

(d) *Wenn G nicht diskret ist, so hat $L^1(G)$ kein Einselement. Also gilt $L^1(G) = M(G)$ genau dann, wenn G diskret ist.*

Ist nämlich G nicht diskret, so ist $\hat{G}$ nach (a) nicht kompakt. Wegen $A(\hat{G}) \subset C_0(\hat{G})$ enthält $A(\hat{G})$ keine von 0 verschiedene konstante Funktion, und deshalb kein Einselement. Da $A(\hat{G})$ als Algebra isomorph zu $L^1(G)$ ist, ergibt sich die Behauptung.

(e) *Ist $\mu \in M(G)$ und $\hat{\mu} \in L^1(\hat{G})$, so gibt es ein $f \in L^1(G)$, sodass $d\mu(x) = f(x) \, dx$ und*

$$(*) \qquad\qquad f(x) = \int_{\hat{G}} \hat{\mu}(\gamma) \, \langle x, \gamma \rangle \, d\gamma, \quad x \in G.$$

Nach Annahme ist $\hat{\mu} \in L^1(\hat{G}) \cap F(\hat{G})$, s. 20.17; wird also f wie in $(*)$ erklärt und wenden wir den Inversionssatz 20.22 auf das Paar $(\hat{G}, G)$ anstatt auf $(G, \hat{G})$ an, so erhalten wir $f \in L^1(G)$ und

$$\hat{\mu}(\gamma) = \int_G f(x) \langle -x, \gamma \rangle \, dx, \quad \gamma \in \hat{G}.$$

Nach Konstruktion ist $\hat{\mu}(\gamma) = \int_G \langle -x, \gamma \rangle \, d\mu(x)$, s. 20.21, und deshalb ergibt nun der Eindeutigkeitssatz, dass $d\mu = f dx$.

Auf die reizvolle Theorie der topologischen Gruppen können wir leider nicht mehr weiter eingehen. Als Appetitanreger sei nur noch der folgende schöne Satz angeführt. Zum weiteren Studium der Theorie seien die hervorragenden Bücher von L.S. Pontrjagin bzw. L.H. Loomis bzw. E. Hewitt - K. Ross empfohlen.

20.35 Struktursatz. *Jede abelsche lokalkompakte Gruppe G besitzt eine offene Untergruppe G_1, welche die direkte Summe einer kompakten Gruppe H und eines euklidischen Raumes $\mathbb{R}^n$ ist.* ☐

Aufgaben

20.A1 Jeder Charakter ist positiv definit.

20.A2 Zeigen Sie, dass sich jede Funktion aus $F(G)$, vgl. Text vor 20.25, als endliche Linearkombination von stetigen positiv-definiten Funktionen auf G darstellen lässt.

20.A3 Ist G eine kompakte abelsche Gruppe, so gilt für $\gamma \in \hat{G}$

$$\int_G \langle x, \gamma \rangle \, dx = \begin{cases} 1 & \text{für } \gamma = 0, \\ 0 & \text{für } \gamma \neq 0 \, . \end{cases}$$

Schließen Sie daraus und aus 20.15 (d), dass $\hat{G}$ diskret ist.

20.A4 Zeigen Sie, dass für die Faltung von Maßen aus $M(G)$ das assoziative Gesetz gilt.

20.A5 Sei H eine abgeschlossene Untergruppe einer lokalkompakten abelsche Gruppen G und sei Λ der *von H*, d.h. die Menge aller Charaktere $\gamma \in \hat{G}$ mit $\langle x, \gamma \rangle = 1$ für alle $x \in H$. Zeigen Sie:

(a) Λ ist eine abgeschlossene Untergruppe von $\hat{G}$.

(b) Ist Λ der Annihilator von H, so ist H der Annihilator von Λ.

(c) Λ und $\hat{G}/\Lambda$ sind (topologisch isomorph zu) die dualen Gruppen von G/H bzw. H.

(d) Ist H eine geschlossene Untergruppe von G, so kann jeder auf H definierte stetige Charakter zu einem stetigen Charakter von G fortgesetzt werden.

20.A6 Bestimmen Sie die dualen Gruppen zu den diskreten Gruppen $\mathbb{Z}_n$ und $\mathbb{Z}_n \oplus \mathbb{Z}_n$.

20.A7 $\mathbb{R}^n$ ist zu sich selbst dual; $T^n = S^1 \times \ldots S^1$ und $\mathbb{Z}^n$ sind zueinander dual.

20.A8 Sind G_1, G_2 lokalkompakte abelsche Gruppen, so gilt $G_1 \hat{\oplus} G_2 = \hat{G}_1 \times \hat{G}_2$.

20.A9 Für eine Primzahl p sind die Gruppen $\mathcal{S}_p$, mit der in 19.A13 gegebenen Topologie, und $\mathcal{C}_p$, vgl. 16.A15, mit der diskreten Topologie zueinander dual.

20.A10 Sei $G_1 \xleftarrow{\varphi_1} G_2 \xleftarrow{\varphi_2} \ldots \xleftarrow{\varphi_{n-1}} G_n \xleftarrow{\varphi_n} \ldots$, eine Sequenz kompakter Hausdorff'scher abelscher Gruppen mit Homomorphismen φ_n, und es sei $G_\infty = \varprojlim G_i$ ihr projektiver Limes. Dann ist $\hat{G}_\infty = \varinjlim \hat{G}_i$ der direkte Limes der diskreten Gruppen

$$\hat{G}_1 \xrightarrow{\hat{\varphi}_1} \hat{G}_2 \xrightarrow{\hat{\varphi}_2} \ldots \xrightarrow{\hat{\varphi}_{n-1}} \hat{G}_n \xrightarrow{\hat{\varphi}_n} \ldots .$$

20.A11 G_1 und G_2 seien lokalkompakte abelsche Gruppen. Ist $f \colon G_1 \to G_2$ ein stetiger Epimorphismus, so ist $\hat{f} \colon \hat{g}_1 \to \hat{G}_2$ ein stetiger Monomorphismus.

20.A12 Sei $p > 1$ eine Primzahl und $\mathcal{K}_p$ die additive Gruppe der p-adischen Zahlen, s. 1.A15. Dieses ist eine kompakte Hausdorffsche abelsche Gruppe, besitzt also ein eindeutig bestimmtes normiertes Haarsches Maß, vgl. 16.A12, 19.A14. Bestimmen Sie die duale Gruppe $\hat{\mathcal{K}}_p$ sowie die beiden Fourier-Transformationen und verifizieren Sie den Pontryaginschen Dualitätssatz 20.33 an diesem Beispiel. Beschreiben Sie ebenfalls $L^2(\mathcal{K}_p)$ und $L^2(\hat{\mathcal{K}}_p)$.

21 Zur historischen Entwicklung der mengentheoretischen Topologie

A Anmerkungen zu Kapitel 1–3

Mit F. Hausdorff beginnt die mengentheoretische Topologie, so wie wir sie heute verstehen. Hausdorff definierte 1914 in seinem Buch „Grundzüge der Mengenlehre" topologische Räume mit Hilfe der Umgebungsaxiome (a) – (d) aus 2.8 und des T_2-Axioms aus 6.1. In drei Kapiteln seines Buches entwickelt Hausdorff ausgehend von den Umgebungsaxiomen systematisch eine Theorie der topologischen Räume. Er definiert die verschiedenen Punkttypen in einem topologischen Raum: innere Punkte, Randpunkte, Berührungspunkte, Häufungspunkte, und prägt die Begriffe dicht und nirgends dicht. Großen Raum nehmen in seinen Untersuchungen die topologischen Eigenschaften der metrischen Räume ein.

Metrische Räume waren 1906, also acht Jahre vor Hausdorffs Umgebungsräumen, von M. Fréchet definiert worden (die Namensgebung „metrischer Raum" stammt von Hausdorff). Von Fréchet stammt auch der Ansatz, allgemeinere Räume als metrische Räume mit Hilfe des Konvergenzbegriffs zu definieren (1906). Da Fréchet dabei von abzählbaren Folgen ausging, war die Begriffsbildung des Fréchet'schen Konvergenzraumes nicht sehr fruchtbar. Einen ähnlichen Ansatz wählte F. Riesz (1908): Ausgehend vom Begriff des Häufungspunktes versuchte er, Gemeinsamkeiten von Punkt- und Funktionsmengen ohne Verwendung eines Abstandsbegriffs zu fassen.

Nach Hausdorffs Einführung des topologischen Raumes wurden bald weitere Möglichkeiten entdeckt, topologische Räume zu definieren. C. Kuratowski griff 1922 die Idee von Riesz wieder auf und definierte eine Topologie auf einer Menge X mit Hilfe eines Hüllenoperators. Dies ist eine Abbildung $^-\colon \mathcal{P}(X) \to \mathcal{P}(X)$ mit den Eigenschaften

(a) $\bar{\emptyset} = \emptyset$,
(b) $A \subset \bar{A}$,
(c) $\overline{A \cup B} = \bar{A} \cup \bar{B}$,
(d) $\bar{\bar{A}} = \bar{A}$.

Mengen $F \subset X$, welche die Eigenschaft $\bar{F} = F$ haben, sind dann gerade die abgeschlossenen Mengen von X (vgl. 2.A7).

Die heutige Methode, topologische Räume einzuführen, stammt von P. Alexandroff. Er definierte 1925 als erster eine Topologie auf einer Menge

durch Vorgabe eines Systems offener Mengen mit den Eigenschaften (a) und
(b) aus 2.1. Das Wort Topologie für das System offener Mengen taucht zum
ersten Mal bei J.L. Kelley (1955) auf.

Die Unterraumtopologie wurde bereits von Hausdorff (1914) eingeführt,
während eine Topologie auf einem Produkt von topologischen Räumen erst
1923 von H. Tietze definiert wird; es ist die heute unter dem Namen Box-
Topologie bekannte Topologie aus Aufgabe A3.16. Diese Topologie auf einem
Produkt ist allerdings nicht die richtige in dem Sinne, dass für sie nicht die
Aussage des Satzes 3.10 gilt (es sei denn, die Anzahl der Faktoren ist endlich). Die ‚richtige' Definition der Produkttopologie stammt von A. Tychonoff
(1930).

Das allgemeine, kategorielle Konstruktionsprinzip, das hinter der Unterraumtopologie und der Produkttopologie steht (nämlich das der Initialtopologie), wurde zuerst von N. Bourbaki (1940) herausgearbeitet.

Quotientenräume wurden von R.L. Moore (1925) und Alexandroff (1926)
definiert und untersucht. Der Begriff der topologischen Summe und der Finaltopologie stammt aus Bourbaki (1940).

B Anmerkungen zu Kapitel 4, 6–8

Die Invarianten der mengentheoretischen Topologie lassen sich in folgende
vier Klassen einteilen:

1.   Abzählbarkeitseigenschaften,
2.   Zusammenhangseigenschaften,
3.   Trennungseigenschaften,
4.   Kompaktheitseigenschaften.

Im folgenden soll – in dieser Reihenfolge – über die Entstehung dieser
Begriffe berichtet werden.

1. Abzählbarkeitseigenschaften

Das erste und zweite Abzählbarkeitsaxiom wurden in Hausdorffs Grundzügen
der Mengenlehre definiert (1914). Eine andere Abzählbarkeitseigenschaft, die
Eigenschaft „separabel" (das ist die Existenz einer abzählbaren, dichten Teilmenge), die in der Funktionalanalysis von Bedeutung ist, wurde schon früher
von Fréchet für metrische Räume eingeführt (1906).

2. Zusammenhangseigenschaften

1893 definierte C. Jordan zusammenhängende Teilmengen des $\mathbb{R}^n$ mit Hilfe
abgeschlossener Zerlegungen. Schon einige Jahre früher taucht bei G. Cantor (1883) die folgende Definition des ε-Zusammenhangs auf (ebenfalls für

Teilmengen des $\mathbb{R}^n$): Eine Menge A ist „zusammenhängend", wenn man für je zwei Punkte $a, b \in A$ und für jedes $\varepsilon > 0$ eine endliche Folge von Punkten $a = x_0, x_1, \ldots, x_n = b$ finden kann, sodass der Abstand von x_i zu x_{i+1} kleiner als ε ist (für $i = 0, \ldots, n - 1$). Diese Definition läßt sich auf beliebige metrische Räume übertragen und ist für kompakte metrische Räume äquivalent zum üblichen Zusammenhangsbegriff (siehe A8.2).

Der Begriff des Wegzusammenhangs für Teilmengen des $\mathbb{R}^n$ war zu jener Zeit ebenfalls schon geläufig, zumindest wurde er um 1880 von K. Weierstraß verwendet.

F. Hausdorff übertrug 1914 die Jordan'sche Definition des Zusammenhangs auf Teilmengen beliebiger topologischer Räume. Er führte die Zusammenhangskomponenten und die total unzusammenhängenden Räume ein und bewies die Sätze aus Abschnitt A des Kapitels 4.

Lokal zusammenhängende Räume wurden 1914 von H. Hahn definiert und in Arbeiten von H. Tietze (1919), C. Kuratowski (1920) und Hahn (1921) näher untersucht. Satz 4.17 (b) findet sich z.B. in der Arbeit von Hahn (1921).

Weitere Untersuchungen über zusammenhängende, total unzusammenhängende und nulldimensionale Räume findet man bei B. Knaster und C. Kuratowski (1921) und W. Sierpinski (1921).

3. Trennungseigenschaften

Die meisten Arbeiten auf dem Gebiet der mengentheoretischen Topologie in den Jahren nach dem Erscheinen von Hausdorffs Grundzügen der Mengenlehre verfolgten zwei Ziele: Erstens, Bedingungen zu finden, unter denen sich bekannte Sätze für metrische Räume auf topologische Räume übertragen lassen, und zweitens, notwendige und hinreichende Voraussetzungen für die Metrisierbarkeit eines topologischen Raumes zu finden. Bei diesen Untersuchungen spielen die verschiedenen Trennungseigenschaften eine wesentliche Rolle.

Das T_1-Axiom wird Fréchet zugeschrieben; es taucht, wenn auch in etwas anderer Form, in seiner Definition des Konvergenzraumes auf (1906). Das T_2-Axiom ist eines der Hausdorffschen Umgebungsaxiome, d.h. Hausdorff betrachtet in seinem Buch ausschließlich T_2-Räume. Die T_3-Eigenschaft wurde von L. Vietoris 1921 eingeführt. Tietze fügte dann 1923 das T_4-Axiom hinzu; er war der erste, der den Begriff Trennungsaxiom verwendete. Vollständig reguläre Räume tauchen 1925 in einer Arbeit von P. Urysohn auf, in der er auch den heute unter dem Namen Urysohn's Lemma bekannten Satz 7.1 beweist. Als Trennungseigenschaft wurde das T_3-Axiom von Tychonoff (1930) formuliert, der auch seine Bedeutung für das Problem der Einbettbarkeit eines topologischen Raumes in ein Produkt von abgeschlossenen Intervallen erkannte (siehe Satz 6.10).

Der Fortsetzungssatz für T_4-Räume (Satz 7.7) wurde von Tietze 1915 bewiesen.

Der Satz über die „Schrumpfbarkeit" punkt-endlicher offener Überdeckungen in normalen Räumen (7.12) stammt von S. Lefschetz (1942).

4. Kompaktheit

Um die Jahrhundertwende kannte man folgende Charakterisierungen der kompakten Teilmengen des $\mathbb{R}^n$:

(a) $A \subset \mathbb{R}^n$ ist abgeschlossen und beschränkt.
(b)   Jede unendliche Teilmenge von A hat wenigstens einen Häufungspunkt (Bolzano-Weierstraß).
(c)   Jede Folge in A besitzt eine in A konvergente Teilfolge (Bolzano-Weierstraß).
(d)   Jede offene Überdeckung von A besitzt eine endliche Teilüberdeckung (Heine-Borel).

Während (a) von der Metrik des $\mathbb{R}^n$ abhängt, lassen sich (b)–(d) auf beliebige topologische Räume übertragen. Jede der Eigenschaften (b)–(d) gibt eine Möglichkeit für einen Kompaktheitsbegriff. Fréchet definierte 1906 einen Kompaktheitsbegriff für die metrischen Räume, und zwar nannte er Teilmengen in metrischen Räumen kompakt, die der Eigenschaft (b) genügen. Diese Definition der kompakten Mengen übertrug man später auch auf Teilmengen in beliebigen topologischen Räumen, man nannte also die im heutigen Sinne abzählbar kompakten Räume damals kompakt. Erst 1924 führten Alexandroff und Urysohn unseren heutigen Kompaktheitsbegriff im Sinne von (d) ein. Sie nannten Räume mit der Eigenschaft (d) bikompakt. Diese Definition der Kompaktheit setzte sich aber erst 1930 durch, als A. Tychonoff die Vererbbarkeit der Eigenschaft „bikompakt" auf beliebige Produkte bewies (Satz 8.12), ein Resultat, das weder für abzählbar kompakte Räume noch für folgenkompakte Räume (diese entsprechen der Eigenschaft (c)) gilt. Die Eigenschaft „abzählbar kompakt" vererbt sich nur auf abzählbare Produkte.

Der Subbasissatz (Satz 8.9) stammt von J.W. Alexander (1939). Lokalkompakte Räume wurden 1924 von Tietze und Alexandroff unabhängig voneinander eingeführt. Sie erkannten auch, daß sich das aus der Funktionentheorie bekannte Verfahren, die Gauß'sche Zahlenebene zur Gauß'schen Zahlenkugel abzuschließen, auf die lokalkompakten Räume übertragen läßt und dort zur Einpunkt-Kompaktifizierung führt.

C Anmerkungen zu Kapitel 5

Für Grenzwertbetrachtungen im $\mathbb{R}^n$ oder in Räumen, die dem ersten Abzählbarkeitsaxiom genügen, sind Folgen vollkommen ausreichend. Man kann Berührungspunkte durch Folgen charakterisieren, Stetigkeit von Abbildungen durch Konvergenz von Folgen ausdrücken und etliches mehr.

Grenzwerte, die nicht mit Folgen zu fassen sind, tauchten schon lange vor der Definition des topologischen Raumes in der Integrationstheorie auf, z.B. bei der Definition des Riemann-Integrals. Bei der Definition des Integrals einer stetigen Funktion auf einem abgeschlossenen Intervall $[a, b]$ ordnet man jeder Zerlegung der Intervalls $[a, b]$ zwei reelle Zahlen zu, die Obersumme bzw. Untersumme zur vorgegebenen Zerlegung. Führt man auf der Menge der Zerlegungen von $[a, b]$ eine (gerichtete) Ordnung ein, dann erhält man verallgemeinerte Folgen von Obersummen bzw. Untersummen, deren Konvergenz gegen einen gemeinsamen Grenzwert gerade die Integrierbarkeit der Funktion bedeutet (vgl. 5.8 (c)). Motiviert durch dieses Beispiel entwickelte 1915 E.H. Moore (und 1922 zusammen mit H.L. Smith) eine Konvergenztheorie, die auf dem Begriff der verallgemeinerten Folge aufbaut. Der Definitionsbereich der Folge, also $\mathbb{N}$, wird dabei durch eine gerichtete Menge ersetzt (s. 5.5 und 5.7). Diese verallgemeinerten Folgen wurden später auch Netze (Kelley 1950) oder Moore-Smith Folgen genannt.

In der Topologie wurden die Netze zuerst von G. Birkhoff (1937) und J.W. Tukey (1940) angewandt. Es zeigte sich, dass die Netze eine adäquates Instrument für Konvergenzuntersuchungen in beliebigen topologischen Räumen (ohne Abzählbarkeitsvoraussetzungen) sind.

Eine andere Möglichkeit, Konvergenztheorie zu betreiben, besteht darin, an Stelle von Netzen Filter zu benutzen. Filter wurden 1937 von H. Cartan eingeführt. Wenn Filter auch nicht so „anschaulich" wie Netze sind, so bringen sie beweistechnisch doch oft Vorteile. So wird z.B. der Beweis des Satzes von Tychonoff durch Verwendung von Ultrafiltern besonders einfach (s. 8.12). Einen systematischen Aufbau der Topologie, in dem bei Konvergenzbetrachtungen durchweg Filter verwendet werden, findet man zum ersten Mal bei N. Bourbaki (1940).

D Anmerkungen zu Kapitel 10

Als 1914 die topologischen Räume von Hausdorff eingeführt waren, bestand ein vordringliches Ziel der mengentheoretischen Topologie darin, notwendige und hinreichende Bedingungen für die Metrisierbarkeit eines topologischen Raumes zu finden. Viele Arbeiten der zwanziger Jahre beschäftigen sich mit diesem Problem: einen (vorläufigen) Abschluß fanden die Untersuchungen erst mit dem Metrisationssatz von Bing, Nagata und Smirnov (1950/51).

Der erste Metrisationssatz stammt von Alexandroff und Urysohn (1923). Er lautet: Ein T_1-Raum X ist genau dann metrisierbar, wenn er eine Entwicklung $(\mathcal{U}_n)_{n\in\mathbb{N}}$ besitzt mit der folgenden Eigenschaft: Sind $U, V \in \mathcal{U}_n$ und ist $U \cap V \neq \emptyset$, dann gibt es ein $W \in \mathcal{U}_{n-1}$ mit $U \cap V \subset W$.

Unter einer Entwicklung von X versteht man dabei eine Folge offener Überdeckungen $(\mathcal{U}_n)_{n\in\mathbb{N}}$, bei der jeweils $\mathcal{U}_n$ eine Verfeinerung von $\mathcal{U}_{n-1}$ ist und für jedes $x \in X$ das Mengensystem $\left\{ \bigcup_{u\in\mathcal{U}_n,\, x\in U} \mid n \in \mathbb{N} \right\}$ eine Umgebungsbasis von x bildet.

Dieser Metrisationssatz erschien jedoch zu kompliziert, um ihn als endgültige Lösung des Metrisationsproblemes anzusehen, und man ging weiter auf die Suche nach leichter nachprüfbaren Kriterien für die Metrisierbarkeit topologischer Räume.

Schon ein Jahr später, 1924, gab Urysohn eine einfache Charakterisierung der metrisierbaren kompakten Räume; ein kompakter Raum ist genau dann metrisierbar, wenn er das 2. Abzählbarkeitsaxion erfüllt.

In einer Arbeit, die 1925 erschien, löste Urysohn das Metrisationsproblem für separable Räume. Er bewies die Äquivalenz folgender drei Aussagen:

(a) X ist normal und erfüllt das 2. Abzählbarkeitsaxion,
(b) X ist separabel (d.h. es gibt eine abzählbare, dichte Teilmenge in X),
(c) X kann in $[0,1]^{\mathbb{N}}$ eingebettet werden.

Tychonoff erkannte 1925, dass man in (a) die Normalität von X durch die Regularität ersetzen kann; damit bekam der Urysohn'sche Metrisationssatz seine heutige Form (vgl. 10.17).

Einen Fortschritt in der Frage der Metrisierbarkeit auch nicht separabler Räume gab es erst, als man die Beziehungen zwischen Überdeckungs- und Trennungseigenschaften untersuchte. Dies geschah 1940 durch Tukey, der einen verschärften Normalitätsbegriff („voll normal") definierte, und 1944 durch Dieudonné, der als Bindeglied zwischen den normalen und den kompakten Räumen die parakompakten Räume einführte.

1948 zeigt A.H. Stone, dass jeder metrische Raum parakompakt ist. Dieser Satz gab den Anstoß zur Lösung des Metrisationsproblems, wie sie unabhängig voneinander von R.H. Bing (1951), J. Nagata (1950) und Yu.M. Smirnov (1951) gefunden wurde.

E Anmerkungen zu Kapitel 9, 11 und 14

Der Begriff des uniformen Raumes stammt von A. Weil (1937). In seiner Monographie beweist Weil die meisten Sätze aus Kapitel 11. So löst er z.B. das Problem der Uniformisierbarkeit topologischer Räume und das Problem der Metrisierbarkeit uniformer Räume. Viele Sätze über uniforme Räume sind allerdings mehr oder weniger einfache Übertragungen bekannter Sätze aus

der Theorie der topologischen Gruppen, die ja kanonische uniforme Strukturen tragen (s. 11.6 (f)). So hatten bereits 1936 unabhängig voneinander G.
Birkhoff und S. Kakutani gezeigt, dass eine topologische Gruppe genau dann
metrisierbar ist, wenn das Umgebungssystem des neutralen Elementes eine
abzählbare Basis besitzt. Mit dem gleichem Beweis zeigt man den Satz über
die Metrisierbarkeit uniformer Räume (Korollar 11.27). Im Jahre 1940 fand
J.W. Tukey einen anderen Zugang zu uniformen Strukturen. Er definiert eine
uniforme Struktur auf einem topologischen Raum X mit Hilfe einer Familie
von Überdeckungen von X. Mehr darüber findet man in dem Buch von J.
Isbell (1964).

Eine Struktur, die „zwischen" den topologischen und uniformen Räumen
liegt, ist die des „Proximity"-Raumes. Proximity-Strukturen wurden von
V.A. Efremovic (1952) eingeführt und in den Jahren 1952–55 von Smirnov weiterentwickelt. Es besteht eine eindeutige Beziehung zwischen den
Proximity-Strukturen und präkompakten, uniformen Strukturen.

Die Untersuchung von Topologien auf Funktionenräumen begann mit
Tychonoff (1935), der die Konvergenz in der von ihm definierten Produkttopologie untersuchte. Die uniformen Strukturen der punktweisen und
gleichmäßigen Konvergenz wurden von Tukey (1940) eingeführt. Die kompakt-
offene Topologie wurde von R.H. Fox (1945) und R. Arens (1946) definiert
und systematissch untersucht. Sie zeigten auch, dass zur kompakt-offenen Topologie die gleichmäßige Konvergenz auf kompakten Teilmengen gehört. Der
Satz 14.22 wurde zuerst von G. Ascoli für reellwertige, stetige Funktionen
(definiert auf $\mathbb{R}$) bewiesen (1883), in seiner allgemeinen Form stammt Satz
14.22 von Bourbaki (1948 a).

K. Weierstraß bewies seinen Satz über die gleichmäßige Approximation
von stetigen Funktionen durch Polynome 1885. Die Verallgemeinerung (Satz
9.7) des Satzes von Weierstraß (Satz 9.8) stammt von M.H. Stone (1948).
Einen eleganten Beweis des ursprünglichen Satzes von Weierstraß gab S.
Bernstein 1912. Er zeigt, daß man als approximierende Polynome für eine
auf $[0, 1]$ definierte, stetige, reellwertige Funktion f die Polynome der Form

$$P_n(x) = \sum_{k=0}^{n} \binom{n}{k} f\left(\frac{k}{n}\right) x^k (1-x)^{n-k}, \ x \in [0, 1]$$

nehmen kann.

F Anmerkungen zu Kapitel 12, 13 und 15

Vollständige metrische Räume wurden bereits 1906 von Fréchet definiert.
Hausdorff übertrug die Cantor'sche Methode der Vervollständigung der rationalen Zahlen zu den reellen Zahlen auf metrische Räume und zeigte, dass

jeder metrische Raum eine Vervollständigung besitzt (1914). Hausdorff untersuchte auch die Beziehungen zwischen „kompakt" und „vollständig" in metrischen Räumen und führte als Bindeglied zwischen beiden Eigenschaften den Begriff „totalbeschränkt" ein (vgl. Definition 13.1).

Von Bourbaki stammt die Übertragung des Begriffs der Cauchy-Folge in die Filtersprache (Cauchy-Filter) und der Beweis für die Existenz der Vervollständigung eines uniformen Raumes (1940).

Vollständig metrisierbare Räume mit abzählbarer Basis wurden in den Jahren nach 1910 ausführlich von russischen und polnischen Mathematikern untersucht (P. Alexandroff, C. Kuratowski, M. Lavrentieff, N. Lusin, S. Mazurkiewicz, W. Sierpinski, M. Souslin u.a.). Die Namensgebung „polnische Räume" für diese Klasse von topologischen Räumen stammt von Bourbaki (1948). Dass ein Unterraum A eines polnischen Raumes X genau dann polnisch ist, wenn A eine G_δ-Menge in X ist, wurde von Mazurkiewicz (1916) und Alexandroff (1924a) gezeigt.

Mengen 1. und 2. Kategorie (im $\mathbb{R}^n$) wurden von R. Baire (1899) definiert. Baire zeigte auch, dass eine offene Teilmenge des $\mathbb{R}^n$ nicht Vereinigung einer abzählbaren Familie nirgends dichter Teilmengen ist. Die Übertragung dieses Satzes auf vollständige metrische Räume stammt von E. Čech (1937). Dass auch lokalkompakte Räume diese Eigenschaften haben, zeigte R.L. Moore (1924). Die Anwendung des Baire'schen Satzes auf das Problem der Existenz von stetigen, reellwertigen Funktionen, die in keinem Punkt eine Ableitung besitzen, stammt von S. Banach (1931).

Die Existenz einer größten Kompaktifizierung wurde 1937 unabhängig voneinander von M.H. Stone und Čech bewiesen, und zwar auf ganz verschiedene Weisen. Čech stützte sich auf Vorarbeiten von Tychonoff, der 1930 gezeigt hatte, daß sich jeder vollständig reguläre Raum in ein Produkt von abgeschlossenen Intervallen einbetten läßt. Die größte Kompaktifizierung ist dann der Abschluß dieser Einbettung (vgl. Kapitel 12 B). Stone betrachtete den Ring $C(X)$ der stetigen, reellwertigen Funktionen auf X und untersuchte die maximalen Ideale in $C(X)$. Führt man auf der Menge $\mathcal{M}$ der maximalen Ideale von $C(X)$ eine geeignete Topologie ein, so wird $\mathcal{M}$ kompakt, und die Menge der fixierten Ideale von $C(X)$ bildet einen zu X homöormorphen Unterraum von $\mathcal{M}$ (vgl. A15.7 und A15.8). Der Raum $\mathcal{M}$ ist eine Stone-Čech Kompaktifizierung von X im Sinne von 12 B.

Die Filterbeschreibung der Stone-Čech-Kompaktifizierung, wie sie in Kapitel 15 gegeben wird, geht auf Arbeiten von M.H. Stone (1937), H. Wallman (1938) und P. Alexandroff (1939) zurück.

Diagramm

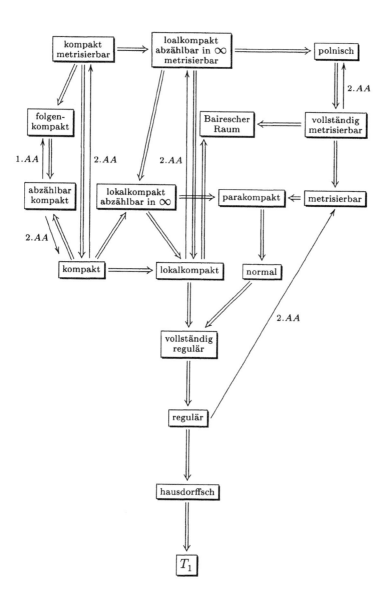

Literaturverzeichnis

Bourbaki, N.: *Topologie générale*. Paris: Hermann 1940-1948
Bourbaki, N.: *Intégration*. Paris: Hermann 1963,1965
Bourbaki, N.: *General Topology*. (2 Bde.). Reading: Addison-Wesley 1966
Brown, R.: *Elements of Modern Topology*. London: McGraw-Hill 1968
Čech, E: *Topological Spaces*. New York: Interscience 1966
Cigler, J.; Reichel, H.-Chr.: *Topologie, Eine Grundvorlesung*. BI-Hochschultaschenbücher; Bd. 121. Mannheim: Bibliographisches Institut 1978
Dugundji, J.: *Topology*. Boston: Allyn and Bacon 1966
Engelking, R.: *Outline of General Topology*. Amsterdam: North-Holland 1968
Franz, W.: *Topologie I*. Sammlung Göschen. Berlin: de Gruyter 1973
Führer, L.: *Allgemeine Topologie mit Anwendungen*. Braunschweig: Vieweg 1977
Gemignani, M.C.: *Elementary Topology*. Reading: Addison-Wesley 1967
Gillman, L.; Jerison, M.: *Rings of Continuous Functions*. Graduate Texts in Math. Vol. 43 (Reprint). Berlin-Heidelberg-New York: Springer 1976
Grotemeyer, K.P.; Letzner, E.; Reinhardt, R.: *Topologie*. BI-Hochschultaschenbücher; Bd. **836**. Mannheim: Bibliographisches Institut 1969
Harzheim, E.; Ratschek, H.: *Einführung in die allgemeine Topologie*. Darmstadt: Wissenschaftliche Buchgesellschaft 1975
Hewitt, E.; Ross, K.: *Abstract Harmonic Analysis*. Berlin-Heidelberg-New York: Springer Verlag 1963
Hewitt, E.; Stromberg, K.: *Real and Abstract Analysis*. Berlin, Heidelberg, New York: Springer Verlag 1969
Heyer, H.: *Dualität lokalkompakter Gruppen*. Berlin, Heidelberg, New York: Springer Verlag 1970
Higgins, P.J.: *An Introduction to Topological Groups*. London Math. Soc. Lect. Note Ser. **15**. Cambridge: Cambr. Univ. Press 1974
Hocking, J.G.; Young, G.S.: *Topology*. Reading: Addison-Wesley 1961
Hu, S.T.: *Introduction to General Topology*. San Francisco: Holden Day 1964
Husain, T.: *Introduction to Topological Groups*. Philadelphia: Saunders 1966
Kelley, J.L.: *General Topology*. Graduate Texts in Mathematics Vol. **27** (Reprint). Berlin-Heidelberg-New York: Springer 1975
Kowalsky, H.-J.: *Topologische Räume*. Basel: Birkhäuser 1961
Kuratowski, C.: *Topology*. Vol. 1 and 2, New York: Academic Press 1968
Loomis, L.H.: *An Introduction to Abstract Harmonic Analysis*. Princeton, N.J., Toronto, London, New York: van Norstrand 1953
Lutz, D.:*Topologische Gruppen*. Mannheim-Wien-Zürich: B.I.-Wissenschaftsverlag (1976)
Montgomery, D.; Zippin, L.: *Topological Transformation Groups*. Interscience Tracts Pure Appl. Math. **1**. New York - London: Interscience Publ. 1955
Müller, K.P.; Wölpert, H.: *Anschauliche Topologie*. Stuttgart: Teubner 1976
Munkres, J.B.: *Topology, A First Course*. Englewood Cliffs: Prentice-Hall 1975

Nachbin, L.: *The Haar Integral*. Princeton, N.J.: Van Norstrand 1965

Nagata, J.: *Modern General Topology*. Groningen: Nordhoff 1968

Pontrjagin, L.S.: *Topologische Gruppen I, II*. Leipzig: B.G. Teubner 1957, 1958

Preuß, G.: *Allgemeine Topologie*. Hochschultext. Berlin-Heidelberg-New York: Springer 1975

Rudin, W.: *Fourier Analysis on Groups*. Interscience Tracts Pure Appl. Math. **12**. New York - London: Interscience Publ. 1962

Schubert, H.: *Topologie, Eine Einführung*. Math. Leitfäden, Stuttgart: Teubner 1975

Thron, W.: *Topological Structures*. New York: Holt, Rinehart and Winston 1966

Weil, A.: *L'intégration dans les groupes topologiques*. Paris: Hermann 1941

Willard, S.: *General Topology*. Reading: Addison-Wesley 1970

Zieschang, H.: *Lineare Algebra und Geometrie*. Stuttgart: Teubner 1997

Zur historischen Entwicklung der mengentheoretischen Topologie

Alexander, J.W.: *Ordered sets, complexes and the problem of compactification*. Proc. Nat. Acad. Sci. U.S. **25**, 296-298 (1939)

Alexandroff, P.: *Über die Metrisation der im kleinen kompakten topologischen Räume*. Math. Ann. **92**, 294-301 (1924)

Alexandroff, P.: *Sur les Ensembles de la Première Classe et les Espaces Abstraits*. C.R. Paris **178**, S. 185 (1924a)

Alexandroff, P.: *Zur Begründung der n-dimensionalen mengentheoretischen Topologie*. Math. Ann. **94**, 296-308 (1925)

Alexandroff, P.: *Über stetige Abbildungen kompakter Räume*. Math. Ann. **96**, 555-571 (1926)

Alexandroff, P.: *Bikompakte Erweiterungen topologischer Räume*. Mat. Sb. **5**, 403-423 (1939) (in russisch; deutsche Zusammenfassung)

Alexandroff, P.; Urysohn, P.: *Une condition nécessaire et suffisante pour qu'une classe (ℒ) soit une classe (𝒟)*. C.R. Acad. Sci. Paris **177**, 1274-1277 (1923)

Alexandroff, P.; Urysohn, P.: *Zur Theorie der topologischen Räume*. Math. Ann. **92**, 258-266 (1924)

Arens, R.: *A topology for spaces of transformations*. Ann. of Math. (2) **47**, 480-495 (1946)

Ascoli, G.: *Le Curve Limite di una Varietà Data di Curve*. Mem. Accad. Lincei (3) **18**, 521-586 (1883)

Baire, R.: *Sur les Fonctions de Variables Réelles*. Ann. di Mat. **3**, 1-123 (1899)

Banach, S.: *Über die Baire'sche Kategorie gewisser Funktionenmengen*. Studia Math. **3**, 174-179 (1931)

Bernstein, S.: *Démonstration du Théorème de Weierstraß fondée sur le Calcul de Probabilité*. Comm. Soc. Math. Kharkoff (2) **13**, 1-2 (1912)

Bing, R.H.: *Metrization of topological spaces*. Canad. J. Math. **3**, 175-186 (1951)

Birkhoff, G.: *A note on topological groups*. Compositio Math. **3**, 427-430 (1936)

Birkhoff, G.: *Moore-Smith convergence in general topology*. Ann. Math. **38**, 39-56 (1937)

Bourbaki, N.: *Topologie Générale*. Chapitre 1 et 2. Paris: Hermann (1940)

Bourbaki, N.: *Topologie Générale*. Chapitre 9. Paris: Hermann (1948)

Bourbaki, N.: *Topologie Générale*. Chapitre 10. Paris: Hermann (1948a)

Cantor, G.: *Über unendliche, lineare Punktmannigfaltigkeiten*. Math. Ann. **21**, 545-591 (1883)

Cartan, H.: *Théorie des Filtres*. C.R. Acad. Sci. Paris **205**, 595-598 (1937)

Cartan, H.: *Filtres et Ultrafiltres*. C.R. Acad. Sci. Paris **205**, 777-779 (1937)

Čech, E.: *On bicompact spaces*. Ann. of Math. (2) **38**, 832-844 (1937)

Dieudonné, J.: *Une Généralisation des Espaces Compactes*. J. Math. Pures Appl. **23**, 65-76 (1944)

Efremovic, V.A.: *The geometry of proximity I*. Mat. Sb. (N.S.) **31**, 189-200 (1952) (in Russisch)

Fox, R.H.: *The topology of function spaces*. Bull. Amer. Math. Soc. **51**, 429-432 (1945)

Fréchet, M.: *Sur Quelques Points du Calcul Fonctionnel*. Rendiconti di Palermo, **22**, 1-74 (1906)

Hahn, H.: *Über die allgemeinste ebene Punktmenge, die stetiges Bild einer Strecke ist*. Jahresber. Dt. Math. Ver. **23**, 318-322 (1914)

Hahn, H.: *Über die Komponenten offener Mengen*. Fund. Math. **2**, 189-192 (1921)

Hausdorff, F.: *Grundzüge der Mengenlehre*. Leipzig: Veit (1914)

Isbell, J.: *Uniform spaces*. Amer. Math. Soc. Survey No. 12. Providence: Amer. Math. Soc. (1964)

Jordan, C.: *Cours d'Analyse de l'Ecole Polytechnique*. Vol. 1, Paris 1893

Kakutani, S.: *Über die Metrisation der topologischen Gruppen*. Proc. Imp. Acad. Tokyo **12**, 82-84 (1936)

Kelley, J.L.: *Convergence in topology*. Duke Math. J. **17**, 227-283 (1950)

Kelley, J.L.: *General Topology*. Princeton. Van Nostrand (1955)

Knaster, B.; Kuratowski, C.: *Sur les Ensembles Connexes*. Fund. Math. **2**, 206-255 (1921)

Kuratowski, C.: *Une Définition Topologique de la Ligne de Jordan*. Fund. Math. **1**, 40-43 (1920)

Kuratowski, C.: *Sur l'Opération Ā de l'Analysis Situs*. Fund. Math. **3**, 182-199 (1922)

Lefschetz, S.: *Algebraic topology*. Amer. Math. Soc. Coll. Publ. **27**. New York: Amer. Math. Soc. (1942)

Mazurkiewicz, S.: *Über Borelsche Mengen*. Bull. de l'Académie des Sciences, Cracovie, S. 490-494 (1916)

Moore, E.H.: *Definition of limit in general integral analysis*. Proc. Nat. Acad. Sci. **1**, S. 628 (1915)

Moore, E.H.; Smith, H.L.: *A general theory of limits*. Amer. J. of Math. **44**, 102-121 (1922)

Moore, R.L.: *An extension of the theorem that no countable point set is perfect*. Proc. Nat. Acad. Sci. **10**, 168-170 (1924)

Moore, R.L.: *Concerning upper semicontinuous collections of continua*. Trans. Amer. Math. Soc. **27**, 416-428 (1925)

Nagata, J.: *On a necessary and sufficient condition of metrizability*. J. Inst. Polytechn., Osaka City University **1**, 93-100 (1950)

Riesz, F.: *Stetigkeitsbegriff und abstrakte Mengenlehre*. Atti IV Congr. Internat. Mat. Roma II, 18-24 (1908)

Sierpinski, W.: *Sur les Ensembles Connexes et Non Connexes*. Fund. Math. **2**, 81-95 (1921)

Smirnov, Y.M.: *A necessary and sufficient condition for metrizability of a topological space*. Dokl. Akad. Nauk SSR (N.S.) **77**, 197-200 (1951) (in Russisch)

Smirnov, Y.M.: *On proximity spaces*. Mat. Sb. (N.S.) **31**, 543-574 (1952) (in Russisch)

Smirnov, Y.M.: *On proximity spaces in the sense of V.A. Efremovic.* Dokl. Akad. Nauk. SSR **84**, 895-898 (1952) (in Russisch)

Smirnov, Y.M.: *On completness of proximity spaces.* Trudy. Mosk. Mat. Obsc. **3**, 271-306 (1954) (in Russisch)

Smirnov, Y.M.: *On complteness of proximity spaces II.* Trudy Mosk. Math. Obsc. **4**, 421-438 (1955) (in Russisch)

Stone, A.H.: *Paracompactness and product spaces.* Bull. Amer. Math. Soc. **54**, 977-982 (1948)

Stone, A.H.: *Applications of the theory of Boolean rings to general topology.* Trans. Amer. Math. Soc. **41**, 375-481 (1937)

Stone, M.H.:*The generalized Weierstraß approximation theorem.* Math. Mag. **21**, 167-184, 237-254 (1948)

Tietze, H.: *Über Funktionen, die auf einer abgeschlossenen Menge stetig sind.* J. reine ang. Math. **145**, 9-14 (1915)

Tietze, H.: *Über stetige Kurven, Jordansche Kurvenbögen und geschlossene Jordansche Kurven.* Math. Z. **5**, 284-291 (1919)

Tietze, H.: *Beiträge zur allgemeinen Topologie I.* Math. Ann. **88**, 290-312 (1923)

Tietze, H.: *Über Analysis Situs.* Abh. Math. Sem. Hamburg **2**, 27-70 (1923)

Tietze, H.: *Beiträge zur allgemeinen Topologie II.* Math. Ann. **91**, 210-224 (1924)

Tukey, J.W.: *Convergence and uniformity in topology.* Ann. of Math. Studies 2. Princeton: Princeton Univ. Press (1940)

Tychonoff, A.: *Über einen Metrisationssatz von P. Urysohn.* Math. Ann. **95**, 139-142 (1925)

Tychonoff, A.: *Über die topologische Erweiterung von Räumen.* Math. Ann. **102**, 544-561 (1930)

Tychonoff, A.: *Über einen Funktionenraum.* Math. Ann. **111**, 762-766 (1935)

Urysohn, P.: *Über die Metrisation der kompakten topologischen Räume.* Math. Ann. **92**, 275-293 (1924)

Urysohn, P.: *Über die Mächtigkeit der zusammenhängenden Mengen.* Math. Ann. **94**, 262-295 (1925)

Urysohn, P.: Zum Metrisationsproblem. Math. Ann. **94**, 309-315 (1925)

Vietoris, L.: *Stetige Mengen.* Monatshefte Math. **31**, 172-204 (1921)

Wallman, H.: *Lattices and topological spaces.* Ann. of Math. (2) **39**, 112-126 (1938)

Weierstraß, K.: *Über die analytische Darstellbarkeit sogenannter willkürlicher Funktionen reeller Argumente.* Sitzungsb. Preuss. Akad. Wiss. 1885, 633-640, 789-906

Weil, A.: *Sur les Espaces à Structure Uniforme et sur la Topologie Générale.* Paris: Hermann (1937)

Zur Geschichte der Topologie

Feigl, G.: *Geschichtliche Entwicklung der Topologie.* Jahresbericht Dt. Math. Ver. **37**, 237-286 (1928)

Manheim, J.W.: *The Genesis of Point Set Topology.* New York: Pergamon 1964

sowie historische Bemerkungen in Bourbaki, Engelking, Thron.

Gegenbeispiele in der mengentheoretischen Topologie

Steen, L.A.; Seebach, S.A. jr.: *Counterexamples in Topology*. New York: Dover Publications, Inc. 1995

Aufgabensammlung

Faisant, A.: *TP et TD de Topologie Gènèrale*. Paris: Hermann 1973
Lipschutz, S.: *General Topology*. New York: McGraw-Hill 1975

Index

Symbole

Druck- und Bindearbeiten: Stürtz AG, Würzburg